FISHING
How the Sea Fed Civilization

漁的大歷史
大海如何滋養人類的文明?

布萊恩・費根 ——— 著　黃楷君 ——— 譯
Brian Fagan

《依靠著船隻的兩名漁夫》（*To Fiskere Ved en Bad*）。
麥可・安徹（Michael Ancher），1879 年。
（Courtesy Staten Museum for Kunst/SMK Foto）

目次

第二部　默默付出的漁民

第三部　進退維谷的漁民

推薦序　依海為生

廖鴻基（海洋文學作家）

《漁的大歷史》這部作品一開始就告訴我們：「沒有人發明捕魚。」在食物匱乏的年代，魚類是重要的肉類蛋白質來源，捕魚是為了填飽肚子，是求生存的本能。

位居食物鏈高層的人類，漁獵是天性，而且人類還是非常擅長於使用工具的動物。我們的祖先，在荒原，在水邊，為了取得食物，當時的人們組成高行動力的小型遊群，以小巧、輕便的工具，廣泛地採集或獵取各種可食用的動植物，包括水域裡的各種魚蝦蟹貝，只要是可以成為食物的，為了維生都不會輕易放過。

數十萬年後的今天，人類在生活上已經不再需要隨著氣候、隨著獵物而移動。如今我們的食物需求，也已經不再需要親手獵取就能滿足，因而陸地上的狩獵行為，除了少數因娛樂需求而留存，其餘幾乎完全消失。然而，奇蹟一樣，漁業行為始終陪伴著人類發展的腳步直到今天。

也許因為陸域太窄而海域太寬，屬於陸地淡水水域的漁撈活動，也因為種種問題而逐漸式微，而海域漁業活動依然相當活躍。儘管今天的海洋漁業也面臨因為過漁、因為海域環境生態汙染破壞，以及因為氣候變遷受到的威脅而出現紅燈，但自古以來漁業確實挹注了人類一路走來不管是經濟、政治、文化、貿易各方面的重要養分。而且，漁業行為更是人類走向海洋，連結世界的重要緣起。像這樣既原始又悠久的人類重要活動，與其它領域相比，不管漁業研究或漁業歷史記錄竟然不多。

《漁的大歷史》這部作品的重要性可見一斑。本書作者布萊恩．費根以考古學為鋪敘基礎，敘述從古至今，從各地發掘的漁業遺跡來看，漁業如何陪伴與滋養人類文明一路走到今天。費根寫到，人類的捕魚歷史幾乎和人類一樣古老。書中末段也試著以過去悠久的漁業歷史脈絡提醒我們，如今漁業困境的種種因素，以及未來的發展趨勢和可能的解決策略。

漁業的歷史雖然古老但並不複雜，當今的漁撈方法，大致上都能上溯到人類最原始的漁撈方式。漁具材質、施作領域、作業規模可能一代代已經完全不同，但基本觀點竟然一脈相承，而且不難從其進化流程中觀察、對比出改變的細節。

當河口或潮間帶的漁撈活動到了個限度，喜愛探索新領域的人性傾向，讓我們的祖先想藉由簡單筏具或獨木舟走出海岸線，人類向海發展極其重要的船隻因而出現。當船隻載著漁人來到沿海進行採捕，一樣的，踏上第一階後的漁人又開始打算，如果有更大的船隻和更好的設備，就能航行到更遠的海域進行更大量的採捕。就這樣，人類透過漁業行為，不斷往外擴張生活領域，一步步由陸地到海上，從沿海到遠洋。就如這本書中寫到：「捕魚是發展造船的主要誘因，而造船這項技術又促進了人類的貿易、遷徙與探險。」漁業讓如今的我們能夠以數十萬噸巨船，穿洲越洋，從事交通、貿易、軍事或海洋研究與探索等各種海洋活動，這些偉大的進程，都源自於人類為了捕抓水裡的魚而形成的漁業活動。

進入水域捕魚的漁人，必須小心警覺來適應不斷變化的周遭環境，腦中必須擁有記憶地圖和方向辨識的能力。「他們觀察雲形，其細微變化顯現了季節的更迭。他們了解潮汐的韻律，知道何處的海流強勁，也知道遭遇突如其來的狂風而受困海上時，應該如何避難。」這些捕魚重要的謹慎態度與觀察經驗，讓人類對浩瀚無垠大海的探索有了更進一步的基礎。

人類是陸生動物，相對於陸地生活的安全、安穩，向海發展，除了需要船舶為交通工具，精神上我們還需要說服自己：為什麼要到海上去受苦。自古以來，海上航行的必要基本條件，即淡水和食物，缺一不可。書中告訴我們：「若經過妥善煙燻或鹽漬處理，魚類完全勝過牛肉和硬餅乾等其他乾燥食物。魚乾方便攜帶，讓水手能在海上待上數月之久。」漁業不僅是讓人類走向海洋的緣起，更是實質撐起航行的現實需要。書中也提到：「捕魚和養魚都是沉默且低調的活動……沒有捕魚社群滿載的籃子和獨木舟，許多古代文明可能從來不會出現在歷史上。」

無論個人或整體人類，我們都得透過學習來尋求更進一步。透過漁業歷史，我們可以發現，不管是漁業觀點、漁業技術或漁具的演變，都能讓我們看見整體人類從原始走到現代的一步步腳跡以及思維模式的調整。單從漁具來說，「史前時期的捕魚工具有撈網、魚矛、釣鉤、釣線及陷阱，而現今人們仍在使用這些工具」。改變的是漁業活動的規模，漁具的材質由粗糙不耐到如今的精準耐用，這些演變，更讓我們看見經濟化、工業化、效率化的現代漁業，如何傷害過去一直被我們認為取之不竭、用之不盡的大海資源。

《漁的大歷史》這本書對我們的最大啟示是，我們需要歷史性觀點，需要以數十萬年以來的漁業發展脈絡，來了解、梳理人類與環境乃至自然生態依存的逐步關係，並從中得到啟發，來避免因只顧發展而導致與環境關係斷裂的後果。書中明確告知，自十九世紀以來，漁業已轉變成工業化規模的產業，並與氣候環境災難合而為一，將無可避免地讓人類社會淪為與大自然一刀兩斷的結局。

台灣是座海島，有豐富的魚類資源，我們從潮間帶漁業，到沿近海漁業，再到遠洋漁業，造就台灣成為每年上百萬公噸漁獲實力的漁業大國。漁撈能力，包括漁業技術和漁具裝備等，都是無法跳躍式發展，而是累進過程的成果，憑藉的就是台灣漁業歷史與文化的累進。

台灣到處皆有發現的貝塚遺跡，證實我們的漁業史遠超過漢人觀點的台灣四百年史。然而，從上游豐富的魚類資源累進成漁業大國的產業能力，這部分沒問題，但接著應該出現的漁業文化、漁業精神、漁業藝文，顯然偏少。難怪，若是提到漁業問題，台灣社會恐怕會有不少人認為，那就不要再吃魚，甚至禁止漁撈，不就解決魚類資源枯竭的問題嗎？

這顯然就是缺乏漁業文化、不合理的海島社會現象。這樣的主張不就是自外於海洋，也自外於以海洋立國的海島根基嗎？

也許有一天，關於貝塚，我們也能產出類似這本著作中提供的頗富臨場感的描述：在小心堆疊的貝殼堆上點火燃燒，搜食者將新採集到的貝介類等軟體動物放置在燒熱的貝殼上，再以綠枝樹皮覆蓋，藉由蒸煮讓其開殼，所需時間不過兩三分鐘。貝塚遺跡記錄了至少長達六千年的貝介採集歷史，那年代，無論男性或女性，顯然都是捕魚事業的一分子。或者哪一天，我們也能如書中描述的原始鏢刺漁業：「矛手是咀嚼著椰肉的男性。當他在一道浪湧過後，看見一條魚快速游過之時，便會跳到某個礁岩塊上，並將椰肉吐到水中。果肉的油光讓水面瞬間變得清澈，矛手因而能清楚看見水底。他得趕在另一道海浪湧入流道之前，迅速以矛刺魚。」

也許那一天，我們也能回頭看見，台灣漁業給這座海島多麼優渥的向海發展的基礎。

推薦序

魚骨能告訴我們的事

嚴宏洋（國立海洋生物博物館特聘講座教授）

布萊恩．費根是位多產的英國籍考古學者，迄今已發表了十九本專書（其中七本已有台灣出版的中文譯本）。這本《漁的大歷史》於二〇一七年出版，是他的著作中唯一以魚為中心的通俗考古書籍。從英文的書名Fishing: How the Sea Fed Civilization來看，就可知道這本書的主軸在於回顧人類在演化的漫長歷史過程中，是如何從淡水、半鹹水和海水中，取得各類的水產蛋白質資源，藉以獲得滋養生命所需要的能量。

根據英國大英圖書館的網頁資料顯示，人類開始有文字記載歷史，是歷經四次各自獨立的演化過程而產生。*第一次是在約西元前三四〇〇至前三三〇〇年之間，在美索不達米亞地區（今天的伊拉克）出現。然後是西元前三二〇〇年的埃及地區。第三次則是發生在西元前一三〇〇年的中國商朝時代。最後是西元前九〇〇至前六〇〇年的中美洲地區。但是這本書能溯源到人類開始享用魚和貝類的歷史——在沒有文字記錄之前，作者得依賴哪些證據來還原當年的歷史呢？

這使我想起我就讀臺灣大學動物系二年級時，修了梁潤生教授開的「比較解剖學」。有天講到動物的骨骼系統時，梁教授提到刑事警察局鑑識科有次請他幫忙檢視一堆魚骨頭。因為桃園鄉間有家水產養殖戶逮到鄰居潛入他的家竊取財物，而除了當場逮住這位鄰居，他也順帶提告這人長期偷他家養殖池裡的魚。於是警察在嫌犯家的垃圾桶裡，扣取了些魚骨頭當證物，要梁教授鑑定魚種，藉以判定是否偷自鄰家的魚池。梁教授告訴我們，他從那堆魚骨中發現有三塊是屬於三尾草魚的咽齒，而根據咽齒的尺寸推測，草魚的大小約四十至五十公分。由於這位遭人偷竊的養殖戶是該地區唯一有養草魚的漁家，尺寸也符合池裡草魚的大小，再加上梁教授也因此被要求上法庭作證，後來那位小偷就認罪了。

這件事使我印象很深刻的是：原來魚骨頭是鑑識證物上很重要的依據。我在還沒翻閱布萊恩·費根撰寫的《漁的大歷史》之前，心裡頭的疑點是：人類已經捕魚超過一百萬年了，他可以怎樣還原先民們如何食用魚類的歷史？原來，費根正是用從地下挖掘到的魚骨頭、貝類碎片或是鯨豚類的骨頭，來述說數千年來水產動物在人類飲食歷史上所扮演的角色。這與梁教授從咽骨辨識出草魚所使用方法一致。

---

* 請見https://www.bl.uk/history-of-writing/articles/where-did-writing-begin#。

在這本《漁的大歷史》中，費根用前兩部分一共十七章的篇幅，帶領讀者重回非洲東部的大裂谷裡的大湖、中東約旦河谷、南非的尖峰岬洞穴、以色列下加利利的卡夫澤洞穴、衣索比亞的奧莫河谷與納庫魯湖、西班牙南部的巴宏迪尤洞穴、高加索山脈、東帝汶島、法國上庇里牛斯省的洛泰洞穴、澳洲北部的布考灣、格陵蘭、多瑙河鐵門峽谷、日本北海道、東京外海的大島、日本海海岸的能登半島、俄羅斯的薩哈林島、白令海峽的島嶼、阿拉斯加中部的塔納納河流域、溫哥華島等先民曾紮營或居住過的地方，從他們遺留下來的各類魚骨頭殘骸、貝類的碎殼以及使用過的魚鉤、漁具，重新拼湊出在過往的歲月中，水族動物是如何餵養了人類，使得文明的演化有了必要的能量。

費根在這本書裡用了十二頁的篇幅探討日本的「繩紋人」是如何使用多樣的水產資源。從遺留下來的貝塚堆積物中，研究者們發現了蚌蛤的貝殼。繩紋居民也會捕捉鮪魚、鯔魚、海鱸和其他常見的物種，使用的工具似乎是鹿角製的魚鉤和植物纖維製成的釣線。所有的魚都是在近岸捕獲的。他們的一處聚落覆滿厚厚的一層火山灰堆積物，裡頭保存了開放水域物種的骨骸，諸如鮪魚、海鰻、岩鯛、鯖魚和鸚哥魚，還有海龜和海豚。這些資料的詳細程度意味著日本的考古學者們有多年長久的研究，並且將成果發表在國際學術期刊上，使得費根得以引用。相對的，黃河和長江流域應該也為當地的居民提供了數千年的水產蛋白質，但在本書中卻只是簡略地提及。這或許反映了中國的研究者們對此一議題沒興趣，或者是論文沒能以英文刊登在國際級期刊，因而被忽略。

這本書的篇幅長達四百多頁，費根透過細膩的手法，帶領讀者重回人類如何從全球各地的水體取得水產資源的種種場景。這是個十分引人入勝的過程。但費根在第四二〇頁所寫的一段文字，十足地反應了他對這地球的漁業資源前途暗淡的悲觀看法：「人類已經捕魚超過一百萬年，然而，在過去短短的一百五十年內，因為工業化漁業的成長，人們才變得無法長久追捕魚群。如今增長的人口無法被滿足的需求正與重挫的漁場產生前所未有的重大衝突，於是世界已經轉向另一項傳統的緩解之計：水產養殖。養殖漁業呈指數成長，但可能仍不足以餵飽所有人，而且人們不甚理解其對生態造成的後果。」

二〇〇六年十一月《科學》期刊上有篇論文，分析自一九五〇年以來魚類與海洋無脊椎動物資源量逐年衰減的數目。*研究者們預測到了二〇五〇年，海洋漁業很可能完全崩盤，人們在餐桌上可能再也沒有水產品可以吃了。費根在回顧人類使用水產資源的歷史過程中，也多次在字裡行間呼籲人們正視水產資源日益枯竭的事實。

《漁的大歷史》是本內容豐富、以漁業為中心議題的考古書藉，值得買來好好地讀（是要花心神的）。但不要忘了，在閱讀過程中要將電腦上的Google Map打開，對照書中提到的地名。那就跟著費根去環遊地球，認識過往數萬年來水產文化的演變吧！

---

* Worm et al. "Impacts of Biodiversity Loss on Ocean Ecosystem Services." *Science* 314, no. 5800 (2006): 787-790.

以愛與感激之情

獻給

布萊恩．沃特（Brian Walter）與瑪麗．關朵琳．瑪格麗特．費根（Mary Gwendoline Margaret Fagan）

以及我已故的父親與母親

作者序

我此生唯一的捕魚成就，是多年前有次在英國一條平靜的小溪中，用手指搔撓一隻鱒魚，然後成功捉住牠。[*]而我唯一一次使用釣竿和釣線的經驗發生在我九歲那年。我和幾個朋友到附近的一條小河碰碰運氣。我們只抓到鰻魚，雖然那曾經是相當受歡迎的食材，卻被我母親厭惡地拒絕。我和所有人一樣，都喜愛享用美味的魚料理，但無法體會流芳百世的艾薩克．華爾頓[†]所謂「垂釣的藝術」（The Art of Angling）之樂趣所在。我沒有耐心觀察，也缺乏觀察力，無法成為休閒的釣魚愛好者。因此，這是一本非漁人撰寫的捕魚史。除了與北大西洋鱈魚貿易有關的主題，

* 譯注：「搔撓鱒魚」（trout tickling）是一種徒手捕魚的方式，手伸入岩石下方尋找鱒魚，用手指摩擦鱒魚下腹，讓魚進入昏迷狀態，進而抓離水面。莎士比亞的喜劇《第十二夜》中也曾提到這種捕魚方法。

† 譯注：艾薩克．華爾頓（Izaak Walton，約一五九三至一六八三年）為英國作家，最知名的著作為《高明的釣者》（*The Compleat Angler*）。

市面上幾乎沒有著作是從全球視野探討捕魚的歷史，甚至連供大眾閱讀的文章也沒有。

在人類歷史上，捕魚扮演了重要卻為人忽視的角色。打獵、採集植物和捕魚是人類取得食物的古老方法，而三者之中，只有捕魚在大約一萬兩千年前農業發展、存糧增加後，仍然維持重要地位。在現今的世界，無論何地，採集野生植物都已不再具有經濟影響力。打獵之所以還存在，主要是因為象牙的非法盜獵和傳統藥材貿易，次要則是為了在北美洲控制野生動物的數量。然而，捕魚不僅留存下來，更擴大規模，為法老提供配給糧食、為北歐水手提供補給，並為今天數百萬計的我們提供食物。可是漁人和他們的社群卻幾乎隱身幕後。他們將捕魚的知識放在心底，其社群也鮮少誕生強大的君主或神聖統治者。因為他們默默無聞地生活和死去，書寫他們的歷史意味著要引用大範圍的秘傳和專門資料。

許多歷史都隨著當時親身經歷的人們一同消逝。這個問題在捕魚之人身上尤其嚴重。在代代口傳知識的輔助下，他們的過去才得以被呈現。其中許多知識來自海上難熬的時光。丹麥藝術家麥可．安徹在一八七〇年代末畫下丹麥北部斯卡恩的漁民，當時漁夫仍仰賴帆船在北海工作。這幅畫描繪了兩名漁夫倚靠著一艘船，迎風凝望，背景是陸地。海洋的意義蝕刻在他們臉上：滿臉鬍子、飽經風霜、堅毅且不屈。漁民是從一個無法控制的險惡世界獲取生計，而且海洋絲毫不關心他們的苦樂。這本歷史書試圖闡明，這些漁人如何催生出我們的現代世界。

最早的捕魚活動源自於機會主義這項基本的人類特質。謹慎觀察，再加上把握時機，促使我們的先祖在大約兩百萬年前開始捉魚。要將受困的鯰魚從非洲淺池中抓起需要靈巧的雙手，也必須小心翼翼追捕，以免在水面上留下倒影。其秘訣在於知道要在何時留意何處，這與採集蜂蜜、撿食獅子吃剩的獸屍，以及追捕小羚羊所運用的技巧如出一轍。唯一不同的是，這些鯰魚位在淺水中，使這幾乎稱不上是捕魚，反而比較像是伺機打獵，以此形式維持了數萬年之久。

同樣的觀察方法可以適用於捕捉軟體動物，儘管牠們遠比魚類更容易捕捉。蚌蛤、笠貝、牡蠣和蛾螺密集地群聚在小範圍內，捕捉時的變數在於容易靠近與否，以及水流或潮汐。一如魚類，牠們也是補充性的食物，通常不是最受歡迎的食物來源。以狩獵採集者的角度觀之，貝介類是可預期的食物，也是一種在變動生活中帶給人安全感的資源。人們會在其他食物短缺時來到軟體動物棲息地，尤其是在冬末和春天之際。

無論獵場範圍是大是小，伺機捕魚和採集軟體動物成為每年踏遍獵場的覓食之旅中不可或缺的行程。游至近岸的正鰹在四萬年前就是東帝汶人的獵物。尼安德塔人與生活在離現代最近一次冰河期的獵人都會在需求或機會出現時，捕捉魚類和軟體動物。到了一萬五千年前，在法國西南部的韋澤爾河河畔等地生活的人們會在春季和秋季鮭魚洄游時捕獵。此外，還有藝術家在馴鹿鹿角和洞穴岩壁上雕刻魚類的圖案。

沒有人「發明」捕魚。所有人都知道，魚就在那裡，供人在特定的時間和地點捕捉。人類過去捕魚的方式讓我印象深刻，因為就算已能大量捕撈，也沒有伴隨令人震驚的技術革新。無論是在陸地上打獵，或是在淺水對付魚類，人們都經常使用帶有木頭倒刺或叉角的魚矛。由尖銳的叉角、骨頭和木頭製成的原始雙刺鉤以及日後的魚鉤也是理想的獵鳥工具。用來捕捉小型獵物的網子和陷阱在水裡也能奏效。不過，即使有專門的魚鉤和較大的網子，捕魚的工具在歷史進程中驚人地保持一成不變。漁夫的觀察技巧是最主要的手段，而且向來如此。

根據我們今日熟知的觀念，一萬五千年前，自然發生的全球暖化使最後一次冰河時期劃下尾聲後，捕魚才變得重要，尤其是在距今（Before Present，簡稱ＢＰ）*約六千年之後，海平面高度終於穩定的時期。攀升的溫度、退縮的冰層和升高的海平面改變了北方的自然環境。人們遷居至海岸、河岸、湖濱與潟湖。此時，捕魚成為生計的核心，對於居住在新生海岸線旁的族群尤其如此，因為那裡棲息著大量的淺水魚類和軟體動物。有史以來，人類生存的動力首次發生了變化。許多社群開始長住久居在同樣的地點，若非永久定居，也會在一年中在同個地方住上好幾個月。

隨著地方人口增加，領地的劃分變得更加精確。來自軟體動物的棲地與漁場的漁獲耗竭。海洋資源的爭奪有時會導致暴力衝突，譬如加州南部的楚馬仕人及斯堪地那維亞的艾德布勒人。在這些區域等地，仰賴軟體動物、植物糧食和豐沛漁場為生的社會發展得更加複雜。重要的氏族領袖成為權威人士，並透過受人尊崇的先祖，進而與超自然世界建立特殊連結。

這些人和法老或美索不達米亞的蘇美領袖那樣的神聖統治者不同。他們的權力仰仗個人魅力和經驗，以及追隨者的忠誠度，總是變化無常。人類歷史上從未有捕魚社會發展成有城市和常規軍隊的文明。他們沒有這樣的發展途徑。他們的領袖享受特權與財富，並且分配豐富財產，如過剩的食物，以及像是飾品等能為其帶來聲望的外來物品。但這些領袖永遠無法成為君王，因為漁場的資源基礎變幻莫測。漁夫總是處於前工業化文明的邊緣。

多數捕魚的歷史皆與變動有關，不僅是關於捕魚行為本身的動力，還有捕魚社群與仰賴他們的其他群眾之間的互動。捕魚是發展造船的主要誘因，而造船這項技術又促進了人類的貿易、遷徙與探險。四萬五千年前，人們在東南亞外海乘船捕魚，而一萬五千年後，太平洋西南部的俾斯麥群島上的人們也這麼做。到了西元一二〇〇年，隨著獨木舟航行至社會群島、復活節島及夏威夷，太平洋島嶼上的生計開始仰賴專業的領航和潟湖捕魚技術。

日本北部繩紋時代的捕魚社群高度依賴鮭魚洄游，也會冒險出海至千島群島的洶湧海域，最遠甚至來到東北亞的堪察加半島。繩紋時代的漁民所捕捉的物種，幾乎和第一批美洲人在阿拉斯加海岸定居時的漁獲如出一轍。在遙遠的北方，大約一萬一千年前，連接西伯利亞和阿拉斯加兩地的白令陸橋上，人類仰賴機動性與高度發展的機會主義心理，使捕魚和獵捕海洋中的哺乳類動物成為擴展生存策略的方式。

旨在為家庭和村莊提供更多食物的自給性漁業是一回事，但捕撈大量的漁獲當作商品販賣又

＊ 譯注：一種用於考古學，依據碳同位素定年法，以一九五〇年作為基準來標記年代的方式。

是另一回事。在古代世界，漁獲豐收不足為奇，但即使有部分漁獲會被用以和其他或近或遠的社群交易，捕獲的魚大多僅供自用。在美洲太平洋西北地區，掌控鮭魚洄游是經濟和政治權力的主要來源，在繩紋人的聚落可能也是如此。多瑙河上的漁夫在鱘魚來到淺水域產卵時可以大大豐收。各式各樣的自給性漁業都必須仰賴有效的保存技術，諸如乾燥、鹽漬或煙燻，獵人已經使用了這些技巧數十萬年之久。

就算是有組織的季節性豐收，地方的自給性漁業在本質上也不同於為供應配給糧食給興建吉薩金字塔的古埃及人所進行的大規模漁撈。此種規模的捕魚需要大批抄寫員和負責不同事項的官員，來記錄用大型圍網工作的全職漁夫所承攬的漁獲。那些漁獲由數千人去除內臟、清洗乾淨、剖開攤平並乾燥保存，作為提供給前工業化經濟體的勞工的配給口糧，帶來了許多好處。這樣的魚製品重量很輕，容易放在籃中攜帶，也能長時間保存。當魚成為配給食物，漁業的規模就改變了。隨著非農夫的人口增長，城市市集出現，再加上提供軍隊和水手營養豐富的食物配給的需求增加，把魚當作配給口糧是合情合理的結果。

水產養殖也不是任何人發明出來的。當對魚的需求迅速增長，導致地方水域遭過度捕撈，人們擁有的應對方案相當有限。其一是用長釣線和其他工具，以強化漁撈；其二是尋找更多遠方的漁場；其三是轉為水產養殖，也就是養魚。第三個方案對擔憂漁獲減少的人們來說是合乎常理的策略，也是一種取得較大型的魚的方式。早在西元前三五〇〇年，中國人便馴養了赤棕鯉。富有的羅馬人樂於在鋪張的宴會上展示他們養殖的炫富魚。此外，中世紀歐洲的修道院之所以開始養魚，有部分是因為基督教教義規定，虔誠信徒要增加不吃肉的守齋日的天數。

魚曾被視為異教的符號，象徵死亡，後來則變成了一道適合用來代表基督及其在十字架上的苦難的餐飯。長達兩千年來，星期五都是天主教徒有義務禁食肉類的日子，懺悔的信徒在這天會改吃穀類、蔬菜和魚。到了十三世紀，信徒在一年中近半數的日子都不吃肉。對於海魚永不滿足的需求，尤其是鯡魚和鱈魚，創造出鹽漬鯡魚和鱈魚的國際貿易，範圍從挪威的卑爾根與波羅的海國家遍及歐洲各地。十五世紀，北海漁夫開始在冰島南部外海捕撈鱈魚。義大利航海家約翰．卡博特在一四九七年航行至紐芬蘭島後，北美洲外海和離岸沙洲的鱈魚漁場如雨後春筍般出現。但不尋常的是，捕撈鱈魚的技術基本上直到十八世紀皆與中世紀無異。

十九世紀的新技術將漁撈轉變成工業化的產業。漁獲量減少促使長釣線和更大型的流刺網出現，以及第一批摧毀海床的底拖網誕生。隨後蒸汽引擎、汽油動力接連問世，最後則是柴油，讓拖網船可以前往比過去更深的海域，並引發我們今日面臨的漁業危機。

漁業危機最終與現今規模更大的海洋和氣候災難合而為一。這個問題對文明構成貨真價實的生存威脅，已經是數量多到可以塞得下好幾座圖書館的書籍所著墨的主題，我沒有資格也並不想再添一本。然而我深信，我們需要歷史性的觀點，以了解人類從大自然取得食物的最後一個主要來源。當魚不再扮演這樣的角色，我們將與自身長遠的歷史一刀兩斷。

作者附註

日期

所有放射性碳年份都已經校準為日曆年份。書中採取慣用的紀年：西元、西元前和距今。為求方便，早於西元前一萬年的年份將會以「距今」或「多少年前」為單位引述。

地名

書中提及現代地名時，採用目前最常使用的英文拼法。同時也會適時採用廣為接受的古代地名。此外，在提到某個位於伊朗或秘魯等現代國家的區域時，為求方便，我不會在前方加上「現今的」，而是直接使用現代國名。因為許多現代國名顯然都是近代的產物，無須贅言。

度量衡

書中所有的度量橫皆採用公制，此為現今共通的科學慣例。

漁夫／漁民／漁人

在這整本書中，我所使用的「漁夫」（fisherman）、「漁民」（fisher）和「漁人」（fisherfolk）皆可互相代換，這也是為了行文的方便，並刻意讓這些字變得中性。在古代和傳統現代社會，大多是男性捕魚，女性則較常做去除魚的內臟、清洗，並且料理或保存漁獲等工作。在多數社會中，女性都是負責採集軟體動物。考量到這些角色的彈性和為求方便，我選擇用「漁夫」和「漁民」二字來涵蓋兩個性別，男性和女性顯然都是捕魚事業的一分子。

休閒漁撈

由於篇幅限制，這本書未能囊括始於埃及法老或甚至更早的時期，有關休閒漁撈的迷人歷史。

地圖

在某些情況下，地圖會省略位置不明、地位次要、位於現代城市內，以及相當接近現代城市的地點。

引言 豐足的水域

多年前，我在中非一座擁有長達一千年歷史的農村找到一些魚骨時，我的同事把它們給丟了。「這些毫無用處，」他說，「我們沒辦法鑑定魚骨。」我當時正在協助他的考古工作。身為菜鳥的我無力反駁。我肯定他當下就將那些魚骨碎片拋諸腦後，但他的話在近六十年後的今天，對我仍言猶在耳。我對古代捕魚歷史的興趣可以追溯到那場早已完工的考古發掘。

我自己在一九六〇年代初主導的非洲農村挖掘，沒有尋獲任何魚類的遺存。那些村莊的居民是種植穀類的農夫和飼養牛隻的牧人，另外也會狩獵和採集可食用的野生植物。只有一個挖掘地和狩獵採集者有關，是個名為格威索溫泉的地方，位在我研究的農村的遙遠北方。三千年前，有個小遊群在泉水邊紮營，俯瞰卡富埃河氾濫平原。夏季洪水會淹沒這片廣袤平原，隨後退去，留下淺池。[1]

我和我的比利時同事法蘭西斯·范諾登在格威索時十分幸運。當時現場積滿了水。我們尋獲一些木製的矛形刀尖、一支挖掘棒、無數羚羊骸骨、植物遺存——還有魚骨。我們請一名尚比亞的漁業官員葛拉漢．貝爾—克羅斯協助察看。那些魚骨幾乎全都是鯰魚的骨頭。過去，洪水退去時，人們很容易就能用矛刺中淺池裡的鯰魚。我們對於能從牠們的骨頭得知多少事情毫無概念，因此當他告訴我們，這次找到的最完整的魚骨屬於一隻達二至三公斤重的鯰魚，幾乎和現今在卡富埃河內的鯰魚一樣大，令我們驚訝不已。三千年前，魚類在格威索地區的飲食中不甚重要。回顧過去，在洪水退去之際，當地人很容易就能在淺水處看到魚並捕殺，顯然他們是在此時伺機取用那些魚，有時甚至可能徒手就能抓到。

這幾年來，我曾造訪非洲與其他地方的現代漁村，鑽研我難以鑑別的古代魚骨，並與在不同深淺水域工作的許多漁人談話。美國太平洋西北地區的鮭魚洄游令我目眩神迷，魚群擠滿了這裡的急流和淺池。這樣的光景會讓你意識到，世界的漁場曾一度多麼豐足。可是直到最近幾年，考古學家和歷史學家才開始認真看待捕魚，這個人類最古老的為生方式。

漁民一直是一群無名之人，經常位處社會邊緣，遠離法老的宮廷和熱鬧的都市市集。他們捕捉到的漁獲必定每天都悄悄送達——只要季節對了就會是可預期的食物來源。對學者來說，過去目不識丁的捕魚族群難以捉摸，關於他們交易的歷史是道極富挑戰性、但仍有線索可尋的謎題。我們對捕魚的了解必須從許多來源拼湊而成，包括考古學、人類學、歷史學、海洋生物學、海洋學以及古氣候學，這還只是略舉幾項。

因為我們幾乎沒有十八世紀以前的第一手記述，要尋找捕魚的歷史紀錄就得遍尋行內秘傳的資料來源，譬如宮廷紀錄、都市市集的漁獲量資訊、莊園和修道院日誌，此外偶爾也會有關於這個主題的專著。所幸以現代自給性漁業和軟體動物的採集為題的人類學研究，為整體文獻添加更豐富的面向，並為在考古遺址尋獲、往往相當細小的數千枚魚類碎骨，提供了寶貴的觀點。

十九世紀的斯堪地那維亞考古學家是首批認真看待史前的魚類和軟體動物的人。這並不令人意外，因為他們在波羅的海沿岸的許多考古遺址周邊都發現大型貝塚，只是後來他們對魚骨和貝殼的細心分類卻逐漸無人聞問。二十世紀初，多數發現魚骨的挖掘者都認為這些骨頭足以證明那裡的居民曾經從事捕魚。可是他們並未列出漁獲的物種清單或其年代、重量等相關資訊，而他們的報告也鮮少評估這些魚類或軟體動物對於食用者是否具有任何重要性。

然而，在一九五〇年代間，這樣的想法全然翻轉。過去，考古學家僅計算石器的數量或比較陶器的碎片，他們如今意識到古代社群有遠遠更多可以研究的面向。他們把注意力轉向獸骨和植物遺存，後來也留意到漁獲，並進一步鑽研它們所能傳達的資訊。這部分說明了為什麼今天的考古發掘工作的速度遠比上個世代來得更加緩慢。到了一九七〇年代，挖掘者開始將遺址生活層的堆積物樣本以細篩網和清水過篩，這麼做特別是為了尋找不顯眼的植物遺存和魚骨。濕篩經常被稱作浮選法，幫助學者迅速累積了對古代漁業的知識。篩網越細，效果就越好。在瑞典東南部、有九千年歷史的諾傑蘇南遜德遺址，相較使用網眼二點五毫米的篩網所獲得的魚骨量，學者用網眼五毫米的篩網所獲得的數量比前者少了百分之九十四。[2]

儘管只有少數人精通，鑑定這些細小魚骨，並將之與現代的魚骨骸相互比較，已經成為一項專業。今天，魚類專家也可以解答比問魚的大小和魚種更為複雜的問題。這些魚的年代為何？牠們只會在產卵季節被捕獲，或是全年皆能被捕撈？牠們在人類飲食中扮演何種角色？宰殺和保存的方式為何？只有在挖掘者的想像力和創意不足的狀況下，才會限縮這些問題和答案的清單。舉例來說，對骨頭的化學成分進行穩定同位素分析大大增進了我們對古代飲食的理解。如今，我們從人骨樣本就能得知飲食中水生和陸生食物的占比。

研究者也可以將考古資料和史料，與不同魚種習性的新近研究發現相結合。他們現在更加了解地中海的黑鮪等物種，知道牠們會到近岸產卵，並有數百條會遭人捕殺。多虧海洋生物學家的努力，如今我們已經遠比上個世代更深入認識鯷魚、鯡魚、鮭魚、鱘魚和許多其他魚種的習性。這些發現對考古學家極其寶貴。

研究古代氣候變遷的古氣候學家逐步向我們揭露，海洋生態系統受到大大小小的氣候變遷事件形塑而持續變動。這些轉變比岸上發生的事來得更為幽微複雜，會引發魚類總數的重大變化。人類對棲息地的破壞也會帶來同樣的後果，尤其是在近岸的水域。此外，全球海平面高度或大或小的變化會對淺水漁場造成重大衝擊。比方說，過去四千年來，佛羅里達州西南沿岸地方海平面高度的細微變化，顯然同步反映在卡盧薩印第安人的魚類和軟體動物捕獲量上。[3]

更大規模的氣候變遷帶來更重大的影響。北海、英吉利海峽和愛爾蘭海是世界上數一數二多產的漁場。當地人從一萬五千年前左右的冰河時期尾聲就在這些水域捕魚，甚至可能更早。一如所有海域，這些海洋都是活力充沛、持續變化的生態系統。重大的氣候變遷塑造了這些系統，其中包括海平面的上升、聖嬰現象和史詩級的暴風雨。此外，人類的過度捕撈也改變了棲息地。

北大西洋振盪大大地影響了魚類的歷史，該現象的成因來自冰島和亞速群島間的大氣壓力差。北大西洋振盪指數高時會引發強勁的西風，並造成歐洲迎來暖冬。指數低時則會使西風帶減弱；西伯利亞的冷空氣南下籠罩歐洲，帶來嚴寒的氣溫。北大西洋振盪指數低時還會導致漁港封凍。而高指數除了夾帶強勁西風，也會帶來突發強風。一八八一年七月一個無雲的夜晚，一隊超過三十艘的無甲板漁船在蘇格蘭北方、遠離謝德蘭群島的外海拋射附餌的長線捕釣鱈魚，無情的暴風雨卻在幾分鐘內來臨。十艘船失事沉沒。三十六名漁夫溺斃，留下三十四名寡婦和五十八名失怙的孤兒。[4]

北大西洋振盪無法預期的變動也影響了每年抵達北海和沿岸水域的鯡魚群規模。煙燻或鹽漬鯡魚是人們在中世紀的主食，在聖日尤其常見。當北大西洋振盪指數降低，英吉利海峽、北海，以及最南端的比斯開灣便同步迎來最豐碩的鯡魚漁獲。

即便不知其緣故，但過去的漁夫都清楚知道他們的捕獲量並不規律。舉例來說，在英吉利海峽西部，鯡魚以一種偏好較寒冷環境的矢蟲為食。當不同種的矢蟲在較溫暖的週期到來時，多數的鯡魚都會離開，由沙丁魚取而代之。人們樂意吃任一種魚，但沙丁魚和鯡魚在捕獲量上的占比可以告訴我們，當時人們正度過寒冬還是暖冬。

儘管我們對北大西洋振盪最為熟悉，世界各地都有類似的週期性氣候變化。秘魯北岸外海的鯷魚總數會隨著聖嬰現象的起伏而波動，而這種氣候事件也會削弱強大的政權，促使國王和帝王遭到推翻。我不想過度強調這一點，因為人類與漁業的複雜歷史幾乎從不提供簡單的解釋。但魚類是重要的食物（至今依然如此），而食物的豐足或稀缺會帶來各式各樣的社會變遷，無論大小和福禍。

自從十九世紀中葉，斯堪地那維亞貝塚挖掘團隊的開創性研究以來，我們已經取得大幅進展。前者領先其同事數世代之遙，更早看出魚類和軟體動物對古代社會高度的重要性。一個半世紀後，細粒物質發掘法和高科技讓我們洞察這些食物在過去是多麼舉足輕重，令人驚嘆。在國家文明與城市發展以前，早期的自給性漁業和軟體動物的採集活動比較偏向季節性的工作。當鯰魚被困在退去的尼羅河水潭中，或者當鮭魚在春季於美洲太平洋西北地區的河流產卵，人們就會密集捕魚，過程可能長達數日或數週。大多時候，捕魚展現了人類為生方式上機會主義的那一面。秘魯北岸沿岸的打獵採集社會一年中的多數時節都在內陸生活，然後才會到海邊捕撈鯷魚。歐洲北部的貝介採集者只在某些食物短缺的季節食用軟體動物。

人類幾乎在誕生之初便已開始伺機捕捉海洋及河川裡的食物。有時人們會大量捕捉魚類和軟體動物，但這只是人類更為複雜的覓食策略的一部分——人們還會捕捉大型獵物、小型動物，並採集可食用的植物。都市文明的發展帶來了最深遠的改變。儘管法老或東南亞的柬埔寨國王等統治者可能自視為神聖領袖，他們仍須餵養在其宮殿和公共工程勞動的大量人力。一如穀類，魚也成為配給口糧，經防腐保存後分發給一隊隊的金字塔工人或蓄水池建築工。魚類自此成為平凡無奇的標準化貨品，在一千年後探索北大西洋的古北歐海員眼裡看來也是如此。尼羅河的鯰魚和大西洋的鱈魚就像海洋水手的牛肉乾。羅馬漁民在春季捕撈數百條大型鮪魚，大規模屠宰大魚。捕魚幾乎在所有文明都成為營利事業。現今的科學進展才剛起步，但提供了巨大的潛力。多虧魚骨分析的重大突破，我們如今可以鑑定出來自挪威北部、經去頭處理並乾燥後出口的羅弗敦群島鱈魚，甚至可以從牠們的骨頭計算出平均重量。針對英格蘭中世紀市集的鱈魚所進行的DNA研究，開始足以說明當時國際漁獲貿易的轉變趨勢。

漁業生物學家和考古學家正在勾勒一幅過去的寫照，反映迄今無人知曉的一段歷史——關於漁民和他們的漁獲，也就是那些在城市和強大文明背後默默勞動的人們。新科學首次讓我們能夠用不同方式看待金字塔和法老、吳哥窟的糧食過剩，以及鯷魚和魚粉對秘魯沿岸的莫切文明深遠的重要性。捕魚或許並未創造文明，但卻促進文明綿延長久。

我會主張人類已經捕魚長達近兩百萬年的時間，甚至更久。我也認為最初的漁獵純粹出於精明的機會主義，比如在非洲淺湖或河潭抓起一條鯰魚，不讓牠溜走或咬人。如此找魚來吃，就像打獵和採集可食植物，都是例行公事。機會主義是人類的重要特質，也就是適應境況變遷並將之轉化為對自己有利的能力。我們可以說，人類就是在機會出現時發覺並把握時機，才開始捕魚。無論漁撈作業日後變得多麼機械化，這項要素仍是本質。

人類並非在捕魚時才展現機會主義的行為。人類先祖天天都這麼做，他們撿食獅子吃剩的獵物或從蜂窩收集蜂蜜。要捉起被困在退去洪水中的產卵鯰魚，更重要的是時機，而非技巧。（我自己也曾在鯰魚無助受困於非洲泥濘淺灘時抓過幾隻。）在熟悉的地點，趁著退潮採集軟體動物也是如此。數十萬年來，捕魚都是一種機會主義的狩獵，如同追捕小羚羊那般出於本能。接著，大約在一萬五千年前，當海平面開始迅速攀升，淹沒廣袤的大陸棚，捕魚活動才開始顯露獨一無二的特性。

在最後一次冰河期尾聲，大約有一千萬人生活在地球上，必須適應眼前變化莫測的世界。多數人成為專家口中的「廣譜獵人」*和搜食者，靠著較小型的哺乳動物、鳥類和植物維生。上升的海平面讓河川坡度趨緩，也讓流速更加遲滯，並同時促使淤泥沉積，進而生成沼澤、三角洲和河口地區，招來了大量的鳥類、魚類、可食植物和貝介類。這些擁有豐沛食物、樣貌多元的地景必然也吸引人類前往。此時狩獵經濟體的規模遠比早期更大，而捕魚成為了其中的一部分。過去的搜食策略高度仰賴奠基於謹慎觀察的機會主義，如今變得更為龐雜且要求更高。在海濱、湖泊和河川等資源更豐富的環境，人們開始設計出更複雜的專門工具，以取得不同的食物。在各式各樣的生存方式之中，捕魚正是在這氣候快速變遷的數千年內變得舉足輕重。三種取得食物的古老方式——打獵、採集和捕魚——皆因人類的機會主義而蓬勃發展。

這些覓食方法也仰賴另一項基本的人類策略：機動性。不管長蹄的、在樹木和灌叢上，或在水底生活的，所有種類的食物在人類領地上都是分布不均的，無論領地多麼狹小或廣大。為了獲取養分，人必須利用魚類洄游、獵物遷徙等特性，尋找軟體動物棲息地或成熟的橡實。這需要頻繁移動，且往往仰賴口傳無數世代的經驗。

當時人類是以廣為分散、流動性高的小型遊群形式群居，在這樣的世界裡，平均一人在一生中可能只會遇見三十至五十個人。然而，這不代表人可以在不與鄰居互動的狀態下生活。每個人都有東西可以交易。我們從關於岩石中微量元素的研究得知，有些遊群會交換製作工具用的細粒岩塊，或是矛形刀尖等人工製品。有些遊群則會交換當地橡樹林的橡實、鹿皮或外來的海貝。所有這些商品都是由人親手傳遞，有時人們移動的距離出奇遙遠。

親族關係是人們互動的快樂泉源，其紐帶有時也遠遠超出原本的遊群，提供與他人的連結，

---

* 譯注：考古學家肯特．佛蘭納瑞（Kent Flannery）在一九六八年提出「廣譜革命」的假說，說明人類在最後一次冰河期的尾聲，由於原本主要食物來源的大型陸生哺乳動物數量大幅減少，人類開始尋找其他食物，包括小型動物和植物，因而促成人類生存策略的擴大，飲食也變得更多元。

且往往橫跨可觀的距離。人可以從這樣的關係中獲得婚姻伴侶以及下一個產季的食物的情報，後者有時甚至更加重要。

現代對喀拉哈里沙漠和加拿大極圈等環境的打獵採集遊群的研究顯示，其成員組成時常消長。這樣的變動是狩獵採集者生活的自然現象。女兒會與遊群外的人成婚。爭端可能會導致輸家遠走高飛。此外，兒子及其妻子會離開他們的遊群，去探索附近的山谷並組成自己的遊群。人們不斷尋找新的獵場或可捕魚的溪流，可能意味著他們在短暫的一生中走過的範圍十分廣闊。考量到人類首度落腳阿拉斯加後多麼迅速就南移，人類也極有可能在僅僅兩千年內，就移動近一萬六千公里，來到南美洲的最南端。只要有能夠輕鬆豐收的漁場，就會有及時來到的漁民。西元前九二〇〇〇年前，在秘魯北部沿岸的淺水海域，捕魚活動已十分盛行。[5]在這裡和其他地方，機動性與機會主義相輔相成。

情況首先在西南亞有所改變，但農業在幾個地區獨立發展，包括中國和中美洲。大約一萬兩千年前，有些在中東的打獵採集遊群從搜食轉向農耕，並從狩獵轉向畜牧。學者已經為其原因爭論長達數世代，但可能有部分與乾旱週期相關，基於旱災摧毀了結滿堅果的樹木和長有野生穀類的草地。產製食物的做法如野火燎原般傳布開來。在數千年內，地球上的多數人都成為農夫或牧人。農村變成小鎮，接著變成城市；有些勢力強大的酋邦則成為世界上最早的文明。灌溉農業、城市、識字、貿易和制度化戰爭讓人類踏上一條發展途徑，通往極速的人口增長和今日的巨型城市。

狩獵和搜尋植物的重要性衰退。在當今世界的任何角落，穀類和其他野生植物的採集活動皆不再具有經濟影響力。相較於提供人類食物，狩獵可能在休閒娛樂、有害生物防治和非法象牙貿易方面有其重要性。唯有自給性漁業成功轉型、留存下來，至今依然是人類主要的經濟活動。

隨著全球人口攀升，漁場所承受的壓力也跟著升高。個人為自己的家庭或一個小遊群所進行的捕撈，無可避免被商業漁撈取代。魚成為供人捕獵的商品。自工業革命以來，加強捕魚以餵養更多人的策略，使漁業迅速成長為重要的國際產業。柴油拖網船和深水拖網被發明來滿足大量城市的需求，如今已摧毀世界上的許多漁場。

自給自足的漁夫必須考慮餵飽自己，要捕撈足夠大量的漁獲，以便留下部分進行乾燥或煙燻處理，以在無魚可捕的冬季和春季食用。在人口密度仍相對低時，這麼做沒有問題。可是當人數增長，人們就會加緊捕魚，通常是使用大型的圍網，或發展適航的獨木舟，以利前往較不易抵達的漁場。西元前四〇〇〇年左右，海平面高度變得穩定，加強的捕魚作業已逐漸成為常態。會回到淡水水域產卵的溯河鮭魚，以及鯡魚或鯖魚等洄游性魚類的密集魚群，帶來龐大的漁獲量。[6]如果在西元一〇〇〇年到美洲太平洋西北地區觀賞鮭魚洄游，將會看見一道牢固的魚梁，由多根柱樁和一道厚籬笆組成，橫跨冒泡的淺溪。溪水生氣蓬勃，鮭魚擠滿上游，密集到游泳時得摩擦著彼此的魚身前進。牠們遇上那道魚籬時，數百條魚都聚集在那裡，看起來十分迷惘。在牠們上方，漁夫們站在牢固的平台上，手握長柄撈網。他們將漁網浸入數量繁多的魚群中，網子舉起時因鮭魚的重量而鼓鼓囊囊，每撈重達十四公斤。每位漁民皆將撈得的鮭魚投入備好的籃子中，接著再次將網子伸入水中。在魚梁上游的獨木舟會將這些滿載的漁籃運送到岸邊。

男性漁民帶回數百條鮭魚後，婦女會負責去除內臟並剖開攤平，接著放在木架上煙燻或乾燥處理。一次豐收可以餵飽數十人幾個月之久，但即使在豐年，存量也可能短缺，迫使人們轉而依賴貝介類。軟體動物所扮演的角色，就和農村遭逢穀類作物歉收時的野生植物一樣。

在美洲太平洋西北地區等人口稠密的地區，這種加強的自給性漁業會導致重大的政治與社會變遷。撒網並收集漁獲的大量人力需求、在產卵季節捕撈並保存數千條鮭魚所需的複合基礎建設，以及儲藏並運送漁獲的後勤管理，三者創造出一定程度的社會複雜性。一套成功的漁撈運作仰賴親族關係、群體內外部的社會義務與權威人物的監督。勢力強大的族群領袖往往會崛起，也就是那些兼具能力與魅力、贏得追隨者忠心的男人和女人，他們肩負舉行儀式的重要責任，而且有權分配食物和財富給他人。這些人物主持盛宴，並向先祖和自然界的勢力說情。追隨者認為他們擁有特殊力量，能夠連結人界與超自然界——這種能力不一定是由父傳子或由母傳女。在捕魚社群中，重要的是該領袖是否有對付難以捉摸、往往移動快速的獵物的經驗。

隨著文明的出現，漁獲被更進一步商品化。約在西元前三〇〇〇年後，增長的城鎮人口導致對魚的需求增加。埃及和美索不達米亞等工業化以前的文明需要大量的人員投入自給自足以外的工作，而這些工人也需要填飽肚子。古埃及王國建設了大量的公共工程。建造吉薩金字塔的工匠、祭司和平民，以麵包、啤酒和數百萬條尼羅河魚乾所組成的飲食為生。[7] 這些食物必須謹慎配給，因此又創造出另一工人階級：我們可以想像身穿白衣的官員在豐收的圍網運送到岸邊時，計算著漁獲量的情景。他們在漁獲移到乾燥棚上時，細數每籃魚的數量，而漁獲在移往加工地點、讓炊事人員準備並分配配給時，又會再次被清點。當時魚已是種平凡無奇的商品，在同時期的美索不達米亞城市和日後的羅馬帝國也是如此。

我們可以譴責縱情享樂的羅馬富人墮落放蕩，一人一口氣吃掉三公斤的鯔魚，但魚真正的價值反映在城市集市和軍糧上。在羅馬帝國的鼎盛時期，鯖魚等數量較少的魚種是水手和士兵日常的伙食，部分原因在於魚乾重量輕且方便大量攜帶。地位卑微的捕魚社群是社會底層中的底層，他們捕捉大量的這種小魚，販售給城裡的平民。有部分的漁獲會被製成魚醬，是種在羅馬飲食中無所不在的魚製醬汁。魚醬是帝國經濟的主力商品，最北外銷至不列顛。與此同時，漁民將他們的知識保存在自己的社群內部。羅馬的紀錄亦曾提及印度洋和紅海沿岸社群中的「食魚者」，他們會供應來往的商船乾燥的漁獲，但羅馬人也鮮少正式記載這群人。根據稀少的文字紀錄，他們是群獨立、難相處的人們，但對印度洋貿易的發展至關重要。

到了羅馬時期，魚早已成為商品，作為配給來餵養奴隸或大量販售之用。若經過妥善煙燻或鹽漬處理，魚類完全勝過牛肉和硬餅乾等其他乾燥食物，能同時餵飽法老、平民、工人、奴隸、士兵及水手。魚乾作為一種可攜帶的食物，讓水手能夠在海上待上數月之久，有利移動。當基督教於西元六世紀左右宣告教義，要信徒在神聖節日和大齋期採行無肉飲食，魚便成為中世紀和日後經濟體的主要貨品。可是加強捕魚仍不足以餵養所有人。早在五千年前，另一項策略日漸普及，那就是養魚，亦即眾所周知的水產養殖。

養魚的起源

一如無人發明捕魚，也沒有人發明養魚。任何曾觀察魚受困在溪流旁淺池的人都知道，如果用一道低柵欄將之圍起，魚就會一直留在原地。這是種非常簡單的風險管理方式，但絕非典型的水產養殖。更正規的養魚活動始於西元前三五〇〇年左右的中國。長久以來，長江下游河谷的中國農民都會造池，在季風洪水退去時讓鯉魚活在池中。鯉魚特別好養，尤其圈養時的繁殖速度很快。養魚可以帶來龐大的漁獲量，尤其是如果把鯉魚養在大魚池中游水，更能增加收穫量。水產養殖成為中國鄉村生活的重要元素。

古埃及人因為需要餵養尼羅河谷逐步增長的人口，會捕撈吳郭魚當作配給食物，不久後便開始密集養殖，納入他們灌溉農業的部分作業。他們會將幼魚（和貝介類）引入能夠促進生長的人造環境。另一個古代養魚的經典範例來自拿坡里灣：富裕的羅馬人會養護豪華魚池，飼養野外罕見的大型鯔魚以供食用，有時則只是為了在精緻的宴會上對外展示。水產養殖在中世紀末的歐洲舉足輕重，部分是為了餵養教會人員，並供應糧食給大家族和正值齋戒期間的虔誠信徒。可是養殖魚相當昂貴，因此當可以取得更便宜的海魚，這個產業便泰半瓦解。

一些最成功的古代養魚業在夏威夷扎根，時間點是在西元十三世紀，首次有人定居在那些島嶼之後。夏威夷人藉由在水邊興建海堤，打造海水池。製作精巧的格柵和運河系統讓幼魚能夠進入池中，成魚卻無法游回海裡產卵。海水隨著潮汐漲落循環流入及流出魚池，幾乎不需要人為輔助。

這只是古代水產養殖的幾個例子，而在工業革命和人們開始採用具高度破壞性的拖網捕魚法後，世界各地的養魚業皆隨之衰退。然而，現今因為人口成長加速、城市人口稠密，再加上淺海和深海的魚群資源皆面臨持續的過度捕撈，水產養殖再度崛起。當今人類消耗的海鮮中，近一半是產於養殖漁業。

令人驚訝的是，自給性漁業和捕撈數萬條溯河魚類（亦即返回淡水產卵的海洋魚類，包括太平洋的鮭魚和多瑙河的巨鱘），兩者所運用的技術在過去一萬年來幾乎一成不變。簡易的雙刺鈎鉤（見專有名詞表）、骨製或帶有木製矛形刀尖的魚矛、帶倒刺的魚叉、各式各樣的撈網和陷阱——這些器具幾乎都是從獵殺陸地上的獵物和鳥類的狩獵武器演變而來。當漁民在調整適應其漁場帶來的獨特挑戰，就會改良魚鉤和其他特定用途的武器。

然而，隱藏在捕魚的歷史背後的，遠不只是這些簡易卻有效的技術。捕魚也有賴一系列人類獨有的特質。靜靜地保持敏銳觀察和追蹤獵物的技巧，再加上創新和謹慎計劃的能力，都經常被運用在捕魚和獵鹿上。這些行為在世界各地傳統的捕魚社會中都會出現，所有我們能想像得到的水域景觀無一例外，供養了城市與文明、來往的商船和全體的陸海軍。對內陸居民來說，漁人的世界疏離又陌生，數千年來人們對那裡的印象就是富有異域風情的海貝，會從它們曾經生活過的海域遠道而來。

來自遠方的海貝

每當我在距離海洋數百公里遠的地點找到海貝，總會感到一絲震驚。我曾在非洲村莊的遺存中挖掘到海貝，那些村莊在一千多年前的中非高原繁榮發展。那些貝殼是小瑪瑙貝，我曾看過一模一樣的海貝被成堆且大量丟棄在印度洋的海灘上。一串串的海貝經由人手傳遞來到內陸。不過在如此遙遠的內陸，往往一次只會出現一兩枚貝殼，被裝飾在曾受人珍視的髮飾或被細心地縫在衣物上。我很好奇它們的象徵意義，即瑪瑙貝被賦予的價值以及可能帶來的名望，足以讓它們的主人與眾不同。（甚至在西藏也能找到這樣的貝殼，這裡可說是人所能旅行到最遙遠的內陸地區。）與軟體動物的食用價值頗為不同的是，富異域風情、五顏六色的貝殼深具吸引力。早在五萬年前，居住地遠離海洋的尼安德塔人便曾保存貝殼。一萬七千年前的歐洲獵人曾在海貝上穿孔當作飾品佩戴，住在烏克蘭淺河谷的人們也會這麼做。

來自遠方、仔細磨光的貝殼帶有某種美感。在基本上人人平等的社會裡，這些貝殼賦予了它們的擁有者特別的地位。管狀的象牙貝等海貝出現在早期西南亞農夫的墳墓中。更近期的象牙貝飾品則有伊羅奎族部落珍貴的貝殼串珠腰帶。不過，很少有貝殼像來自東非海岸的圓錐形芋螺貝一樣備受珍視。它們因為圓形的基部和螺旋狀的內部被認為十分寶貴，旅行商人親手將這些貴重貝殼串傳遞數百公里，直至尚比西河。傳教探險家大衛·李文斯頓曾於一八五三年描述，在某個中非王國，用兩枚芋螺貝就能購得一名奴隸。一位名叫英葛姆貝·伊雷德的商人在西元一四五〇年葬於尚比西河中游河谷的某座低矮的山脊上，頸上戴著一條至少有九枚芋螺貝的項鍊，其中一枚背後還襯著一片十八K金薄片。[8]他必定富可敵國，因為他的海貝是一名漁夫從超過九百五十公里外的海岸採集而來的。

和貴金屬不同的是，貝殼很容易採集和加工。在東非海岸和北美墨西哥灣沿岸地區，外來貝殼的存在實際證實了捕魚社會曾參與遠距貿易。軟體動物是一項可再生的豐沛資源，早在農業、畜牧或擁擠的城市出現之前便頗受重視。牠們的價值遠遠不止反映在美麗貝殼的吸引力上。交換這樣的貝殼有時具有深遠的象徵意義，將個人與遙遠的親族連結起來，維繫長達數世代的關係。中美洲和安地斯地區壯觀的鳳凰螺貝殼同時是地位的標誌，也是儀式用的號角，並被賦予強大的象徵力量。[9]對馬雅人而言，這些海螺貝則象徵月亮女神。

古代漁場提醒了我們，海洋並非恆久不變，而是和地球上所有環境一樣複雜且持續變動。一六五三年，艾薩克·華爾頓在他流芳百世的專著《高明的釣者》中談到：「『水域』比『陸地』更豐饒多產。」[10]在當時，他或許是對的，但如今已經不然。華爾頓說了這句話之後的三百五十年內，工業化的大規模漁撈已經摧毀了人類長久賴以為生的河川與海洋。促成這一切的故事始於大約兩百萬年以前，而且幾乎可以肯定是意外開展的。

第一部

伺機而動的漁民

Opportunistic Fishers

自給性漁業，或可通俗點稱之為「為了填飽肚子捕魚」的活動，幾乎在人類誕生時便已出現。最一開始可能是人族從熱帶非洲近乎乾涸的水池和河潭抓起鯰魚。這項活動對人族生存至關重要，我甚至很想將這本書的第一部命名為「鯰魚如何創造文明」。但我沒有這麼做，因為這樣的標題將會掩蓋更為錯綜複雜的歷史現實。不過，捕魚是人類獲取食物的所有方式中最歷久不衰的一種，確實幫助創造了現代世界。

這本書的第一部分聚焦在三個基本的人類特質：好奇心、觀察力與機會主義。從人族、早期智人，再到智人，我們的生存總是仰賴活躍的好奇心和對周遭環境的敏銳覺察。身在充斥著掠食性動物的演化環境，我們的人類祖先既是獵人也是獵物。他們對於所處的地景、食用植物的產季、獵物和掠食者的動態瞭若指掌。他們必須成為技藝純熟的機會主義者，準備好搜刮獅子獵殺剩下的動物殘骸，或從蜂巢竊取蜂蜜。他們明確意識到在雨季尾聲潛藏於淺水處的鯰魚是可以取用的食物；或許時間不長，但在雨季後、地景變得乾燥之際，便可預期牠們出現。

起初，魚必定是種保存期限短暫的食物，因為魚肉在熱帶氣候會迅速腐壞。這一點數十萬年來始終如一，而可以從淺水棲地輕鬆採集到的淡水和鹹水軟體動物也是如此。一個人類遊群的生存取決於食物在各地的分布狀況，以及人類有多擅長尋找這些食物。在人口稀少的世界，魚類和軟體動物是許多遊群會伺機採集的必要食物，他們徒手捕捉這些漁獲，大概會趁新鮮食用，成為日益複雜的打獵採集生活方式的一小部分。

一開始，打獵採集生活的技術相當原始，高度仰賴謹慎的觀察和老練的追蹤技巧，讓獵人能夠在非常接近其獵物的位置用矛刺殺大型獵物。這時人們主要使用木製矛槍（後來發展為石製矛槍），這種武器即使在最佳情勢下也只能近距離使用。我們遙遠的祖宗只有雙手、警戒心，以及將其領地的精密地圖和指南記在腦中的能力。

大約在一百九十萬年前（學界對此年分仍有爭議），人類學會用火，並可能在過程中徹底改革了捕魚方法。火帶來溫暖，讓獵人能夠煮食，也或許讓他們發現漁獲可以乾燥保存。魚乾有很多優點。它們輕盈易攜，可以堆疊在獸皮製的小包中，生吃或稍做烹煮皆十分方便。魚乾是人們遷移時的食糧，就像某種牛肉乾，只不過肉是來自水裡，而非陸地。自從人類已知用火，魚便逐漸不再只是伺機取得的食物。

到了冰河時期末，大約兩萬年前，許多在非洲、亞洲和歐洲的打獵群體都會不定期捕魚。其中技術最精湛者曾經在四萬五千年前左右一邊捕魚，一邊在東南亞外海到新幾內亞和澳洲的島嶼間遷徙。當時，冰河時期最後一次的強勁寒流已使全球海平面降低約九十公尺，暴露出廣袤的大陸棚，並形成連接西伯利亞和阿拉斯加、不列顛和歐洲大陸的陸橋。隨著全球暖化在一萬五千年前開始產生影響，升高的海水淹沒了低窪的海岸，讓河川匯流成池，形成廣大的淺灘、豐饒的漁場和軟體動物棲地。正是在這氣候快速變遷的數千年內，自給性漁業在有幸擁有三角洲、河口地區和沼澤的地區變得舉足輕重，這些環境棲息著大量的鳥類、魚類和軟體動物。專為捕魚設計的工具首次出現在考古紀錄中：諸如魚鉤、帶倒刺的魚矛、淺水陷阱，以及改良自捕捉陸地獵物用的漁網等器物。到了西元前八〇〇〇年左右，結構越發複雜、以魚維生的社會在波羅的海沿岸、各地的大河河谷和日本北部蓬勃發展。隨著他們的人口攀升，有些群體建立永久聚落，數世代占居於此。

然而，除了在資源最為豐沛的海洋環境，多數人類社會仍須為生存遷徙。即使是那些居住在豐饒漁場旁的人們也會四處遷移，仔細計算他們每年移動的時長，以便利用沿著尼羅河產卵的鯰魚，或日本北部、西伯利亞和北美洲西部的鮭魚洄游。即便是資源豐富的環境，其承載力向來都不高，意味著打獵漁撈的活動範圍非常廣大，且人們在一生中會移動相當長的距離。也是在冰河時期過後，船隻成為遷移的催化劑。尋找魚群一事以兩種方式為人類的遷移推波助瀾：刺激造船技術一再改良，並給予人們遠行的理由。

自給性漁業在美洲最早的人類聚落中占有重要地位。如今眾人已普遍同意，第一批來到美洲的人類墾民是從阿拉斯加沿著太平洋岸南下，而非經由北美洲中部。在最受歡迎的地區，人口密度必然升高，諸如太平洋西北沿岸、舊金山灣地區、加州南部的聖塔芭芭拉海峽、中西部的肥沃河谷，以及佛羅里達州東北和南部沿岸。人們更激烈地爭奪軟體動物棲息床和資源豐沛的漁場，意味著領地變得更加侷限，群體間的關係轉為更加競爭。人們更長時間生活在同一個地點。於是，社會無可避免變得更加複雜，超越過去讓小遊群和社群團結長達數千年、單純的家族關係。

如今出現了重要的親族領袖，這些個人以身作則，因為他們頗具聲望地位，並被賦予執行儀式的權力。不過，這些人並未成為握有絕對權力的神聖統治者。有些人繼承了世代相傳的地位，有些則不然。他們高度仰賴自己的親族和其他追隨者的忠誠，以及他們對其他親族領袖的慷慨與細心留意。其中許多人是某位人類學家口中的「偉大人物」*——這個詞貼切地描述了來自主要以漁獵維生的社會中若有似無的古代領袖，如波羅的海沿岸、日本北部的社會，也被用來形容某些太平洋西北海岸的酋長，以及加州南部楚馬仕族首領。

這幾章所敘述的人們都是自給自足的漁民和軟體動物的食用者，他們的食物大多產自當地。他們或許會將乾燥或煙燻的魚肉拿來和鄰居交換，但這種交易並非任何現代意義的商業貿易。人們捐獻食物給需要的人，是因為深知捐助者有天也可能會需要同樣的救濟。商業行為要在日後才會出現。

自給性漁業最顯著的特色之一，就是其方法和技術數千年來幾乎一成不變。史前時期的捕魚工具有撈網、魚矛、釣鉤、釣線及陷阱，而現今人們仍在使用這些工具。捕魚時，重要的是經驗、謹慎觀察的能力、對環境的了解與對潛在獵物的熟悉程度。這是嚴密保存、代代相傳的專門

* 譯注：「偉大人物」（Great Men）由法國人類學家哥德里耶（Maurice Godelier）提出，相對於「大人物」（Big Men）的概念。大人物指的是累積財富得來名聲和權力之人，偉大人物則是靠著財富分配來獲得名望。

技術，鮮少外流。而這也是為何在西元前三〇〇〇年後，唯獨捕魚族群處於比過去都要複雜的早期文明階段。

自給性漁業甚至在農耕社會於世界各地崛起後，依然持續興盛。漁夫與漁場相連，而非與農田或牧地等有限界線。他們通常居住在岸邊淺灘和有遮蔽的海灣，也就是農民無法繁榮發展之處。和在土地上耕作或放牧牲畜的族群不同的是，漁人擁有隨時可使用的獨木舟和其他船隻，得以前往漁場或貝介棲地所在的帶狀沿岸水域。其中有些人可能仍會從事農業活動，如日本北部的繩紋人。其他則十分了解農耕卻不耕作，或實作的規模有限，如加州沿岸的楚馬仕人和佛州南部的卡盧薩人。他們不需要務農。即使在漁場因聖嬰現象等短期事件而枯竭的年分，他們也能轉為依賴軟體動物和食用植物，或捕捉他們較不熟悉的魚類。

漁人的世界位處邊緣。他們的生活與海岸和河口地區、淺水和深水水域密切相關；這些都是漁民僅能通過但永遠無法占居的超自然領域，住著神話生物和強大的造物者。這些自給自足的漁民也存在於歷史的邊緣，但他們出色的適應能力幫助人類物種散布至世界各地。

第一章　最早的漁夫

一百七十五萬年前，在坦尚尼亞的奧杜威峽谷，退去的湖水在燦爛陽光下閃耀，午後的氣溫炙熱無比，以致湖濱線每天都在降低。一群身材矮小的人族沿著淺灘謹慎移動，鯰魚就被困在那面積快速縮減的水池中。他們對惡臭不以為意，穿越一堆擱淺的腐爛死魚。一名男性快速將手伸入水中，捉住一條大魚，並靈巧地將之扔上乾燥的地面；他的同伴在那裡用一根沉重的棍棒把魚打死。遊群中有些人涉水進入另一座水池。他們靜靜站在水中，直到感覺到魚在他們腳邊游動。他們以熟練的技巧抓住露出的魚尾，將魚丟到乾燥的土地上。他們很清楚漁獲會在熱氣下迅速腐敗，於是不分老幼皆一齊宰殺魚屍，並把新鮮的魚片塞進嘴裡。與此同時，鬣狗和胡狼也靠近，搜刮那些正在腐壞的魚屍。

捕魚和人類一樣古老。這樣的陳述似乎與傳統上認為我們最早的先祖是以獵物和植物為生的假設相悖。非常早期的小型人類遊群最有可能自發誘捕鯰魚。我們經常遺忘他們是雜食動物，會

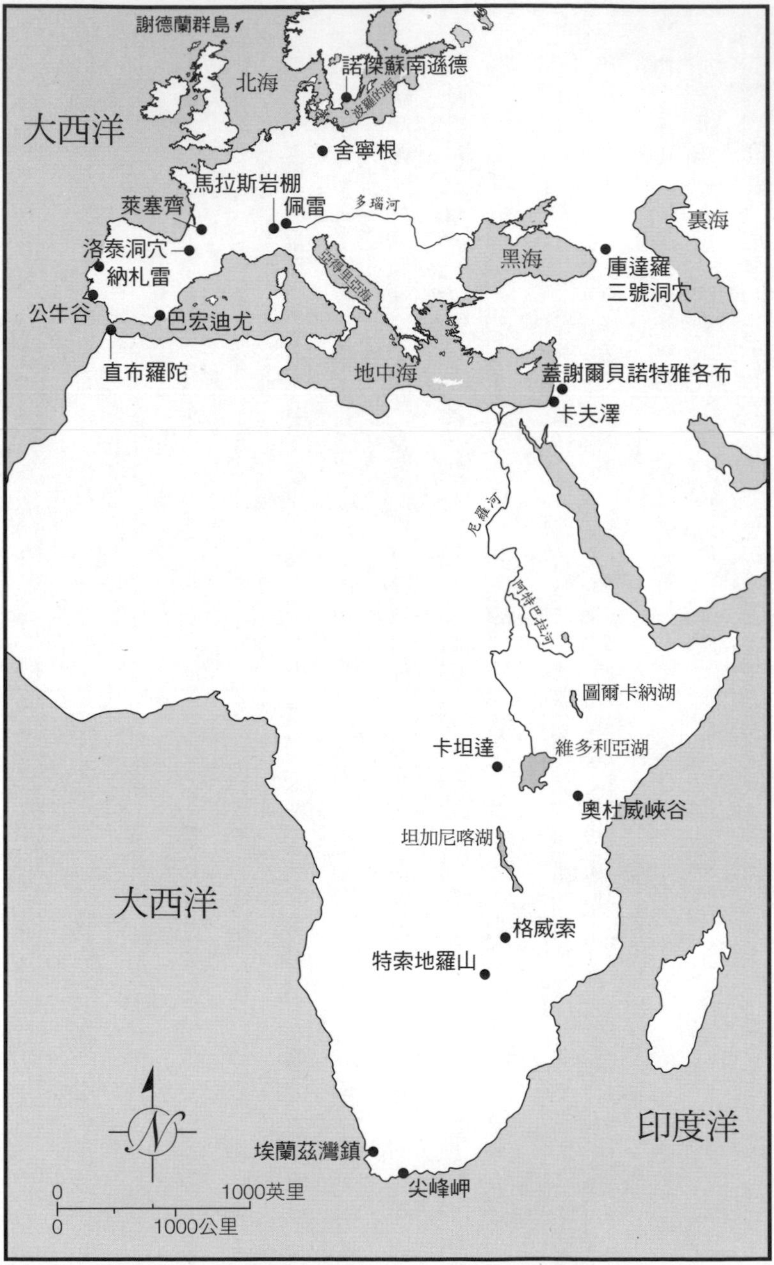

地圖一　從最早期到冰河時期尾聲的非洲、歐洲和中東遺址

攝取各式各樣的食物，並按季節和機會變化來調整他們的飲食。奧杜威的鯰魚就是這種伺機進食的例子的主角；我們從峽谷考古據點的遺物堆和獸骨中找到少量細小的魚骨，得知牠們的存在。我們幾乎可以肯定，奧杜威峽谷的部分魚骨來自被活捉的鯰魚，儘管這樣的論述仍沒有完整證據支撐。[1]工業化以前的捕魚活動，無論是以何種方式，總是泰半仰賴觀察和把握機會——這是人類在開始生產食物前，長達三百萬年左右的生存關鍵。魚類會出現在食物清單上並不令人意外。那些將魚捉離淺溪和淺池的人們對環境中的食物瞭若指掌。產卵的鯰魚等能夠輕易取得的食物是很顯眼的獵物，因為牠們受困淺灘的狀況，就和野生果實成熟，或附近塞倫蓋蒂的牛羚遷徙一樣可以預期。

我們的早期祖先必定曾在觀察鬣狗、花豹乃至狒狒的過程中，認識到魚類可以食用，因為這些動物會在乾季期間從淺池找魚來吃。食嫩植（如樹葉與嫩樹枝）的動物、草食性動物和肉食性動物都會受到季節性的食物短缺影響。在乾旱時期，人類和他們的獵物都會面臨脂肪不足的情況，而植物的蛋白質含量也降低。現代的打獵採集社會會定期轉為食用魚類和軟體動物，以利在貧瘠時節度過難關，通常是冬末春初之際。

吃魚所需的工具很少，可能只需要木棍和切肉用的石刃。在智力發展到某個階段時，人類學到肉無須立即食用，可以在太陽下曬乾後，使之成為移動時方便攜帶的食物，而鯰魚片也能用同樣的方式處理。此外，漁獲的營養很豐富。漁業研究員已經證實，一條四十公分長的鯰魚可以提供近一公斤的魚肉，其脂肪和油脂足以支撐一個家庭數日之久。同樣重達一公斤，鯰魚的脂肪含量相較之下高過草食的哺乳動物。

奧杜威峽谷的魚骨並非決定性的證據，不必然說明人類已會蓄意捕捉，儘管看來大有可能，但或許當時的人只是撿起擱淺的魚。近期在肯亞北部圖爾卡納湖附近的人族遺址尋獲一百九十五萬年前的鯰魚魚骨，但依然無法明確解答前述的問題。力求用字精確之人會稱這些人族的行為是「伺機食腐」，嚴格說來確實如此。不過，這種行為活動持續且普及長達數十萬年之久，在狩獵族群中十分常見，應該可以合理稱之為真正的捕魚活動，尤其是在人們開始使用魚矛和其他工具之後。

人類開始消耗水生資源的絕對確證出自爪哇梭羅河流域特里尼爾的低地沿海平原，那裡滿布潟湖、河川和沼澤。[2]一八九四年，荷蘭的化石獵人尤仁．杜布瓦在這裡發現早期智人的最初物種——直立人，其歷史可追溯到一百萬至七十萬年前。他和其他人都在挖掘作業中找到了陸生動物和魚類的骨頭，以及無數軟體動物的殘骸。鯰魚會在沿海紅樹林沼澤混濁的半鹹水和其他潮濕環境中生長茁壯，特里尼爾於是便出土了大量的鯰魚魚骨。我們無法確知特里尼爾的獵人是否會抓魚——魚骨上沒有留下任何人類活動的痕跡，譬如人們清理多骨魚身時留下的割痕。但在鯰魚產卵季節期間，當時的獵人很容易就能夠用簡易的魚矛或棍棒捉到牠們，甚至徒手就能辦到。

有一種名為擬齒蚌的大型淡水貽貝出現在與人類遺存相同的地層。不尋常的是，牠們的殼全都同樣巨大，暗示直立人是為了吃牠們的肉才刻意採集。決定性證據出自另一種學名為*Elongaria orientalis*的淡水蚌殼，通常都是從最脆弱的後端被擊破打開。一如奧杜威峽谷的人族，特里尼爾的直立人族群也是「生態廣適者」，採用一種搜食行為長達數十萬年——因為這能讓他們填飽肚子。

七十九萬年前，以色列約旦河谷北部的胡拉湖綠意盎然，充斥著獵物、魚類和食用植物，並且有淡水蟹和貽貝可供取用。在這裡，人類的機會主義帶來絕佳效用。有如此廣泛多元的食物唾手可得，再加上人類數量稀少，該區域的每個遊群必定只需要相對狹小的領地。他們常駐的地點之一是今天的蓋謝爾貝諾特雅各布*。[3]

前往蓋謝爾貝諾特雅各布的人類訪客不僅利用土地，也利用湖泊的淺水處；在這裡，謹慎觀察能帶來大量的食物，尤其是在產卵季期間。獵人捕食鯉科魚類，如䰾魚和鯉魚，兩者都會在淺水產卵，一如在奧杜威峽谷和特里尼爾的魚類。觀察力敏銳的獵人帶著以火烤硬化的長魚矛，可以站在水中一動也不動，讓魚靠近，接著再以閃電般的速度刺穿牠們。

就像在陸地上狩獵，以矛刺殺䰾魚和鯉魚也需要耐心，但跟蹤膽小羚羊時所需的靈敏追獵能力在此時則派不上用場。魚只有在一年中特定時節的數日內容易取得。清楚知道這一點的獵人會

* 譯注：位於約旦河上游的一座橋，意譯為「雅各布女兒橋」，於十字軍東征時期得其名，是著名的史前考古據點。

年復一年回到相同的地點；那裡保存下來的魚骨揭示他們的漁獲頗豐，大多是超過一公尺長的大鯉魚。多數的魚骨都集中分布在兩個地點，其中之一靠近一座爐床，捕獲的魚可能就是在那裡烹煮或做乾燥處理，以供日後食用。

蓋謝爾貝諾特雅各布的非凡之處在於其絕佳的保存狀況，讓挖掘者能夠發現最脆弱纖細的遺存。然而這座遺址絕非獨一無二：無疑仍有許多環境提供其他機會，讓早期人族在清澈或泥濘的淺水都可以用矛捕魚。一如奧杜威峽谷、特里尼爾和其他地點，蓋謝爾貝諾特雅各布讓我們確認了一項事實：捕撈魚類和軟體動物是我們雜食性祖先的慣常所為，而非智人想出的主意。

南非的尖峰岬洞穴位於俯瞰不毛沿海平原的陡峭懸崖之間。十六萬兩千年前，我們可能會看見兩名獵人在洞穴入口附近的臨時營地前，屠宰一頭小羚羊。一陣強勁的西南風呼嘯吹過沙塵滾滾的大陸棚，令大量塵土飄落在整片平原上。在強風之間，獵人可以聽見遠處幾公里外，拍打在海灘上的大浪怒號。滿月帶來潮水高漲，於中午時分退潮。團體中的幾名婦女和小孩赤腳走近浪花，用腳趾感受埋在沙中的貽貝。每隔一陣子他們就彎下腰，挖出一顆蚌，丟進背在肩上的籃子或獸皮袋的蚌堆中。較年長的婦人知道潮水會快速高漲，於是密切注意洶湧的海浪。不久他們就退到地勢稍高的地面，將那些貽貝帶回洞穴。

在尖峰岬紮營的人們最有可能是解剖學意義上的現代智人，外觀與當今的人類十分相像。所有人都同意，我們的現代祖先是在非洲演化而來，可能是在十五萬至二十萬年前之間。這些最早的現代智人不必然擁有今日智人的認知能力，我們也不太清楚我們的祖先最初從非洲遷徙到亞洲的狀況。此外，我們並不知道現代智人在何時發展出全面的智識能力：清晰流暢的談話，形塑概念、計畫和事先思考的能力，以及想像的力量。一般估計大約是在七萬五千年前。不過，在南非洞穴找到的骨製錐子和改良的矛形刀尖等器物暗示，有些行為上的轉變早在更久以前便已發生，包括更熟練的覓食方法。這些逐步的改變讓尖峰岬洞穴成為格外重要的遺址，因為它為我們極其詳盡地描繪了十六萬五千年前採集軟體動物的情景。[4]將貝殼用作個人的飾品是已知最早的改變徵兆，促成今日人類的認知能力。

尖峰岬洞穴13B（這是考古學的命名法）坐落在南非南岸沿海的正中央、莫瑟貝鎮的正西側，有著許多岩洞的懸崖在那裡俯瞰著大海。過去有片廣闊的大陸棚將陸地向外延伸長達一百二十公里，直至現今大西洋和印度洋的匯流處。早在尖峰岬為人占居之前，人類必定曾在這些如今沉沒水中的平原上狩獵和搜食，受到地方潮池的軟體動物等種種生物吸引而來到此處。氣候變遷在尖峰岬的歷史上扮演重要角色：海平面隨著北半球冰川的退縮和侵襲而起落。考古學家柯提斯・馬林等人十年來在這些洞穴進行發掘工作的成果，勾勒出數千年來人類有系統採集軟體動物的情形。

十六萬年前，海洋距離洞穴約五公里遠。造訪這些岩洞的人們在兩個生態區的交界處生活，這裡的環境提供多元可靠的食物來源。他們沿著世界上資源數一數二豐富的海岸線狩獵；從南極大陸向北流的龐大湧升流「本格拉海流」，在這裡與沿著非洲東側向南流、強勁的「阿古拉斯海流」匯集。冷暖海水的混合促使各式各樣的貝介類密集棲息在海岸線旁的岩石潮間帶上。洞穴的內陸側是現今的弗洛勒爾角，供養近九千種多樣化的植物物種和各式各樣的小型哺乳類動物。體型較大的動物相對罕見，代表當地的狩獵遊群高度依賴食用植物和小型獵物。與此同時，即便遭逢漫長的乾旱，有軟體動物棲息的海岸也是可靠的食物來源。

尖峰岬的婦女用腳趾搜尋的沙貝「金黃斧蛤」，應該不是歷史舞台上的要角。同一群婦女採食的另一種棕色貽貝「褐菜蛤」亦然。但牠們是科學界已知人類最早有系統採集的兩種軟體動物。在世界各地的水域，軟體動物幾乎無所不在，時常群聚在潮池或低窪的岩石，人們用邊緣鋒利的石刀就能撬鬆牠們，並丟入網子或皮袋中。其他貝種則是在較深的水域生長茁壯，僅能靠潛水取得；也有些物種會鑽入沙中，例如斧蛤。要捕撈牠們無需精湛的技巧，只需要了解潮汐。那些在尖峰岬採集軟體動物的人們知道貝介類在哪些季節，會因為名為紅潮的有害藻華而具有毒性，在哪些季節又會因為猛烈的暴風雨，讓海岸的搜食活動變得十分危險。軟體動物的習性是成群聚集，這也是一項優點，因為要數百顆蚌貝才能湊成令人滿足的一餐。從沒有任何人類社會僅以軟體動物為生，但牠們是獵物稀缺、游魚罕見，或食用植物不足時的珍貴補給。

潮間的軟體動物會在低潮時暴露出海面，是尖峰岬周邊最常見的物種。起伏最大的潮汐現象發生在滿月和新月之時，這可能也是海岬遊群最密集採食的時間。現代的狩獵採集族群特別喜愛在大潮時搜食，尖峰岬的人們可能也有同樣的偏好。

尖峰岬多數的貝殼都來自容易取得的軟體動物，但有些有趣的例外。搜食者也會採集冠螺貝和歐洲蚶蜊的殼，這兩種軟體動物生長在深水區，唯有潛水者能夠觸及。在現有的標本裡，有些外表輕微磨損，似乎曾躺在沙灘上一段時間，受海浪揀選。有些則曾被製作成垂飾。

人們對待非常美麗的奇特深水貝殼的方式，和對待平凡無奇的貝殼不同。它們看似被人佩戴過，可能是當作裝飾品或長者的標誌。我們可能永遠無法確知實際情形。目前也沒有發現任何這個時期的貝殼樣本曾被交易到更遙遠的營地。然而，這些貝殼出現在此處，暗示著當時的人們有遠距交換海貝的習慣。

在遙遠的北方，以色列下加利利的卡夫澤洞穴位於各種食物皆十分豐沛的地區。[5]在十萬至八萬年前，獵鹿人便曾造訪這座洞穴。他們也會採集海生雙殼貝（譬如至今仍可見於地中海的歐洲褐蚶蜊），並將蚌貝從大約四十公里遠外帶回洞穴。遺址內找到的七枚完整的雙殼貝都有天然的孔洞，其中四枚的表面上有刻痕，貌似是懸掛在皮條等類似物品上所造成的磨損。卡夫澤人之所以採集有孔的貝殼，最有可能是為了用皮製品串起它們。有些在卡夫澤洞穴中發現的貝殼還帶有紅黃赭色，被人遠從六十公里外的地方帶回來。儘管貝殼無法訴說自己的用途，但最有可能的情況是，這些物件是被製造來當作個人飾品，而且在尖峰岬開始有人類活動的八萬年後，我們可以看到人類的自我意識已經發展完全，還有必然隨之而來的自負。

「我們永遠無法完全學會」

艾薩克・華爾頓曾如此評論釣魚：「我們或許可以說釣魚和數學十分相像，因為我們永遠無法完全學會。」[6]他認為若要成功精通，必須將謹慎觀察的能力與經驗相結合。古代獵人無疑有能力觀察淺水中的魚，但要實際抓到如此難以捉摸、往往快速移動的獵物其實十分困難，除非是魚群受困於近乎乾涸的水池，或是鮭魚密集地在河流淺灘中產卵，只要伸手進水裡就能捉到一隻。

起初，這類漁獵必定是過渡期的活動，在群體每年的例行公事中占上數日或數週。捕魚需要規劃時程，但狩獵採集者對此並不陌生；他們經常監看獵物遷徙，也知道可食用的水果和堅果何時會成熟、可供採集。早期，捕魚是許多地方都會伺機採行的調適方法，尤其是在河流沿岸，因為產卵的魚會大量聚集在淺水處。不過，整年下來日復一日、月復一月，或是在遠離水濱的深水區追捕捉摸不定的獵物，則是大不相同的活動。

使用魚矛讓人們更加認真捕魚。這項簡單的技術始於一根尖頭的棒子，尖端經火烤硬化，至少在五十萬年前就為歐洲的早期智人所用。魚矛能帶給漁夫明顯的益處，讓他們能夠觸及離其較遠的獵物，通常是在略深的水中。在水裡用矛不像在陸地上那樣容易。無論是在白天或天黑後捕魚，使用者都必須考慮到水中的折射效應，而輔以火炬或明亮的燈火。這可能是個古老的妙計。

澳洲原住民直到近代都依然使用尖端經火烤硬化過的木矛，但在許多地方其他素材也派上用場，諸如鹿角、骨頭、象牙、石頭，最終則是金屬。大約四十萬年前，德國北部舍寧根的陸地獵人使用的是長柄的木矛。就算是最早期的漁夫必定也曾發現這些長柄的優點，尤其是在較深、較濁的水中或在冰層下使用，投擲的力道可以更大，並且射得更遠。

魚是種相當滑溜的生物，被刺中時會不停扭動，於是人類很早便發明倒刺——最初可能是被發明來獵捕陸地上的動物，但不久後也被用來對付水底的獵物。塞姆利基河谷沿著中非的大裂谷底部，從薩伊*東部的愛德華湖以東北偏北的方向，延伸至阿伯特湖；八萬年前，帶倒刺的魚矛在這座河谷的捕魚活動中扮演著至關重要的角色。[7]當時的氣候比現今更涼爽乾燥，河水流過開放的疏林草原，兩岸是茂密的濱岸林和沼澤。塞姆利基河宛如吸鐵，吸引了人類聚落與大小野生動物前來此地。她也見證了已知最早的某些捕魚活動。

可能早在八萬年前，人們便已經使用矛在淺水處捕魚，做法與今日的原住民如出一轍。想像一群大鯰魚幾乎一動也不動地躺在溫暖的淺水中，上方灑落的樹蔭讓牠們近乎隱形。兩名男子沉默地站在水深及膝的淺灘上，手持骨製矛形刀尖的矛槍蓄勢待發。負責看守的另一人站在岸上，警戒是否有鱷魚接近。漁夫忽視在他們頭附近嗡嗡飛舞的蒼蠅，雙眼緊盯河床。一條魚輕輕擺動

---

* 譯注：剛果民主共和國一九七一至一九九七年間的舊國名。

尾巴，彷彿就要滑出射程外。其中一名獵人毫不費力地將魚矛射入水中，帶倒刺的尖端刺進魚身。那條魚劇烈跳動。牠的攻擊者俯身，將之拉下矛，並投擲到岸上；看守人在那裡用棍棒把魚打死。水面恢復平靜，兩名男子繼續等待。他們再次靜靜地站立著，直到魚群回到水池。

塞姆利基河在伊尚戈鎮流經愛德華湖。卡坦達坐落在伊尚戈鎮北方約六公里處；考古學家約翰·耶倫和愛莉森·布魯克斯在這裡發現密集的工具和動物及魚類的碎骨，他們認為是短期使用的三個紮營地的遺存。動物遺存來自沼澤環境和較乾燥的疏林；數量眾多的魚骨幾乎全是大型鯰魚，有些長度超過兩公尺，我們已知這種魚經常會在產卵季節出現在塞姆利基河淺灘。

卡坦達的漁夫使用附有明顯倒刺的單頭矛形刀尖，以大型哺乳類動物的獸骨製成。布魯克斯和耶倫試圖重現其製作方法時，發現骨頭得用某種磨石修整，讓邊緣成形、磨出斜角的凹槽，才能形成一排倒刺。成功製成後，漁夫還會在矛形刀尖的底端刻出溝槽，據推測是為了讓刀尖能被安裝在木柄上。

從器物和骨頭堆的分布範圍來看，捕魚顯然並非偶發性的活動。可能長達多年，都有一或多個遊群年復一年造訪同樣的地點，最有可能是在鯰魚的產卵季節。這種簡單的漁獵形式維持數萬年之久，少有明顯的改變。大約兩萬一千至一萬七千年前，就在上游七公里處，其他獵人捕獲更多鯰魚，同樣使用附有倒刺的骨製矛形刀尖。在歷經約兩百個世代後，唯一的改變是某些矛形刀尖兩側皆有倒刺。這一切都證實了季節性漁獵的悠久傳統，人們會在仔細挑選的地點和產卵季期間捕撈鯰魚。

到了更晚近的時期，依然零星有人使用附有倒刺的骨製矛形刀尖。在離卡坦達更遠的北方，在蘇丹的阿特巴拉地區，鄰近阿特巴拉河和尼羅河匯流處，坐落著三個可追溯至西元前六六〇〇至前五五〇〇年的重要遺址。[8]三者皆是位於河階上乾燥疏林的大型聚落，在有人占居的時期年降雨量略高於今。三處都是人們在每年氾濫期間選擇避洪的地點，而更重要的一點可能在於，每個遺址皆鄰近小溪，溪流的淺水位讓用矛捕魚甚或徒手抓魚變得輕而易舉。

當時的漁民會捕捉多達三十種河魚，並採集三種可食的軟體動物。其中許多魚是鯰魚等常見的淺水魚種，但其他則來自主河道，包括體型極大的尼羅河鱸和有條紋的尼羅河豚，後者的腸子具有毒性，必須在捕撈後立即去除。獵捕主河道的魚的方式至今依然成謎，但在乾季期間、河水較淺時，人們可以使用魚矛。人們也可能運用了纖維製成的網子，若屬實，他們就是第一批這麼做的非洲人。[9]

當時，在非洲廣大地域上的人都使用附有倒刺的骨製矛形刀尖魚矛捕魚。這些矛形刀尖出現在肯亞北部圖爾卡納湖雨量和水位較高的時期，已知介於西元前七四二〇前至五七三五年間；有超過兩千年的時間，那裡的人們幾乎完全以魚類維生。在衣索比亞的奧莫河谷和納庫魯湖附近的甘伯洞穴也有尋獲類似的矛形刀尖。在波札那北部的特索地羅山，在從西元三世紀上溯至或許兩萬年前的這段橫跨極長的時間，皆可發現附有倒刺的矛形刀尖碎片。[10]

類似的捕魚活動在非洲各地盛行。產卵季期間，鯰魚在水位極淺、長滿草的氾濫平原上繁殖，用矛或徒手就能輕易捕捉。河鱸則可以在近岸的淺水域用矛射殺或用網子捕撈。人們也可能以魚簍陷阱、網子，或甚至用有毒植物在淺池水裡下毒來捕捉鱸魚。在特索地羅山的正南方，這個時期的地質堆積物包含淡水軟體動物和矽藻，暗示這裡可能曾存在幾公尺深的淺湖，覆蓋四十平方公里的地表。附近一處河谷當地的口述傳說直到相當近代都還提及漁撈活動。

非洲的骨製矛形刀尖及其鋸齒倒刺都說明了人類曾在此伺機捕魚，每當降雨增加，這樣的工具就會派上用場。它們絕非非洲獨有的遺存，世界多數地區皆曾尋獲，北美洲和南美洲亦在其列。但在澳洲沒有見到它們的蹤跡，令人意外的是南非也沒有。根據人類學的觀察來判斷，這類的器物在其他地方具有多重用途，但在非洲總是與魚骨相關。

非洲尚未完全發掘的一系列魚骨、骨製矛形刀尖和軟體動物，讓檔案庫持續補充新的資料，記錄這個從人類物種的起源，一路延續到近代的傳統。即使直至今日，非洲部落成員依然在產卵季節以矛刺殺、以棍棒擊打活蹦亂跳的鯰魚。華爾頓所言甚是。機會主義是成功漁夫的一項根本特質，當漁獲能輕鬆入袋，便無須改變捕魚的技術。

第二章　尼安德塔人與現代智人的挑戰

兩名身上包裹著毛皮的尼安德塔人蹲踞在經溪水打磨的溪流卵石上。這條小溪注入一條未來將被命名為多瑙河的河流。他們手裡拿著有石製矛形刀尖的魚矛，凝望著清澈的淺水。鮭魚的蹤影掠過溪底的砂礫，偶爾會有一片大鰭在平靜的水面激起漣漪。多瑙河的鮭魚正準備產卵。有些魚體型巨大，幾乎和一名成人等長，就算能用雙手抓住，也大得無法被從水中舉起。這兩名男子長時間靜止不動，但最終判定鮭魚仍太過活躍。產卵季尚未開始。獵人空手而回，但已經更清楚何時能夠捕撈他們的獵物。他們會在水池邊再徘徊數日，接著隨其遊群歸返。

尼安德塔人是在三十萬年至大約四萬年前，在歐洲和西亞部分地區生活的原生歐洲人。（他們所屬的年代多有爭議。）他們身材矮胖、眉毛濃密突出、動作敏捷、極為強壯，歷經劇烈氣候變遷仍倖存下來，包括數千年的嚴寒，其中冬季長達九個月也不足為奇，且氣溫往往低於零度。他們擁有發展良好的智力和至少部分的說話能力。直到最近，許多考古學家認為這些強悍的人類是技藝高超的大型動物獵人，憑藉令人驚嘆的狩獵技巧、野獸般的力氣和簡易的武器，對付冰河時期體型最大的獵物。[1]

尼安德塔人確實會獵捕這壯觀的動物群，但他們也是經驗老到的雜食者。他們必須雜食，因為在冰河時期尾聲的酷寒環境下生活絕非易事。生存得仰賴火、某種形式的獸皮製衣物，以及合適的避冬之處。在法國西南部隱秘的河谷地區，有一些人口最為稠密的尼安德塔群體在此地蓬勃發展；春夏季時他們會在此獵捕遷徙的馴鹿，接著在較溫暖的月份遷移到地形更開闊的區域。新鮮的肉總是不夠，尤其是在漫長的冬季。他們種類廣泛的飲食也包含鮭魚在內。大西洋鮭魚的繁殖地是從葡萄牙到挪威的各地河川，以及北美洲東岸沿岸。牠是其中一種體型最大的類鮭魚。幼鮭會在出生的河流待上一至四年，在這段期間牠們會「銀化」，也就是經歷一些生理變化，讓牠們能夠在海水中生活。這些變化包括將牠們適應溪流環境的保護色，替換成更適合海洋的銀亮側身。幼鮭在三到六月之間抵達海洋後，就會跟隨表層洋流，並以浮游生物或鯡魚等其他魚種的魚苗為食。經過一至四年良好的生長，牠們會藉由氣味尋覓路線，回到出生的河流。此時牠們的體型已經長到頗大，於是牠們會在秋末停止進食，並游到上流平靜的礫石河床產卵。和在產卵後死亡的太平洋鮭魚不同，大西洋鮭魚可以多次產卵，但這鮮少發生。

在古代，每年上下游的鮭魚洄游時，會有數千條魚聚集在淺水池，躍過急流，擠進湍急的窄道。鮭魚洄游年年上演。魚的數量可能會有所變化，但總是會發生，可想而知提供了獵人幾乎可預期的食物來源。當非洲人在數十萬年前目睹熱帶的食肉動物抓魚，尼安德塔人必定也曾看見熊和鳥在湍流或淺水處捉鮭魚，一如這些動物今天在阿拉斯加的習性。有樣學樣並非難事。就連一名能力平庸的尼安德塔獵人也能用有著石製矛形刀尖的魚矛刺穿水中的鮭魚，將之丟上岸，再迅速以棍棒打昏。

其他魚可能也很有價值。例如鱘魚，這是一種體型龐大的溯河魚，分布在整個歐洲及歐亞大陸，但由於其體型，可能鮮少被捕獲。另外還有褐鱒，這是種大量生長於涼爽清澈的湖泊和河川中的淡水魚。褐鱒和鮭魚親緣關係接近，偏好水流快速的淺水處，早晨和夜晚會在淺水處覓食。牠們也經常待在黑暗的深水區，午間會在此休息。鱒魚幾乎處處可見，體型比鮭魚小，受到驚擾時會如閃電般快速逃離，幾乎不可能用矛刺中。尼安德塔人可能已經精通搔撓鱒魚的技巧：用手指摩擦魚的下腹，溫和地按摩直到讓鱒魚陷入昏迷狀態，此時就能將之丟到陸地上。

即使是在尼安德塔人的時代，這些基本的捕魚方法必定已歷史悠久。直到相當晚近，西元二三〇年左右的希臘作家埃里亞努斯在他的著作《論動物之特性》中，提及漁民會在淺水處踩踏沙地，幫獵物創造休憩處。「短暫間隔後，漁夫進入水中……捕捉昏沉入睡的魚。」[2]在莎士比亞的《第十二夜》中，奧麗維婭的侍女瑪利婭打算捉弄即將到場的管家馬伏里奧。她對她的同伴說：「你在這裡待著吧！那隻鱒魚就要來到，一定要搔撓他，好讓他就範。」[3]要描述搔魚這個動作很容易，卻難以精通。漁夫在水中岩石附近看見魚鰭露出水面或其游動的尾巴後，會跪在河床上，將手指伸到岩石底下，直到摸到魚的尾巴。接著他用食指搔撓獵物的下側，沿著魚身移動他的手，極其小心翼翼。當他的手指移動到鰓的下緣，使魚近乎陷入昏迷狀態時，他就會抓住魚，將之猛拉出水面。搔撓捕魚法在美國被稱作「徒手搏魚」，這項精巧的技術最初無疑是人碰巧發現的。對尼安德塔人來說，這種捕魚方式應該在他們力所能及的範圍內。

就像尖峰岬的早期人類，尼安德塔人從來不曾將所有時間投注在捕魚或採集貝介類上。他們對水生食物的開發利用，除了捕撈鮭魚和其他容易取得的魚類外，也延伸到軟體動物。在西班牙南部的巴宏迪尤洞穴（實際上是個懸崖壁裡的長形岩棚，曾經鄰近岩石密布的地中海海岸，如今位於托雷莫利諾斯城的範圍內），他們一再紮營來採集軟體動物（見第一章的地圖一）。[4] 尼安德塔人最初大約在十五萬年前抵達此地，當時的氣候比現今更溫暖一些，海平面高漲，岩棚附近有許多布滿軟體動物的岩石。

人們已經利用這能即時取用的食物供給來源長達數萬年之久。他們採集至少九種海生的無脊椎動物，其中包括藤壺，全都能輕鬆在落潮時被大量採食。搜食者將那些軟體動物帶回岩棚，完全不受高潮位影響，接著擊碎那些蚌貝，吃掉貝肉，並將殼丟棄在原地。即使每年造訪此地的頻率有所起伏，但這個慣例數千年來未曾改變。唯有等到地中海因最後一次冰川作用的發生而退去，亦即約十萬年前左右，軟體動物才幾乎消失在生活層中。

在巴宏迪尤，貝介類是人類多樣化飲食的一部分，除非在特殊情況下，否則並非至關重要。

魚類遠比軟體動物更難取用，就算曾被人吃下肚，似乎也很少人吃魚。可是在佩雷的情形則大不相同，那是另一座尼安德塔人的洞穴，大約在二十五萬至十二萬五千年前，有多代的訪客曾零星占用過（見第一章的地圖一）。[5]佩雷坐落於隆河上方的一處岬角，對於以高度多樣的飲食維生的人們來說是絕佳的落腳處，可以取用大大小小的動物和植物。在這裡，考古挖掘人員沒有找到任何魚骨，但他們使用雙目顯微鏡，仔細檢查器物和獸骨，尋找可以提供資訊的邊緣磨損。他們在某些工具上的線狀汙痕中鑑別出模糊不明、帶有油脂的磨損，可能是處理魚類所造成的。他們透過實驗，為現代的魚類去鱗，然後宰殺，複製出了相同的磨痕。此外，研究人員在器物上有被頻繁使用痕跡的一處找到微量的鱗片和魚骨碎片，甚至還有魚肉，但這些器物所在的生活層沒有任何魚骨。這可能代表漁民在其他地方處理並食用漁獲，只把工具帶回來。

在整個尼安德塔人的世界，從西班牙到波蘭和黑海海岸，一再回到同樣的地點是十分盛行的傳統。大約八萬九千年前，在一次重大的氣候寒化期間，尼安德塔遊群占據了馬拉斯岩棚；此地位於隆河支流阿爾代什河附近的一處小山谷（見第一章的地圖一）。[6]和佩雷不同的是，研究人員在馬拉斯岩棚裡有找到白鰱和歐洲河鱸的骨頭；前者經常出現在平靜的水池，後者則會在四月末、五月初產卵。從馬拉斯岩棚找到的魚骨推算而來的重量介於五百至八百六十二公克，因此其體型遠大過一般肉食動物可以搬運的獵物大小。尼安德塔人很有可能是蓄意捕捉這些魚。在遙遠的東方，高加索山脈的庫達羅三號洞穴（見第一章的地圖一），一支尼安德塔遊群於大約四萬八千至四萬兩千年前，曾經食用從當地河流中捕捉來的鮭魚。[7]在四萬一千八百年前短暫停留直布羅陀巨岩期間，人們在先鋒岩洞附近採集了大量生活在河口的軟體動物，並透過加熱來打開貝殼，再食用之。[8]

與此同時，在世界的另一端

人類開始有使用獨木舟和筏子來捕魚的習慣，最早可能是發生在東南亞的熱帶環境，那裡海水的溫度足夠溫暖，人們可以連續幾小時站在淺水中捕魚。冰河時期末的低海平面導致東南亞大陸外海的廣闊大陸棚裸現、形成旱地，地質學家稱之為巽他。[9]距離巽他陸棚南岸僅一百公里，橫跨名為望家錫海峽的狹窄水路，就是另一陸棚貧瘠的海岸線，這片陸棚現今多已沉入海中，地質學家稱之為莎湖，其範圍囊括了新幾內亞和澳洲。岩心鑽採的結果告訴我們，這些陸棚曾有複雜的景貌，包含河口三角洲、氾濫平原和沿海的紅樹林沼澤。在海岸附近生活的人們必定曾在紅樹林及其周圍環境採集貝介類和淺水魚。在某個時間點，他們發展出簡易船筏，用當地素材便能輕易製成，優點是能當作相對穩定的捕魚平台。在這裡，捕魚必定曾行之有年，並且運用到撈網和魚矛，但遺憾的是這些漁民聚落如今已深埋海底。

大約五萬五千年前，有艘筏子（也可能是獨木舟）橫跨海峽，抵達蘇拉威西。要載運貨物或

地圖二　從早期到冰河時期末的古代東南亞遺址

讓一小群人穿越開放水域，至少需要一艘筏子，某種附舷外支架的獨木舟則更好，以便在浪潮中穩定前行。無論出航的原因為何，那些冒險離岸之人都是捕魚能手，而在飲食方面，若非多數，也有大量的食物源自海洋。到了四萬五千年前，船隻已通過班達海諸島，抵達新幾內亞。他們從那裡又冒險前往更遙遠、更廣闊的世界。今天，能夠提供我們關於他們航行線索的，唯有主要來自洞穴和岩棚的零散卻令人振奮不已的遺物。

傑里馬賴岩棚位於東帝汶的東端，位處一座突起的珊瑚質台地，與今日的海岸線平行。澳洲考古學家蘇・奧康納和她的同僚在那座岩棚挖掘探坑時，發現石製工具和三萬八千六百八十七塊魚骨，占尋獲的動物遺存量半數以上。[10]

最早從四萬兩千年前持續至三萬八千年前，就開始有人占居傑里馬賴岩棚。當地居民會食用至少十五種魚類，其中近半數都是正鰹的變種。正鰹是一種游速快又貪吃的魚，會沿著水面獵捕鯷魚和其他在群島附近常見的小魚。牠們遷徙時的魚群龐大又飢餓，經常造訪淺水處，並在海水溫度鮮少低於攝氏二十八度的水域產卵。

多數的漁民都用釣竿和釣線捕捉近岸的正鰹。我們傳統的捕魚法是在獨木舟後方拖曳附有精細倒鉤的釣繩。在一萬七千至九千年前，由大魚脊骨製成的骨製刀尖出現在傑里馬賴。這些可能是用於曳繩釣的複合魚鉤的一部分，或是用作魚矛上的刀尖。

傑里馬賴人可能也使用竹筏。在菲律賓，甚至直到今日都有人乘筏捕獵鮪魚，竹筏形成大片影子，在水中可以吸引游魚靠近，在筏的底部裝上魚餌的話效果特別好。現今乘筏捕撈正鰹的方式最容易捕到幼魚。值得注意的是，多數傑里馬賴的鮪魚骨也來自幼魚，可能是受到筏子的影子和魚餌吸引，上鉤後被棍棒擊死。鮪魚是溫血魚，* 腐敗速度快，因此在沒有冷凍庫的世界，捕捉較小型的魚比較可行。

三萬八千至兩萬四千年前之間，海平面在最後一次冰河期的寒流高峰時下降，傑里馬賴幾乎遭到荒廢，但在一萬七千年前海平面再次攀升時重新為人占居。接下來的八千年間，居民再次開始捕撈鮪魚，但石斑魚和扳機魚等近岸魚類變得更為重要，據推測是因為人們更容易在淺灘和礁岩上捕捉牠們。或許這反映出淺水水域溫度變暖，以及冰河時期後期氣溫較高。

鸚哥魚和鼻魚具有呈角狀的獨特附肢，大量生長於礁石和多岩的淺灘，人們可以在這些地方用矛或小型漁網捕捉到牠們。牠們是草食魚，以藻類和植物維生；石斑魚、笛鯛和鰺魚則是掠食性魚類，代表用帶餌的魚鉤和釣線最容易捉到牠們，這也是今天捕撈這類魚最常見的方式。令人驚訝的是，在傑里馬賴，研究人員只找到兩枚沒有倒鉤的貝殼魚鉤，其一可追溯到兩萬三千至一

* 譯注：鮪魚為內溫魚，可以靠體內的機制來調控體溫，與之相反的是需靠外界來調節體溫的外溫動物。值得注意的是，所謂內溫動物跟外溫動物是依據調節體溫的方式不同來分別，跟一般常用恆溫動物跟變溫動物依據核心體溫變化的區分方式不同。

萬六千年前之間，另一枚的年代則大約是西元前九〇〇〇年。它們是以名為馬蹄鐘螺的大型海螺貝殼製成，內側的珍珠層厚實，現今被用來製作珍珠母鈕釦，是十分珍貴的素材。魚鉤出現的同時，堆積物中石斑魚和鰺魚的數量也同樣增加。傑里馬賴魚鉤是目前已知最早的魚鉤類遺物，但從更早期地層中的骨頭遺存判斷，它們身上所記載的典型釣鉤釣線技術必定在更久遠以前的時期便已存在。魚鉤的運用需要強韌的纖維線繩配合，這代表這些纖維絕對能夠用來編網，而網子也有利於在岸上捕捉齧齒動物和小型獵物。

此外，用來捕魚的船筏和獨木舟促進了遷移活動。到了三萬五千年前，人們在太平洋西南部的新愛爾蘭島捕捉鮪魚和鯊魚。距今至少三萬年，布卡島上的基盧岩棚的居民會捕撈鯖魚、鮪魚和其他表層魚類*。當時要拓殖這座島，需經歷長達一百三十至一百八十公里的海上航程。這些島嶼上多數的食物都位在海岸線上或水底，亦即魚類和軟體動物。在這裡，陸地狩獵是伺機而為，捕魚才是主要的為生之道，與非洲的情形恰好相反。遺憾的是，第一批定居者已成為歷史的幽魂。他們乘著獨木舟或船筏抵達，紮營了一段時間，有時棲身在倒懸的岩壁之下，然後再次動身，可能是因為當地的軟體動物棲地已被採集一空，或有更好的漁場召喚他們前往。要在此成功捕魚必須仰賴謹慎規劃的遷移，並且受制於水域、天氣條件，以及持續移動的獵物。其他地方可能也是如此。

當獵鹿人遇見鮭魚洄游

在法國上庇里牛斯省的洛泰洞穴（見第一章的地圖一），一枚鹿角碎片上描繪的馴鹿看似在河裡游泳。隊伍的最後一隻鹿回頭看，在牠前方則是一隻雌鹿，而牠們的腳間有鮭魚歡快地蹦跳。這幅圖像將西歐人在冰河時期最後一波寒潮期間，兩種最重要的食物並列在同一個場景中。這片段的場景在一萬七千年前被仔細雕刻在骨骸上，如今無人可以解密其中的象徵意義。我們僅僅看見兩種他們認為重要到值得畫下來的動物。

發展完全的現代智人大約在四萬四千年前首次落腳歐洲。他們從西南亞，或也可能是歐亞大陸，一小群接著一小群抵達西歐。這些新來的人類經常被稱作克魯馬儂人（這個名稱來自法國西南部萊塞齊附近的一座岩棚，亦即他們首次被鑑別出來的地點（見第一章的地圖一）），在分布到整個大陸的過程中，和當地的尼安德塔人展開接觸。[11]在當時人口稀疏的區域，這兩個人種最初的相遇必定短暫且純屬偶然。雙方的相處氛圍是友善或敵對，必然只能任憑想像。我們只知道尼安德塔人在近三萬年前絕種。這個時間點遠早於最後一次冰河期的高峰，也就是現代智人獨享歐洲的時期。

---

* 譯注：表層魚類生活在海洋中〇至二〇〇公尺深的開放水域，相對於棲息在海床或接近海床的底棲魚類。

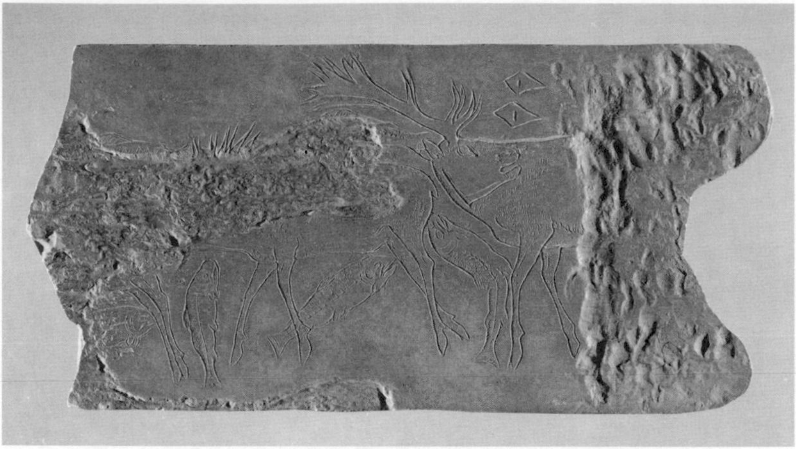

馴鹿與鮭魚。法國洛泰洞穴中的馬格達連雕刻壁畫，約有一萬七千年的歷史。
（Musée des Antiquités Nationales, St. Germain-en-Laye, France/Bridgeman Images）

一如他們的前輩，這些初來乍到者很快習得關於當地環境的專業知識，但有些重大的差異。這群人會預作考量，並且擁有遠比尼安德塔人的石製刀尖魚矛、刮刀和棍棒更萬用的技術。

要理解早期歐洲人發展技術的途徑，最好的方式是想像一把瑞士刀：他們擁有各式各樣的工具，全都來自於一個核心的基底構造。歐洲的工具匠仔細塑形、製造出一塊塊光亮的燧石，接著從此一基底石敲下鋒利的薄型坯料，再改造成形形色色的人工製品，諸如精緻的錐子、刀、矛形刀尖、刮削和木工工具，而其中最重要的是考古學家口中的雕刻刀。這種刀讓他們能夠在馴鹿鹿角和骨骸上刻出凹槽，也能製作精細的象牙針來縫紉合身且有層次的衣服，並創造種類繁多的狩獵武器，包括以鹿角製成、矛形刀尖上帶有倒鉤的致命矛槍。有些製品的底部有突出構造，可以讓獵人將一條皮帶繫在上頭，創造出革命性的武器，像是魚叉。投擲棒則是另一項革新發明，可以延伸矛的射程並加強衝擊力；魚叉連著投擲棒一起投出時，魚叉會脫離手柄，射入獵物的身體，但與矛柄間仍有皮帶相連。

他們擁有這樣的武器和日益增強的策略能力，使得捕魚和採集軟體動物逐漸不再只是機會主義行為。從大約兩萬四千至一萬兩千年前之間，造訪葡萄牙南部沙格里斯半島附近的公牛谷遺址的人們，會同時採集食用和裝飾性的軟體動物（見第一章的地圖一）。[12]牠們的殼從人居時期地層出土，與無數兔骨和大量骨製矛形刀尖密集出現，後者可能是用來捕魚的工具。

這裡是魚類和軟體動物的最佳棲息地。伊比利亞西部沿岸位於豐沛的湧升流區旁，此區支撐了今日多產的葡萄牙漁業。任何居住在這條海岸線上的人們，都能捕獲各式各樣的海洋哺乳動物和貝介類，因為強而有力的湧升流將充滿海床養分、溫度較低的深層海水帶至水面，供養各類海洋生物。葡萄牙北部和摩洛哥南部外海的深海岩芯顯示，在最後一次冰河期的高峰期間，亦即約一萬八千年前，此水域的生產力異常飆高，因為當時南大西洋海流向北部延伸，有助於增加湧升流的強度和養分水準。在最寒冷的數千年間，葡萄牙海岸是非常豐饒的環境，供養一小群人類人口幾千年仍綽綽有餘。海洋生產力在溫暖時期驟降，今日則遠遠更低。

研究顯示，其他葡萄牙遺址有許多是位於海埔地沙丘的露天營地，其居民對貝介類也有類似的喜好。有些來自這個地區的裝飾性貝殼被帶往內陸多達二十公里，抵達名為拉賈瓦里歐的遺址，在生活層的堆積物和一名孩童的埋葬處皆可見其蹤影。在其他地方，里斯本東北方約一百公里和距納札雷沿岸約五十公里，兩座洞穴的挖掘工作都找到人類捕魚和採集貝介的明確證據（見第一章的地圖一）。[13]這些不同的遺址證實了早在兩萬五千年前，海洋食物便已在伊比利沿岸飲食中占據重要地位，此外還有鳥類、兔子和其他小型的陸生動物。

一萬八千年前以後，有群技術精熟的狩獵採集者居住在歐洲中部和西部。考古學家以法國西南部的馬德連岩棚將之命名為馬格達連人，他們因壯觀的岩洞藝術和裝飾華麗的隨身物品聞名於世，如在洛泰洞穴尋獲的游泳馴鹿圖像。身為雜食性的獵人和搜食者，馬格達連人的創新能力傑出，生活在氣溫的循環起伏較不穩定的時期。這些引人不安的因素可能是促使他們發展出種類繁多的專業狩獵武器的原因之一，不僅在陸地上使用，也用於河川和小溪。

隨著氣候暖化，馬格達連遊群適應了變化的環境。有些群體在北方的開放乾草原生活較長的時間，一如既往跟隨馴鹿的動向。其他群體則待在林木較茂密的領地，他們在那裡加強覓食，飲食也變得更多樣化。他們也將已在陸地上運用得十分熟練的創新技巧運用到捕魚上。馬格達連人總是獵捕兔子和其他小型動物，因為牠們是多產的獵物，在當地繁殖的速度極快，不會造成過度狩獵的疑慮。纖維網、羅網、陷阱和輕量武器被製造出來後，也賦予人們大量捕獵牠們的能力。鑑於尼安德塔人和更早期的現代智人已經會使用矛或陷阱捕捉鮭魚，承繼他們的馬格達連人運用遠更精巧的武器。魚叉可以刺中在較深水域或接近水面的魚，並以連接可拆卸鏢頭的繩索將之拖拉上岸。有些漁夫可能使用多叉魚槍；這種矛槍附有兩支倒刺相向的鏢頭，能夠更有效捉住更大的魚。所有這些在陸地上發展純熟的創新方法，都在河川和湖泊捕捉大西洋鮭時派上用場。

鮭魚成為歐洲多數地區人類的重要食物，尤其是在一萬八千年前以後的某個時期，氣候開始不定期暖化之後。隨著海平面升高、河床坡度趨緩，數量龐大的鮭魚在春季和秋季湧入了加倫河和韋澤爾河等河川的主要急流。這個環境變化強烈的時期似乎也見證儀式和複雜靈性信仰的遽增，強化了原先已經十分緊密的人與獵物關係，並增進獵人對周遭動物群的了解。

馬格達連人必定也因為鮭魚洄游而豐收；據推測，其捕撈規模遠大於尼安德塔人，不過這可能只是因為他們需要供養的人口更多。在產卵時節的狹窄河道，盛產的魚群足夠讓數百人以矛刺獵、以陷阱捕捉或以網撈捕。但要這麼做需要謹慎規劃，不僅為了捕魚，也為了處理並乾燥漁獲。即使是一般的漁獲量，也需要男男女女的緊密合作，以及有效率乾燥和煙燻魚的方式，更別提儲藏漁獲的地方。在馬格達連營地，人們不只是把握機會捕魚。那些人世世代代都一再回到相同的地點，他們會在前幾年建造的荒廢乾燥架周邊搭起獸皮營帳，修理那些架子後再次使用。距萊塞齊不遠的羅吉里奧特岩棚鄰近盛產鮭魚的韋澤爾河。在這裡，世代的訪客除捕魚外，也在附近的一處淺灘狩獵馴鹿群。婦女和小孩會替漁獲去除內臟並切片，將剖開攤平的魚屍鋪在架子上，或在大火堆前烘乾之。當地的遊群可能會在鮭魚洄游的幾天內合作，或各自在占據的急流和水池旁紮營。當鮭魚洄游季結束，每支遊群都將累積數百或數千條鮭魚，已經過乾燥處理，以供冬末的荒月期間食用，因為那時的獵物並不肥美，他們也難以取得食用植物。

儘管上述的情景似乎必曾發生，能夠讓我們如此斷定的證據相當有限。馬格達連人真的曾經大規模捕撈鮭魚嗎？魚類似乎只在藝術與考古知識中徘徊。洛泰洞穴的馴鹿場景和其他雕刻上都有某些類鮭魚，但幾乎無法讓我們推論出鮭魚每年被密集捕撈的事實。許多用來捕捉和處理漁獲的器物可能是由木頭和纖維等易腐爛的材料製成。漁夫可能是用木矛射殺魚類，因此矛槍無法被保存至今。鹿角的保存狀況則較佳。一如非洲漁民發展出具有倒刺的骨製矛形刀尖，馬格達連人也使用附有倒刺的鹿角魚叉；經現代實驗得知，這種魚叉輕鬆就能刺穿魚身。

即便除卻那些曇花一現的器物，在有鮭魚洄游的河川附近搭建的漁獵營帳也無法長久留存。河水會氾濫，河道會轉移。此外，洞穴和岩棚裡的魚骨數量之所以如此稀少，其中一個原因可能是漁民會在河邊處理鮭魚，並將殘骸投入河中。美洲太平洋西北地區的捕鮭漁夫直到相當近期仍經常這麼做。

有關馬格達連人的捕魚活動，最完整的證據來自西班牙北部的一支學者團隊：他們將阿斯土利亞省尋獲的魚類遺存詳細編目，而他們在當地至少挖掘了八十八座遺址。[14]在這些考古發掘地中，僅有三座回報魚類遺存的完整細節，證實了研究史前捕魚的極大挑戰。魚類似乎毫無疑問是重要的食物來源，尤其是在河流沿岸地區，人們會利用鮭魚和鱒魚洄游捕魚。在鄰近的坎塔布里亞出土的鮭魚脊椎骨證明了至少四萬年前就曾有捕魚活動。遊群大多食用鮭魚和其他淡水魚種，因為在最後一次的冰川極盛期間，海魚完全不見蹤影，而這又是因為比起現今，當時的低海平面今多數遺址的位置距離海洋更遠。

儘管存在這些個別的線索，相關的考古考察依舊成謎。要評估捕魚對馬格達連人有多重要極其艱難。萊塞齊地區是馬格達連社會的著名據點，距離大西洋超過一百五十公里。溯河的鮭魚是這些內陸獵人唯一可以取得的海洋食物。骨膠原檢驗結果顯示，在多數人種的飲食中，海洋食物皆僅占一小部分，但隨著時間過去有逐漸增長的趨勢。然而，只有少數樣本曾經過檢驗。

最有可能的狀況是，人類對魚類的開發利用在大約一萬七千年前以後大幅轉變。在冰河時期真正結束以前，人類可能並未有系統地捕鮭魚。可是當環境開始暖化，馬格達連人傳統上會獵捕的物種越來越稀少，森林的面積也逐步增加。鹿角製的魚叉與描繪在人工製品和岩洞壁上的鮭魚圖像可能反映了新時代的開端，因應喜愛寒冷的獵物而生的狩獵文化必須適應嶄新的環境狀況。譬如，人類在適應的過程中，改造陸地狩獵武器，賦予新的用途。馬格達連遺址沒有出土任何魚鉤、網墜*或其他專門用於捕魚的器具。然而，隨著環境快速變遷、氣候迅速暖化、上升的海平面徹底改變食物來源，人們開始大量捕魚，全年仰賴魚類這項基礎資源維生。

---

* 譯注：網墜是固定在漁網末端的重物，幫助漁網在撒出後沉入海中。

過去，馬格達連人摸索如何投入所有時間密集捕魚，但相較於漁撈，他們依然較常狩獵。他們的後繼者將會延續這項轉變。冰河時期後過了大約六千年，波羅的海沿岸人口的飲食約有九成來自海洋。

第三章 貝塚與食貝之人

任何人只要曾在小船上體驗過北海的強風，都將畢生難忘。陰沉的烏雲徘徊貼近海平面。黑暗高聳的浪潮同時從四面八方襲來。狂風呼嘯吹過甲板。人面對大自然的無情力量時，會感到無助。除了對暴風雨束手就範，並盼望能在外海安然脫身，沒有其他抵禦的方法。隨著時間過去，已有數以千計的漁民在這樣的暴風雨中喪生。我們幾乎難以想像，如今漁夫掙扎避免被沖刷落海的地點曾經是乾燥的陸地。

北海年僅七千五百歲，以地質學標準而言無足輕重，是一萬五千年前冰河時期結束後，全球暖化所帶來的產物，而當時徹底改變歐洲北部和西部地景的劇烈環境變遷也促使北海生成。落腳在冰川剛消退的土地上的人們，面臨的是錯綜複雜的環境地貌。在西元前一〇〇〇〇年，日後將成為北海的地區是由鹽沼、沼澤、河川、溪流和小湖混雜組成。[1]這個河口和濕地遍布的低窪世界必定充斥大量魚類、鰻魚和野生動物，供與這片地景共生的狩獵遊群獵捕。他們會紮營在

地圖三　後冰河時期從多瑙河到波羅的海的歐洲遺址

地勢稍高、排水較佳的土地，抑或在小海灣或溪流後方，以利其挖空樹幹製成的獨木舟登陸並卸下漁獲。營火的煙霧、手斧刻塑獨木舟的輕輕一鑿，或婦女清理釘在地面上的鹿皮所發出的刮擦聲——人類僅在世界留下淺淺的印記，當時所有生物都任憑冷酷上升的海洋擺布。河水會溢出河岸，毫無預警便改變河道。熟悉的海灣和安全的獨木舟登陸點會在一個世代的記憶中消失無蹤。

經過一世紀又一世紀，北海逐步變成地勢低矮的群島，接著成為現今變幻莫測的淺水水體。灰暗的海水夾帶凶猛的短浪，淹沒了曾經存在過的地景，讓景色僅留存在口述傳統的模糊記憶中。可是，低地居民的捕魚技術流傳了下來；他們必定多數時間都生活在獨木舟上，可能是樺樹皮獨木舟或獸皮船筏。隨著遊群遷移到地勢更高的地區，或在另一片快速變遷的海洋，即在波羅的海沿岸落腳，他們在捕魚上的專業知識也經久流傳。

複雜的地質作用塑造了波羅的海海盆，包括其湖泊、草本沼澤和河流。冰川消退、地殼隆起與海平面高度的重大轉變全都影響了它的地形。[2] 隨著斯堪地那維亞冰層後退，其南緣形成了一座冰川湖，被德國和波蘭北部沿岸的低矮山丘堵住。當冰層重量減輕，陸地便跟著上升。上升的陸地和海洋相互作用，讓海洋縮減變為湖泊，接著又回復成為半鹹水湖。西元前五五〇〇年左右，海水終於突破丹麥和瑞典間的陸橋，形成現代波羅的海的前身。暖化讓海洋哺乳動物和水禽的多樣性大幅提高。在不斷變化的地景中，海洋和溯河魚類皆因多變的水溫和鹽度而茁壯生長。許多貝介類物種也不例外。

早在西元前一〇五〇〇年，人類首先拓殖了新生的波羅的海環境。大約在西元前八〇〇〇至前二〇〇〇年間，人類擁有格外豐富多元的海洋和陸地食物選擇。[3]人類聚落蓬勃發展，地方人口相當密集，也強烈偏好海洋食物。獵人變得極為仰賴海豹、水禽、魚類和軟體動物，導致數世紀、甚至數千年來，許多人類群體的紮營地都維持在原地不變。可是生活不必然輕鬆安逸。波羅的海海岸有明顯的季節差異。有些魚類和水禽只會在短期盛產，尤其是在春季和秋季；一年中其餘的時節，沿岸居民便依靠陸上獵物、近岸魚類和至關重要的軟體動物維生。人們隨時都能找到貝介類，大量採集也很容易，特別是在低潮期間。即使軟體動物只是日常飲食的補充，卻是可預期又可靠的食物來源，在許多古代社會都是如此。貝介對波羅的海社會來說十分重要，主要的營地周邊時常圍繞著巨大的貝殼堆。在某些地方，人們甚至在貝殼堆之上興建住所。

對第一批研究貝丘的考古學家來說，波羅的海海岸最早居民的特色就是大大小小的貝丘。十九世紀的挖掘者將之稱為貝塚。丹麥動物學家賈皮圖斯·史汀史特普是哥本哈根大學的動物學教授，他是研究遍布丹麥各地數百座史前貝塚的第一人。kojokkenmoedinger，也就是「貝塚」（kitchen middens，英文的「midden」是源自丹麥文的「廚餘」一詞），便是由史汀史特普所命名。這位天賦異稟的動物學家逐漸從貝塚辨別出人類採集軟體動物的慣習的轉變，但數世代以來，這件事從未在更廣大的考古圈成為主要焦點。

史汀史特普和他的同僚回顧過去時，採取的角度是當時廣為接受的、帶有種族優越感的演化觀點。在他們做研究的年代，關於異國、非西方社會的描繪正為科學界對人類多樣性的理解帶來嶄新的視角。英國考古學家約翰．拉伯克是尋找世界現存貝介採集者的其中一人。拉伯克援引達爾文在《小獵犬號航海記》一書中對火地島的火地印第安人的描述：「主要以貝介維生的居民必須不斷改變落腳處，但他們每隔一段時間就會回到同樣的地點。我們從成堆的古老貝殼便能明顯看出這一點，而這些貝殼堆必定大多重達好幾噸。」在一個認為生物和社會演化是全然線性發展的時代，無論是火地島人或斯堪地那維亞早期的搜食者都沒有獲得研究者的偏愛。「要在岩石上敲下一枚笠貝，」達爾文寫道，「甚至不需要『靈巧』這項最基本的心智能力。」[4] 他將火地島人搜食貝介的技能比擬為動物的能力。

考古學家調查世界許多地方的貝塚已久，從日本到南非、北美洲的太平洋西北地區和加州沿岸、歐洲、澳洲與紐西蘭，更別提秘魯與火地島。庫克船長於一七六九年觀察到紐西蘭毛利人的貝塚。北美洲東部早期的旅人曾經提及印第安搜食者所堆積的巨大貝塚。但早期的考古學家鮮少遵循史汀史特普或拉伯克的典範。貝塚的挖掘工作粗糙簡化，相關的報告往往僅限於一份羅列探溝裡尋獲的貝殼物種的乏味清單，有時則是貝種隨時期改變的紀錄。透過貝塚來研究古代狩獵沒什麼魅力，也沒有什麼令人著迷之處。貝介採集者長久背負著簡單和原始的刻板印象，學術文獻經常透露出這樣的認知。直到近期，許多人仍會同意著名英國史前歷史學者葛蘭姆．克拉克於一九五二年的敘述：「以貝介類為主的飲食通常與低文化水準有關。在活躍從事狩獵和在海洋捕魚的社群中，貝介類顯然僅占據次要地位。」[5]

我要為克拉克說句公道話，因為他後來改變了想法：在一部更近期的著作中，他探討了貝介類為何在古代的斯堪地那維亞飲食中變得舉足輕重。可惜的是，與現存貝介搜食者相關的人類學研究極為罕見，以至於一般皆假定貝介類不過是人們在饑荒時期採集的救命食物。這絕對是無稽之談，因為貝介類占比高的飲食具備絕佳的益處，絕非是「原始」文化的標誌。這種食物唾手可得，通常數量充裕，而最重要的是，貝介類是獵人和漁夫在一年中的荒月期間可靠的食物來源，更別說還是可貴的蛋白質來源。[6]

單單從史汀史特普對貝塚的研究就能證實，在早期斯堪地那維亞的飲食中，軟體動物不可或缺。艾德布勒和其他丹麥遺址的巨大貝塚經歷人們長期和短期的停留，累積的時間若未達數千年，也有數百年之久。居民全年都會食用貝介類，但高峰期是其他資源短缺，而鳥蛤、貽貝和牡蠣成為主食的時節。在此僅舉一例：大約在西元前四五〇〇至前三二〇〇年間，丹麥東部日德蘭半島東岸的諾斯敏訥的居民生活在深水海灣附近，那裡也有廣闊的淺灘。[7]他們會食用牡蠣，尤其是在初春之際。牡蠣盛產於淺水，且通常生活在低於低潮線的地方，採集牡蠣的人們必須在刺骨的冷水中將其從海床鏟起。即使在退潮時，要在稍深的海水中採集牡蠣也會是極具挑戰性的任務，這意謂實際上在多數時間裡，不會潛水的人們無法採到牡蠣。一年中最大的潮差發生在三月和九月的春秋分時節。波羅的海現今的潮汐影響不大，但有證據顯示，在諾斯敏訥有人占居的時期，潮差其實更大。

在澳洲，「許多死貝」

經過累積超過一個半世紀的貝塚研究，我們現在知道在過去一萬年間，各地的沿岸社會至少都有某種採集軟體動物的慣習。多虧南非尖峰岬的考古挖掘和在西班牙的研究，我們已經知道貝介類在冰河時期末是機會主義行為下的食物。不過，我們幾乎可以肯定在冰河期結束後，隨著海平面上升，人們普遍開始大量食用貝介類。我們無法得知原因，但有部分可能是因為在斯堪地那維亞等低窪海岸沿岸，海平面上升致使近岸地帶形成廣闊的淺灘。

幾乎所有人類食用的貝介類皆可被區分為兩綱——斧足綱（即雙殼貝）和腹足綱。還有其他種類的貝介，例如石鱉和象牙貝，但許多這類的貝殼較常被當作價值高昂的裝飾品。腹足綱包含常見的軟體動物，如九孔、笠貝、海螺、蛾螺和蝸牛。雙殼貝則包括生長在河口和海洋的貽貝、蚌蛤、鳥蛤和牡蠣。所有最常被食用的海生軟體動物的棲息地都靠近海岸，通常是在潮間帶，還有些生活在多岩石的海床，其他則是在泥沙之中。

對人類掠食者而言，軟體動物是小塊包裹起來的肉，封存在厚重、無法食用的貝殼中。從捕捉和食用貝介的流程可以看出，搜食者幾乎無一例外地傾向在靠近採集點的地方紮營。如果他們沒有這麼做，則會在岸邊處理貝殼，再將貝肉帶回內陸。貝介類絕非理想的食物，原因有幾個。要取出貝肉，有時得消耗大量勞力，而其熱量價值卻相對較低。相比於整體的重量，貝肉量通常不多，唯有海螺等幾個大型貝類例外。不過，處理貝介類可能也比想像中更加輕鬆，因為只要大量煮沸或炙烤，就能節省許多時間。牡蠣的蛋白質價*特別高，可以媲美葵花子和胡桃。更加重要的是，人們能夠預期軟體動物會集中棲息在水底，特別是在河口地區。牠們全年皆可被取得，而且是種在其他食物短缺時降低挨餓風險的食物來源。無論古今，採集貝介在多數的社會都是婦女和小孩的工作。貝肉能穩定提供蛋白質，有助於維持良好的健康狀況，對孕婦或幼童來說尤其如此。一如可食用的植物，軟體動物是靜態的食物來源，對高度仰賴獵物或魚類維生的人們而言，更容易預期。

對於那些撰寫古代生活記敘的作者而言，比起狩獵大型動物或捕撈洄游鮭魚的規模，貝介採集是一項單調無趣的活動。這可能就是我們對傳統貝介開採所知甚少的原因。幸虧有個重要的例外。一項關於澳洲北部吉琴加里原住民搜食方式的劃時代研究揭示了這項乏味活動的真貌，說明其對歷史的影響遠遠比人們長久以來所懷疑的更為深遠。對吉琴加里人和許多其他澳洲原住民族群來說，軟體動物絕不只是救命食物。[8]

吉琴加里人居住在澳洲北部的廣大區域，包含一條布有沙丘和紅樹林沼澤的海岸線。他們領地的中心位於布萊斯河的沿岸平原；原住民稱此河為「安卡提亞瓦納」，意即「大河」。安卡提亞瓦納的河口寬闊，在布考灣注入海洋。在這裡，兩個岬角間有綿延六十公里的沙灘。退潮到最低點時，廣闊的泥沙沙洲會露出，從沙灘延伸至外海至少三公里。由古老河道、沼澤和沙丘組成的海岸線不斷變化，導致在此處搜食成為一大挑戰。吉琴加里人尋找寧靜且食物供給要有一定穩定度的地點。這項策略奏效了：鄰近地區的貝塚遺跡記錄了至少長達六千年的貝介採集歷史。

澳洲人類學者貝蒂．米漢於一九七〇年代初研究吉琴加里人的搜食活動，彼時當地約有四百名原住民生活在四個關係鬆散的社群中。[9]她大多數時間都在研究住在「大河」河口的安巴拉族。因為食物供應豐足，他們鮮少轉移陣地，但活動力極高，一天會走上二十公里。當時在該地區，大約每兩平方公里就會有一人居住；若我們只計算沿岸地區，則是每一公里有六人，這樣的人口密度對澳洲的原住民居住地而言非常高。

澳洲是個受季風影響的國家，乾濕季分明。降雨通常發生在十一月至三月之間，接著乾季持續到九月，而後颳起東北風，是為雨水回歸的序曲。吉琴加里人深諳當地的天氣及其細微變化。他們至少為五種風命名，對月亮和潮汐的循環瞭若指掌；後者對於操作獨木舟至關重要，而他們正是乘獨木舟來載運貨物、捕魚和採集貝介類。

＊　譯注：指食物蛋白質可以被人體吸收利用的質量。

安巴拉人的住家從非固定不變。他們與丹麥的貝介採集者十分相像，總是在移動住所和火灶，並將形形色色的垃圾丟棄在火灶複合區域的邊緣。各種各類的廢棄物不定期累積。他們有時會放火燃燒殘骸堆，藉此清除禾草，或驅趕在周遭群聚的蠅蟲。並非所有廢棄物都是新製造的。較古老的貝殼和其他垃圾也會被投入日漸可觀的殘骸堆裡。安巴拉人稱貝塚為 *andjaranga ammama*，意思是「許多死貝」。他們留下的遺址也相對較少，有些是他們用餐的地方；他們在空曠區域設有幾座火灶，貝殼和其他廢棄物的殘骸堆一樣被堆放在邊緣。他們大多在軟體動物的棲地附近煮食，在小心堆疊的貝殼堆上點火燃燒。搜食者將新採集到的軟體動物放置在燒熱的貝殼上，再以綠枝樹皮覆蓋，藉由蒸煮讓其開殼，所需時間不過兩三分鐘。

吉琴加里人的飲食來源五花八門，但貝介類始終是其中之一。現代的吉琴加里人有時會將他們的海岸線形容成超市。他們開採三大貝介類棲息環境，主要是開放海域的沙灘，及其沙地和淤泥灘。在向外走到亞沿岸帶邊緣的過程中，遇上的貝種會隨之變化。要在此採集貝介，需要具備關於大潮和小潮、決定其循環之月亮盈虧的詳盡知識。每逢現今稱之為超級大潮的二分潮，軟體動物棲息地露出水面的面積最大。這是一年中的關鍵時刻，因為人們只有在最低潮時才能採集到最大型的腹足綱貝介。

了解潮汐只是第一步。他們也必須觀察複雜的環境因素，諸如沙灘的變動、當地海流模式的變化，以及惡劣天氣帶來的影響，這些皆可能會毀滅數公里長、經久累積的貝床。淺蜊是他們的最愛，占海灘捕獲量的百分之六十一，是一種棲息於沙灘表面下數公分處的蚌蛤。此外還有紫蜆（占其捕獲量的百分之十八），牠是種殼重、棲息於半鹹水的大型雙殼貝，因為相當沉重，吉琴加里人會在採集點周邊烹煮捕獲的蜆，然後只帶蜆肉回到營地。黑齒牡蠣是一種會聚集在岩塊上的牡蠣品種，挖起時會多顆緊貼成塊，接著人們會在附近烹煮或撬開。往上游去，廣闊的紅樹林沿著淤泥灘和潮溝林立，貽貝大量棲息於此，在更上游處、潮汐淹沒的河床也數量豐富。要在紅樹林間採集貝介，必須了解棲息各式物種的微環境。

在米漢進行研究期間，安巴拉人採集了二十九種貝介分類群，但全都是腹足綱和雙殼貝。多數的採貝工作由婦女負責，她們的小孩也陪在一旁；她們相當挑剔，仔細規劃每一趟採集，一次只專攻一種貝類，工作時會彼此交談，以便修正採集策略。她們很少隨機行事；唯一的例外發生在一月和二月暴風雨造成大規模破壞後，她們會採集較多種類的貝介。

多數的採貝之旅時長約兩小時。孩子們一直跟在附近，長大後便能從旁協助和學習。採集貝介需要知識，但無需特定技巧或絕佳體力，只消最簡單的人造工具：一根木製挖掘棒或探棒，以及用來盛裝收穫的編織網袋或細繩容器。婦女會用她們的手指或一根棍棒來檢測一個區域。若潮水退去且沙子潮濕，她們會先挖出一個洞，用雙手篩沙，丟棄未發育完全的貝殼，並在鹹水中清洗選中的貝介。當她們在水深數公分高的海水中採貝，也會使用同樣的方法，一如她們在漲潮或退潮時常做的那樣。她們經常會帶著狗一同前往，以便嚇跑淺水處大量的鯊魚。

安巴拉族的婦女和孩童全年都會採貝，但最頻繁的時期是雨季的高峰期。有各種原因導致頻率改變，包括前往軟體動物棲息地的距離和所需貝介的數量。採貝如家常便飯，也經常是遊群間交換貝肉、獵物或食用植物作為贈禮的場合。若遇義務性的儀禮，則需要更大量的軟體動物，才能餵飽參加儀式的大批群眾，例如一種總是在滿月落幕的男孩成年禮「庫納皮皮」。居地最靠近水域的群體近七成的日子都會採集貝介，而住在內陸者的頻率則較低。

搜食的節律在十月的超級大潮前後重啟循環，此時為乾季的尾聲，即將迎接西北季風的來臨。一月又濕又熱，安巴拉人會避免消耗精力，也減少進食。整個月的多數時間，他們都坐在陰影處休息。這是他們認為貝介類必不可少的唯一時期，安巴拉人甚至將這段時間稱為貝介期。但整體而言，採集軟體動物是相當規律的活動；在米漢做研究期間，四個吉琴加里社群在百分之五十八的日子都會採貝，也同樣頻繁捕魚。遊群更加仰賴魚類和軟體動物，勝過陸上獵物或植物。米漢估計，在她斷斷續續與他們同住的一年內，安巴拉人採集了至少六千七百公斤的貝介類，獲得約一千五百公斤的可食貝肉。她推估每年的總捕獲量達到七千三百公斤，並計算出如果將所有貝殼都聚集起來，將會形成約八立方公尺的貝塚。當我們考量到人類在史前數千年的生活方式大同小異，便能開始理解貝塚在許多打獵採集地區都如此常見的原因。

米漢對安巴拉族的研究顯示，攝取大量貝介類的飲食習慣儘管不引人注目，卻具有極大的益處。世界許多地區的貝塚證實，貝介類是古代人類生存的核心元素。無論是生活在河口地區或熱帶的潟湖，開採軟體動物都是聰明的風險管理方法。遠早於人們成為農夫或移居城市以前，軟體動物確實已經是人類賴以維生的食物中顯而易見卻又為人忽視的一種。如果我們要探究人類能夠居住在如此多樣環境的原因為何，貝介類必定是解答的關鍵。幾乎在所有本書探討的古代捕魚社會中，貝介類都是不可或缺。

第四章　波羅的海與多瑙河的漁人

一萬五千年前，冰河時期結束後，環境的重大變遷不僅導致氣溫上升、冰層縮減和海平面攀升，更造成亞洲和歐洲各地人類社會的劇烈轉變。此時正是人類第一次跨越西伯利亞進入北美洲，當時大陸棚遭淹沒，大河堵塞成湖、流速減緩。最重要的是，在這數千年內，隨著冰河時期的大型動物群變得消瘦孱弱，許多物種走向絕跡，早期狩獵群體的後代拓展出各式各樣的生活方式。許多狩獵採集遊群在河岸、海岸、湖濱地區和沿海潟湖旁落腳。在歐洲，沒有任何地方比斯堪地那維亞的變遷更加顯著。

大約在西元前八〇〇〇至前二〇〇〇年間，歐洲北部沿岸多數地區提供人類格外豐富且多樣的海陸食物。[1]當時也不乏重大挑戰。在北方，波羅的海海岸的季節變化十分顯著。有些魚類和水禽只在短期內盛產，尤其是春季和秋季。一年中其餘的時節，沿岸居民則仰賴陸上獵物、近岸魚類和軟體動物。他們也非常依賴保存漁獲，以供日後食用。

在冰河時期的社會中，乾燥和用鹽醃製野味必然是例行公事，因為他們總是不斷遷移，並經歷漫長嚴冬。魚類則帶來略微不同的挑戰，畢竟魚肉很快就會腐敗，鯡魚等富含油脂的物種尤其如此。在北方寒冷的環境，將食物做乾燥處理並非難事，特別是在春季，當陽光閃耀、強風吹拂，便能曬乾鱈魚等鋪在木架上的魚類。我們會發現，挪威北部羅弗敦群島的鱈魚乾是中世紀和往後年代人類的常備食品。然而，如果是在寒冷但濕氣較重的北方環境，要乾燥和煙燻大型的漁獲往往不可行，因為氣候普遍潮濕，且捕魚季節短暫。多虧一項幸運的發現，我們如今知道早期的斯堪地那維亞漁民改採發酵處理漁獲。[2]諾傑蘇南遜德遺址位於瑞典東南部一座古代湖泊岸邊，鄰近通往波羅的海的出海口，在西元前七六〇〇至前六六〇〇年間曾兩度為人占居。當時的人們幾乎全年都住在此地，尤其是在較寒冷的月份，那時候冬季的氣溫約比今日低約攝氏一點五度。他們食用大量的淡水魚，其骨頭被考古學家在一條人們挖至地底黏土層的窄溝中尋獲。這座遺址位在湖泊邊緣，挖掘人員從一道低緩的斜坡開始挖，最後挖到一個坑洞，其中滿是魚骨。和遺址其餘部分不同的是，儘管當地常見的魚類是河鱸和梭子魚，那個坑裡卻有八成都是擬鯉的骨頭。擬鯉體型小且多骨，除非將魚骨軟化，否則難以下嚥。因此，諾傑蘇南遜德人很有可能是將擬鯉發酵加工，以利食用。

在現代，從格陵蘭到堪察加半島廣袤地帶的環極圈居民曾不用鹽，就能發酵處理魚。為了縮減漁獲的運輸量，許多群體會在水域附近挖洞至地底黏土層，並將魚埋入。這似乎正是諾傑蘇南遜德人的做法。他們讓擬鯉發酵的方法也可能是將之放入密封的海豹皮或野豬皮製成的袋子中，挖掘人員在那條窄溝中也找到這些獸皮的殘骸。在窄溝附近找到的細小樁孔暗示了這裡曾經存在某種相對永久的建物，以避免掠食者靠近。我們可以從龐大的魚骨數量來判斷，經過發酵的魚足夠供養許多人，讓人們可以累積餘糧，也促使人們走向定居生活。

由於存在各式各樣保存魚類的方式，貝介類比發酵魚更常在考古遺址中被發現。不過這種處理魚肉的傳統方法遠比我們想像的要重要得多，它是除了乾燥和鹽醃以外，為數不多預防食物腐敗的方法。發酵法最可能是在冰河時期結束不久後變得普及。當時氣候太過潮濕、無法乾燥處理魚，發酵提供了能夠處理多脂魚類的做法，如鮭魚、鱒魚、鯡魚和北極紅點鮭。發酵魚及其副產品是古今世界無數魚類醬料的始祖，其中最著名的是透過將魚血和魚腸浸在鹽水中發酵製成的羅馬魚醬。魚醬交易是遍及全羅馬帝國的龐大產業。現今，以魚等食材製成的傳統發酵食物又重新流行起來，它們能夠為飲食增添獨特的風味和營養。

波羅的海新形成的環境孕育各式各樣的人類社會，他們都高度依賴捕魚和其他海洋資源。數千年來，波羅的海的捕魚搜食社會發展日益精細複雜，達到高峰時形成一支獨特的文化。考古學家將其稱為艾德布勒文化（其名源自一座丹麥北部的遺址〔見第三章的地圖三〕），大約出現於西元前四五〇〇年。艾德布勒人不像之前的人類有較高的機動性，並在廣闊的領地上生活，他們傾向許多世代都待在同一個母營地，只在一年中的特定時節外移至臨時營地，以捕撈魚類或軟體動物。他們的母營地建於海洋環境比現今更鹹、更暖、更營養的時期，其日後出土數以千計的魚骨和貝殼令人驚嘆。當時的潮差也比今天大，在低水位時，人們能在更廣大的軟體動物棲地上採集。

根據對十四個聚落、超過十萬枚魚骨的研究，考古學家得知在沿岸生活的艾德布勒人賴以維生的物種廣泛繁多，大多是較小型的魚類，不僅有擬鯉、棘背魚和其他小魚，也有更大的鱈魚（身長主要介於二十五到三十五公分）、河鰈，以及比目魚（鮮少超過三十公分）。[3]幾乎所有骨頭都來自沿海的魚，有些一生都棲息在近岸的鰻草中，如牛頭鮀。頜針魚等其他魚種則會在夏季靠近近岸繁殖，並在淺水處獵食其他魚。從魚骨判斷，艾德布勒人幾乎都是在夏季捕魚，也就是頜針魚和鯖魚出現在當地海域，且小型鱈魚離海岸不遠的時節。這批數量龐大的魚骨樣本展現出的多樣性，表明了漁民不會只專攻幾種魚種，而是捕撈任何夏季出現的魚類。

艾德布勒人如何捕捉這麼多種類的魚？地形研究顯示，他們的聚落幾乎全都建立在適合設置大型、固定式捕魚陷阱的地點——亦即具備強勁水流之處，如河口、小島和海岬等海床相對較陡的地方。考古學家在幾個地點已經尋獲古代魚籠和魚梁。一只在瑞典南部找到的艾德布勒魚籠中，仍留有一條長四十五公分的鱈魚的遺存。有部分的捕魚陷阱是大型的永久建物，通常是以榛木製的木樁築成。漁民也會使用骨製魚鉤和帶倒刺的多叉魚矛（一般稱為多叉魚槍），但光是魚鉤和魚矛不太可能帶來在堆積物中發現的各式漁獲。我們幾乎可以肯定捕魚陷阱是近岸漁業的支

丹麥洛蘭島附近尋獲的一把捕鰻魚的多叉魚槍的示意圖。（由Museum Lolland-Falster提供）

柱。不過，在瑞典東南方的博恩霍爾姆島岩岸上的格里斯比的一座遺址，考古學家找到了較大型鱈魚的骨頭，且幾乎可以確定是以魚鉤和釣線捕獲，因為當地的地形並不適合設置陷阱（見第三章的地圖三）。

用來捕鰻魚的陷阱通常呈瓶狀，其他則是圓錐形或球形。木製的盆狀陷阱用於水底，單個或多個側倒擺放。有些漁夫甚至會在船筏下方固定以柳條編織而成的陷阱。許多丹麥漁民至今仍會使用名為「長袋網」的袋形網具陷阱，以木框或刺進水底的桿子撐開來。今天在e-Bay購物網站上依然可以買到長袋網。這種網具可以成排展開，並讓網室相連，藉此形成能夠捕捉大量魚類的龐大空間。

內陸的艾德布勒遺址較為稀少，但幾乎全都位在湖泊旁邊，並出土梭子魚和大河鱸等魚類遺存；這些魚偏好長滿植物、水底泥土柔軟的水域。在日德蘭半島的令克羅斯特被尋獲的榛木製長木樁指出當地曾經使用魚梁（見第三章的地圖三）。這裡出土的魚骨包含了許多大型梭子魚，牠們在溫暖的夏日會靠近淺水湖底棲息，容易捕捉。[4]在愛沙尼亞昆達鎮，考古學家在一座古老湖泊找到了大量的梭子魚骨骸，其中兩尾遭附有倒刺的矛形刀尖刺穿（見第三章的地圖三）。丹麥群島上的史威堡也有大批梭子魚遺存（見第三章的地圖三），有許多魚的頭骨。當時的人們將魚去頭後，會接著將魚身做乾燥處理，後來的人們也是如此處理大西洋鱈魚。

艾德布勒人發明並改良的捕魚方法被持續採用直到工業革命。這些方法在中世紀幾乎毫無改變：約翰．史契夫於一六七四年撰寫的一段敘述告訴我們，拉普人*的「捕魚方法隨季節改變；他們在夏季時通常會於兩船之間掛上拖網，或用像三齒魚叉的魚矛，但上頭的叉齒更多。他們用這種魚叉刺梭子魚，特別是當魚躺在靠近水面處做日光浴時。他們到了夜晚也會這麼做，同時在（船隻的）跳板上燃燒乾柴，魚便會受亮光吸引而向那裡聚集」。[5]

捕捉內陸的魚類時，人們則高度仰賴大型、定置的陷阱和魚梁，似乎並不會在深水處捕魚——這些全都是保守、低風險的做法。人們大多在夏季時於近岸和湖泊捕魚。艾德布勒人在其他季節如何生存，尤其是在冬天？他們絕對是老練的陸上獵人，而且會在秋季採集大量的榛果。一年中的多數時候，他們會極為依賴乾燥處理過且謹慎保存的魚類和堅果。

一如我們所知，他們也會採集大量的軟體動物。艾德布勒和其他遺址的巨大貝塚證實軟體動物對該地飲食的高度重要性：貝殼顯然是經過若非數千年，亦有數百年之久，大大小小的採集活動累積而來。當其他資源短缺，鳥蛤、貽貝和牡蠣便成為重要的主食。

大約在西元前四〇〇〇年後，艾德布勒人口穩定成長，領地因此受到壓縮。無論人們喜歡與否，他們在土地上移動的方式大大改變。即使是在波羅的海西部、資源如此豐富的海岸環境，漁場和貝床所能長期供養的人數也有其限度。鄰近遊群間的互動變得更加重要且複雜。根據他們積累的巨大貝塚來判斷，許多群體若非一年中多數時間都待在永久聚落，就是習慣在特定時節造訪相同的地點——如在丹麥東部諾斯敏訥的例子——以便在春季採集牡蠣。永久聚落也讓親族與婚姻關係能夠發展，鞏固社群間的連結。

早期認為波羅的海的海岸社會是游牧生活的假設可追溯至達爾文。[6]經過一個半世紀，考古學社群對狩獵採集者的生活有更精確的認知。美洲太平洋西北地區的印第安人和其他不同的古代群體都發展出十分複雜的社會型態，通常擁有勢力強大的首領和精細的社會制度。儘管其複雜程度仍沒有讓群體大幅減少移動，但確實改變了移動的性質。艾德布勒社會是否也是如此？我們目前仍無法真正得知。

無論群體的規模多大，或只是暫時集結，每個社群都仰賴隨季節增減的食物來源。會遷徙的

＊　譯注：指北歐拉普蘭地區（Lappland）的原住民薩米人（Sámi people）。

水禽是春秋季可靠的食物來源；人們在射殺或以陷阱捕捉數百隻後，會做乾燥處理，以供冬天食用。鯡魚、鯖魚、鮭魚和許多其他魚種會盛產數週，甚至長達幾個月。要在任何艾德布勒人的領地生存，無論土地大小，都需要精準計算時間；他們偶爾需要遷徙，並且藉由世代在岸邊和船上仔細觀察，不斷更新其對近岸魚類的了解。

面積落差極大的獵場必定也在生存上扮演決定性的角色。學者在蘇格蘭記錄到的一個極端例子顯示，人們僅在約一百公里的範圍內走動。在其他領地，人們則會進行路程長達一千公里的狩獵之旅，這仍是乘船或步行尚能應付的距離。各式各樣的因素都會影響遊群領地的大小：地景的性質、地方環境及其食物資源，以及每個領地內生活的人數。人們為了交易，也可能為了締結婚姻或尋找漁場，必然會大舉移動。

不過，問題不在於人們是否會移動（他們確實會），而是他們回到相同地點的頻率。他們對那裡的環境瞭若指掌。他們觀察植被和雲形，其細微變化顯現了季節的更迭。他們了解潮汐的韻律，知道何處的海流強勁，也知道遭遇突如其來的狂風、受困海上時，應該在何方避難。他們了解當地的魚類和動物，就像認識其他人一樣。移動並非一成不變的慣例，而是謹慎思量過的策略，由個人、家族、親族和整個遊群來構思。藉由口頭背誦和吟詠，以及圍繞被視為超自然存在的事物執行的儀式，這錯綜複雜的地景知識被人們身體力行、代代相傳。促使漁民移動最強大的作用力是他們祖先的力量，再加上以先祖作為媒介的隱秘靈力。

即使僅對西元前九〇〇〇至大約前六〇〇〇年間的歐洲社會粗略一瞥（當時第一批農夫剛抵達歐洲），也會發現當地的飲食多樣到令人眼花繚亂。波羅的海地區的艾德布勒族群屬於特例，其飲食中有極高比例都是魚類和軟體動物，但考量到寒冷的氣候，這點並不令人意外。一直到西元前三〇〇〇年後，北方才開始發展農業。魚類和軟體動物仍舊是最方便取得的食物來源。

鐵門峽谷的鱘魚

波羅的海社會會捕撈來自湖泊、河川和海洋種類廣泛的魚類，但在那裡捉到的魚無一能匹敵多瑙河鐵門峽谷的鱘魚。鐵門峽谷是位於喀爾巴阡山脈和巴爾幹山脈之間、長達兩百三十公里的一系列峽谷，那裡河水的流速曾一度高達每小時十八公里（見第三章的地圖三）。（鐵門峽谷自一九七〇年代起受到水力發電水壩影響。）其中最狹窄的大喀山峽谷，河面寬一百五十公尺，深度達五十三公尺。因為動態的水位變化、快速的水流和多變的水深，鐵門峽谷蘊藏豐富的養分、水生植物、昆蟲和無脊椎動物，能夠供養大量且多元的魚類。這裡的魚中之王正是鱘魚。[7]

歐洲的鱘魚是鱘屬的成員，體型巨大且長壽，擁有橄欖黑色的魚身和白色的腹部。[8]牠們會在接近河底處游水，四條觸鬚在混濁的底質中拖曳。鱘魚的獨特之處在於其體型和骨質的裝甲，或稱鱗甲。牠們在淡水產卵，接著在海洋長大成熟，偏好生活在河口地區及其泥濘的底部。一旦長成成魚，便會回到淡水產卵。

在黑海的鱘魚會在一月至十月進入多瑙河等河流，遷徙高峰是在四、五月的高水位期間。第二次規模較小、順流而下的遷徙高峰則在十月。多瑙河有五種鱘魚。歐洲鰉就是以被製成魚子醬而聞名的白色大鱘魚，壽命可長達一百一十八年，重達兩百五十公斤，身長及六公尺。十九世紀的紀錄中還曾出現超過一千五百公斤重、長七公尺的真正巨魚。歐洲鰉只會沿著多瑙河兩段河床上的洞穴裡產卵，即河流入黑海前的最後幾公里處，以及在鐵門峽谷的遙遠上游。鐵門的居民就生活於此。他們都是認真的漁民。弗拉薩克和史凱拉克拉多維兩座遺址的人類骨骸的穩定同位素樣本顯示，他們的飲食中有百分之六十到八十五來自水域。

多瑙河塞爾維亞岸的列彭斯基維爾是當地最大的聚落。早在西元前九五〇〇年，便有四或五個家族居住在那裡，生活在背對山崖的一處狹小台地，面向多瑙河。[9]到了西元前六三〇〇年，也就是氣候穩定、河流坡度趨緩後的幾世紀，最初的聚落已經發展為真正的村莊，其中央的開放空間被兩側的居所包圍，並與約十個衛星聚落相連結，包括帕地納和弗拉薩克。隨著時間過去，至少曾有七個像列彭斯基維爾的聚落在同一地點建起，較後期的聚落間建有梯形住所。每個住所皆有石膏地面和位在屋內中央、以石磚砌成的大型火灶。用河流漂石雕刻而成的塑像組成小聖壇，靠在後牆上。一切都面向河川，那是日常生活和社群複雜的宗教信仰的重心所在，而其象徵意義總圍繞著鱘魚打轉。

列彭斯基維爾的生活聚焦在大魚的來去。鱘魚可以逆著最強勁的水流游泳，或許是這個能力讓鱘魚在牠們的獵捕者眼中成為深具影響力的守護者。列彭斯基維爾的一尊石像的背脊上刻有一整排真皮鱗甲。其他塑像則有著突出的雙眼和駭人的臉部特徵，不會令人聯想到鱘魚，但可能是在呈現神話祖先或被認為能夠驅邪避凶的魚神。英國考古學家克萊夫・邦索爾主張，列彭斯基維爾的塑像是保護神，會幫助人們對抗無法預期、有時釀成災難的洪水。

最初沿河搭設的捕魚野營之所以出現，可能源自所有狩獵社會共有、常見且求變的機會主義，但機會主義最終讓位給可稱之為一種漁獵特有、精神上的痴迷。這並不令人意外，因為一條巨大鱘魚在淺水中游泳是一幅引人敬畏的壯觀景象。在人們遷移期間，鐵門峽谷擠滿鱘魚。在這裡捕捉鱘魚極其耗體力且危險：就連被大鱘魚尾擦邊、斜斜地擊中一次都可能致命。

過去，捕魚的技術尚未發展完全，因此真正能派上用場的是人們對魚類行為的詳盡知識。在列彭斯基維爾的河岸附近的水位很淺，一開始僅與岸邊落差十公尺，但接著河床卻會陡降形成約三十公尺深的溝壑。在此，巨大的漩渦會將遷移中的魚推離急流，進入淺水處，而漁民就在那裡等著牠們。從十九世紀的傳統方法判斷，漁夫必曾使用水堤、V形陷阱，並用上頭刻有溝槽的石頭加重的牢固漁網，藉此捕捉鱘魚，再用棍棒將魚擊死。考古學家在富有大量鱘魚魚骨的遺址也找到無數沉重的石棍或石槌，多數在一端都有磨損的痕跡，似乎曾被用來敲打魚頭。

多瑙河多數的魚類都在春季和夏初產卵。除了鱘魚骨，峽谷沿岸的考古遺址也出土數量可觀的鯰魚、野生鯉魚和梭子魚魚骨，還有各式各樣較小型魚種的骨骸。

乾旱和洪水頻率的變化會影響魚卵，結果無法預期，在任何地方皆然。但在鐵門峽谷，漁場資源如此豐富多樣，人們似乎毫無離開峽谷的急迫理由。列彭斯基維爾盛產鱘魚，其衛星聚落帕地納盛產鯰魚，而弗拉薩克則是鯉魚。或許每個聚落都專門捕撈不同的獵物——其實這可能正是發展衛星聚落的原因。

到了西元前六〇〇〇年，列彭斯基維爾已不復存在。農夫住在鐵門峽谷附近的開放地帶，使該地數千年的孤立狀態劃下句點。在葬於列彭斯基維爾之人的骨骸中，其中三人的骨骸的化學成分強而有力地證明了當地捕魚社群已經成為更廣大的文化的一部分。他們比其他同時期埋葬在附近的人們食用了更多的陸地蛋白質，似乎生前多數時間皆與農民一同生活。我們不知道他們是男性或女性。他們是因婚姻進入這個群體嗎？或只是在某些時間會和農夫一起工作？不過，捕鱘的古代傳統依舊延續，規模比過去都要來得大，方法自遙遠的過去以來便幾乎一成不變。直至二十世紀，鐵門峽谷的漁民仍會在急流或漩渦設置陷阱和漁網。船上的人們接著會拖網進船，用巨大的木棍猛擊落網魚群的頭部，使其昏迷。他們會捕撈春季在上游和秋季在下游游水的大型鱘魚。一如地中海漁民凶殘獵殺鮪魚，這裡的漁民以陷阱捕殺鱘魚可能也到達了瘋狂的境界。

我們從匈牙利的中世紀文件得知，鱘魚的產量後來大幅激增。一五一八年，遵循古代傳統，匈牙利北部的科馬羅姆城取得王家捕鱘漁場的地位（見第三章的地圖三）。當時該城需要大量橡木原木，並由一位截水牆專家領導全村農奴勞力，來維護捕鱘的魚梁。唯有管理有序的地方才能負擔這樣的運作。

在一五五三年，一天內就可以捕撈七十七尾鱘魚。兩世紀後，在多瑙河僅長一點五五公里的河段，每年的漁獲量達二十七萬噸。紀錄顯示，一八九〇年在鐵門峽谷北端的奧紹瓦下游處的一座島嶼上，「每天有五十到一百條鱘魚被捕捉宰殺」。木製魚梁最終被麻製的牢固漁網和能夠困住鱘魚胸鰭的垂直流刺網取代。漁民也會使用銳利的魚鉤，成排串在一條橫跨較窄河道兩岸的魚線上。不需要使用魚餌。鱘魚會受閃亮的釣鉤吸引，因好奇心而上鉤。

到了二十世紀，鱘魚的體型因過度捕撈而縮小。再加上汙染和兩道鐵門峽谷水堤，讓魚的行動受限而無法到達產卵地，導致滅絕的條件已經具足。如今人們嘗試野放幼鱘，期望牠們能夠產卵，但長達數千年的捕鱘傳統很可能成為絕響。

在西元前六〇〇〇年左右，第一批農民抵達多瑙河流域，以及約兩千年後，農民落腳斯堪地那維亞以前，自給性漁業在歐洲多數地區早已至關重要。在多樣性極高、具備資源豐沛的漁場和貝介棲地的環境，如波羅的海南部，人口密度攀升，小型遊群合併衍生出更複雜的社會。在某種意義上，這些新興的複雜發展幫助人類預先適應隨農耕和畜牧而來的定居村莊生活和轉變中的社會制度。然而，隨著早期社會為農民和牧民所取代，並採行新的經濟結構，古老的自給性漁業傳統儘管形式大為改變，但至少有部分延續長存，直至十九和二十世紀初。

第五章　日本繩紋漁人的移動

一如歐洲，東亞的捕魚活動也循著大同小異的文化軌跡發展。在冰河期後期不宜人居的數千年裡，日本北部的某些群體可能已經開始捕魚，但大概只是零星或季節性的活動，時間點和當地鮭魚洄游和其他可預期事件相吻合。冰河期末期的全球暖化為中國和日本帶來重大的環境變遷。在中國北部，幾個考古遺址皆發現證據證實，人們在仍住在相對開放的地區期間，曾努力適應較溫暖的環境條件。他們會使用輕型武器，包括弓和石鏃箭，各式食物可取得與否決定他們是否持續移動。不過，最密集的捕魚活動集中在日本北部，而且發展時間若非比世界另一端的斯堪地那維亞更早一些，就是同時開始。

隨著海平面升高，日本成為群島。當海洋淹沒河口地區和海灣，高漲的太平洋海水創造出許多島嶼和海埔地。綿延的海岸線隨之產生，並孕育出豐沛的生物生產力。此外，內陸崎嶇不平的地形，包含高達三千公尺的山脈，提供了另一種多產的地景。這正是繩紋文化繁盛至少一萬年的

地圖四　長久存續的捕魚社會：繩紋及其他日本考古遺址

環境背景。擁有種類如此多樣的動物物種、廣闊海埔地上充足的貝介類、資源豐富的近岸漁場，以及在秋季大量盛產的堅果和其他食用植物，幾乎沒有誘因促使他們改變冰河時期後或可能更早就發展出來的生活方式。「繩紋」意為「繩索的紋路」，指的是在他們最早的聚落發現、帶有獨特繩索印痕的陶器。[1]

多數專家認為，繩紋人嶄露頭角的時間點是在至少一萬四千年前，少數從亞洲大陸南移的狩獵採集者加入或入侵現今日本北部原住民的群體；這些人可能是受升高的海平面所迫而遷移。[2]我們幾乎可以肯定，早期的繩紋人會在不同的地點間移動，以利在越來越多樣化的環境中開採季節性的食物。自一開始，魚類就非常重要。早在西元前八〇〇〇年，繩紋漁民便曾造訪北海道南部的湯之里，並一再前往當地長達數千年之久。挖掘工作讓至少十五個穴居和成排石塊標示出的儀式性場域重見天日。居所內有火灶，考古學家也在其灰燼中尋獲鯉魚、沙丁魚和性成熟的白鮭的骨頭。

到了西元前七〇〇〇年，繩紋人的聚落數量遽增，原因不得而知。漁民生活在較大的聚落，其中多有建於土裡的半地下穴居。一座位於東京都武藏台的遺址出土了呈弧狀排列的十九個穴居；長達數千年，較大型的繩紋聚落都具有住所環狀排列的特色。這個遺址是在氣候較溫暖的期間有人占居，當時結滿橡實的橡木落葉林廣為拓展。一如在世界其他地方，橡實也成為繩紋族群的一項主食。

鄰近海埔地且有穴居的遺址讓我們了解東京灣周邊關東地區攀升的人口密度。早在西元前七四五〇年，海水快速升高並淹入河谷時，橫須賀灣的夏島貝塚遺址的居民便會採集牡蠣和有稜紋的鳥蛤；這兩種貝介都棲息在近岸水域的泥濘海床。[3]海平面穩定後，沙子取代了泥土，促使蚌蛤大量生長；在夏島較後期的貝塚堆積物中，經常可以找到蚌蛤的貝殼。居民會捕捉鮪魚、鯔魚、海鱸和其他常見的物種，使用的工具似乎是鹿角魚鉤和纖維釣線。所有的魚都是在近岸捕獲的。距離東京地區約五十公里以南，大島上的漁民則集中在較深的水域捕魚。他們的一處聚落覆滿厚厚一層火山灰堆積物，裡頭保存了開放水域物種的骨骸，諸如鮪魚、海鰻、岩鯛、鯖魚和鸚哥魚，還有海龜和海豚。擁有種類如此廣泛的動物物種、廣闊海埔地上充足的貝介類、資源豐富的近岸漁場，以及大量豐收的堅果和其他食用植物，這座島具備一切讓人口穩定成長的要素。

在這些如此有利人居的地點，繩紋人口持續增加，並於西元前三〇〇〇至前二〇〇〇年間達到高峰。當地環境被人為區分成界線明確的領地，自然帶領人類走向更複雜的社會，可能也促使大型的永久聚落形成。

魚類在這平衡狀態中的位置為何？一九四七年，考古學家山內清男針對繩紋人的維生方式，提出了一項「鮭魚假設」。山內對於北美洲西岸的捕鮭社會和高度仰賴鮭魚洄游的北海道愛努族瞭若指掌。[4]他主張，日本東北部河川附近的繩紋社群和西伯利亞東部的人們相同，同樣依賴鮭魚洄游維生。繩紋人的飲食主要來自堅果，諸如橡實、各式栗實和核桃，全都在秋季收成，並被仔細保存以供日後食用。可是山內斷言，每年秋天在無數河流中逆流而上的白鮭幾乎同等重要。鮭魚很容易捕捉並經煙燻處理，是繩紋人首要的食物來源之一。山內反駁他那些較保守的同事的批評，他們指出鮭魚骨在他所研究的那些遺址中相當少見，但他表示這是由於魚骨難以在酸性土壤和貝塚中良好保存。此外，因為我們幾乎可以肯定許多魚都經過乾燥並磨碎，魚骨必定跟著去除內臟後魚身的其他部位一起被人吞下肚。然而，當時考古學界並未採信此一主張。

今天看來，山內似乎是對的。多虧對開挖過的堆積物進行濕篩，現今的發掘方法已大幅改進。考古學家在海岸和湖畔的繩紋聚落都已經找到鮭魚脊椎骨的碎塊。這些魚骨在新鮮時富含脂質（脂肪），但在軟物質腐爛後，不久便會碎裂開來。許多發現鮭魚遺存的遺址都遠離捕獲鮭魚的河邊。魚骨上有被燃燒過的痕跡，似乎代表魚在被帶到聚落前已經被人事先片開並經過防腐處理。

在前田耕地的一座早期繩紋遺址正是一例。[5]位於流向東京灣的多摩川的河階上，挖掘者發現一間可追溯至西元前九〇〇〇年左右的住屋。屋子的填土含有大量燒黑的鮭魚和小型哺乳類動物的碎塊。他們在這處住所至少找到六十至八十條魚，其中鮭魚頭比脊骨更加常見。居民似乎會先切下魚頭，接著剖開魚身，並在清理腹部時去除體內的脊椎和肋骨。他們在火堆上烘乾剖開的魚身，過程中會將魚骨烤焦並使之碎裂。這處住屋可能是純粹用來處理漁獲。

在日本海海岸的能登半島上，在這條點綴著多個平靜海灣的海岸線上，真脇遺址的居民曾獵捕海豚，這項習俗一直延續至信史時代*。[6]有人曾親眼見證此活動，敘述人們在春季捕捉超過

＊　譯注：信史時代即人類開始用文字記錄歷史的時代。

一千隻的海豚；漁民將牠們趕入旋網後，耗費兩天獵殺之。在同一地點的繩紋遺址可能從西元前九〇〇〇年至中古時期皆有人居，那裡發現了至少兩百八十五隻海豚的遺存；其中有些是太平洋斑紋海豚，這種海豚會在四、五月成群北遷，一群的數量可超過一千隻。要捕捉太平洋斑紋海豚這樣敏捷的獵物，需要強韌的漁網或在近岸設置的永久立竿網，以利將這些生物驅趕入網。在同一遺址也出土更多溫馴的短吻海豚的遺存，牠們被趕到淺水處時很容易受驚，甚至徒手就能捕撈上岸。真脇是人們進行宰殺的地點，漁獲都在此屠宰。有一架完整的脊骨存續至今，來自一條大小可由人的手輕鬆掌握的魚，在魚肉仍連接著脊椎骨時便被送出分享給鄰近的社群，對象可能是那些有參與漁獵的人們。

考古學家發掘所謂的繩紋曆，排列出許多群體數千年來遵循的季節循環。[7]這份歲時曆呈現出人們仰賴四種主要活動為生。他們會在夏季捕魚和獵捕海洋哺乳動物。鮭魚洄游成為許多地點秋季的主要食物來源，而同時期收成的堅果也為冬季增添耐放的糧食。陸地的哺乳動物會在冬季月份被人獵捕。在冬末和春季的荒月期間，貝介類則扮演核心的角色。一如其他活動，捕魚和某些因素密切相關，諸如人的機動性、社會組織、隨社群和地點改變的社會複雜度，以及影響覓食的宗教信仰。在信史時代，這樣的歲時曆是北海道、薩哈林島和千島群島南部的愛努族人所共有的。每個社群都有自己界線分明的河流領地；漁民會在那裡運用魚梁和陷阱，在夏季捕櫻花鮭、秋季捕白鮭和雅羅魚等較小型的魚類。他們將多數的漁獲煙燻處理，並保存在倉庫中，為荒月未雨綢繆。

繩紋社會的陶器也相當出色，是世界最古老的一種陶器。最早的一批是圓底的小煮鍋，在距今一萬四千七百年便已在南方使用，且可能是從中國大陸引入的。[8]這些陶器的用途為何？許多容器都帶有焦化或煤煙的痕跡，代表它們是用來烹煮食物的。想像一座充滿灰燼的爐床，上同擺放著數只陶器，四周有燒紅的餘燼圍繞。魚和堅果在煮鍋中燉燜，做成的熱燉菜在製作和保溫上都十分容易，這點對成天在刺骨冷水中走動、採集牡蠣或設置捕魚陷阱的漁民來說是必要的考量。歷史上日本北部的愛努獵人和漁民曾將深陶鍋放置在爐床坑的炙熱餘燼中燉魚，他們的祖先可能至少有部分是繩紋人。愛努飲食的主食是名為「湯菜」的一道湯品——這正是陶鍋派上用場的地方。鍋子一次可以放在火上數日之久，以利不斷供應溫暖的湯，裡頭會加入豐富的肉或魚，還有水煮的野生植物和野穀粥。沒有人知道繩紋族群是否也會用煮鍋長時間燉湯，但日本早期捕魚方式一路為人承繼，可能導致他們在飲食上也廣泛以肉魚為基底煮湯。並非所有的繩紋陶鍋都是用來燉菜。在較晚近的時代，經精巧裝飾的淺碗和有壺嘴的容器也為許多墳墓增色。

我們已知的繩紋遺址超過一萬一千座，但其規模和複雜程度各異，令人難以概括描述他們的社會。繩紋人開發的海岸和內陸環境型態多元，他們有些居住環境人口稠密，有些卻不然。[9]不過，有幾項特徵讓他們與冰河時期後、遍及廣闊的北太平洋世界的其他捕魚社會區隔開來。最重要的是，繩紋社會的流動性極高，其成員由廣譜狩獵採集者組成，後來農民也加入其中，在生物多樣性非凡的地域蓬勃發展。觀察他們堆積而成、往往體積龐大的貝塚（許多都出現在規模頗大

約西元前2500年，繩紋時代晚期一座村莊的再現畫。繪者佚名。（De Agostini Picture Library/Bridgeman Images）

的聚落周邊），我們可以約略得知繩紋人擁有傑出的風險管理技巧。儘管他們可能建有永久聚落，但多數的繩紋人口經常移動，所採行的生活方式需要敏銳留意堅果的產季、鮭魚洄游和水禽的繁殖季節。軟體動物則是每個群體都賴以為生的支柱。

任何靠近海洋或淡水水域旁的繩紋社群一定都曾耗費大量時間在水上。魚類洄游、近岸漁撈和偶爾在外海捕捉到的漁獲供應了一年中許多的食物。維護陷阱、設置漁網、以矛刺魚和採集牡蠣，全都需要水上的機動性。親族關係連接起各方的社群，而外來軟體動物和火山黑曜岩的輸入證實了這些分布廣泛的社群之間的聯繫，過程中經常需要依靠船隻。在水下的繩紋遺址，至少有五十艘挖空樹幹製成的獨木舟重見天日。最古老的一艘來自福井縣三方五湖附近、淹沒在水下的「鳥濱遺址」，可追溯至西元前三五〇〇年左右，船身寬約六十公分，長超過六公尺，以半棵日本柳杉製成。考古學家在同一個遺址也尋獲幾支柳杉船槳。鳥濱獨木舟絕非最大的繩紋船隻，京都附近發現的另一艘至少有十公尺長。

繩紋社會的發展絕不可能與船隻的使用或捕魚活動切割開來。更加密集的捕魚活動、為此發展出的更精巧技術，以及更為複雜的繩紋社會，三者之間必定有所關聯。數千年來，繩紋世界日益複雜，漁業專門場所的快速發展正說明了這一點。例如在東京附近的遺址，馬蹄形或環狀的貝塚皆鄰近人們穴居的大型居所，或者就在同一處。無論何者都顯現出當時的人們重度仰賴海洋食物，或是要經過多年來的季節性造訪累積，才能留下這樣的遺存。為了要在更深的水域捕魚而越來越依賴船舶（甚至可能使用木板船），必定都需要專業的工匠，以及擁有、且或許能駕駛從現今觀點來看都算是很大的捕魚船的個人。

如果稻米耕作沒有從韓國引入日本，繩紋文化可能會持續蓬勃發展。[10]關於稻耕多快向北傳播至群島各地仍有爭議，但古老的捕魚傳統在現今北方愛努族的祖先間流傳了下來，而魚至今在日本社會依然保有高度的重要性。的場是西元八、九世紀的一座漁村，位於現今新潟市內信濃川堆積形成的一處河濱沙丘上。[11]這座遺址出土了矛形刀尖、網墜和木頭浮標，還有許多木製的書寫板（木簡），上頭詳述了人們會將許多在河裡捉到的鮭魚去頭、切片、防腐處理，接著再送到京都充當稅款。蘆田川旁的草戶千軒是日本南部的一座中世紀港口，於西元十五世紀被洪水摧毀。淹沒在水底的堆積物含有大量來自日本海的魚類遺存。有幾塊完整的鮭魚脊骨在廢棄物坑裡被發現，但牠們不可能是在當地被捕捉到的，因為彼時鮭魚在內陸海相當罕見。牠們最有可能是被從京都或大阪等中心運往當地，若非走海路就是走山路。脊椎骨保存完整一事代表著那些魚大概曾經過鹽漬，現今在日本的許多鮭魚也是這麼被處理。

書面紀錄證實，鮭魚在日本具有長達數世紀的重要地位，是天皇、貴族及其家族食用的高級食物。《延喜式》是九世紀的一部律令冊，裡頭記載了天皇家族食用許多鮭魚。有項估計指出每年運送到首都京都的鮭魚數量超過兩萬條。到了西元八世紀，天皇宮殿對魚的需求極高，促使他們開始在池子裡養魚，以滿足皇居的需要。十六世紀的漁民會在日本海的海床上養殖牡蠣。不過，日本的水產養殖並非前所未見：中國人自西元前三五〇〇年前便已經會這麼做。

連結更廣大的世界

日本北部的繩紋人同時過著海上和陸上生活，並非完全仰賴魚類和軟體動物，更有實行趨避風險的廣譜打獵與採集。他們在這方面類似於斯堪地那維亞人，同樣會利用種類格外繁多的食物來源。面對快速變遷的環境條件，尤其是海平面持續升高時，這樣的生活方式合乎邏輯，展現了機會主義的心理。繩紋文化是典型的日本社會，和遙遠波羅的海的艾德布勒人一樣獨一無二。不過我們也可以主張他們與更廣大的世界有所聯繫，觸角深入東北亞、北至堪察加半島，最遠到達距離極遠的白令海峽。這帶出了一個耐人尋味的問題：繩紋人是否參與了北美洲最早聚落的建立？

遺傳學和冰河時期末的地理實況皆已確認，人類進入美洲的路徑是始於東北亞。在冰期後的較晚近時期，從日本北部、相鄰的亞洲大陸，甚至千島群島，直到阿拉斯加沿岸，整個北方有著廣泛的文化相似性。橫跨這廣袤區域的人們都利用相同的資源，包括鮭魚、海洋哺乳動物和熊，也經常採用同樣的捕魚方法。他們的文化與情感連結至今仍存。今天，日本北部的愛努族人，也就是公認繩紋人的後代，依然能夠感受到與這片廣闊地域的強烈連結，並認為他們的文化與北太平洋的民族緊密相連，甚至包括北美洲太平洋西北海岸的族群與跨越白令海峽的愛斯基摩部族。這股無形的拉力必定能追溯至遙遠的過去。但是否可回溯到繩紋時代？我們並不清楚。

然而，過往有些實際情況十分有趣。繩紋族群如此適應其家園複雜的環境條件，讓他們的文化能夠蓬勃發展超過一萬年。繩紋人的社會組織必然會變得更加複雜，並強化與周邊區域的接觸。在繩紋時代早期，生活在北海道北部的群體與西伯利亞大陸上黑龍江沿岸的居民維持長久的聯繫，並且是以交易和其他互動為基礎。

即使是冰河時期末期，在鄂霍次克海及更北方的堪察加半島與西伯利亞最東北部一帶，也有廣闊的巨藻床在此生長茁壯，並有大量魚類棲息。以巨藻為食的魚類是太平洋沿海社群的重要食物來源，在連接西伯利亞和阿拉斯加的陸橋沿岸可能也是如此。隨著人們加強在沿岸和水上覓食，獵捕海洋哺乳動物變得更為重要。這導致人們與其他南方的日本島嶼在海上有更多接觸，與北海道北邊千島群島已知最早的聚落也更頻繁聯繫，形成遠至堪察加半島的互動關係。在有遮蔽的千島海灣和小灣，有些這個時期的聚落遺址埋有馴鹿骨頭和鹿角。馴鹿是在堪察加半島上被人獵得，但牠們並不生活在千島群島，因此有些島嶼的獵人會長途跋涉到那遙遠的北方。

繩紋人與西伯利亞的緊密關係並不令人驚訝，因為北海道和薩哈林島僅僅相隔四十二公里。另一方面，薩哈林島距離大陸上的黑龍江河口也只有二十公里之遙。將群島和亞洲隔開的韃靼海峽水深不深，冬季多數時候都覆蓋著冰層，因而容易橫越。於是，藉由早在冰河時期末便形成的連結，文化影響遠從西伯利亞西部的外貝加爾山區延伸進入繩紋人的家園。遺憾的是，關鍵的東北亞文化地景仍是考古學界在世界上了解較少的地方，因此繩紋人對於美洲最初聚落的貢獻依舊是個引人好奇的謎團。

驚人的是，面對全球暖化所引發的環境變遷，北緯地帶居民的反應出奇相似——自給性漁業的強度明顯增加，其發展程度遠遠超越較早期傳統的機會主義活動。而當我們更深入了解最早的美洲人後，便會相信在首次有人定居美洲這樣關鍵的歷史時刻，這波對魚類和軟體動物新興的重視很可能扮演了至關重要的角色。

第六章　前進美洲大陸的旅程

在兩萬年前的白令陸橋：一陣呼嘯的北風將厚重的白雪吹向前去，使烏雲翻騰扭轉，模糊了天地。有群圓頂小屋蹲踞在淺河谷裡，有如起伏的低矮小丘，人們躺在裡頭、半睡半醒，身體包裹在多層麝牛皮製成的厚毛皮中。暴風不過是空氣中的雜音。他們已經躺在那裡數日之久，除了離開住屋如廁，其餘時間感覺相當舒適。以脂肪為燃料的油燈在昏暗中閃爍，一名薩滿巫師訴說著讓大地成形、創造動物與人類的造物者的故事。每個人都聽過這個故事許多次，但故事每次總會有些微的變化，在這嚴酷程度難以想像的宇宙中，予人安心與慰藉。

最早的美洲人身分成謎，他們是人類過去最偉大的幾次遷徙中鮮為人知的主角。超過兩萬年前，他們開始在北方不斷變化的險惡環境中遷移，並未留下任何蹤跡；當時是所謂的「末次冰盛期」期間，最後一次冰期的冰川作用使遙遠北方的多數土地凍結成冰。第一批人類移居美洲的故事並非如某些學者假設，是漁獵族群或勇敢的航海員繞開西伯利亞和阿拉斯加之間的漂冰來到此地。反之，拓殖美洲的人類是在嚴峻的地域上開展遷徙，而在荒原上唯一的生存方式就是要利用種類極為廣泛的食物資源：從大型獵物到可食用的植物、軟體動物、海洋哺乳動物和魚類，無一不食。許多年前，我曾撰寫一部關於最早的美洲聚落的著作，書名為《偉大旅程》。[1]本章將會更新近期在敘事上將沿岸聚落視為先鋒的轉變。

在考古學界，很少有議題比最早的美洲人引發更多爭議。經過近一世紀的科學調查後，我們現在有了一些從紛繁的主張和反訴中誕生的假設性劇本。最新的研究出自考古學者、人類學者、植物學者、生態學者、遺傳學者、地質學者、古氣候學者之間，甚至是與冰期甲蟲專家的長期合作。他們的研究顯示，捕魚族群是古代美洲人的一分子。他們多數時間是狩獵採集者，生活圍繞著鮭魚洄游和其他類似的豐收活動，也在人類歷史上最重要且複雜的遷徙之一扮演要角。

遺傳學和冰期末期的地理學都告訴我們，人類進入美洲的旅程始於東北亞。在冰期後的較晚近時期，從日本北部、相鄰的亞洲大陸和千島群島，再到阿拉斯加沿岸，整個北方有著廣泛的文化相似性。遍布這廣闊地域的人們都開發利用相同的資源，諸如鮭魚、海洋哺乳動物和熊，也經常使用相同的捕魚方法。他們至今仍保有文化與情感上的連結。如前章所述，今天日本北部的愛努族人，也就是公認的繩紋人後代，依然認為他們的文化與北太平洋的民族緊密相連，包括北美洲太平洋西北海岸的族群和愛斯基摩部族。[2]

白令陸橋的飲食生活

那麼，依照前述的邏輯，我們最好從日本北部的繩紋人開始談起，他們傑出的陸上和海上生活方式讓其並不完全仰賴捕魚和軟體動物，也立基於廣譜打獵與採集。他們非常適應家園的複雜環境，因此其文化蓬勃發展超過一萬年。他們的社會組織必然會變得更為複雜，並加強與周邊地區的接觸。我在第五章已經描述過北海道北部較早期的繩紋族群如何發展出與西伯利亞黑龍江沿岸居民的關係。

在鄂霍次克海、堪察加半島一帶，以及西伯利亞和阿拉斯加之間因低海平面而露出的低窪平原外海，巨藻床分布廣闊，並有大量魚類棲息。海洋哺乳動物和以巨藻為食的魚類是太平洋沿岸重要的食物來源，白令沿岸可能也是如此。人們在沿岸和水上加強覓食使其與日本的海上接觸增加，也促使千島群島已知最早的聚落出現，如前所述，這形成了最北遠至堪察加半島的互動關係。有些這個時期的聚落遺址可能有一萬兩千年的歷史，位於有遮蔽的千島海灣和小灣；這些地方有馴鹿骨頭和鹿角出土。島上的獵人必定是在堪察加半島獵獲馴鹿，再將肉帶回千島群島。太平洋最西北方的整個沿岸地帶就是一張由不定期的文化接觸而形成的格狀網絡，就連居住地相隔可觀距離的人們也有所聯繫。

最早的美洲人是否具有繩紋血統？有很長一段時間，廣泛的學術意見是將第一批從西伯利亞跨越來到阿拉斯加的人們，描述為大型獵物的獵人。人類丟擲矛槍，攻擊深陷危險沼澤的猛獁象，這樣的畫面仍在大眾的想像中揮之不去。但他們可能從未這麼做，而只是一群狩獵海洋哺乳動物的獵人和沿岸漁民，乘著獨木舟或獸皮船筏，在北美洲落腳。不過，可以肯定的是，在末次冰盛期的嚴寒之前，廣譜狩獵和搜食活動在東北亞的廣大區域皆有悠久的歷史，如繩紋人和各個大陸族群所為。關於第一批人類定居過程的最新假設是，環境現實幾乎迫使生活在北方的人們必須以種類廣泛的食物維生。繩紋文化可能說明了這類多樣化飲食的生活方式讓最初的居民得以生存，但幾乎可以確定他們不是首批美洲人的祖先。

幾乎所有人都同意，美洲原住民的祖先是西伯利亞民族的後代，跨越低窪的陸橋來到阿拉斯加。[3] 現代美洲原住民人口和少量古代骨骸的基因結構，確認了美洲所有的印第安人都來自一個分化為兩個主要分支的單源群體。一支是美洲印第安人，來自冰河時期冰原南方的北美洲，以及中美洲和南美洲。另一支由北方的內陸群體組成，如阿薩巴斯卡人、古愛斯基摩人和因紐特人。

在遺傳學上，一般公認西伯利亞人與兩支美洲原住民初次分裂是發生在兩萬三千年前左右。[4] 到了距今約一萬三千年，美洲原住民先祖的人口已經完全分裂為南北兩個分支，北支包含了今日阿薩巴斯卡人的祖先，以及契帕瓦族、克里族和奧傑布瓦族等北部族群。著名的肯納威克人（得名於一九九六年在華盛頓肯納威克找到的一具骨骸），其骨頭有力地證明了古代和現代某些美洲區域的原住民人口之間的基因延續性，至少可回溯至西元前六五〇〇年、肯納威克人生活的年代。關於這個主題的研究變化無常，但截至目前的遺傳學證據相當肯定地指出，在兩萬至一萬五千年前、冰河時期末期的某個時間點，人類曾有一次東向的遷徙。這項證據提供了基準，讓我們能夠細究遷徙背後的人們和他們可能的生活方式。

故事經過始於兩萬一千年前，末次冰盛期高峰的嚴寒之中。[5]當時的氣溫比今日低了攝氏五點一度，冰層覆蓋北緯地帶。普遍的乾旱讓各個緯度的沙漠擴大，草地縮減。植物和動物的生產力跌落到無法支撐人類人口，迫使居住在今天氣候溫和、半乾燥地區的人們撤退到更溫暖、雨水更充足的區域。東北亞的前末次冰盛期遺址位置分散，表示在四萬至兩萬八千年前拓展至歐亞大陸北部、適應了寒冷氣候的獵人，在面對距今兩萬四千至兩萬一千年前的嚴寒時，從該區的許多地域遷離。

除了乾燥和極寒，當時險惡的環境大多沒有樹木生長，導致人們無法取得柴薪。現代實驗的結果顯示，就算人們能仰賴從肉食性動物的狩獵殘骸或獸屍中撿拾來的猛獁象肋骨和其他骨頭燃料，也至少需要少許木柴才能點火。唯一的辦法是南遷到即便依舊險惡但更溫暖的環境，或躲避到「庇護所」。這似乎就是當時人們的做法。儘管聽起來不可思議，白令地區的中心地帶就有一處這樣的庇護所。

白令是一片長形廣闊的北方大地，從西伯利亞的勒拿河和維科揚斯克山脈延伸至今日加拿大西北特區的馬更些河。其南緣包含了堪察加半島全境，其面積在冰河時期末期高峰大上許多，因

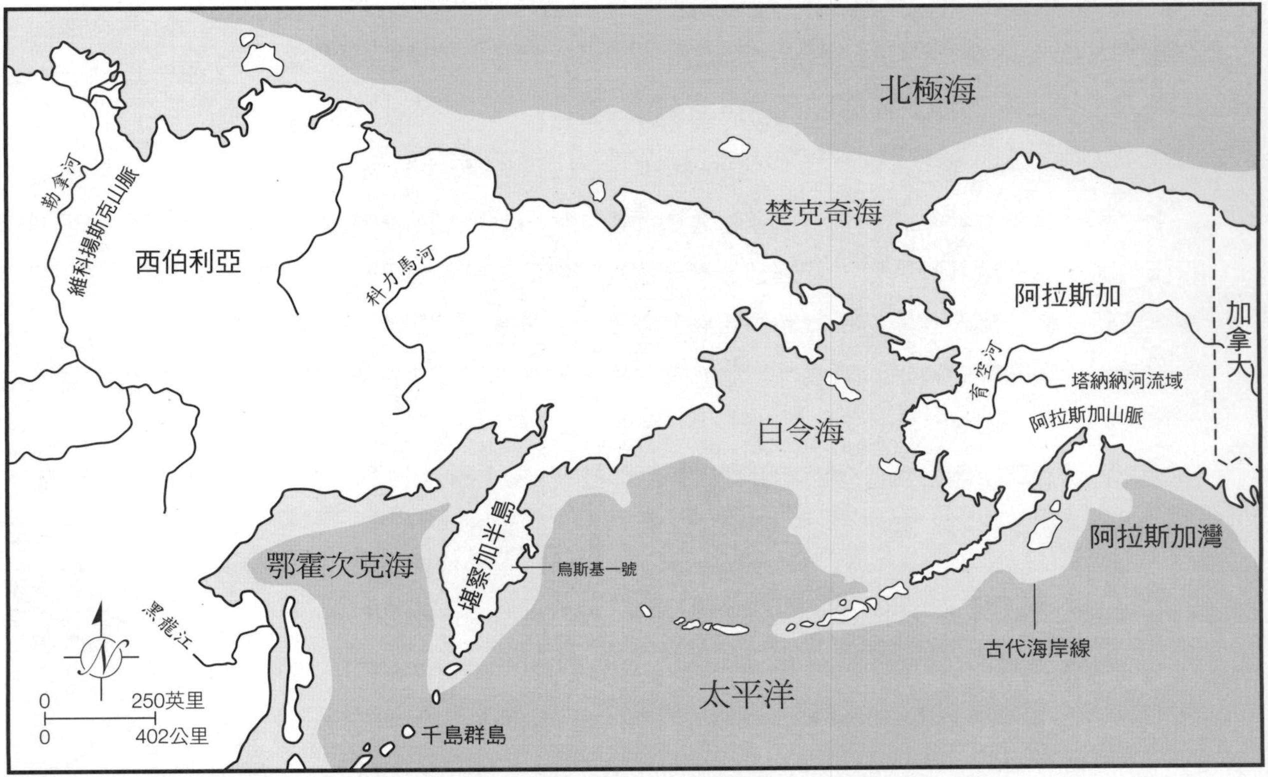

地圖五　美洲最早被人類拓殖期間的遙遠北方：白令與完全裸露的白令陸橋

為當時的海平面遠低於現今的高度。[6]低窪的白令陸橋正是白令地區的中心，曾一度連接西伯利亞和阿拉斯加。古生態學者一度假定這座陸橋是一長條幾乎毫無間斷覆蓋著草原苔原的酷寒之地，從歐亞大陸延伸至阿拉斯加，並有幾處少量供巨大草食動物居住的淺河谷——這是一片乾燥、多塵、風大又不宜人居的土地。從這幅荒涼景象中，我們還能想像另一座場景：在地球上數一數二的險惡環境，來自西伯利亞的小型遊群以狩獵大型獵物維生。

不過，在白令海峽的島嶼和海床上取芯鑽採得出的結果推翻了前述這幅淒涼的景象。末次冰盛期間，白令多數地區的溫度不比今日低上許多，儘管許多區域遠遠更為乾燥。陸橋完全不是綿延不斷的嚴酷之地，而是多元環境交織組成，相較於西側東北亞大陸的極寒和東側覆蓋北美洲廣大地帶的冰原，陸橋的氣候環境更溫和宜人一些。陸橋的乾草原植物群落供養著生物量高得驚人的大型哺乳動物；冰河時期，在西伯利亞西部和歐亞大陸的族群曾獵捕其中的多種動物，長達數千年之久。白令陸橋的中心成為一處不可思議的庇護所，位處北緯六十度以北。鑽探現今已沉入海中的地表所取得的岩芯，其結果告訴我們這裡曾有灌叢苔原植被和零星的樹木。這樣的地景與現今西伯利亞和阿拉斯加不是冰封、就是嚴寒的景象形成強烈的對比。這處庇護所之所以存在，是拜北太平洋環流所賜。現今的墨西哥灣流讓蘇格蘭部分地區能夠長出棕櫚樹，同樣地，北太平洋環流也為陸橋中心帶來更潮濕溫暖的環境。[7]

在末次冰盛期間，是否有人類在庇護所活動？肯定有。不過我們之所以能夠確知，憑藉的不是已知的考古遺址，而是從現代人口身上新取得的基因資料。美洲原住民是生活在該庇護所的群體的後代，而且在末次冰盛期間與他們大陸上的西伯利亞祖先分隔兩地。在這個假設的情境中，在最寒冷的數千年間，有狩獵採集群體在那裡生活。隨著氣候在一萬七千到一萬六千年前之後逐漸暖化，白令地區全境的動物和植物生產力飆升，讓人們能夠拓展到截至當時仍不宜人居的地區。他們跟隨擴展的灌叢苔原往東西雙方前進，不僅有些人回到西伯利亞，也有些人進入阿拉斯加。有幾座在白令海峽兩側地勢較高處的考古遺址，記錄了一萬五千至一萬四千年前曾有人類活動。在美洲側，多數的人口移動都取決於巨大冰原的後退；那片冰原過去曾覆蓋北美洲從大西洋到太平洋的多數北部地區。這個假設被稱作「白令陸橋滯留假說」，設想了一群可能多達一萬、但實際上可能更少的人口在陸橋庇護所的範圍內生活。這項假說仍未經證實，但似乎與已知的事實吻合。[8]

就所有跡象看來，東北亞和阿拉斯加的居民在暖化的數千年間都是以機動性高的小型遊群型態生活。多數人仰賴輕量的工具袋，使用小巧鋒利的石刃（細石瓣）當作倒刺，製作十分方便攜帶的武器，這反映出一種經常需要移動的生活方式，並且人們會在食物和水源廣為分散的乾旱環境，從各式各樣的來源獲得食物。到了這個時期，有些群體也已經在使用頗為複雜的骨製和象牙製的人工製品。在堪察加半島的烏斯基一號遺址，俄國考古學家尼可萊·迪克夫挖掘出一座保存狀況不佳的墓葬和一些可追溯至一萬三千年前的建物。他還尋獲具殺傷力的石製矛形刀尖、鳥骨和一些鮭魚遺存；這些魚是人們用精巧成套的骨製和象牙製的工具捕獲的，可惜保存狀況不佳。

這批新出現的聚落大約在一萬五千年前扎根當地，當時白令多數地區的平均夏季氣溫正在升高。關於這點的證據來自甲蟲化石；這種生物對溫度轉變和濕度增加相當敏感，而改變的氣候導致零星分布的山毛櫸、山楊或白楊樹林取代了灌叢苔原。大約在同一時間，許多較大型的草食哺乳動物完全滅絕，如猛獁象和早期的野馬。

在阿拉斯加側，毫無爭議的古老遺址極為稀少。到了一萬三千八百年前左右，湖泊水平面上升，灌叢苔原廣布阿拉斯加山脈的北部山腳，此時在白令東部曾出現零星但分布範圍廣闊的人類居所。阿拉斯加中部的塔納納河流域孕育出三處遺址，最早的地層可上溯至一萬四千年前和一萬三千四百年前左右。在這裡，細石瓣適時出現，與西伯利亞遺址找到的器物十分相像。有座塔納納遺址被稱作「破碎猛獁象」，出土了大大小小獵物的獸骨，以及鳥類和一些保存狀況不佳的鮭魚遺存。塔納納遺址的居民實行的是一套無所不包的打獵搜食經濟，其中魚類所扮演的角色較為次要，偏向機會主義式的覓食，尤其是在產卵季節可能很容易取得的鮭魚。根據在這些地點和堪察加半島的烏斯基一號的發現來判斷，最早的阿拉斯加人是廣譜獵人和搜食者。他們必定無所不食，從美洲馴鹿、麝牛和麋鹿，到小型哺乳動物、鳥類和魚類都不放過。

在白令和美洲的首批聚落中，捕魚扮演著何種角色？人們之所以遷離白令陸橋的庇護所，是因為氣溫暖化、生態系生產力增加、海平面上升導致海水侵入低地，再加上狩獵採集者在機會主義的無盡循環中，喜愛向外探索新領地的慣有傾向。考量到他們生活在混雜、乾燥、多風的惡劣環境，白令人會遷移不足為奇。白令陸橋大約在一萬一千六百年前徹底消失。隨著海平面持續升高，海水淹沒河谷並創造出沿岸的淺灘；後者可能是滋養魚類和軟體動物的肥沃環境，尤其是巨藻床生長茂盛的區域。此外這裡大概也有鮭魚洄游。最早的美洲人是否可能是沿海漁民，而非較早期假設所推測的陸地獵人？

理論上，陸橋沿岸可能棲息豐富多樣的海生食物，包括海洋哺乳動物，但除了在夏季月份較為可行，要在散布著冰塊、時常覆蓋冰層的水域航行十分危險。居民可以捕捉到此產卵的魚類或在岸邊採集軟體動物，但任何認真的捕魚和海洋哺乳動物的狩獵活動都需要使用船筏，在這樹木矮小的地帶則意味著是使用獸皮船，也就是愛斯基摩皮艇的久遠始祖——這是種快速、機動性高、極適航海的船隻。有充分的證據指出，千島群島的愛努人和白令海峽的愛斯基摩人是較晚期、技術高超的海洋漁民。遙遠北方各地的濱海人口皆具備多項共同特性，讓人不禁想像白令人是否也可能曾是海洋漁民。但下述問題仍未解決：冰河時期結束後，覓食重心多快轉移到海洋和捕魚活動？

我們可以很肯定地說，那些首次落腳白令陸橋的人們必然對海生哺乳動物和鮭魚洄游十分熟悉，也清楚意識到其他或許能夠捕捉的魚類存在，並且可能是分布在近岸的巨藻床中。然而，這些食物是否在一年中的特定季節或常態性地被伺機取用，依舊是未解之謎。從非常零星的考古線索來判斷，首次跨越白令陸橋的人們是廣譜獵人，有機會時會食用魚類和軟體動物。若假設阿拉斯加最早的聚落完全是由使用皮艇的漁民所建立，將有曲解現有少量證據的危險。

目前已知最早、人類在阿拉斯加捕鮭的證據來自上陽河遺址，這座遺址並非位在海岸邊，而是在距離育空河出海口一千四百公里處，靠近與塔納納河的匯流點。從一座建物附設的爐灶中出土的魚骨約可追溯至一萬一千五百年前，說明那是人類進入阿拉斯加許久後所捕捉的魚。[9]藉由魚脊椎骨的穩定同位素分析和DNA，研究者鑑定出這些魚骨是白鮭。

白鮭是北太平洋的物種，會洄游非常遙遠的距離至白令海峽兩側的河流上游，包括黑龍江和育空河，也會在韓國和日本的水域產卵。往南最遠至加州都能見到牠們的蹤影。在阿拉斯加，牠們會在六月和八月遠行到上游產卵。鮭魚洄游的開端似乎可追溯至冰河時期甫結束之際，或甚至更早，其發生時間可以預期，且往往數量豐足，讓鮭魚成為經常移動的狩獵採集者的理想獵物。獵捕洄游的白鮭必定是季節性活動，讓人們能夠乾燥或煙燻大量的漁獲，供日後食用。

上陽河的沉積物也蘊藏著地松鼠、松雞和其他鳥類及哺乳動物，讓人覺得與更早期的白令遺址有些類似：當地的居民是廣譜獵人，但在這裡的獵物選項包含鮭魚，具有產量豐碩又可預期的優點。這些人不是傳統意義上的漁民，並非以魚類維生或幾乎不吃其他食物。人類開始密集漁撈，幾乎不再打獵或搜食，要到久遠的未來才會成真。

於是，人類最早在北美洲最北地帶定居的情況變得逐漸清晰。第一批群體大約在一萬五千年前抵達，他們或許曾在白令庇護所生活過，而當海平面開始淹沒陸橋中央的低地，他們便開始往東西雙向遷移。他們的石製工具組中，有像在堪察加半島和阿拉斯加找到的有柄矛形刀尖，但可能沒有稍晚期才出現、更好用的細石瓣。

關於第一批定居者，我們目前已知得少量資訊暗示他們有充足的能力在鮭魚洄游時豐收，一如那些在後冰期氣候條件影響白令地區後，跟隨他們腳步的細石瓣使用者。在各地，較早期的獵人適應著迅速暖化的氣候，昔日的大型哺乳動物正逐步滅絕。他們得以存活，是因為他們從來不只獵捕大型獵物，而是總是仰賴獵物來源多樣的打獵搜食維生。隨著大型哺乳動物越來越稀少，水禽和魚類便逐漸成為他們飲食中重要的元素。

上述討論蘊含著北美洲開始有捕魚活動的關鍵。一如在非洲和數千年前的其他地方，捕魚都是機會主義式的活動，人們伺機而為。隨著北方氣溫越來越溫暖，大量捕撈在產卵時節擠滿河流的鮭魚便越發重要，尤其是在「新仙女木期」*之後；這是一段長達一千年的冰期，讓北方環境又變回一萬一千年前的苔原。

捕魚的知識可能在末次冰盛期間相當普及，特別是關於獵捕鮭魚等溯河魚種的方法，那時陸橋南岸可能有著數量豐富的魚類和軟體動物。不過人類最有可能只是伺機捕撈這些海中食物，牠們不太可能驅使群體往白令海岸南移到阿拉斯加側新家園。直到後來氣溫升高，人們習慣在新生的海岸和河口地區生活後，魚類和軟體動物才構成人類飲食的主要核心，從白令海峽向外延伸至阿留申群島，再沿著阿拉斯加東南岸進入美洲太平洋西北地區都是如此。

人們確切在何時開始運用適應北極水域的船筏，以及船筏的發展過程，可能都將永遠成謎。這些古老船隻的遺存早已腐爛消逝。任何人只要曾將一張獸皮製成簡易容器，就會知道這能讓容器防水且漂浮在水上。氣溫上升不久後，在黑龍江、堪察加半島和千島群島等地的河谷，這樣的簡易船筏可能變得相當常見。人們至少要有簡易船隻，否則不可能在這些漣漪陣陣的沿岸環境密集捕魚。乘著這樣的船隻出海尋找魚或海洋哺乳動物的人們，必然曾在風平浪靜的日子冒險進入更開放的海域，尤其是在他們能看見地平線另一端的目的地時。

我們可以合理假設船隻的使用技術曾往北傳入阿拉斯加，但如何製作這類船隻的知識，可能比船隻本身更早抵達當地。廣譜獵人可能並未立即運用划船捕魚的專門技術，他們主要是在陸地或河岸和湖畔活動。這些是遠比波濤洶湧的海洋更無害的環境，強風巨浪使海上危機四伏，而且海水極為冰冷，足以在幾分鐘內凍死游泳的人。一直到後來，可能大約在白令陸橋最終消失時，海峽兩岸的獵人才開始花更多時間在海上航行。不過，這門知識終究派上用場，而在某些文化，如南方的阿留申人，就連幼兒在多數時間裡也都生活在獸皮船上。這些人口的食物大多來自海洋

＊譯注：仙女木是歐洲北部寒帶地區的標誌性草本植物。十九世紀末的科學家發現，在歐洲低緯度地區約一萬兩千年前的地層中，竟然出現許多仙女木的花粉，顯示當時歐洲溫度明顯下降，科學家因此將其稱為「新仙女木事件」。

和資源豐富的河口地區，淺水處有來此產卵的魚類和大量的軟體動物。

前往南方

北美洲的廣大冰原最南綿延遠至五大湖，並進入西雅圖地區。西邊的科迪勒拉和東邊的羅倫泰德兩條巨大冰河大約在三萬年前匯流，數千年來阻擋任何人類前往南方區域。一直要等到距今一萬三千年左右，才有人類從陸路南移；當時冰原已充分融化，在兩塊退縮的冰層之間形成著名的不凍廊道。不過，於此大約五千年前，科迪勒拉冰層便已從西北部的太平洋岸往內陸後退，留下一條潛在的濱海路線，讓人類能夠南移進入尚無人居的大陸中心。

從所有跡象來判斷，北美洲冰層後退導致少量的人類移居者南遷，進入北美洲的中心。在約一萬一千年前，這些移居者留下的考古線索微乎其微，主要只在交通便利地點留下曾短暫停留的微小痕跡，往往是在水域附近，或是大型哺乳動物遭屠宰處。

這些冰原以南、地貌多元的環境遠比遙遠的北方大地更為溫暖宜人，並有各式各樣的豐富糧食。北、中、南美洲的人類移居出奇快速。至少到了一萬三千年前，已有零星的狩獵遊群進入南方，遠至橫跨今日阿根廷及智利境內的巴塔哥尼亞。毋庸置疑，其中有部分人會吃魚，但關於這群先驅者的移居路線仍爭議重重。他們是跨越崎嶇不平的內陸地域，接著穿越在食物稀缺的兩大冰原間形成、狹窄的不凍廊道，才進入北美洲的中心嗎？考量到環境的低承載力，他們必須快速通過，這是獵人面對資源貧瘠的地景的正常反應。或者說，他們是沿著阿拉斯加東南岸和卑詩省海岸緩慢南遷，接著在抵達太平洋西北地區較宜人的環境時再往內陸移動？

到了一萬七千年前，科迪勒拉冰層的西側開始從太平洋往內陸後退，讓相當大面積的大陸棚裸露出來；這片陸棚滋養灌叢苔原生長，直到海平面淹沒之。海平面的上升也同樣淹沒了所有位處陸棚沿海的人類聚落。人類群體必定曾落腳在露出的低地上，地勢較高的幾座島嶼沿著多數的海岸地帶創造出遮蔽水域。這樣的海峽和河口地區必然擁有豐富的海洋生態。或許正是在這裡，在北太平洋東側，船隻初次派上用場，尤其是當人們遷移進入北美洲太平洋西北地區擁有茂密森林的環境中。大型獨木舟的船身挖空，兩端高起，兩側以仔細切開的木板加高，並用強韌的植物纖維紮牢，非常適合捕魚，尤其是大型的底棲魚類，譬如當地水域盛產的庸鰈。

我們無法確知第一批移居沿岸的人類究竟耗費多少時間，確切又在何時抵達卑詩省北部的海達群島（即夏洛特皇后群島）等區域。這不是因為沿岸杳無人跡（事實上這裡人口相當密集），而是因為他們的聚落如今已沉沒水底。[10]可能與他們有關的遺跡僅存於地勢較高的區域。目前，沿岸沒有早於一萬三千三百年前的遺址。兩座在海達群島上的洞穴的歷史可追溯至一萬兩千八百年前左右，但沒有留下任何魚類遺存。

基勒吉瓜伊遺址位於摩斯比島和昆吉特島之間的潮間帶，大約在一萬零七百年前有人占居。

在這裡，人們曾捕捉庸鰈和小鱈魚等岩礁魚類，亦曾獵捕海洋哺乳動物。西元前七二〇〇年左右，在阿拉斯加東南方威爾斯親王島北部的跪伏洞穴，曾有使用細石瓣的人類占居。在這座岩洞尋獲的人類遺存具有穩定同位素特徵，指出他們的飲食中含有豐富的海生食物。人類在過渡時期占居這些地方，是否暗示著有另一波遷徙是從白令沿著太平洋岸南下？考古學家在一座遠在南方、位於加州南部的海峽群島的遺址的發現，大力支持了這項見解（見第七章的地圖六）。

阿靈頓泉遺址位在聖塔芭芭拉海峽的聖羅沙島上，歷史可追溯至一萬三千年前左右，並已出土鳥類、魚類和海洋哺乳動物的骨頭（見第七章的地圖六）。[11]當時人們可以從大陸經由一連串開放水域的短程航行，跨越時常風平浪靜的太平洋，抵達這座島嶼。這座遺址是人們快速南遷的明確線索。而遺址位處聖塔芭芭拉海峽，自然的湧升流於較晚期在此孕育出格外豐富的沿岸漁場，暗示著移居者可能高度仰賴魚類才會尋找這樣的地點——或至少在發現這類地點後選擇停留下來。

同樣的快速移居模式也延伸進入南美洲，尤其是沿著資源豐饒的熱帶海岸。在秘魯北部海岸的修阿卡彼達遺址，考古學家發現了人類的居住痕跡，可上溯至一萬四千年前左右。[12]遺址在有人占居的時期，位於內陸至少二十公里處。這裡的居民會捕魚，包括鯊魚等難對付的獵物，也會追捕海洋哺乳動物、採集蟹類和軟體動物。約在一千年後，另一個地點——秘魯南部海岸的克布拉達哈瓜伊——也有人占居，並有魚類和蚌蛤的遺存出土。人類人口或許稀少，但漁場必然十分豐饒。人們只要使用簡易船隻，就能開採巨藻床並在近岸大量捕獲鯷魚。由於極端乾燥的內陸環境難以吸引人前往探勘，如此充沛的食物可能曾大力促使人們在此更長久定居。

有人曾合理地假設，聲稱美洲聚落的出現始於廣譜狩獵採集者從白令地區往地勢更高的區域移動。接著他們快速地南遷，可能同時採用沿岸和內陸路線，而遷移活動有一定程度仰賴船隻和深植於移居者傳統知識中的捕魚專長。捕魚一開始只是人們伺機採用的為生策略，後來廣譜狩獵多樣化發展為更密集的覓食活動，並轉向新的食物來源（較小型的獵物、食用植物、魚類和軟體動物），人們才隨之更加強漁獵。最終，豐饒的漁場和人類的創造力共同在美洲打造出更為複雜的社會。

第七章 鮭魚洄游與美洲西北海岸的民族

無人知曉捕魚和獵捕海洋哺乳動物在阿拉斯加沿岸何時變得真正重要。我們也不知道阿拉斯加人何時首次划船出海，從一座島嶼航行到下一座，從內陸深入阿留申島鏈。到了九千年前左右，部分現今阿留申人的遠祖居住在阿南古拉島，這座島位於遠在阿留申群島中央的烏姆納克島的西岸外海，長約二點四公里。[1]這個小型社群住在半地穴居，得從屋頂進入居所。在這個高浪狂風的環境，半地下的生活方式相當理想；當地能夠穩定取用的食物僅有魚類、軟體動物和海洋哺乳動物。即便到了十九世紀，島嶼附近仍曾捕獲重達一百三十六公斤的巨大庸鰈。

在這些嚴寒水域中捕魚，不僅需要划小型皮艇和獸皮船的精湛技術，也需要能夠抵禦浸泡性低溫症的衣物。生存必須仰賴阿留申婦女及其祖先的縫紉技能，她們使用細骨針縫製防水的兜帽大衣，其原料是海獅或海豹腸，並在足踝和手腕處束緊。鳥皮兜帽大衣則是由三十或四十隻鸕鶿或海雀皮製成，可使用長達兩年；人們會將其緊緊綁在舵手座的邊緣四周，讓划槳手和皮艇合而

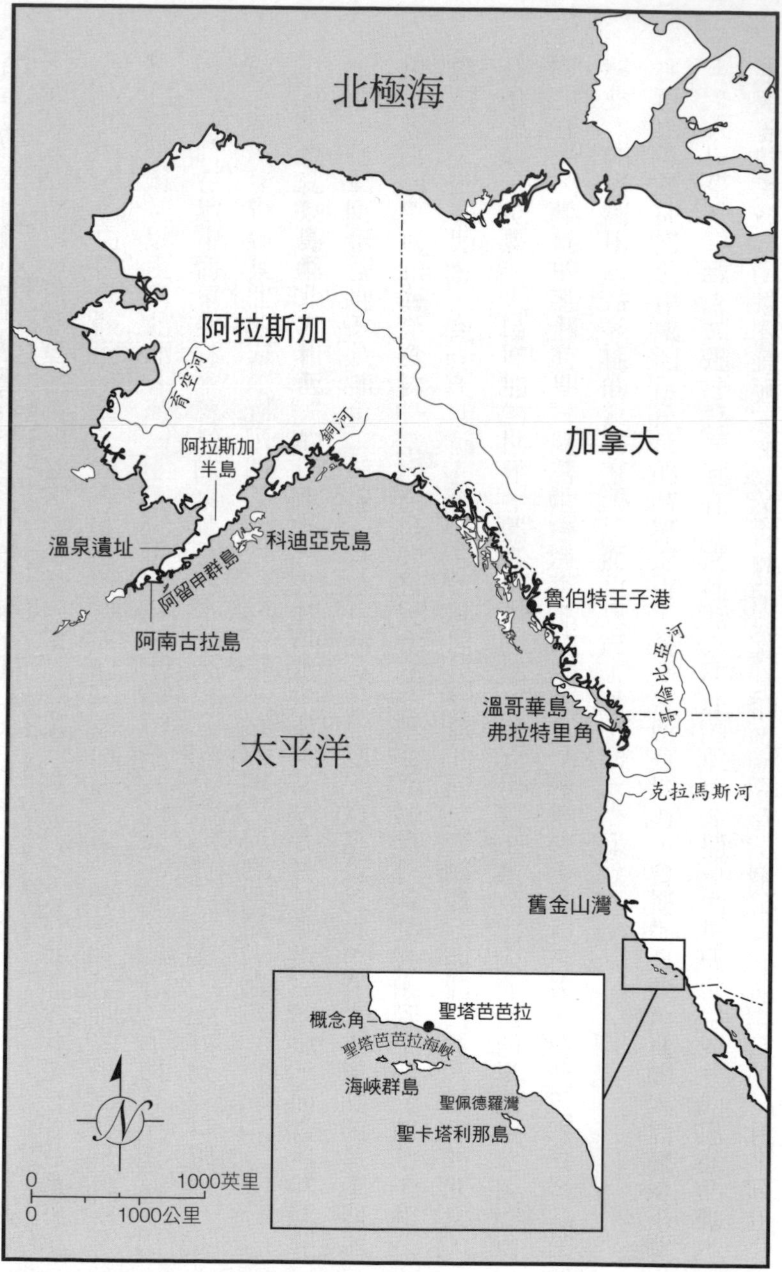

地圖六　北美洲西部地區的早期捕魚聚落

為一，並且能夠防水。

阿留申男性一生中多數時間都在他們的「拜達卡艇」上度過，那是一種用海獅皮製成的皮艇，他們在六、七歲就開始學習如何操縱。[2]他們逐漸適應在洶湧的水面上划槳，不久便能熟練地以裝載在船上的魚叉射獵魚類和海洋哺乳動物。古代阿留申人的食物來源幾乎完全仰賴太平洋和水流快速的河川，他們會乘皮艇來捕魚和狩獵。阿留申人與近岸和更深水域有著密切關係。[3]他們的語言是精細的海洋指南，囊括數十個用來形容風和洶湧浪濤狀態的字詞。阿留申人是世界上最善於捕魚和獵捕海洋哺乳動物的社會之一，數千年來輕鬆適應變化多端的氣候條件，以及魚類和海洋哺乳動物無法預測的遷徙。一脈相承的文化認同保護著他們。他們為自己生活的地景中心賦予強而有力的靈性意義，包括相信動物和人類的靈魂永恆不朽，將會在主人死去後，進入新的野獸或人類身軀重回到世界上。他們相信新世代的生物會持續滋養他們的社群，而靈魂的重生循環正是此一信念的核心。

阿留申人特別重視親族關係。擁有最多財富、最大家族以及取得重要食物的最佳管道的個人和群體，便能享有最高地位。他們的社會基本上是以村莊為基礎，儘管有規模更大的政治聯盟，但細節已不可考。與附近島嶼的鄰居或東邊科迪亞克島及阿拉斯加半島上的人們不定期交戰是家常便飯，既是為了報仇雪恥，也是為了取得奴隸。在科迪亞克島上，捕鮭漁民和海洋哺乳動物獵人發展出較為複雜的聚落，尤其是在兩千年前左右以降。這些島嶼沿岸的食物資源如此豐富，讓許多聚落斷斷續續皆有人居，長達數世紀之久。有些聚落可能從西元前二〇〇〇至西元一〇〇〇年都有人占居，建有無數半地下的住所，如阿拉斯加半島摩勒港的溫泉遺址。大約在兩千多年前，當地的人口變得更加密集，尤其是在科迪亞克地區。在這數世紀間，海洋生活的靈性基礎比過去都更為重要，並伴隨著強大的薩滿巫師、神話和口述傳統。在競爭激烈的經濟、政治和社會環境中，重要的村莊領袖擁有權力與威望。然而，即使是最大的科迪亞克和阿留申社群，也從未發展出南方崎嶇海岸線上，錯綜複雜的文化地形學所特有的精巧技術與豔麗藝術。

從阿拉斯加到哥倫比亞河的太平洋西北沿岸有多座岩石島嶼、森林密布的海岸線、彎曲的河口，以及由快速流動的河水挹注的深水灣；長達數千年來，這裡都是捕魚和狩獵海洋哺乳動物社會的豐饒家園。最初在那裡落腳的廣譜狩獵採集者，必曾清楚意識到豐沛漁場和無數海洋哺乳動物近在眼前。從西伯利亞以東，橫跨北太平洋廣大弧形地帶上的人們已經對其中數十種物種相當熟悉。這之中包含庸鰈，有些重達四分之一噸；五種以上的不同鮭魚，會在產卵季節擠滿河流；以及蠟燭魚、鯡魚和其他成群聚集在沿岸水域的小魚。軟體動物大量棲息於此，水禽、獵物和食用植物也唾手可得。漁場和軟體動物棲息地上的資源容易預期，為全年的糧食提供了可靠的後盾。

雪松、鐵杉、雲杉和其他樹種的廣闊樹林在水邊生長；在這裡，曲折海岸外大多有著群島，提供方便獨木舟航行的平緩水路，儘管一路上經常有強勁的潮流。[4] 潮濕的沿岸環境供應大量自然素材，能夠用來打造精細的捕魚技術和物質文化。雪松、冷杉和雲杉等木紋筆直的軟質木材可以輕易被劈開，並以打磨過的石斧、手斧、尖楔和貝殼刀進一步處理。這些樹木製成的木板被用來搭建太平洋西北沿岸知名的木造住屋的牆面和屋頂。同樣的樹種也為這些豐饒水域最重要的捕魚工具提供了原料——那就是挖空樹幹製成的獨木舟。

儘管資源如此豐富，沿岸人口數千年來依舊稀少；這可能是因為快速變動的海平面不斷改變海岸，直到西元前四〇〇〇年左右，海洋才穩定維持在接近現今的高度。一千年後，增長的沿岸人口集中開採貝介。捕魚活動也更加密集。到了西元元年，當地的漁獵族群會使用種類廣泛的簡易技術，獵捕大大小小、各式各樣的魚類。許多早期的歐洲訪客都曾談論到當地人民的捕魚技巧。美國海軍軍官亞伯特．尼布拉克於一八八五年勘查該區後寫道：「關於捕魚的技藝，我們沒什麼能傳授給印第安人的。」[5]

在更北部的水域，庸鰈極其重要。每條庸鰈的平均重量大約超過十四公斤，但使用魚鉤和釣線的漁民有時曾釣到重達九十一公斤的巨魚。[6]庸鰈為庸鰈屬，來自鰈魚家族。牠們是扁魚中體型最大的，上半部為深棕色，並有黃白色的下腹。在幼魚時期，牠們會像鮭魚一樣四處游動，雙眼分別位在頭部的兩側。六個月後，一隻眼睛會移動到頭頂，比鄰另一隻眼睛，因此就像比目魚。牠們是雜食性魚類，會在淺水域悠游，但一生中多數時間都待在近海床處，距離海平面數百公尺。

當庸鰈長為成魚，風成流會帶牠們登上較淺的大陸棚，古代漁民會在那裡乘獨木舟捕獵之。要捕捉庸鰈需要釣線和附餌的魚鉤。許多當地的材料都能當作強韌的釣魚線使用，如公牛海帶，這是一種在多數沿岸和阿留申群島間的潮間帶上層皆可見的海藻。這種海帶結實的部分會形成藻柄，長度可達二十四公尺。一旦浸泡在淡水中，藻柄就會變成一根堅韌線狀的細繩，可以延伸纏繞。製作這些魚線的婦女會將較短的藻柄以特殊繩結連接在一起，組成可以到達相當深度的長線圈。她們也會用搓捻的雪松內皮製成強韌的釣線。這些釣線對較重的漁獲特別有效，若經過更精細的重複編織，也適合用來做網子。

製作魚鉤需要高超的技巧。用來捕庸鰈的魚鉤是由蒸氣軟化過的紫杉、雲杉或鐵杉製成，堪稱是一種藝術。釣鉤經過巧妙設計，讓庸鰈嘴打開的寬度僅僅足以讓其咬住鉤著魚餌的地方。魚鉤工匠特別留意要使用堅硬的木材，通常是取用樹枝和樹幹連接處的硬節。以一條雪松根將鋒利的骨製倒刺固定在鉤子上，加裝魚餌後，末端便會形成效果絕佳的致命釣鉤。漁夫通常會在魚線上加重物，好讓線沉在水底，接著在一根輕巧幼木的兩端掛上釣鉤。一只相連的大囊袋會漂浮在水面上，隨波逐流，標示釣線的所在位置。

許多捕庸鰈的漁民會使用捆綁成V字形的大型釣鉤，其中一支鉤腳經常會刻上象徵性的圖案，如一隻章魚或魔鬼魚；他們相信這些常見釣餌的圖像有助於給予漁民精神上的支持。未經裝飾的另一支V字鉤腳則是用來刺穿魚嘴的鉤子。由兩部分組成的釣鉤讓漁民碰上魚鉤損壞時能夠替換。許多現存的釣鉤都留有庸鰈在漁夫將釣線拉上岸前，被鉤住時的凶猛咬痕。鉤線擲入水中後，有只囊袋會標示其位置；一人可以同時看守五、六條這樣的釣線。一旦有魚咬餌，漁夫會等待良久，直到魚牢牢上鉤才將之拉離水面。這項工作不總是輕鬆容易。要舉起一尾大庸鰈是十分危險的作業，因為極為巨大的魚可以輕易讓獨木舟沉沒或翻覆。

鮭魚是另一項主食，在春季和秋季洄游期間可以豐收上千尾。在許多地方，人們都是在淺水處搭建魚梁，來捕捉大量的鮭魚和鯡魚。很多魚梁都是由插入潮間帶海床的長排木樁所組成，每季人們都會在木樁間換上新的移動式格欄。從魚梁的開口可以通往與其平行並列的長形陷阱，裡頭的空間太過狹小，魚無法轉身掉頭。還有些魚梁則是設置在淺河水中，有時會以特定角度安置，以便引導捕獲的魚進入等候的陷阱。這項工作十分仰賴漁夫對獵物的知識，尤其是在有潮汐變化的水域，魚會在漲潮時游進陷阱，接著在退潮時受困其中。漁民仰賴的是鮭魚逆流而上至產卵地時，亟欲克服一切障礙的衝動。

多數的大型魚梁都隸屬於整個村莊，反映出其建造時所需的人力規模。魚梁有時也會導致錯綜複雜的政治與社會變化。下游裝置的所有者會在上游居民之前捕魚，當下游漁民捕到足量的魚，便會敞開魚梁，讓更多魚抵達下一座村莊。若開放魚梁的時間推遲，無論是真的拖延或被認定拖延，都會引發上游人民憤怒的抗議。

魚梁有好幾種不同形式。有些適用於流速極快的河流，有些則是設計來捕捉跳躍的魚，或是將牠們困住，好在空閒時以矛刺殺。有些橫跨淺河的魚梁沒有開口，而是以架設在牢固三腳柱上的平台為特色，漁夫會站在上方用矛射獵迷惘又亂竄的魚群，或用抄網捕撈之。

這裡的漁夫並非在鮭魚行季節性洄游時才能捕到牠們。在有遮蔽的海灣和水灣，乘獨木舟拖曳鉤線釣魚也能豐收。漁夫會在曳繩魚鉤放上抓來當釣餌的小魚。他們會將有輕量沉錘加重的釣繩繫緊在船槳上，藉此讓釣餌隨著划槳持續漂動。魚餌彷彿活著似的；鮭魚躍上前去，卻被船槳快速一彈，掉入船內。

此外，漁民也會特別用心製作釣鉤的前導線。前導線往往會以女性頭髮、淺色鹿皮或雪松樹皮纏繞而成的細線製成，讓魚無法覺察。釣鉤本身細長且致命。捕撈擠滿河道的洄游魚群時，漁民會使用擬餌鉤來讓魚上鉤，它也讓漁民可以快速將牠們拖離水中。

以魚矛獵捕鮭魚是西北地區的技藝，一般是使用魚叉式的矛槍。魚叉前端會在射中魚時脫離手柄，但仍有一條繩索相連。用魚叉捕捉較大型的魚類，並且在較清澈的水域中使用起來效果最佳；漁夫可以監看他的獵物，等待魚游近四周，藉此讓倒刺穩穩刺穿魚身。魚矛則是對較小型的鮭魚最能發揮效用，尤其是當魚因為陷阱或水堤而集中在一處：漁夫在那裡能夠快速捕獲魚群，並在數秒之內將魚拋到岸上。多叉魚槍是所有魚矛中最致命者。古代的斯堪地那維亞漁民也會使用多叉魚槍；這種魚槍附有相向的倒刺，能夠把魚牢牢抓住，當漁民將之垂直突刺進在淺水出沒的獵物身體，尤其牢固。西北地區的漁民是在獨木舟上，或從淺溪畔以矛射殺鮭魚。站在架設在急流上方的平台使用鉤竿*，讓漁夫能夠將竿子向上一拉，便把鮭魚丟擲上岸或丟進獨木舟。

另外，當地還有鱘魚。一如多瑙河，鱘魚也在西北地區的主要河流生長到驚人的長度和重量。[7]西北地區的鱘魚在冬季時動作遲緩，並會待在較深的水域，因此漁夫在寒冷的月份可以用連接在長竿上的雙叉魚叉捕獵之。漁民有時會任憑大鱘魚將獨木舟拖至深水域，並利用拴在船上的重石來減緩速度。鱘魚最終會筋疲力竭，沉入水底；魚叉的繩索變得呈垂直狀，漁夫們再用另外幾支魚叉攻擊大魚後，才將之拖拉至水面，並在此用棍棒結束牠的性命。接著，漁民們動作熟練地將獨木舟傾斜，將死去的鱘魚翻滾上船，並舀出連同大魚進入船身的河水。當四月至夏季的產卵期來到，鱘魚會移動到淺水處。這是用水堤、漁網和魚叉捕捉牠們的最佳季節。許多漁夫會在夜晚捕鱘，以便追蹤牠們就連在頗深的水底也會發出磷光的魚尾。

鯡魚等較小型魚群的洄游會帶來大豐收，通常是件家族大事。不計其數的魚會在三月初聚集在近岸大約三週的時間。夫妻會乘獨木舟冒險出海，帶著經火烤而硬化的木耙，以及固定在長雪松手柄上的硬木、骨頭或甚至是鯨魚骨製成的鋒利尖刺。妻子替獨木舟掌舵，漁夫在船頭工作，握著他的魚耙在密集的鯡魚群中熟練一揮。耙魚的方式就像划槳，每划一次都會刺中許多鯡魚或香魚。

---

* 譯注：鉤竿是一種前端為鉤子的魚矛。

太平洋細齒鮭一般被稱作香魚或蠟燭魚，是另一種重要的漁獲。這些溯河的小魚幼年時期在海洋生活，接著在冬末春初回到淡水產卵。牠們以浮游生物為食，從阿拉斯加東南部，最南遠至加州北部，都能見到牠的身影。印第安人會趁新鮮吃，也會將魚乾燥處理。牠們在冬末游到近岸時，就成為了受人歡迎的食物。

多數的太平洋細齒鮭會被用來熬煮，以利取用其身上的油脂。漁民會用細目長網一次捕撈數千尾，這種網子會被掛在立於潮水強勁的河底的木竿上。魚被帶上岸後，會在河岸旁的小型營地被加工。負責處理漁獲的大多是婦女，她們將太平洋細齒鮭丟入大坑中，蓋上木柴。接著，她們就把魚留在裡頭「熟成」長達三週，時間長度取決於天氣。當加工者認為洞內的漁獲已處理好後，就會將這些腐魚轉移到曲木箱或甚至是某個漁夫的獨木舟中。隨後，她們會將魚放在以滾燙的石頭加熱過的水中燉煮，攪拌翻動，好讓油從魚屍上分離。經過幾小時後，她們將鍋子靜置冷卻，之後再將表面上的油脂撈去。最後，婦女們撬起或擠壓殘渣，裝進編織籃。細齒鮭油是高價商品，人們會在沿岸和深入內陸交易。魚油可以被用來搭配各式各樣的肉類，甚至和乾燥的莓果一起貯存，供冬季食用。

相對較淺的近岸水域是多數捕魚活動的地點，交織著警戒捍衛的鄰居和漁場。這些地區也是交易場所。漁民發展建造出兩端高起、挖空樹幹製成的大獨木舟，開啟了遠距的交易路線，從魚乾和細齒鮭油，到製作工具的石頭和異域的儀式用品，一切都在此交換。擁有大型獨木舟，就意味著擁有權力和聲望：擁有者可以用它來拜訪鄰居、載運貨物，並在開放水域尋覓庸鰈或表層魚類。

對付變化莫測的漁場

西北地區的漁場看似豐饒又可以預期，容易讓人以為各地的人們都享有一定程度的安逸，甚至是富裕。但實情並非如此。許多口述傳統都曾提及人們在鮭魚或鯡魚洄游量稀少的年份所遭遇的饑荒和糧食不足。[8]洄游的不可預測性是西北地區居民傳統信仰的核心元素。人們相信萬物皆有靈，魚也不例外，而牠們可以選擇大量出現或遠離當地。魚類洄游被視為魚群自發性的行動。人們認為是魚兒靈魂的善意讓牠們落入漁網，而非漁民的技巧。精細的儀式、習俗與禁忌全都和捕魚有關。吟誦、祈禱和歌曲是這些儀式的流通形式，人們經常自然而然將其融入生活中，有時候也會透過夢或強烈的靈性經驗來習得。

「首鮭儀式」是最重要的祭儀，人們會在捕到第一尾洄游鮭魚時，向其表達崇敬與尊敬。[9]有些群體會賦予美名來紀念第一條鮭魚。薩滿巫師通常會在這條魚被屠宰上桌前，進行精細複雜的儀式。他們也會用禱詞和儀式來迎接被捕獲的第一尾太平洋細齒鮭或鯡魚。這是個喜氣洋洋，萬象更新的場合。漁民會將第一尾魚一棍擊昏，接著用一段祈禱來榮耀之，藉此讚揚人類與動物生命的自然循環。他們在進行慣常的屠宰和烹煮流程時會格外用心和專注。第一尾魚被食用完畢後，多數的群體會將餐墊和魚骨丟入海中，既是為了確保鮭魚再度恢復完整魚身並歸返大海，也是為了讓其他鮭魚知道第一尾魚受到良好的對待，牠們才會按時逆河而上。所有的祈禱和儀式都是在向河川與海洋中的食物表達敬意。

不過，豐富的海洋環境仍無法供養快速成長的海岸人口。每個社群都必須適應不斷變動的食物來源。在溫哥華島西部沿岸，每年的鮭魚洄游都會出現波動，使得某些社群可能面臨飢餓的危險，同一時間住得不遠的人們卻有取之不竭的鮭魚。為了生存，資源較缺乏的社群會組成聯盟，並參與盛宴儀式，以利拓展彼此的聯繫與緩和食物短缺的危機。

鮭魚洄游的好處是魚群會定期定點出現，儘管數量會大幅波動。較大的河川比小河穩定；大規模洄游的變化起伏相對規律，大約每二到四年才會發生一次波動。我們在此僅舉一個數據為例：在信史時代，最盛產鮭魚的哥倫比亞河每年的銀鮭洄游數量大約在一百五十萬至兩百五十萬尾之間波動。帝王鮭洄游的數量則落在二十九萬至五十一萬七千尾。[10]在古代，比起洄游的規模大小，更重要的可能是相應的人力，亦即是否有足夠人力去捕獵和處理漁獲才是問題所在。最終，單靠鮭魚洄游已無法支撐沿岸發展出的日益複雜的社會。他們需要密集的捕魚活動，去利用各式各樣的魚種，同時也需要開發利用軟體動物、海洋哺乳動物和陸地食物。

這是個多數食物資源都能在春季到秋季取得的世界，通常是在同時間但在不同地點盛產。只有最幸運的社群才能全年都待在同一地區生活。人們為因應無法預期的收穫而不斷移動，利用內陸成熟莓果的收成，同時也捕撈近岸的鮭魚。要安排多個工作小組去開採所有食物資源，需要謹慎掌控時機和組織，也需要機動性。舉例來說，在現今卑詩省魯伯特王子港附近地區的海岸，欽西安人會在有遮蔽的獨木舟登陸地過冬，亦即今天城市港口的位置。在二月末或三月初，許多家戶會乘獨木舟旅行至北方五十公里處的納斯河河口，獵捕洄游的太平洋細齒鮭。等到魚被處理成魚油，多數人便會回到冬季基地，在當地捕魚並採集離岸島嶼的貝介。春末，欽西安人拆除在魯伯特王子港的住屋，留下廣闊的營地備用，接著將木板綁在獨木舟旁，組成放置他們物品的船筏。所有人都遷移到附近的斯基納河，為鮭魚洄游和夏季捕魚活動而在那裡設村。到了秋天，他們會將所有東西帶回過冬基地。某些其他地區的群體會更頻繁移動，而有些則全年都待在同一地點。

西元前一八〇〇年後，美洲太平洋西北沿岸發生了重大的轉變。人口攀升，較大規模的食物貯藏變得不可或缺，適於航海的大獨木舟首次大量出現。[11]這裡長久以來人人平等的社會，第一次出現了社會階層。階級的特徵並不直觀；譬如，我們僅能從供家戶從事特定工作（如製作斧頭或建造獨木舟）的條板屋看見。在沿岸地區，家戶長久以來都是基本的經濟社會單位。財產和捕魚權的所有權等至關重要的資產便是透過家戶世代相傳。

家戶從未獨立運作，而是隸屬於更大的經濟和社會範疇。一座村莊由幾個家戶組成，每戶都

溫哥華島奴特卡海灣旁的一間奴特卡住屋內部。由詹姆斯．庫克船長最後一次遠航同行藝術家約翰．偉伯（1750-1793）所繪。（De Agostini Picture Library/Bridgeman Images）

有提供成員食物的個別領地。這些領地可能由幾個地點組成，人們在一年中的不同時節占居和開採。每個家戶和聚落都擁有更廣泛的連結，奠基於通婚、交易及其首領行動所形成的政治與社會關係。核心人物主要靠聲望和階級崛起，使海岸社會因而隨著人口攀升，逐漸遠離平等主義。此外，一個家戶的經濟與社會關係規模，也反映出首領在整體社會中的地位。

若沒有永久聚落，這一切都不可能成真，而唯有食物資源足以供養這樣的社群，人們才能建立永久聚落。伴隨人們走向定居生活，另一項需求出現了：人們必須組織勞動力，才能加強覓食，餵養數量漸增的人口。在太平洋西北沿岸，家戶不能靠寥寥人力來運作，而是需要許多人通力合作，以利完成從捕魚到雕刻舞蹈面具等各式各樣的工作。你可以想像他們是個正在演奏西貝流士的樂曲的交響樂團，在展演的過程中，演奏者扮演著不同的角色。在西北地區，當家戶自我組織起來，同時執行許多任務，便是朝更複雜的社會邁出關鍵一步。

較大的西北地區聚落更為富裕，因為他們能夠取得更多食物，維持更廣泛的交易關係，並生產更理想的商品。一般來說，西北地區大大小小的社群都是由一排條板屋組成，面向一片沙灘或獨木舟登陸地。可用的水源、便於獨木舟登陸和出航與否，以及能夠有效禦敵的潛力，皆是選擇地點時的關鍵因素。較大的住屋屬於那些階層較高的家戶。即使是最小的村落，其空間分布也能反映出居民間的社會關係。

個人若要取得權力，首先需要熟練的政治和社會能力，才能控制一戶或多戶的經濟，接著將收益轉為實現自己的野心。或者，他也能參與遍及沿岸水路且遠深入內陸的大規模貿易和交易網絡。此外，他也可以試著掌控自己領地內資源使用的權力，這樣的權力往往落入社會關係廣闊、地位崇高的個人手中。許多首領曾以值錢的貨物交換威望、地位和無數追隨者的忠誠。這些貨品是海岸社會的通用貨幣。

歷經多個世紀，隨著人口密度升高，再加上以親族為基礎的小社群逐漸轉變成數個家族組成的大聚落，家戶領地因為地方的稠密人口、慣常的衝突、多產漁場和其他食物來源的分配不公而越來越受限。當人口越來越稠密，有些個人掌控了食物供應的分配和與鄰居的政治關係。錯綜複雜的交易模式、激烈的敵對狀態，以及貫穿整個社會的食物和其他貨物、高度形式化的分配制度，皆成為西北地區社會的特色。其中的一個手段是儀式性的盛宴——亦即眾所周知的「誇富宴」。

西北地區的社會認為所有財富都是家族的財產。個人可以獲取魚乾、毛皮、獨木舟或外來物品，但最終它們都是群體的財產，即使首領或其他領袖聲稱這些財富是自己的也不例外。財富的用途在於展示和炫耀性消費，是提升群體在鄰居間聲望的方法。誇富宴是首領或他的親族所舉辦的盛典，供其他首領及其群體見證觀賞，使其進一步團聚更具意義：重要人士結婚，或是有人獲得一個頭銜或一只頭冠。這些活動圍繞著複雜的禮節、儀式、歌唱和舞蹈，也期待那些參與者未來會有所回報。許多西北地區豐富的儀式生活都和神話的再現以及不斷強化的階級與頭銜息息相關，透過這個過程，整個社會重新分配了食物與財富。

我們不能將美洲太平洋西北地區的社會視之為菁英如魚得水的社會。首領的生活充滿激烈的派系之爭和變動的結盟，而他必須藉由領袖魅力和慷慨解囊來維繫追隨者的忠誠。他並非像埃及法老那樣的神聖統治者，而是任由多變的民意動向和薩滿巫師擺布的領袖；薩滿是生者與超自然界之間的中介者，後者力量強大但往往十分惡毒。面對錯綜難解的現實，西北地區捕魚社會反覆無常、迷戀威望。這是他們的生存策略，其運作的複雜程度就和城市或文明一樣可以長久存續。

第八章　楚馬仕人的天堂

在奧林匹克半島南方，北美洲的太平洋岸幾乎都是陡峭的懸崖，就連在海平面低於今日九十公尺的時期仍是峭壁林立，偶有河口和離岸的平地。一萬五千年前左右，高漲的海水勢不可擋地流入河口地區和河谷，形成廣闊的沼澤，相當適合軟體動物和淺水魚棲息。然而，人類人口依然稀少，唯一的例外是在最多產的河口地區和沿岸地區，較密集的社群會在資源豐富的淺水附近生活。[1]在這裡，漁民搭乘簡易船筏或蘆葦獨木舟就能輕易捕魚，而這裡也蘊藏著大量的各式軟體動物。舊金山灣曾是通往一片廣大沿岸平原的河谷。巨大的貝塚證實了人們曾在這海灣大規模採貝長達數千年。

許多海灣地區的貝塚都顯示出營地有人使用的時間是在秋末和冬季，而非水資源有限的夏季。有些營地則是捕撈鮭魚或採集蚌蛤的基地。不過它們還有更多用途。譬如，它們有些是墓地，人們在此尋求與其祖先的連結。住家、食物和墓葬之間存在著緊密的關係，地方領袖會為此舉辦盛宴，「以供養死者」。大型的貝塚在平坦地景上相當顯眼，成為搜食捕魚社會的象徵性標誌，這些社會具有複雜的神話與超自然信仰，也經常和更遙遠、更廣大的世界有所來往。[2]

楚馬仕人來到聖塔芭芭拉海峽

概念角位於美國加州南部的北側邊疆，也是加州沿岸最西邊的海岬（見第七章的地圖六）。當向岸風從西北方強勁吹來，海浪從開闊的太平洋全力衝湧上岬角的懸崖。但在概念角的南邊，風下沉，浪濤甚至退去，聖塔芭芭拉海峽宛如另一個世界（見第七章的地圖六）。陸地在此朝東急轉，使海峽因而面向南方，其外海側有四座海峽群島保護，包括阿納卡帕島、聖克魯斯島、聖羅沙島和聖米圭爾島，它們是大陸上的聖莫尼卡山脈的延伸，沿著海峽外緣形成一條東西走向的線（見第七章的地圖六）。這些崎嶇不平的島嶼是地球上最豐饒的幾座海岸漁場的邊界。島上沒有很多大陸上有的動植物，但供養著極為多產的海洋哺乳動物群棲地、豐富的貝介床和豐饒的近岸巨藻漁場。西班牙人在十六世紀接觸到楚馬仕印第安人時，這裡就是他們世界的中心。無人知曉他們是在多久以前落腳當地，但必定是在遙遠的從前。

在聖塔芭芭拉海峽的西部，加州北部的涼流和加州南部的對向暖流在此交會。洋流交會創造出來的生態系促進了高生物量和物種多樣性。除此之外，概念角周圍和海峽內的季節性風造成常態的湧升流，將富含營養的深海海水推向水面，進入距離海平面不到一百二十公尺、陽光可以穿透的豐富生物區。養分和大型浮游動物大量集中，供養了豐富程度難以想像的魚群。無數的魚種也棲息在沿著大半海岸地帶生長的茂密巨藻床中。[3]

當海平面位於冰河時期的低點，海峽群島是單一的陸塊，地質學家稱之為聖塔羅莎，其離低窪大陸最近的地方為現今的懷尼米角，距離僅九點六公里。在風平浪靜的夏日，這麼短的距離只要乘當地以蒲草製成的獨木舟就可航行跨越；男人和女人一同划槳，選擇出航的天氣，不介意在跨海時弄濕身體。一旦到了對岸，他們就能在太陽下曬乾部分浸了水的獨木舟，以便之後返回大陸。當海平面上升，群島越來越孤立，要用簡易的蘆葦獨木舟跨海已經不再安全，而且這種船也無法裝載重物。儘管與大陸越離越遠，海峽群島是加州南部最早有人定居的地點之一。

島上有人居住的跡象可追溯至一萬三千年前左右，或者更早。第一批訪客待了幾個星期，也可能是幾個月，獵捕海洋哺乳動物，採集軟體動物，並捕捉近岸巨藻床中大量的魚類。但島嶼水源不足，意味著他們大概無法終年住在島上。他們留下的少量考古線索出現在洞穴中薄薄的生活層、一些貝塚，以及四散在地勢較高區域的器物。聖米圭爾島東北岸的雛菊洞穴中有人類在此占居的痕跡，歷史至少長達一萬一千五百年，當時造訪這座洞穴的人們吃了九孔、貽貝和其他貝介類。這裡主要的挖掘焦點是貝介，但洞穴裡也有骨製雙刺釣鉤（早期替代魚鉤卡在漁獲嘴裡的工具）、製作釣鉤時剩下的材料，以及纖維繩索和編織籃的殘骸。

在群島全境和大陸沿岸，多數人類訪客的食物都來自魚類和軟體動物。加州殼菜蛤是人類主要捕食的生物，黑九孔也是，此外還有食用植物、一些陸上獵物、海洋哺乳動物和魚類。但基於島上的食用植物和獵物相當稀缺，訪客仰賴海洋維生。在雛菊洞穴，至少有十八種貝介分類群出土，此外還有兩萬七千枚、來自至少十九種魚類的魚骨。[4]它們多數都源自近岸魚種，如雲斑鮋杜父魚、羊頭鯛和岩礁魚類，人們在接下來的兩千年內也不斷捕捉這些魚。

追根究柢，這群最早在聖塔芭芭拉捕魚、至今仍身分不明的人們採行非常古老的廣譜狩獵和採集傳統，捕魚是其中的一部分。就像所有狩獵採集群體，他們是技藝高超的機會主義者，以種類廣泛的食物維生。在海峽全境，巨藻床是主要的漁場，在多岩石的淺水棲地茂密生長，幾乎覆滿多數的島嶼和大陸海岸。這些構成冠層的巨藻生長速度驚人，高度遠超過十公尺，有時則更加高大。這裡是極為多產的水域：日光充足的海峽孕育出濃密的巨藻床，再加上西部自然的湧升流，以及來自河流的礦物質和有機物質。海峽的廣大巨藻床是海生食物的寶庫，人們只要靠著蘆葦獨木舟就能輕鬆抵達。

捕魚工藝不僅止於用來釣庸鰈和其他魚種的魚鉤和釣線，更有漁網，可能還有用來刺魚的魚矛、陷阱和掛在兩艘船隻間的投網。[5]漁獵的產量相對較能預期，尤其是在自然湧升流最強而有力的西部海角。就算到了較晚進的時期，人們開始追捕鮪魚、鯊魚和劍旗魚等表層魚類，在巨藻床捕魚和岸釣仍是最主要的漁獵活動。漁民用裝滿磨碎仙人掌葉的籃子來吸引數百條沙丁魚。許多世紀以後，一名西班牙士兵佩德羅・法黑斯談及楚馬仕人時，表示他們每天就是一直在用餐。這名西班牙士兵所說的話可說是早早體現了人們普遍相信的觀點，認為聖塔芭芭拉海峽為生活在沿岸的印第安人的天堂。這個神話持續至今，但氣候變遷已使之幻滅。

當氣候帶動文化變遷

聖塔芭芭拉海峽的氣候循環看似單調重複。早晨起霧，午後陽光普照，還有不定期的降雨。事實上，在其水域捕魚之人必須適應不斷變化的環境。這有時會導致重大的文化變遷。我們很幸運，一次在聖塔芭芭拉海盆深水域的深海鑽探取得的岩心，將這些氣候變遷記錄了下來。

過去一萬五千年來，劇烈的環境和氣溫變化影響著聖塔芭芭拉海峽。升高的海平面淹沒了沿岸的大陸棚，從單一陸塊創造出今天的四座海峽群島。少數經歷這劇變而倖存的人們是廣譜獵人和搜食者，他們可能高度依賴乘蘆葦獨木舟捕捉到的巨藻魚和採集而來的軟體動物；考古學家在聖米圭爾島和其他島嶼的淺層貝塚都發現了貝介蹤跡。根據聖羅沙島上一名阿靈頓婦女的墓葬，人類在一萬三千年前左右首次移居此地，就在人類首次落腳遙遠北方的不久之後。隨後約略七千年間，人們不斷調整適應多變的環境，其中獵場和漁場可能在短短幾代內就有所變化。這些轉變可能曾帶來災難，譬如封閉水域內的海獅棲地遭淹沒，或是劇烈的冬季暴風雨摧毀了巨藻床和淡水湖。我們可能永遠無法知道，在降雨無法預期、食物來源分布不均的當地環境發生的所有文化變遷。當面向海洋、可供利用的沿岸土地縮減，在如此多變的世界，就連原本看似豐足的食物來源也可能突然變得稀缺，人們必然得不斷進行社會與政治調適。

大約在西元前一萬一千至前六千年間，儘管多數的人類群體長時間待在太平洋岸，他們仍然只將海岸生活視為整年生活的一部分，也是更為廣大的覓食領地的一部分。姑且不論其他地方，海岸在荒月期間提供了大量的軟體動物和容易捕獵的海洋哺乳動物，更別提還有近岸漁場。在這裡，軟體動物是主食之一，唯有夏季的「紅潮」期間例外，因為那時牠們的貝肉會具有毒性而無法食用。不過，擁有如此豐富資源的聖塔芭芭拉海峽是更廣闊的打獵搜食世界的冰山一角。來到此地的人類可能把太平洋看成一座巨大但含鹽的湖泊。他們必曾用魚矛和漁網捕捉巨藻魚類，雖然他們許多人主要在陸地上打獵和採集，他們仍是機會主義的季節性漁民。

到了西元前七〇〇〇年左右，當地的海平面大致已固定為接近現今的高度。隨之而來的是漫長的溫暖天氣，期間發生了技術革新，近岸漁場和貝介床受到密集開採。有些群體傾向海岸相對較能預期的食物，開始在同一地點生活更長的時間，此一發展似乎導致人們更重視捕魚和軟體動物。許多較大型的聚落在鄰近岩岸和沙岸的地帶興起，大多是在巨藻床和其他近岸棲地近在咫尺的岬角。他們久居的時間長短取決於他們能否開發利用魚類和軟體動物：附近的水域越多產，人們就待得越久。捕魚技術幾乎一成不變。所有人都仍仰賴袋子、籃子、釣線、魚矛和漁網，通常是以海草製成。

在西元前五〇〇〇年以前，群島上便已經存在發展長久的社群。這些社群如果沒有在經濟和社會方面定期與大陸接觸，也沒有適合航海的船隻讓他們能夠拜訪異地和久居，在當時就無法存活下來。人們可能就是在此時開始將當地可取得的柏油（瀝青）塗在蘆葦獨木舟上防水，這至少讓他們能夠暫時航行至深水區，但距離有限。到了此時，貽貝、九孔和海洋哺乳動物占據了大約六成的飲食來源，魚類的占比則為百分之十七左右。西元前三三〇〇年以前，由於人們花更多時間在水上，魚類變得前所未有地重要。聖克魯斯島西端的貝塚可追溯至西元前五〇〇〇至前三三〇〇年間，裡頭含有大量的大型紅鮑，這種鮑魚棲息在海中更深的潮下帶。這種紅色貝類數量極多，以至於這些貝塚經常被稱作紅鮑塚。這些貝丘中還有大量的加州殼菜蛤，是人們長久以來的主食，其數量充裕，就算密集採集也不會耗盡存量。儘管如此，有座聖克魯斯島上的遺址「SCRI-109」，主要在西元前三〇〇〇年左右有人占居，學者發現這裡的貽貝有隨時間縮小的跡象，可能代表當地的貽貝群遭受到生存壓力。早在西元前五〇〇〇年、甚至可能更早，就有人採集紅鮑。但更密集的開採可能與西元前三五〇〇年左右，人類獵捕海豚的數量上升同時發生，當時海獅也成為較受歡迎的獵物，氣候溫暖且相對穩定，人口也隨之攀升，可能為容易捕獲的魚類和軟體動物族群帶來壓力。這些可能是促使人們冒險出海到稍遠水域的誘因；他們在那裡獵捕更多魚，並在相對離岸近的較深海域潛水採集紅鮑。

這些轉變代表著什麼？最可能是表示島嶼人口正在增加，需求超過了現有的軟體動物棲息地和巨藻漁場的上限。[6]關於這點有些曇花一現的線索，出現在群島和大陸上的幾個較大型聚落。到了西元前四〇〇〇年，群島上出現了杵和臼：居民似乎正在擴大飲食種類，開始食用既營養又容易貯存的橡實等植物。各式各樣的植物一直是大陸上人們的主食。這是我們首次有證據顯示，聖塔芭芭拉海峽社會早在晚期且更複雜的經濟、政治和社會運作出現以前，便已發展出相當複雜的社會，遠比過去一度認定的更早。

這樣的社會複雜性其實是人類開始細膩地調整，以適應新環境和人類現實的第一步。巨藻漁場相對可以預期，但其規模遠比不上美洲太平洋西北地區龐大的鮭魚、鯡魚和細鹵鮭洄游群。西北地區的捕獲量和漁獲量相當巨大，但日益複雜的社會要長期生存，必須仰賴與其他或近或遠的群體持續互動。為了這樣的交往，船隻變得至關重要。西北地區聚落大多和良好的漁場距離十分遙遠，但幸虧當地碰巧長有正理樹木，*可以將較早期的小獨木舟改造成兩端高起的大獨木舟，使其能夠經受狂暴的海水並長距離載運重物。人們在聖塔芭芭拉海峽碰上的挑戰截然不同，但在許多方面有些相似。西北地區有大量的降雨，也經常遭遇嚴冬。而海峽雖有自然的湧升流滋養魚場，卻位處半乾燥的環境，深受不定期、往往持續許久的乾旱週期所苦。因此，儘管海峽居民距離漁場較近，卻沒有高大、容易加工的樹木可供製作兩側高起的獨木舟。不過這裡一如西北地區，人們若要生存下來，就須依賴社群間的定期互動和貿易，而社群間經常有開放水域相隔。

島嶼和大陸間的聯繫是促進聖塔芭芭拉海峽地區日後發展出遠更複雜的社會的因素之一。這些來往強化了人們之間的合作關係、創造聯姻，並提升經濟穩定和相互依賴性。舉例來說，加快的交易步調將聖卡塔利那島的皂石從今日的洛杉磯地區往北運送，這種岩石因為可以製成容器和裝飾品而受到重視。赭石、顏料和製作工具的石頭也曾被運往遠方。然而，其中最重要的是島嶼貝介的交易——不是為了食用，而是要製成珠子。[7]基於某種原因（大概是多變的流行風尚），大陸社群渴望得到來自離岸的貝珠，而海峽群島發展成貝珠製造的主要中心，特別是使用鐵彈頭螺的貝殼，亦即紫橄欖海螺。鐵彈頭螺珠從非常早期就被用來當作飾品。最後這種螺珠變得極受歡迎，最遠曾賣到內陸的格蘭河，最北至奧勒岡州。

長達幾世紀，這裡的氣候或許維持溫暖，也比過去更為穩定，但若要在此長期生存，仍意味著要適應持續且不定期的氣候變遷。在加州南部地區，漁場的生產力仰賴自然的湧升流。當短期的氣候變化導致水溫起伏，湧升流便也會隨之劇烈波動；較寒冷的海水會創造出強勁的湧升流和更高的生產力，而較溫暖的水面溫度則意謂湧升流會減弱，漁獲也會減量。

對考古學家來說十分幸運的是，在聖塔芭芭拉海盆深水域、鑽探深達一百九十八公尺的岩心，其沉積物以每千年約一點五公尺的速度積累，將氣候變遷記錄了下來。[8]千變萬化的海洋有

---

* 譯注：正理木指的是木紋相互平行的樹木。

孔蟲混合體和極精確的放射性碳紀年，描繪出在過去三千年來，該地區以每二十五年為一區間的氣候變遷樣貌。海峽社會正是在這數千年間經歷了劇烈變化。

詹姆斯和道格拉斯．肯尼特父子檔發現，海面溫度以千年的時幅從溫暖擺盪到寒冷，再恢復溫暖，而約略每一千五百年會發生一次長短不一的寒化期。他們發現，大約在西元前二〇〇〇年後，環境變得極不穩定，海面溫度的變化會多達攝氏五度。這讓人類生活變得更加複雜，因為海岸漁場的生產力會隨著水溫劇烈變動。舉例來說，西元前一〇五〇年至西元四五〇年間，在大陸和群島的人口密度升高且社會快速變化的時期，氣溫相對溫暖且穩定。不同群體間的地盤疆界必然會縮小，並變得更加嚴格僵化。

從西元四五〇至一三〇〇年，海水溫度大幅冷卻，比冰河時期以來的平均海峽水溫低了攝氏一點五度左右。從西元九五〇至一三〇〇年間的三個半世紀（在歐洲稱之為小冰期），海洋湧升流異常強勁，漁場極為多產。反之，四五〇年後的幾個世紀充滿了無法預期的氣候轉變，以及持續許久、往往十分嚴重的乾旱週期。有許多人還嗷嗷待哺，或許有些區域因而遭到過度捕撈——但我們沒有證據證實這一點。就算週期性的聖嬰現象帶來劇烈的暴風雨和洪水，減弱湧升流，並摧毀巨藻床，它對漁場和沿岸社群的影響可能也相對輕微。我們沒有考古證據可以證明聖塔芭芭拉海峽沿岸的海洋經濟曾經瓦解。真正的問題發生在大陸內部，長期的乾旱嚴重破壞橡實的收成和各式各樣的植物。緊密的社會連結甚至將相隔遙遠的社群也納入了發展已久、互相依存的關係網絡。食物短缺和群體間的競爭影響了所有人，水資源缺乏亦然。楚馬仕人湧入沿岸的大型聚落（有時居民可多達千人），而他們的社群是由彼此競爭的首領所統治。

暴力和營養不良成為家常便飯。一份針對海峽群島數百具人類骨骸的研究提出有力的證據，證實他們營養不良，同時也苦於居住在擁擠村莊中環境衛生不佳所導致的傳染病。另一份關於群島和大陸死者骨骸的研究則指出大量人遭武器射擊致死或受傷的例子，高峰期大約落在西元三〇〇至一一五〇年這段充滿生存壓力的時期。隨後暴力事件大幅減少。大約一千年前，楚馬仕族領袖深受不斷惡化的暴力衝突和長久的飢餓所苦，似乎決定休戰，並發現當海洋再次升溫，族群間必須憑藉和平與相互依賴才能生存。到了一五五〇年，湧升流減弱，海洋的生產力再度降低。楚馬仕人早期的領袖是那些或可稱為擴展自身權勢之人，他們的權力取決於他們吸引忠誠追隨者的能力。如今社會平衡已然改變。領導權轉為世襲，授予以望族為首的菁英世系，權力世代相傳。到了西班牙人抵達的一五四二年，楚馬仕社會已經發展出更正式的組織，以及控制貿易、解決爭端的機制，尤其是為了在這相隔僅僅數公里，資源多寡就大不相同的世界分配糧食。與西班牙人接觸時，在大陸和群島上估計有一萬五千名楚馬仕人，他們的社會劃分成少數菁英和平民，壁壘分明。此外，他們發展出了互相依賴的經濟與對海峽全境貿易的嚴密掌控，親族關係和策略聯姻連接起較大的聚落。人們會有紛爭，偶爾也會相互征戰，但四散在廣大區域的社群間的合作，以及謹慎遵守的儀式實踐，創造出能夠適應聖塔芭芭拉海峽總是變化莫測的氣候的捕魚社會。

只要看過氣候曲線一眼，就會立刻發現無論大陸或海峽群島都不是美好的伊甸園。事實上正好相反，因為儘管總是有巨藻魚類可捕，生活在內陸的遊群仍舊苦於長時間的乾旱和不穩定的橡實作物。即便沒有乾旱，每年的橡實收成量也差距極大，進而使連接起沿岸居民與他們在半乾燥內陸各地鄰居的社會與經濟關係，成為影響他們生存的關鍵。離岸的群島也是如此；那裡較晚期的永久居民雖然可以採集某些當地的植物，但幾乎完全仰賴魚類和海洋哺乳動物維生。因此，各地的楚馬仕社群之間的相互依賴與連結是當地生活的核心，在當地的重要程度可能更勝太平洋西北地區。在日常生活以及在鄰近遊群和社群間的政治關係中，尋常商品（如橡實和魚乾、貝珠和異域物品）的交換變得比過去都更加重要，尤其是在一年中某些食物短缺，且橡實和其他商品的存量也大量減少的時節。處理和貯存乾燥漁獲在楚馬仕社群中變得至關重要。船隻也是如此，因為它可以幫助人們捕捉到更多的魚。

托莫爾船與領地的擴張

首批西班牙人在一五四二年抵達聖塔芭芭拉海峽地區，對當地人口密集的大型村莊感到驚訝。西班牙人來到這裡時，大約有兩萬五千名楚馬仕人生活在大陸和群島上。無人知曉楚馬仕人最初是在何時於此地落腳，但近期的DNA研究明確認定，他們的祖先可追溯至數千年前。到了十六世紀，他們的文化已發展出絕佳的適應力和彈性，讓他們得以在乾旱頻仍的環境中存活，而且大多能繁榮發展。[9]這種適應力要歸功於更早以前的環境狀況，他們運作複雜的社會似乎是從冰河時期後不久，因應某些情況才發展出的生存策略形塑而成。早在西元前一五〇〇年左右，在魚類變得極為重要以前，冰河時期後移居該區且孤僻的打獵採集社群，便已經開始轉變成更複雜、與外界有更廣泛連結的社會，而且他們的人口密度增加，密集開採海岸和食用植物，聚落擴大，與其他地方的社群的接觸明顯增加。值得注意的是，聖塔芭芭拉海峽各地島嶼和大陸社群間的定期接觸，仰賴的是楚馬仕人最重要的一項技術革新：托莫爾船，也就是木板獨木舟。

托莫爾船是古代世界數一數二出色的船隻：那是種用漂流木而非當地樹木建成的木板獨木舟。[10]學界對人們確切開始使用這種船的時間點仍有爭議。專家同意，西元四〇〇年時，人們已知運用托莫爾船，但其更簡易的版本（本質上是蒲草獨木舟，但由木材製成，兩側拼接加高）可能遠在更早以前便已用來偶爾前往深水捕魚和貿易。當一艘獨木舟已屆使用壽命，人們就會任由它腐爛，或回收利用其珍貴的漂流木板。最早期的幾艘船早已消失無蹤。

托莫爾船的建造概念很簡單。它的底部是一整塊沉重的木材，仔細劈開的漂流木板則構成有彈性、縫合式的船身，兩端高起。造船者會收集漂流木，用鯨魚骨尖楔將之劈開成木板，再用手斧和鯊魚皮製成的砂紙細心削薄磨平。他們會用一種名為「優普」的瀝青混合液，以填補木板間的縫隙，進而組成船身，並在船中部以一根橫梁支撐。在船兩端的最上層木板維持敞開，用來固定釣魚線或拉繩，而兩端的防浪板能轉移海浪的衝擊方向。這些船的速度很快，划槳起來也很容易，能夠帶人冒險進入深水域，而且在海象較平穩的時候，或者在這些水域不算罕見的無風日也能遠距航行。我們幾乎可以肯定地說楚馬仕族的托莫爾船長會謹慎挑選天氣，並在海風向來十分平靜的清晨完成大部分的航行。

建造一艘托莫爾船是漫長且昂貴的工程，因此那些能委託造船匠的都是具有影響力和財富的人物。擁有一艘木板獨木舟，讓人能夠與各地遠近馳名之人來往，也能控制在開放水域工作的人力和被運送的貨物。托莫爾船開啟了各種有利可圖的商品交易機會，譬如來自大陸且以搗碎橡實製成的餐食、今日洛杉磯外海的聖卡塔利那島出產的皂石容器等，而其中最重要的是由聖克魯斯島和聖羅沙島上數萬人製作的貝珠。托莫爾船主可以掌握關於潛在貿易機會的資訊，也能壟斷相隔甚遠的社群間的貨運。

除卻對貿易路線的掌控，木板獨木舟也擴大了人們的捕魚範圍，納入巨藻床以外、表層魚種（如黑鮪、黃尾鰤魚和最負盛名的神秘劍旗魚）生活的較深水域。從我們零星發現一些深海魚骨一事來看，這裡的人們長久以來就曾偶爾前往較深水域捕捉沙丁魚和其他魚種，尤其是在島嶼外海。然而，隨著富有的獨木舟船主出現，深海漁撈轉由透過航運和捕魚獲取政治和社會勢力的少數人所掌控。獨木舟船主隸屬於「獨木舟兄弟會」，並且會穿著熊皮短斗篷，這種衣物只有村莊首領等菁英人士才有資格穿著。

楚馬仕印第安人扛著一艘托莫爾船上岸。由威廉・朗東・金（1898-1957）於一九四八年平版印刷。（National Geographic Creative/Bridgeman Images）

跨越聖塔芭芭拉海峽、沿著大陸和島嶼海岸的長程獨木舟航行變得司空見慣，但當有獨木舟造訪某個孤立的社群，必定是件大事。在風平浪靜的日子，一艘滿載的托莫爾船在島嶼的沙灘靠岸，想必是值得一看的景象。貝殼裝載在高起船首，在早晨的陽光下閃閃發亮。獨木舟接近巨藻床時，人們划槳的速度慢了下來，披著斗篷的船長站在船尾。槳手深划入水，讓獨木舟航行越過海草，接著朝海灘前進，邊重複喊聲，邊乘著平緩的碎浪登陸沙灘。引頸等待的村民抓住船側，船員則跳入淺水中，全員協力將托莫爾船拉上岸。船長全程都冷靜地站立在船上，等到靠岸才不發一語、尊貴地走下船。他的船員提著多籃貝珠，以及在途中以魚叉獵得的兩尾鮪魚和一尾海鱸，前往首領的住處。

所有在托莫爾船上捕獲的表層魚類都頗負盛名，但無一比得上劍旗魚。一九二六年，聖塔芭芭拉自然歷史博物館的大衛．班克斯．羅傑斯在一處俯瞰太平洋、戈利塔泥沼西側的海岬（那片沼地有部分現已是聖塔芭芭拉機場的部分土地），挖掘到一座壯觀的墓葬。一具男性骨骸，其身體蜷縮並向左側躺，後來經過放射碳定年為西元六〇〇年左右。那名男子的雙肩上披著一件細心裝飾著九孔貝殼的斗篷，連接著被劈開的劍旗魚頭骨。那顆魚顱骨罩著男子的頭骨，劍狀尖吻從他的額頭處向上突出。他生前是一名劍旗魚舞者；當他穿著他的斗篷在陽光下旋轉舞蹈，身上會閃耀著燦爛的虹彩。尤西尼亞．曼德斯是一世紀前史密森尼學會的人類學家約翰．哈林頓的報導人，他曾寫道：「當那名男子跳起舞來，你只會看見他的羽毛裙和擊棒，看不見他的身體。他就像一隻動物，旋跳得飛快而呼呼作響。」[11]

當地熱烈的儀式和複雜的信仰都與劍旗魚有關，其學名為 *Xiphias gladius*，被稱作「動物的主宰」。[12] 劍旗魚是種駭人的獵物，以攻擊獨木舟聞名。當地相傳，劍旗魚在海底有著被海水環繞的住屋，而楚馬仕人將之視為海中的人類。劍旗魚舞者是擁有強大力量的薩滿巫師，人們認為他跳舞時能夠獲得劍旗魚的靈魂。這只壯觀的面具讓他搖身一變成為超自然的存在，去榮耀劍旗魚。據說劍旗魚會將鯨魚向岸驅趕，也會在夏季帶來優質的食物。我們無法確知牠們是否曾攻擊鯨魚，但楚馬仕族地區面臨最大糧食壓力的時期是春季，而灰鯨正是在此時向北遷移並會經過聖塔芭芭拉海峽，也較常擱淺。在楚馬仕人的宇宙觀中，視這些擱淺事件為仁慈海神的傑作是相當合理的結論。

人類可能在西元四〇〇年左右就開始捕捉劍旗魚；當時社會的複雜程度已經提高，表層魚類無論是作為食物或崇敬的對象，都變得越來越重要。此外，因為得益於帶倒刺的魚叉前柄和木板獨木舟，人們才能夠在氣溫稍高的時期捕捉這些魚。劍旗魚通常單獨或以分散的小群體行動。在風平浪靜的日子，牠們經常會緩緩游近海面，人們很容易就能看見背鰭。如果小心翼翼地划船，托莫爾船就能悄悄接近，魚叉手會在幾乎滑行越過魚上方時出擊。許多時候漁民會加上一小塊白色織布當作魚餌，將之丟到水中，引誘他們的獵物靠近獨木舟，直到近到足以出擊。一旦刺中魚後，漁夫會用一條線繩和浮標拖行捕到的魚，直到牠筋疲力竭。

一支楚馬仕人的骨製魚叉前柄（由喬治．古德曼．海維特所收藏，他是一七九二至九三年間造訪聖塔芭芭拉海峽的喬治．溫哥華遠征隊上的外科醫師軍士），附有燧石矛形刀尖和鋒利的骨製倒刺紮緊在頂端，整體都覆蓋著一層瀝青。可以輕易拆卸的錐狀基部裝在主柄上，並附上一條線繩，當魚叉手猛拉鬆開前柄後，就能派上用場，拖行漁獲以消耗其精力。頂部的倒刺顯然夠大也夠鋒利，能夠牢牢刺住魚。這些魚叉重量很輕，是很容易投擲的武器，對付大型的表層魚類效果絕佳，但對付海獅、鼠海豚或鬚鯨時則毫無用武之地。楚馬仕人會將北美刺龍葵或麻類植物纏繞在大腿上，來製作三股的長釣線。釣線可以長達七十五公尺，甚至更長；楚馬仕人習慣將這樣的釣線帶上托莫爾船，以防遇到大魚。對他們來說，就連一尾小型的劍旗魚也是重要的漁獲。除了魚肉之外，魚骨會被用來製成舞者的面具、挖掘棒或投擲棒；巨大的脊椎骨可以當作杯子使用，牠們的硬棘則可用作實用的錐子、針或釘子。

獨木舟的造船匠和船長擁有專業技術、財富和盛名。在托莫爾船成為當地生活的重要元素之前，楚馬仕族社會及其先祖的社會已經日益複雜，托莫爾船因而是種催化劑，連接起原本各自與世隔絕的社群，並將財富集中在少數獨木舟船主和被稱作「沃特」的首領手中。他們的財富主要源自於貝珠；這種珠子對楚馬仕人的生活極其重要，被當作貨幣長達數世紀之久。一如美洲太平洋西北地區的社會，那些掌控財富的人物可以獲得聲望，而擁有聲望又能掌控財富。在這個聲望能夠換得權力的社會，親族領袖（因為社會仍以親族為基礎）以及與儀式有關、有權力執行儀式的重要人士，會運用他們的政治能力和個人魅力來吸引忠誠的追隨者。

歷經許多世紀，楚馬仕族社會成為階級社會，發展出各式各樣的階層。位於頂端的是一小群出身名門的菁英，其權力源自於他們拓展、養成和控制的關係網絡。個人財富、象徵聲望的製品和戰事是構成多數權力的要素，在乾旱、人口攀升和糧食短缺造成社會壓力的時期尤其如此。埋葬在有上千年歷史的楚馬仕族墓地的戰爭傷亡者充分讓我們了解這些零星的戰鬥。披著熊皮斗篷的首領掌控著往往人滿為患、有數十間住屋的大型社群。他們的權力來自於對漁場和貿易路線的控制，還有他們獨特的個人魅力和非凡的軍事能力。在世界各地的許多環境，這樣的特質都能促成捕魚社會的領袖崛起，尤其是那些被食物短缺和營養不良的危機籠罩著的社會，如楚馬仕族。

每年之所以在特定季節舉辦榮耀神聖事物的儀式性盛宴，目標就是要幫助人們避開前述的威脅，而人們相信這些神聖事物能夠提供食物來源。楚馬仕人在日曆上的每個重大時間點都會舉辦一場與某種食物來源有關的儀式。在秋季堅果收成結束後舉行的儀式是要向地球致敬，而冬至儀式則是為了崇敬太陽。天文學專家訂定了一份共十二個月份的陰曆，藉此決定冬至及夏至儀式的日子；人們會遠從四面八方帶來他們領袖的禮物，獻給負責組織策劃儀式的主辦首領。

這些禮物確認了各方的政治與社會關係，但也帶有競爭的意味，尤其是在喪葬場合，因為人們在儀式上會摧毀許多貝珠和其他貴重物品，如塊滑石容器和研缽。首領及其家族成員隸屬於「安塔普」階層，他們是一群菁英和專家，能夠維持宇宙平衡、提供占星資訊，並連接起廣大區域各地的菁英成員。副首領「帕哈」會協助「沃特」組織大型儀式，兩人合作取得並分配貨物，特別是具聲望象徵的物品。他們能同時獲取財富和補給糧食，並在日後分配給整個社群，藉此展現威望和政治影響力，從而鞏固首領地位。在資源豐富但仍面對許多不確定性的區域，所有這些舉措都能作為重新分配資源的制度，尤其是在食物方面。

親族關係、策略聯姻強化的同盟、嚴謹遵守儀式時序，並謹慎分配商品和財富給社會大眾：這些都是高度仰賴捕魚和廣大社群網絡的社會的運作基礎。一如在美洲太平洋西北地區，終極的權力就存在於這些網絡之中。楚馬仕人的經濟機制就是在長期和短期氣候變遷頻仍的數世紀間，人們處理糧食短缺、適應定居生活，以及仰賴豐饒但分布不均漁場的狀況下形成。

第九章　濕地上的卡盧薩人

大規模的全球暖化淹沒了白令陸橋，並融化北方的巨大冰原，對北美洲的其他地區都造成深遠但幽微的影響。河口地區的氾濫創造出魚群的產卵地，而河流流速減緩也使其沼澤壅水，並將草木蔥翠的氾濫平原轉變成豐饒的魚群棲息地。當海平面高度在西元前七〇〇〇年左右穩定下來，在河流三角洲和低窪的氾濫平原等食物豐沛的環境，人口密度逐漸攀升。捕魚和採集軟體動物對廣譜的自給型經濟相當重要；要在這樣的經濟體中生存，取決於謹慎的風險管理，也仰賴多元的食物來源。有些社會永遠都在變化，在季節差異甚劇、較涼爽的環境尤其如此。其他生活在低窪的沿海地帶或其鄰近地區，就算只是遇上細微的海平面高度變化，也只能任其擺布，譬如美國佛羅里達州南部的捕魚社會。[1]

佛羅里達半島的南部有大量的淡水緩緩南流，通過一片海草和沼澤交織的地區，也就是北美洲最大的濕地之一。歐基求碧湖過去是最廣大的開放水域，在十九世紀末其南側枯竭以前，面積幾乎是今天的兩倍大。[2]這是個到處積水的世界，幾乎沒什麼乾燥的土地。事實上，佛羅里達州南部的多數地區都浸泡在水中。只要是有乾燥土地的地方，如墨西哥灣和大西洋沿岸，或是基夕米河和卡魯沙哈奇河等大河河畔，都會有美洲原住民定居。他們全都是獵人和漁民，但也會採集植物。有證據顯示，他們部分人曾種植南瓜、瓠果、辣椒和木瓜，但比起他們在沿海的適應力，這些在農務上的努力可說是相形失色。

卡盧薩人生活在亞熱帶沿岸，享受著暖和的冬天。在他們家園的北部區域，人們居住在河口地區的中心地帶，突出的堡礁生態系圍繞著沿岸有紅樹林沼澤的廣大海灣。這片海岸的南段有時被稱作「萬島群島」，如網格般分布的紅樹林嶼形成狹窄海峽交織的景象，人們僅能乘獨木舟航行通過。在北方，松島海峽地區是一幅由海草床組成的織錦，供養著無數種類的小魚和幼魚，以及難以盡數的雙殼貝和腹足綱貝。[3]這些貝介類不僅提供了貝肉，更有貝殼，可以當作魚鉤等各式各樣器物的原料。

松島海峽的平均深度大約為零點五公尺，綿延範圍廣闊，而且是出奇多產的海洋生物棲息地。在南方的萬島群島北端，生活在馬可島上的人們必須應對較深的水域和流速較快的水流，因此產生了一種不同的捕魚方式。大馬可海峽河的流速很快，主河道深度可達九點八公尺，是無數較大魚種的棲息地，包括鯊魚和大海鰱。

第一批西班牙征服者於十六世紀登陸卡盧薩人的居住地時，發現密集的定居人口，而且他們

地圖七 北美洲東部地區的遺址

的領袖幾乎在南佛羅里達州各地都能發揮政治影響力。西班牙人記述了一個運作複雜的社會，其繁盛程度和力量都源自於他們的海岸經濟，以及廣闊的社會和貿易互動。卡盧薩人起源自更早期的海岸社會。考古學研究將這個區域以網捕魚的漁民歷史追溯到至少西元前四〇〇〇年。他們及其後繼者生活在變化莫測且異質性高的河口環境。短期和較長期的氣候波動導致當地地形改變，因此也改變了魚類和軟體動物資源，很可能進一步抑制了人口成長。食物來源的分布和分配向來不均，甚至也沒有短暫的穩定供應期存在。任何在這多變地景生活和捕魚的社群，總是易受突如其來的氣候變遷和毀滅性的颶風影響。這裡絕非社會能蓬勃發展、穩定進步長達好幾百年的那種海岸環境，而社會也無法因為豐足的漁場而達到更高的文化與社會複雜性。在這裡發展出來的社會，其運作上的複雜程度大不相同。一如在加州南部，他們不僅仰賴個人與鄰居的關係，也依賴與居住在內陸的群體的關係。他們發展的是適應亞熱帶水域環境、去中心化的生活方式，已證實既靈活又有效。一切都取決於人們如何在他們自己的環境與當地歷史經驗的脈絡下與彼此互動。

卡盧薩人在他們淺灘的河口地區家園曾面對一些特殊的情況。考古學家威廉·馬夸特認為，他們必曾注意到海平面高度在短短二十五年間的變化，若拉長到七十五年則無疑更明顯。[4]他們生活在海岸線上，有三條主要河流的淡水流注，還有廣大的海草床、紅樹林濕地和堰洲島將之與墨西哥灣區隔開來。卡盧薩族的部分領地坐擁優異的生物生產力，不過一如墨西哥灣，這個區域受龐大的北大西洋氣候系統影響。於是，我們今天多有聽聞的氣候波動，諸如所謂的羅馬溫暖期、中世紀暖期以及小冰期，造成佛羅里達灣部分沿岸的海平面變化。這些都是較小的轉變，對於生活在較深河道或河口地區沿岸的群體幾乎毫無影響。可是，在河口淺水處生活的人們必曾深受海平面漲落影響，即便變化的幅度只有幾公分。這是淺水處海平面出現變化時會有的典型狀況，水平作用遠大於垂直作用，在數千年前的低窪北海和尼羅河三角洲也是如此。

松島海峽等區域是許多研究卡盧薩人的學者的主要田野地，因為這裡的人們顯然會為海平面的微幅波動而做出決策。舉一個現代的例子，一八五〇至一九七八年間，松島海峽的海平面升高了二十五公分左右，而至今此地仍為淺灘。但這次海平面上升對當地魚類和軟體動物群的影響必然相當劇烈。

若沒有新一代的研究填補我們知識的空缺，當地氣候變遷的編年史便不完整，而這批研究仍在進行當中。[5]馬尾藻海、佛羅里達海峽、乞沙比克，乃至西非水域的海面溫度紀錄顯示，大約在西元元年的寒化期後，氣候在西元一至一五〇〇年間突然暖化且變得更加潮濕，而後持續快速暖化截至大約西元五五〇年。這段較溫暖的時期與我們所謂的羅馬溫暖期重疊，羅馬人在此時將他們的帝國拓展至歐洲。較溫暖的氣候導致丹麥、地中海和南卡羅萊納州海平面升高，當時的海平面高度甚至可能比現今稍高。類似的重大海侵現象也曾在墨西哥灣海岸發生。在松島區域，海灘脊記錄了截至西元四五〇年左右的海平面高度變化，升高了一點二至兩公尺。狂暴的颶風將風暴堆積沖刷上岸，其堆積層夾在有陶器碎片的人類生活層之間。經過這氣溫較溫暖、海平面較高的五百年，期間不時有相對寒冷的時期，創造出大致上與今日相似的水域環境。面對這樣的氣候環境，卡盧薩人專注於捕魚，通常使用漁網，也經常採集軟體動物。

隨後大約在西元五〇〇至九〇〇年間，熱帶北大西洋的廣大區域寒化，期間氣溫時而降低。此外，海平面至少陡降了三次，有時候氣候變得較溫暖，有時候海平面也會回升。這數百年間也有大量的火山活動，尤其是在西元五三五至五三六年間，但我們仍無法確定其長期下來影響全球氣候的程度。然而，丹麥完整記錄了西元五五〇至八五〇年間海平面大幅下降，期間不時穿插短期回升現象的情形。在松島海峽區域，海平面在西元五五〇年左右降低了兩公尺之多——大約變得比二十世紀的平均高度低了零點六公尺。隨之而來的是氣溫和海平面高度都比較低的時期。兩枚牡蠣貝殼的同位素分析揭露了當時的冬天遠比現今更加寒冷。最可能的情況是，氣候一直都相當乾燥。沒有任何颶風的紀錄。

海平面退縮導致淺水域的鹽度降低。牡蠣數量因此縮減；皇冠黑香螺和蛾螺數量增加。在某些地方，海平面的下降造成松島海峽的淺水部分縮小，迫使魚類西遷，某些村莊可能也不得不搬遷至他處。這個時期人們可能開採了更多鹹水的軟體動物，因為可以採集的淡水貝類減少，而人們的選擇既受偏好口味影響，也同時受生態變遷驅使。人們如此頻繁食用貝介類，導致此時巨大的貝塚已在累積成形。

回頭來談大西洋馬尾藻海的氣候紀錄：它告訴了我們從西元八五〇年開展的一段暖化期，在一〇〇〇年達到巔峰，並持續至一一〇〇年左右。這與我們所謂的中世紀暖期時間重疊，也就是古北歐人移居格陵蘭這段廣為人知的時期。此時，海平面升高的區域範圍十分廣大，包括丹麥、紅海和南卡羅萊納州，此外還有墨西哥灣，其地質沉積物證實了風暴度的增加。這個時期升高的海平面淹沒了紅樹林沼澤，其高度也到達二十世紀的平均海面高度。面對這項挑戰，卡盧薩人社群開始利用種類繁多的漁獲，包括菱體兔牙鯛和豬魚等小魚，還有數量龐大的蛾螺、海螺和其他海蝸牛，以及少量的牡蠣和蚌蛤。西元八〇〇至一二〇〇年的數百年間是卡盧薩文化的巔峰，有數百人、甚至可能數千人生活在緊鄰松島海峽的區域。他們留下了北美洲最集中的貝塚。

除了累積巨大貝塚，卡盧薩人還製造出側邊陡峭的貝丘、堤道、坡道和運河。他們有部分的貝塚是線形的，蜿蜒穿梭在紅樹林沼澤間，長達數百公尺。卡喬柯斯塔島上的一座貝塚長一百一十四公尺，高四點六公尺。有些社群為建造有助於獨木舟航行的運河付出許多努力。最大的一條寬七公尺，深一點五公尺，總長四公里並橫跨松島，以一連串由多個小水壩分隔開來的河段組成。這個設置讓旅人能夠將獨木舟從圍起的河段抬起到下一段，若跨島則會攀登三點九公尺的高度。它雖然是座運河，不過實際上更多時候是被用來搬運獨木舟。[6]

小冰期接踵而至，這是一段較涼爽的時期，根據馬尾藻海的紀錄，大約是在一一〇〇年發生，並且實際上是由至少三段寒期組成，期間穿插幾段氣候較溫暖的時期。然後海平面再度下降，直到一四五〇年低於現今高度零點六公尺，但期間有些時期乍暖還寒。一八五〇年後，劇烈的暖化現象發生，並持續至今。大型的卡盧薩族聚落始終都還有人居住，並且持續擴張直至十七世紀小冰期的高峰；我們在那時的貝塚中發現了來自歐洲的商品，因為卡盧薩人會與西班牙人交易。

就地取材的生活

卡盧薩人在海岸環境蓬勃發展。這裡既有不尋常的機會，也有無法預測的環境變遷。在他們的某些遺址，鯊魚遺存遠比其他海洋動物更為常見。人們可能是用骨頭和木材製成的複合魚鉤來捕獵這些具殺傷力的魚類。他們也可能曾使用漁網，因為多數當地的鯊魚經常出沒在水相對較淺的水域。[7]我們對卡盧薩人的捕鯊方法所知甚少，但鯊魚肉富含營養，而且牠們的牙齒是很實用的切割工具，也可用來穿孔。此外，鯊魚皮也可以當作砂紙來使用。卡盧薩人還會採集左旋香螺和枇杷香螺，在當地淺灣的砂質海床上可以採集到數萬枚。一只成熟的左旋香螺可以產出多達零點九公斤的螺肉。許多在松島海峽的卡盧薩族貝塚都蘊藏了數百萬枚香螺，代表他們有系統地密集採集長達好幾世紀。香螺貝殼也是高度組織化的交易網絡中的商品，其螺肉或許也是，讓卡盧薩人得以創造出遠比其他海岸群體更複雜的社會。

卡盧薩人高度仰賴魚類和軟體動物；考古學家用細篩網過篩他們的貝塚後，獲得的多數樣本都是由這兩種食物組成。[8]在不同遺址，魚類和軟體動物的占比各不相同，魚類比例較高者來自靠海的遺址。一份在水深較深的入海口取得的樣本中有百分之四十七是魚類，而河口地區的遺址大多都只有百分之一到七的魚類。不出所料，最大的魚類在水灣旁的遺址被發現。在淺水和入海口的遺址，大約有一半的魚骨來自頑固的鯰魚和會吃軟體動物的羊頭鯛。

除了這兩種主食，卡盧薩人也會捕捉三種鯊魚和帶有刀片般長吻的櫛齒鋸鰩，以及海鱒、鮃魚、頜針魚和短刺魨。十六世紀，西班牙探險家兼地理學家胡安．羅佩茲．德維拉斯科曾親眼見證印第安人「在一座豐饒的（斑紋或黑色）鯔魚漁場」大豐收，而且是「用像在西班牙一樣的漁網捕魚」。[9]鯔魚會在十月末到一月的產卵季節大量聚集在河口地區，讓牠們成為誘人的網魚目標。

一如其他地方的自給型漁民，卡盧薩人發展出一種善用現有原料和地方環境的捕魚技術。細目圍網在近岸使用起來相當有效，漁民可以從那裡將滿載的漁網拖到陸地上。網眼較大的刺網則適用於較深的水域。馬可礁和派恩蘭*皆曾出土以棕櫚樹纖維繩製成的網子的殘骸。考古學家在許多地點也都有尋獲長方形的製網量規，幾乎所有用網捕魚的社會都會使用量規來統一網眼大小。此地的量規是以骨頭、石頭或木材製成。

---

* 譯注：這兩座遺址分別位於馬可島旁和松島上。

卡盧薩印第安人在淺水河口灣用漁網捕魚。梅拉德·克拉克作品。（由Florida Museum of Natural History提供）

卡盧薩族遺址也出土了有溝貝殼的軸柱，這種螺旋單殼貝殼的中心螺塔，可以當作漁網和釣線上的捕魚用沉錘。在馬可礁找到的軸柱大於松島的軸柱，可能反映了馬可礁漁場的水域較深，以及在那裡抓到的魚體型較大。人們在較深的水域通常會採用鉤線來捕魚，有部分是仰賴附餌的骨製雙刺釣鉤，中央綁著一條釣線。這種裝置名為雙刺咽喉釣鉤，在較淺的水域也相當有效。漁民有時會在鉤柄處黏上或綁上骨製的鉤尖，做成複合魚鉤。在獨木舟上以曳繩釣釣取咬餌為食的魚時，這樣的工具可能效果絕佳，因為無論在深水或淺水，漁民都無法輕易用網子捕撈上鉤的魚。考古學家只有在靠近較深水域的遺址才有找到魚叉或帶有倒刺的魚鉤。

大量的淺水和深水魚類、特別豐富的可食

貝介類，再加上平穩的氣候：這些全是讓以水生食物為基礎的維生方式穩定繁榮發展的要素。我們可以理解有人會假設，卡盧薩族社會沿著一條單純的軌跡穩定發展，其社會與政治複雜性越來越高，並由可靠豐富、恆常不變但非常多元的糧食基礎供養著。經過數世紀，卡盧薩族確實成為井然有序的複雜社會，和佛羅里達半島全境社群皆有來往。可是有個微妙的變因在他們的社會中扮演了決定性的角色。在這裡，看似無足輕重的海平面變化會對卡盧薩人的生活造成浩劫，程度幾乎勝過世界上的任何地區。[10]

這個地區的淺水域海平面向來就不穩定。就算只是幾公分的漲落也會大規模摧毀一座海草漁場，或是破壞牡蠣和香螺的棲息地。即使是微幅的海平面變化，也會對仰賴淺水魚類或軟體動物棲息地維生的人們帶來嚴重後果。中世紀暖期或小冰期造成的海平面波動，可能對緬因州或加州海岸的較深水域影響不大，但對松島海峽等地的淺灘河口地區則恰恰相反。

松島海峽的深度從未超過一點二公尺，多數區域都比這更淺。這樣的淺水位維持長達好幾世紀，但海峽如今比五百年前更深。對人類而言，海平面變化不只影響住屋的選址，更攸關能否取得柴薪和食物補給，特別是在海平面下降的較冷時期，譬如西元五八〇至八五〇年這段期間。在生活較艱困的時期，最有可能導致社會複雜性的增加。

西元八〇〇年後貝殼木工工具數量增加，暗示卡盧薩人對船隻越發依賴，而這點正是證實了他們生活日益複雜化的其中一項因素。菁英可能掌控了造船工作，因為他們需要更大的獨木舟，來維持與貿易夥伴和潛在敵人的互動。也是在這段時期，松島運河等重大工程動工，寶石的遠距貿易增加。來自遙遠北方、具有獨特宗教信仰的強勢酋邦的文化影響可能發揮了作用。然而，在西班牙人抵達之前，卡盧薩族社會的社會組織很可能從未嚴格階層化。[11]

卡盧薩人仰賴水生資源維生，要成功做到這一點的唯一方法是在小型的永久聚落生活。在他們低地島嶼和水域遍布的地景中，真正乾燥、地勢較高的地點在數量上十分有限，這使得遷徙成為挑戰，而定居是最為可行的解方。同理，在不同首領的勢力隨著漁場資源的豐富程度變動而不斷改變的環境，他們的社會網絡向外延伸，不僅限於單一個村莊。要長期貯存食物幾乎是天方夜譚，因此管理策略糧食勢在必行，而對等的貿易和交換關係可以讓所有人受惠。卡盧薩族社會可能在艱困時期變得越發複雜，這並非因為增加的人口超過了食物供應量，而是因為他們需要地方聚落的網絡，才能平衡供需。對他們來說，考量到不可能貯藏食物，將過剩的糧食重新分配給需要的鄰居利益良多，也能期望對方在立場對調時同樣伸出援手。

讓如此多元的社會凝聚起來的因素必定有部分和無形領域有關。如同其他捕魚社會，卡盧薩人過著繁複的儀式生活，其中儀式性盛宴、舞蹈和其他祭儀，再加上吟唱和朗誦，都扮演著深具意義的角色。我們對這些習俗幾乎一無所知，只有在被水淹沒的考古沉積物中，偶然發現一些木製舞蹈面具的碎片。派恩蘭出土了一只用柏木精巧製成的鶴頭，看起來像是在鳴叫中，可追溯至西元八六五至九八五年。面具上的鳥嘴可以開闔，發出喀喀聲響，顯然是舞者使用的面具。[12]至少在五千到六千年前，水鳥在佛州的印第安社會（以及其他許多地方）就極具靈性影響力。舉例來說，在美洲太平洋西北地區海岸，鶴鳥被與薩滿巫師連結在一起，而在當地特林吉特族的圖像上，就可以看到薩滿巫師騎在鶴背上遠行。此外，日本的愛努族少女長久以來都會表演優雅的鶴舞，至今也是如此。

當我們將一八九五至一八九六年從淹沒至水中的馬可礁所出土的木製獸頭拿來一同比對，此一與面具有關的鶴鳥神話就顯得更為重要。這系列的發現包括雕出數隻浣熊、兔子和大鶥鴞，還有一隻老鷹和一隻隼的面具；[13]它們有些可能曾是舞蹈面具的一部分，有些則是圖騰象徵。面具的設計可能可以讓舞者在他或她的表演中，製造出誇張的特殊效果。最有可能的情況是，戴面具的卡盧薩舞者演出靈性轉變過程的改編戲劇，觀眾也參與其中。他們的古老神話劇和傳說早已消失在人們的記憶中，但偶然發現的面具和其他儀式用禮服顯示，生者和超自然世界間的隔閡絕對是動物和人類都可以彌合跨越的。派恩蘭喀喀作響的鶴鳥面具正是強而有力的見證。

當西班牙人到來

西班牙人初次登陸佛州時，當地約有一萬名（或許更多）卡盧薩人，生活在半島西南部的廣大區域。探險家胡安．龐塞．德萊昂於一五一三年探勘當地海岸，他的首要目的是要取得奴隸。[14]他在現今卡納維爾角北方不遠處登陸，接著往南航行進入靠近今日邁阿密的比斯坎灣。他的船隻全都又髒又破損，於是他下錨在聖卡洛斯灣東岸的麥爾士堡附近，打算在那裡修補船隻的裂縫。卡盧薩人從未見過西班牙人，但他們曾從自古巴逃亡而來的人們口中聽說過這群人。起初是二十人，接著增加到八十人，卡盧薩人的獨木舟載著佩戴盾牌的弓箭手挑釁接近這些船隻。西班牙人攻擊這些印地安人，將他們驅逐到岸上，並破壞了幾艘他們的獨木舟。不過，凶狠的卡盧薩族戰士迫使這些外來者撤退。四年後，三艘西班牙船在同一地點下錨，但卡盧薩人擊退了一支全副武裝的登陸隊。在這次事件中，共有六名西班牙人受傷，其中一人被抓住，另一方面則據說有三十五名印第安人喪生。

一五一九年，西班牙船隊曾抵達密西西比三角洲，此時正是天花來到岸上並開始大批消滅當地人口的時候，死亡率高達五成到七成五。三年後，龐塞・德萊昂回到聖卡洛斯灣，試圖建立殖民地，並帶來一支兩百名男人和五十匹馬的軍隊，以及歐洲家畜。卡盧薩族戰士再次攻擊西班牙人，這次更加逼近，讓他們的蘆葦箭比笨重的西班牙十字弓來得致命。龐塞・德萊昂本人大腿中傷，不久後死於古巴。

在天花於岸上肆虐一陣子後，另一支更強勢的西班牙軍隊由殘暴的潘菲洛・德・納爾瓦埃斯率領，於一五二七年登陸卡盧薩人領地的北方，靠近現今的坦帕。納爾瓦埃斯僅僅對黃金和通往亞洲的路線感興趣，但他下令公開宣讀一份占領聲明，讓印第安人在法律上從屬於天主教堂和西班牙君主，並受殘暴懲罰支配。這份偏頗的聲明書廣為美洲各地的西班牙人所用，藉以正當化其殖民手段。卡盧薩人不買他們的帳。他們用致命的飛箭對付西班牙的入侵。儘管如此，他們依然大量買賣歐洲商品，其中有許多是從船難搶救而來的貨物。他們是佛州西南部一支強大的政治與經濟勢力。一五六六年，西班牙探險家佩德羅・梅內德斯・德阿維萊斯曾述及一座四千人的卡盧薩族小鎮。首領的屋子坐落於一座高丘丘頂。十一年後，羅佩茲・德維拉斯科描述了一座小島，如今名為山丘礁，當時則是卡盧薩人的首都，由一名大首領統治。山丘礁位於狹窄、水深較淺的出海口，只能靠小獨木舟航行通過。

卡盧薩人強烈地抵抗「唯一的真正信仰」。道明會成員曾在一五四九年試圖向他們傳教，但因面臨持續不輟的敵意而放棄。耶穌會成員也曾在一五六六和一五六七年嘗試，但仍以失敗告終。卡盧薩人維持傳統信仰直到十八世紀。他們凶猛的名聲和沼澤遍布的家園，讓他們能夠躲過許多西班牙殖民帶來的創傷，直到十七世紀和十八世紀初，來自北方的奴隸劫掠者帶來多波天花疫情，大舉消滅了他們人口密集的小鎮和村莊。最終，倖存的卡盧薩人往南方和東方撤離，進入更偏遠的地區。他們的後代在十八世紀期間來到古巴定居，除了少部分生活在佛州西南沿岸古巴捕魚營地、具卡盧薩族血統的漁民。到最後摧毀卡盧薩人及其獨特漁獵搜食社會的並非氣候變遷，而是外來疾病的肆虐。若非如此，他們可能會與歐洲人並肩共存，直至現代。

第十章　大洋洲的捕魚之道

西元前一四〇〇年，在太平洋西南部，巴布亞紐幾內亞東方的俾斯麥群島，一艘雙船體獨木舟靜靜停在如鏡的海面上。船員已降下船帆。他們的船舶在炎熱的陽光下漂蕩，在微弱長浪的拍打下幾乎一動也不動。簡陋的遮墊為乘客庇蔭，但他們正往側邊細看。在船身投下的陰影中，灰影潛伏，在清澈的水中緩緩移動。其中一名男子站著，身體完全暴露在陽光下，手中的魚矛已經準備就緒，等待時機到來。一陣短暫的渦流沿著獨木舟一側迸發。魚鰭劃破水面浮現。矛手以閃電般的速度突刺，手依然緊緊握住他的武器，但魚一看見他的影子就急衝下潛。他耐心等待。當幾隻鮪魚在接近海面處飛速游過，船員發現了水面出現了更多渦流。兩回矛刺刺穿了兩條魚，牠們猛烈掙扎。漁夫靈巧地將魚拋擲上船，船員再用棍棒將牠們敲擊致死。漁夫在肢解漁獲時，舵手仔細望著地平線，以觀察風向。一小時後，一陣微風注入，同時信風持續從東北方吹來。獨木舟滿帆隨風滑行時，男人們吃著生鮪魚排，並將去除內臟的剩餘魚肉吊掛在船身上方，任其在陽

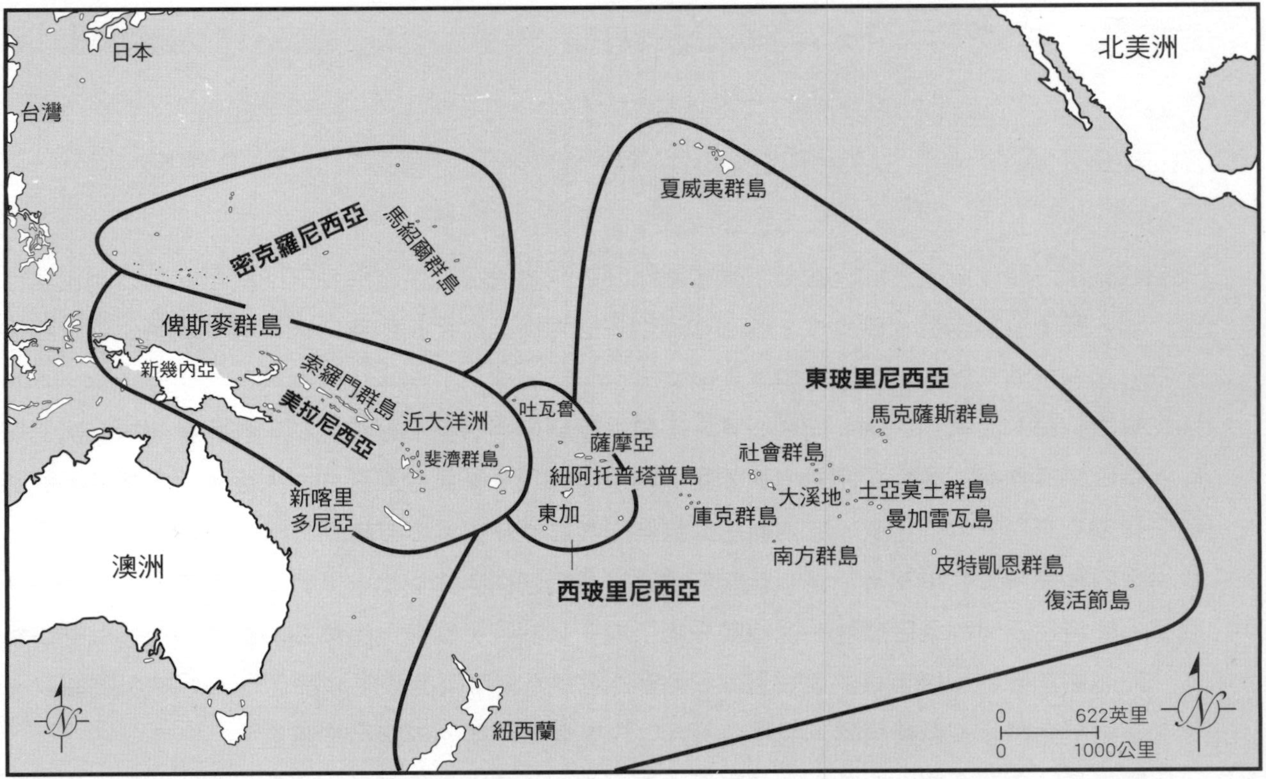

地圖八　新幾內亞、俾斯麥群島和離岸的太平洋島嶼

光下和海風中乾燥。

捕魚的歷史大部分都和旅行有關，雖然不總是如此，但通常都是水上航行。當機會出現，捕魚開始在許多地方占據主導地位，譬如在阿札尼亞（即東非海岸）、美索不達米亞、印度沿岸和斯里蘭卡。不過，人們的機動性和與他人的互動也促使捕魚活動影響了遠更重大的發展。另外，從東南亞、冰河時期的陸地巽他和莎湖全境，遠至俾斯麥群島，捕魚和海上航行也密切相關。甚至在更遙遠的東方，漁民也會在太平洋諸島間航行，穿越近大洋洲和更遠的地區。

拉匹達人在水上狩獵

俾斯麥群島是由眾多分散且林木蔥鬱的島嶼排列而成，遠遠延伸至太平洋的南方和西方。這些島嶼構成了一條宜人的航道，風和海流皆容易預測，南北兩側又有熱帶氣旋帶的庇護。在兩萬五千年前，冰期末期的航海員甚至用原始的船隻便能遠行，最東且最南曾落腳索羅門群島。無論他們在何處划槳或航行，都會依靠沿途小島上的小營地和岩棚，形成微小的捕魚社群。島嶼生活就是要不斷遷移，同時與散布各地的捕魚群體相互依賴，而這類社會在世界上的許多地方皆是如此。

長達數千年，西南太平洋地區的人口一直相當稀少，受限於當地的海洋環境，以及第一批移居者從大陸傳入的地方性瘧疾。接著，大約在西元前一三〇〇年，新近的移民從西方乘著大上許多的獨木舟抵達，而人們更頻繁地在島際間航行。考古學家以新喀里多尼亞的一座考古遺址為名，稱這些新來的移民為「拉匹達人」。[1] 身為傑出水手的他們似乎毫無預警地出現，可能是搭乘能快速航行的獨木舟，其帆具也高得多，和過去曾在這些水域上航行往來的船隻都大不相同。它們的船員在水上就和在陸上一樣自在，不斷四處移動，似乎是在尋找貿易機會和新的漁場。幸虧拉匹達人航行的範圍可以用一種特別的陶器來追查，這種陶器出自他們之手，具有鋸齒狀和壓印飾紋，可以當作他們在西太平洋遠洋航行留下的標記。部分的陶器帶有繁複的設計，包括獨具風格的人臉圖像，彷彿是在描繪在島與島之間展開漫長航行的人們的文化認同。多虧這些陶器，和足足超過兩百座經放射性碳定年的拉匹達遺址（從俾斯麥群島遍布到索羅門群島、斐濟、東加和薩摩亞），考古學家才對這個群體的壯闊航行有些了解。

西元前二〇〇〇年以前，拉匹達航海員從遙遠的西部啟程，展開歷史上最了不起的一次海洋探險，在數世紀內遷徙至近大洋洲。五百年後，他們已經在近大洋洲各地落腳，與當地人通婚。這些移民與島上的機會主義住民不同，他們是農夫，乘獨木舟載著種苗、雞、狗和豬在島嶼間遷移，而這些也是第一批被帶至太平洋西南部的家畜。新的作物和動物為島嶼經濟帶來不可或缺的彈性，原先島嶼高度仰賴捕魚和野生的食用植物，以及有限的狩獵機會。拉匹達農民有貯存食物的習慣，因此他們的獨木舟船長會帶上芋頭，使其能在海上生活更長時間。他們發展上最大的限制是儲存飲水的能力，而他們通常將水裝在瓠果殼中。儘管如此，航行和島際的來往變得更加密集，可能是由相對少數的人所掌控。開通水路可能變得既是社會現象，也是為了拓殖，具有強大的社會與儀式基礎。但這一切若沒有農業和漁撈便不可能實現，這兩種活動為數十個孤立的社群提供了不可或缺的主食。

大洋洲和玻里尼西亞島嶼的植物和陸上動物都相當貧瘠。這樣的荒瘠越往東邊越發明顯。最佳的糧食位於水中：熱帶太平洋島嶼四周的珊瑚礁群落、潟湖和表層水域，供養了多種可食魚類、軟體動物和甲殼動物，以及海膽、海星和海參等棘皮動物，還有各式各樣的海藻。

對人類獵人而言，在太平洋海域捕魚存在諸多挑戰，畢竟人類原本就不適合在水上狩獵，而這正是捕魚必須的作為。他們面臨許多在陸上沒有的挑戰——這裡僅略舉幾例，像是浮力、波浪和湍流帶來的問題，以及折射光導致漁夫難以瞄準水面下的魚。這意味著島嶼漁民會改良最初在東南亞諸島外海的較平穩水域所發展出來的技術，包括捕魚陷阱、魚鉤和漁網。拉匹達人是首批真正冒險離岸、進入太平洋西部的人類族群。僅僅是要適應該區的海岸和島嶼環境並存活下來，就需要傑出的捕魚技巧。即便他們在航行途中，有時會仰賴新鮮的漁獲，但若沒有魚乾或鹹魚，他們就無法供應獨木舟上的人們充足的糧食。我透過第一手資訊得知，在開放的熱帶深水域，魚類喜愛陰影處。拉匹達人附有舷外支架的獨木舟或許提供了陰影，讓他們能偶爾從船上以矛刺或釣鉤捕魚，但事先貯藏在船上的糧食才是水手的主食，大多是捕自淺水、經過保存處理的漁獲。

拉匹達人的捕魚方法依然成謎，因為除了漁獲的骨頭，還有網墜或魚鉤等一些較耐久物品留存至今，他們沒有留下任何證據。[2]一如東南亞的情形，幾乎所有捕魚的用具都很容易腐壞，也往往很快被取代。目前唯一可能幫助我們勾勒出拉匹達人的捕魚技巧的方式，就是去看看人類學家對現在仍使用傳統方法捕魚的社群的研究。比方說，現今大約有一千人生活在東加小島紐阿托普塔普島上（拉匹達人在西元前第一千年初期曾拓殖此地）。這些現代居民所受的西方文化影響小於其他東加島嶼的島民，因此他們捕捉獵物的策略可能與歐洲人抵達前的方法大同小異。

紐阿托普塔普島或許只是小島，面積僅十五平方公里，但得天獨厚擁有非凡多樣的海洋生態系，包括淺灘、鹹水潟湖、位於島嶼迎風側的岩礁、通往太平洋的湧浪流道和開放海域。即使是在生活最艱困的時期，婦女和孩童仍能採集軟體動物，在潮池捉小魚，而男人則可以在受遮蔽的潟湖布網。紐阿托普塔普島的漁場資源極為豐富，大約有四百至五百種魚種棲息在當地水域，被統稱為「伊卡」。外圍水域的岩礁坡有最多樣的魚群。潟湖水道也是多產的漁場。

考古學家派翠克．克奇和他的同事湯姆．戴伊識別出超過三十七種紐阿托普塔普島居民運用的獨特捕魚方法。在所有捕魚方法中，紐島漁民最常以網捕魚，尤其是在島嶼背風側的潮水礁台，因為那裡可以使用圍網。就其本身的特性而言，圍網是一種公共漁網。圍網在滿潮時設置效果最佳；當潮水退去，經常有體型頗大的魚落網。此外，圍網若放置隔夜，有可能捕獲超過一千條魚。

在岩礁邊緣以鉤線釣魚的效益不高，但在獨木舟上捕魚讓紐島漁民能夠用曳繩釣取正鰹，其範圍從未超過離岸七公里外的地方。按照傳統，漁民會使用一根長約兩公尺的竹竿，上頭附加兩三段線繩，再搭配幾枚珍珠母貝作為誘餌，以及一片龜甲餌與前者相連。有些鳥群會捕食正鰹追獵的小魚，而漁民就藉由跟隨這些鳥，來找到魚群的位置。魚上鉤時，漁民會立刻將魚猛拉上船，再迅速乾脆地了結牠。這一拉扯極為猛烈突然，以至於漁夫的胸口有時會被魚打中。

以矛捕魚則適用於島嶼的迎風和背風兩側皆有的礁台，尤其在夜晚的效果特好。燃燒的火炬經常能吸引飛魚。沿著迎風側的湧浪流道以矛捕魚更像狩獵，矛手是咀嚼著椰肉的男性。當他們在一道浪湧過，看見一條魚快速游過之時，便會跳到某個礁岩塊上，並將椰肉吐到水中。果肉的油光讓水面瞬間變得清澈，矛手因而能清楚看見水底。他得趕在另一道海浪湧入流道之前，迅速以矛刺魚。這個方法對頗受當地喜愛的鸚哥魚十分有效。這裡的人也廣泛投毒捕魚。漁夫會從礁台用圍網封住出口，接著搖晃袋中搗過的有毒植物根投入水中，尤其是在礁岩塊和倒懸岩塊的下方。被毒昏的魚幾分鐘內就會浮上水面或躺在水底，漁夫接著便能用矛刺捕或直接拾起。

儘管紐島人對無數魚種瞭若指掌，他們食用的魚類大多限縮在三十一種，不過也會食用龍蝦、螃蟹和可食的腹足綱貝介。近岸水域出產最大量的魚，尤其是在礁台一帶。只有人人渴望的「阿圖」（亦即正鰹）來自開放水域。軟體動物被認為是低等的收穫，屬於婦女和孩童的範疇，反之男性通常獵捕龍蝦和螃蟹等較具聲望意義的獵物。

要將這個資訊運用到重建拉匹達人的捕魚文化上時，我們立即因缺乏器物出土而受到阻礙。在大量的紐阿托普塔普島貝塚中，考古學家只尋獲三只貝介鉤。這三只鉤子都與在東帝汶和其他在索羅門群島上找到的樣本十分相似。截至目前，紐阿托普塔普島的大量貝丘中唯獨只出土了另一種捕魚工具：一枚被切開的瑪瑙貝殼，在玻里尼西亞各地通常被當作抄網的網墜來使用。我們幾乎可以肯定，拉匹達人大多是在潟湖和其他近岸海域捕魚；漁民在這些水域可以靠著圍網和垂釣，捕捉到種類廣泛的可食魚類。要在開放水域以曳繩釣鮪魚，必定需要謹慎的觀察和熟練的航海術，並在相對接近岸邊的海域釣魚。

遠距航行將拉匹達人的後代從薩摩亞帶往東方，進入玻里尼西亞的中心地帶，抵達社會群島後，再進到遙遠的太平洋海域。不過在這些航程中，深海捕魚從未扮演重要的角色。這樣的航海之旅仰賴的是謹慎貯藏的食品，而非完全依賴在開放水域捕到的漁獲。淺水漁場協助人們完成長程航行，讓獨木舟遠離海岸，進入遠大洋洲。

大溪地的釣手

想像你要拓殖某片群島，它們散布在數千平方公里的開放水域上，而且你得要抵抗當地的盛行風，逆風前行。[3]這就是朝超越薩摩亞以東之地航行的旅人所面臨的挑戰。到了西元前八〇〇年，拉匹達航海員已經抵達東加和薩摩亞。他們待在薩摩亞和東加群島附近超過一千年。後來，突然在西元一〇〇〇至一三〇〇年左右，航海員在出奇短暫的時期內，發現並拓殖了幾乎每一座太平洋東部的島嶼。無人知曉這波突如其來的探險潮為何開展，但可能是改良過後的深水獨木舟的載運能力較佳、原先的家園土地不足，再加上單純熱愛冒險的好奇心所導致的結果。當時玻里尼西亞的社會結構和可耕作的田園與土地的使用權利極其相關，因此人們出航可能是為了尋找能夠開墾、耕種，而後由家族繼承的領地。

毫無疑問，那些探險者有返航的打算。他們向東航行時，幾乎無可避免要逆著盛行風，利用信風風歇的時刻，而且總有把握當他們需要時，只要順著微風就能踏上回程。長久以來大量累積下來的關於運用星星和其他現象的傳統航海知識在此時派上用場。無論這陣突發的拓殖潮起因為何，放射性碳定年和考古遺物皆證實了其過程十分迅速。在如此遙遙相隔的社會群島、馬克薩斯群島和紐西蘭等地，人們使用的手斧和魚鉤皆極為相似，彷彿它們都同樣來自不遠的過去。多數的玻里尼西亞人都待在家鄉，耕種農地，並在潟湖捕魚。開通水路是一項攸關聲望的活動，因為遍布玻里尼西亞的海水並非屏障，而是水上公路的網絡，可以讓每一座島與其他島嶼相連接。有了這些遍及太平洋開放海域的水路，經濟、社會和其他關係便隨之建立，許多維繫了數世代之久。

人類抵達偏遠的太平洋島嶼，帶來了立即且往往根本的環境變遷，而農業也頻頻造成毀林。

大範圍的土壤接著被侵蝕流失，人們因此密集狩獵，致使許多陸鳥、海鳥、原生的烏龜等動物最終滅絕。這些島嶼只剩下文化景觀。儘管人口密度攀升，精巧且極為多產的農業結合捕魚，讓人們在大溪地等島嶼仍產出大量的過剩食物。政治和儀式權力必然落入那些擁有最豐饒土地的地主手中。到了西元一六〇〇年，有些玻里尼西亞社會已經發展出複雜的酋邦體制，以首領、領航員和祭司階層為首。派系鬥爭和激烈的敵對關係導致惡性競爭、不穩固的結盟與戰爭。除夏威夷外，當時少有王國和社會群島的酋邦（尤其是在大溪地）一樣有複雜且強大的社會體制。[4]

早期的歐洲訪客曾經描述過在某座位於遠距航程中心的島嶼上，人們所採行的傳統大溪地捕魚方法。一七六七年，法國探險家路易─安東尼．德布干維爾（那著名的植物正是以他為名）*在大溪地下錨時，遇見了一個輝耀的島嶼社會，與大自然似乎相處和諧。更冷靜沉著的詹姆斯．庫克船長在六年後也去到那裡，為的是觀測金星經過太陽的凌日現象。他後來又數次因故回到當地，期間和他的軍官寫下大量關於大溪地斯土斯民的記敘。他們筆下的大溪地人給人一種對作物漠不關心，甚至可說是漫不經心的印象，但這些農夫卻是熱切又技巧高超的漁民。這可能屬實，可能不然。

世世代代的作家，包括人類學家，已經留給我們關於大溪地捕魚情形相當詳盡的敘述。捕魚是他們所有維生方式中技術發展程度最高者，也是重要的蛋白質來源。此外，捕魚也是玻里尼西亞人最接近體育運動的活動。傳教士威廉．艾利斯於一八二九年寫道：「岩礁間的海水平靜而清澈，有利於他們的水上運動。一名首領和他的手下皆配有魚矛（等工具），經常以愉悅的精神展開他們的捕魚行，就像歐洲貴族踏上打獵探險之旅的心情。」[5]更大膽、更年輕的首領還會追捕鯊魚。年紀較長的貴族則坐在他們的獨木舟裡觀看。

當時大溪地漁民可以捕獲種類極為廣泛的海鮮。[6]那裡有可食用的海龜，而且當牠們在外圍的環礁灘築巢，人們很容易就能捕捉。甲殼動物則有淡水蝦、歐洲龍蝦和螃蟹。海膽是常見的食物，貽貝、牡蠣和巨大的鹹水硨磲蛤（地中海地區的居民也經常食用這種巨蛤）亦然。岩礁和潟湖中有許多腹足綱貝介，其貝殼被用來製作工具和飾品。大溪地人十分喜愛章魚，但魚類才是最重要的海洋食物。他們從岩礁和潟湖捕獲種類繁多的物種，從鯊魚、鰟魚到鰻魚，應有盡有。此外還有鮪魚和鰹魚等表層魚類。他們甚至也會捕劍旗魚。

這些島民是雜食的食魚之人，用令人驚奇的一系列方法捕捉大大小小的獵物。他們會在淺水搔撓魚兒，會使用小型漁網和棍棒，也會以矛刺和用陷阱捕捉龍蝦及淡水蝦類。據說他們會避開牡蠣，以免其鋒利的蚵殼割傷他們的腳。村民也會在靜水中用有毒的葉子和根來毒魚。他們十分仰賴對獵物的詳盡知識，再將之調整運用到捕魚上。龜是絕妙的美食。牠們的龜殼會被用來製作魚鉤和飾品，龜肉則會供奉給神廟。鰻魚在溪流、湖泊和潟湖中數量豐富，滋味也相當鮮美，在

---

* 譯注：「布干維爾」是九重葛的學名（*Bougainvillea glabra*）。

斐濟人驅趕潟湖中的魚，一邊叫喊、歌唱、激起水花，讓漁獲受驚游入大型圍網。繪者佚名，繪於一九七三年。（私人收藏/© Look and Learn/Bridgeman Images）

當地的民俗和傳說中舉足輕重。島民會將鰻魚飼養在大淺水池中，讓牠們在狹窄的峽道長成巨大的體型，只有在聽見一聲刺耳的口哨叫喚餵食時才會出現。

大溪地人是製網的能手。他們曾製作抄網和細目投網，後者是用來撒在小魚群上，有時能圍住多數的魚。在他們所有的製品中，集結眾人之力、以強韌樹皮做成的大圍網最令人印象深刻。這種網有些長達七十三公尺，深達三點六五公尺。圍網的底部邊緣放有石塊以增加重量，而頂端則有木槿木製成的浮子，使之維持漂浮狀態。這種網子主要用於潟湖漁撈，由乘著獨木舟的男子拖曳，或是由泳者固定在湖底，再將魚驅趕入網。即使置網工作是在獨木舟上完成，在水裡的人們仍會操縱圍網，並在魚試圖逃脫時捉住牠們。如果鯊魚前來干擾，游在圍網旁的男子會將牠們往岸邊驅離。魚游入溪床和潟湖時，永久和臨時魚梁效果絕佳。專業的漁夫配有簡易或多叉的魚矛，會在游泳時刺向他們的漁獲，或是從獨木舟或岩石上奮力投擲武器。許多漁民是在天黑後靠著火炬的光線工作，使用的火把是由椰葉捆組成。漁夫會一手握著火炬，另一手拿著魚矛，準備在魚出現時攻擊。

許多大溪地漁夫是高超的釣手，會使用釣竿、魚鉤和釣線。但他們最擅長在外海捕魚：這是一項危險且具挑戰性的工作，他們會尋捕長鰭鮪、鰹魚、海豚、鯊魚，甚至劍旗魚。長達數百年的實驗和刻苦經驗，讓他們成為真正專業的外海漁夫，可能遠遠超越更早期的玻里尼西亞漁夫。幸虧身兼記者、作家和狂熱漁夫的查爾斯．諾德霍夫於一九二〇年代描寫了大溪地的捕魚方法。[7]即使受歐洲影響數世紀之久，他們的捕魚方法達到極其完善的程度，因而仍或多或少地被完整留存了下來。長鰭鮪、鰹魚和海豚是主要的漁獲，大致上是因為牠們成群行動。漁夫是英勇之人，對付重達四十五公斤或更重的海豚是家常便飯。據十八世紀邦蒂號*的叛變者詹姆斯．摩里森所述，大溪地人總是在逆風航行時捕捉海豚，會使用葉片鋒利的禾草製成的長線，再搭配硬根或硬木做成的尖銳木鉤。這些魚鉤以飛魚作餌。大溪地漁民和使用倒刺釣鉤的歐洲人不同，從

---

* 譯注：邦蒂號為英國皇家海軍船艦，曾於一七八九年發生叛變事件，船員成功罷免船長後，有部分叛變者曾落腳大溪地。

來不會猛拉釣線來將魚鉤刺進魚嘴中。反之，他們讓釣線維持穩定的緊繃狀態，好讓魚自己上鉤。如此拉緊釣線會使魚鉤旋轉，能夠更深刺入魚的下顎。

根據諾德霍夫的說法，一位身經百戰、較年長的男性在掌舵駕駛獨木舟時，會從上風處靠近盤旋在魚群上方的飛鳥。老人將魚餌拋進海中來吸引魚。當獨木舟轉向逆風行駛而慢了下來，與他同行的年輕漁夫會將他們帶餌的釣繩投入水中。有條魚上鉤後，漁夫讓釣繩維持穩定的緊繃狀態，直到魚漸漸筋疲力竭。接著他把魚留在海面下幾公尺處。與此同時，他們仍在繼續拖曳釣繩，設想如果他們將第一尾魚拉上獨木舟，其他魚就會游開。一旦第二尾魚上鉤，第一尾就會被扔進獨木舟，接著他們會迅速將之吊在空中，讓魚孤立無助。這接二連三的固定程序不斷重複，直到所有魚都進到船裡。

長鰭鮪有幾種種類，但大溪地人全都稱之為「亞阿希」。牠們聚集在相當接近島礁的區域，水流在這裡會將小魚沖進狹小的孔洞中，讓長鰭鮪能夠盡情享用。當地所謂的洞穴位於相對平靜的海域；單單大溪地外海就有大約十二座。漁夫用珍珠母貝製的魚鉤來釣較小的長鰭鮪。他們也會在洞中用以石塊加重的深長釣線釣魚，會將白鮭丟入水中吸引鮪魚，也會在魚鉤上加餌。

如果要抓更大的長鰭鮪，大溪地人就會使用他們稱之為「提拉」的裝置。漁夫會在兩艘獨木舟之間的海面上，架設一片扁平的編織物，準備在上頭盛接鮪魚。「提拉」是一根彎曲的長竿，有一端分叉，帶有兩條釣繩和附餌的珍珠母貝釣鉤，特別裝設以讓鉤子接近水面。分叉設計讓釣繩可以牢牢固定在提拉上，延伸到獨木舟的船尾，漁民就是在這裡觀察釣鉤的狀態。有多束羽毛被綁在長竿上，隨著獨木舟顛簸搖晃而被浸入水中並旋轉著，假裝是追逐長鰭鮪所獵捕的小魚的鳥群。長鰭鮪除了跟蹤小魚，同樣也會跟隨鳥群，所以牠們會咬住附餌的魚鉤。一旦魚牢牢上鉤，漁民就會拉扯釣繩，把提拉長竿當作起重機般的裝置使用。當魚一落在編織平台上，漁民就會揮動長竿，發狂似地划船以追上魚群。提拉捕魚法的產量極高，釣大魚的效果特別好，因此集體捕捉長鰭鮪遠比單人釣手的工作更受器重。

諾德霍夫將使用提拉捕魚法的漁夫類比成專業的網球選手，也提及有些漁民曾將兩尾魚同時拋擲在空中的傳聞。每位漁夫都擁有數枚魚鉤，並會按照天氣條件隨即更換。珍珠母貝鉤柄也被當作誘餌來使用，是極為珍貴的所有物，每一只都被賦予個別的名字。真正的專家會使用短而鈍的魚鉤，將其調整並設計成在釣鉤鬆動前就將魚拉出水面。隨後，他會將漁獲拋進獨木舟，而魚鉤幾乎能立刻再次使用。精通這技巧的真正大師鳳毛麟角。

鰹魚會大群游離大溪地，以挑戰獨木舟槳手的高速追逐體型較小的獵物。牠們是貪吃的食客，不斷飛快移動去尋找和吞食更多食物。漁民必須要身體健壯才能趕上鰹魚群，且這往往花費數小時之久。一旦進入他們的獵物群中，漁民只有幾分鐘可以捕魚，要在鰹魚游到獨木舟四周時釣起牠們。大溪地人使用一種設計巧妙的魚鉤，其仔細校準的鉤尖有著角度剛好的斜面，以利鉤住魚嘴。為了用來吸引鰹魚，漁民還會特別為這些釣鉤上色。此外，他們使用長達五點五公尺長的釣竿，擲鉤並迅速將漁獲猛拉進獨木舟。

獨木舟船長從跟隨魚群的鳥種，就能知道他們正在追捕哪一種魚。舉例來說，當鰹鳥和燕鷗一起狩獵，代表著前者正在獵捕長鰭鮪，後者則在追蹤鰹魚。魚類學問的分量龐大，獨木舟船主的氣象與風的知識亦然。這些船長擅長預測捕魚的條件，對捕鰹漁夫最有利的是「瑪歐艾」，也就是整天下來會從北風轉為東北風，穩定、溫暖而輕柔地吹著的風。魚類會隨著季節變化，而捕魚活動大多在夏季進行，大溪地人稱之為「特台」，意即「（開放的）海洋」，此時海象在多數時間裡都屬平穩。冬季較強勁的東北信風會造成巨大的浪湧，讓捕魚變得十分危險。美國語言學家法蘭克．史提姆森記錄了一些和捕魚有關的大溪地歌謠，其中結合了累積數百年的口述知識，尤其是關於月相的變化。「〈塔馬特阿曲〉：月亮開始明亮閃耀，大魚已至，從深海來到淺水沙灘。漁網又成捕魚之道。」而關於無月之夜的〈毛里瑪太曲〉的歌詞如下：「日光已踏上月亮，月已沉；魚亦進入夢鄉；這是個無魚游水的夜晚。」[8]

養魚的夏威夷人

拓殖社會群島大約一百年左右以後，一群玻里尼西亞人（可能來自馬克薩斯群島）冒險往北進入未知水域。在快速移居遠大洋洲的過程中，他們在西元一〇〇〇年後的某個時間拓殖夏威夷。緊接著數十年的零星航程，被記錄在夏威夷的口述歷史中，講述了關於摩伊基哈和帕奧等偉大航海家的故事。據說他們航向一個名為卡溪奇的神話祖國（可能是大溪地），並且安然歸返。偉大的航海之旅在一三〇〇年後中止，夏威夷完全與玻里尼西亞的其餘地區斷了聯繫，唯有一位擬人神祇羅諾曾象徵性歸鄉，據說祂旅行至卡溪奇後又歸來。這就是為什麼夏威夷人發現庫克船長於一七七八年從大溪地航行而來時，以為他就是羅諾神。庫克立即成為受人尊敬的祖先。截至當時，至少有二十三萬人居住在夏威夷群島上，受一些勢力強大的首領統治。因為與其他島嶼隔絕，夏威夷人深刻認同他們的航海先祖，並與大海有十分緊密的情感連結，而海中的魚提供了他們攝取的多數蛋白質。[9]

在有人類占居後，夏威夷經歷了根本性的環境變化。夏威夷人的農耕生產達到出色的水準，包括仔細培育芋頭的栽培技術，對灌溉法和梯田山坡的運用。魚類和貝介類是夏威夷人主要的蛋白質來源。他們是專業的漁民，擁有關於海洋及其居民的淵博知識，仰賴種類繁多的捕魚策略，其中包含使用魚叉刺魚、以陷阱捕魚和以漁網撈魚，此外還有曳繩釣和垂釣，這些方法是早期移居者引進的，而且在太平洋各地都很常見。和其他玻里尼西亞漁夫不同的是，夏威夷人多數的魚鉤都是以骨頭製成，而非貝殼。連接釣繩的各式方法、魚鉤大小和鉤柄的曲率變化——這些全都反映出不同環境和獵物所造成的細微設計差異。然而，總體而言，這裡釣鉤的基礎設計和玻里

莫洛凱島上的古代夏威夷魚池。（由Gaertner/Alamy Stock Photo提供）

尼西亞的其他地區極為相似，可能反映了拓殖者快速散播到各地島嶼的過程。最大的兩件式釣鉤*能用來捕捉大魚，例如鮪魚和鯊魚。有些魚鉤工匠甚至使用人骨來製作更大的鉤子，這種釣鉤因其尺寸和強度而價值連城。此外，用手下敗將的骨頭製成魚鉤也是羞辱敵方家族或村莊的手段。有些首領會竭盡所能隱瞞他們的葬身地點，以防遭魚鉤工匠盜竊褻瀆。

夏威夷島民開採了各式各樣的地方環境。海岸線是貝介類的豐富產地，尤其是螃蟹和海膽，也有大量的海藻和一些小魚。背風海岸的海況較為平靜，是生產力最高的地區。近岸區則因為其發達的岩礁，是所有海洋生態系統中最多產的地方，而且在這裡，人們的捕魚活動也最密集。此外，所謂的底棲區水深約三十至三百五十公尺，是人們慣常開採的最深水域。這裡的魚群數量相當低，但卻是捕捉笛鯛等岩礁魚類最受歡迎的地點。人們會在底棲區使用釣繩，搭配巧妙設計、最合適使用的餌鉤。最後則是表層區，漁民會在此使用曳繩釣捕捉相當珍貴的正鰹。這些鰹魚被稱作「阿庫」，是保留給社會地位崇高之人的食物，如首領等人士。

另一方面，夏威夷人在太平洋地區因其大規模的水產養殖而別具特色。他們不是藉由魚梁和陷阱來養魚，而是使用幾乎四周都以牆圍住的大量魚池。在東南亞，人們既會養魚，也會圈養許多野生漁獲，以供日後食用。水產養殖為所有人減輕了淡水漁獲量不足所造成的問題。在夏威夷，魚池成為首領地位和權力的象徵。水池產出的魚供養首領的家族，也滿足他們炫耀性消費的嗜好。十九世紀中的夏威夷哲人薩繆爾・卡馬考寫道：「魚池是美化土地的建設，而一片有許多魚池的土地會被說是『肥沃』。」[10]魚池讓夏威夷的捕魚活動不再只是為了自給自足。魚成為具有社會意義的商品。島民進入了密集的魚類生產和養殖領域。遍布各島的數百座魚池，再加上肥沃山谷中的大規模水芋田，以及廣闊的陸地農耕系統，讓夏威夷人產出大量的過剩食物，並能發展出複雜的酋邦。多數的魚池都位在淺水礁台沿岸，池主可以輕鬆從海岸向外建造出寬闊的半圓形池堤。這樣的地點包括了歐胡島的珍珠港和莫洛凱島南岸。地主也會為沿岸熔岩盆地的自然湧泉

---

* 譯注：指的是鉤尖和鉤柄為分開兩個部件的魚鉤，兩部件的基部都有溝槽能夠組合為魚鉤。

所形成的水池加建圍牆和閘門，將之改造成多產的水坑。

當地最重要的魚池是一片弧形的海岸池，名為「洛可瓜帕」，建有玄武岩和珊瑚塊築成的圍牆，比最高潮位高出約一公尺。建築工人在牆上造出缺口，並加裝仔細設計的排水閘門，讓海水能夠流進流出，卻能避免魚兒游走。這樣的魚池面積從零點四到兩百一十二公頃不等。莫洛凱島上有部分這樣的魚池仍在使用，但如今許多已經因淤塞而掩埋。這些飼養在魚池中的魚類大多是虱目魚或鯔魚，兩者在半鹹水的水中都能茁壯生長。內陸的淡水池則被用來養殖較小的魚類和蝦子。有份一世紀前的研究報告估計，夏威夷魚池平均每年產出一百六十六公斤的魚，就現代標準而言並非極大的數量，但這樣的數字表現與社會聲望和炫耀性消費密切相關。

從紅海到遙遠的太平洋諸島，處處的獨木舟和商船都仰賴在近岸而非深水水域釣到的漁獲。乾燥、鹽漬和煙燻魚為沿著遠方海岸和在遠洋航行的男性提供營養。當早期文明在日益複雜的關係網絡中，與越來越遠的他方進行貿易，這些在沿岸地帶捕撈到的不顯眼漁獲就推動了歷史。

第二部

默默付出的漁民

Fishers in the Shadows

沒有漁民和他們的漁獲，法老王永遠無法建成吉薩金字塔，而柬埔寨吳哥窟令人嘖嘖稱奇的寺廟就不可能會存在。秘魯北岸莫切文明的領主高度仰賴沿岸的鯷魚漁夫，以至於若沒有這些漁民，他們壯觀、金碧輝煌的國家或許永遠不可能會崛起。多數的早期文明都是在河口地區、湖泊和河川旁，或是容易前往海邊的區域蓬勃發展。如果在遠離偉大儀式中心的城牆外，沒有捕魚社群滿載的籃子和獨木舟，許多古代文明可能從來不會出現在歷史上。

世界上第一批城市出現在西元前三一〇〇年左右的地中海東部地區。其他的前工業化政權則在稍晚期於亞洲和美洲獨立發展，但它們全都有些共同的特色。它們全都是複雜的金字塔型社會，有位全能且通常神聖的統治者高踞頂端。在他之下則是仔細界定區分的貴族、各式官員和祭司階級，還有專業的工匠和商人。金字塔的底部則由數千名平民組成，有男有女，包括農民、牧民、搬運工、業餘工匠——以及漁民。無論是蘇美、埃及、羅馬、商朝或馬雅，這些政權社會的整體上層結構都仰賴強大的意識形態，來驅策數千名無名勞工付出努力：他們在大莊園服務，建造神廟、墳墓和公共建築，並生產不僅餵飽統治者、也供養其官員軍隊的食物配給。在這些最不可或缺也最默默無聞的勞動者中，有部分人是漁民；他們和農民一樣，是各政權中最不可或缺的食物供應者，要餵養大量投入公共工程的人民。

自給性漁業餵飽了家庭、家族和社群，有時還有附近及遠方的鄰居。許多捕魚活動都是單人作業：一個男人或女人帶著魚鉤和釣線，或拿著帶倒刺的武器站在適宜的巨石上。群體合作是較罕見的狀況——比如要設置圍網，或某個村莊要捕撈正值產卵季的鯰魚或洄游的鮭魚。接著，採收作業包含在短時間內捕捉數千條魚，並將牠們去除內臟和乾燥保存。這與自給性漁業大不相同，儘管捕魚的技術自較早期就大多一成不變。隨著人口成長，漁民開始通力合作，將漁獲運送到小鎮，再送往城市，在每日的黎明之前就將魚送達市場和神廟。魚成為商品，而非為個人或親族捕捉的食物。這是第一次有些社群成為近乎專職的漁民，在城鎮和村莊市場中以物易物或販賣魚，以換得其他必需品。他們的漁獲都被記錄下來並課稅。最後，魚成為分量標準一致的配給食物，同時被發放給貴族和平民。統治者和政權需要數百名、甚至數千名技術性和非技術性勞工。他們的勞動可能是稅收的一種形式，但君王仍須以實物供養他們。

人類最早將魚當作配給的證據來自埃及，在那裡，人們可以輕易捕撈大量尼羅河的鯰魚，尤其是在產卵季節，接著人們會去除魚的內臟，並將其置於大型曬架上，放在熱帶的陽光下乾燥。吉薩的金字塔鎮上還有一棟魚類加工的大型建築。當局會指派幾組漁民，在約定的時間內捕捉特定數量的漁獲，尤其是在洪水正在消退的時期。今天，漁夫們使用的營地已不復存在，但貴族墓室中的圖畫顯示，大型圍網的使用幫助人們採收許多的漁獲，而且是由多隊村民共同設置和搬運之。長達好幾百年，尼羅河漁民協助餵養了在古埃及的公共建築、神廟和墓室勞動的人們。魚是來自河川的收穫，一如穀物是農地的產出。

將魚當作配給食物有眾多好處。淺水魚種尤其能在一年中可預測的時節被大量捕撈。我們只需要看看柬埔寨的洞里薩湖漁場就能明白，湖裡的鯰魚供養了勞動建造吳哥窟及其運河和蓄水池的數千名高棉人。早期的歐洲訪客曾在季風過後，水位正在下降時跨越這座湖，他們描述當時的鯰魚數量密集到人幾乎可以踏著魚背涉水而過。

一旦人們精通了保存漁獲的方式，他們就有機會可以獲得潛在的大量食物；這些食物可以輕易地被放在驢背上載運，或置於馬鞍上的馱包中，甚至可以牢固地被裝滿在小船裡，最重要的是可以保存數週或數月而不腐壞。長久以來與世隔絕的某些地中海地區與亞洲世界之間的遠距交易遽增，導致人們的行動力大幅躍進，而魚食配給也助其一臂之力。一如較晚期的中世紀旅行者，當時無論是以陸路交易為主的商人和海上的航海員，都會在他們的動物背上，或在船的貨艙中放置魚乾——它正是首次將埃及和印度洋、波斯灣水域連接起來的食物。人們不必然會將魚乾一路從紅海帶到像是印度等地。長達數百年，食魚者的小營地都會將魚當作糧食供應給經過的船，並換取其他貨物。在世界的另一端，沿著乾燥的秘魯北岸，捕鯷漁民受來自海床的自然湧升流滋養，捕獲大量小魚，而漁獲被乾燥製成魚食後，就成了農民的寶貴糧食補給。駱馬車隊載運著成袋的魚食，攀登進入安地斯山區。在那裡，魚是印加帝國的重要經濟支柱。

大型的公共計畫，如建造金字塔和印度河沿岸的防洪工程，導致雖不明顯卻持續發生的過度漁撈。一如西南亞和中國的狩獵採集者，從搜食轉向蓄意耕種野生穀物，捕魚社群也無可避免投入水產養殖。起初，水產養殖意指將受困的鯰魚圈養在特別加深的水池中，在中國南部的長江下游沿岸、洞里薩湖湖畔，以及埃及尼羅河三角洲和費尤母窪地等地，無疑都曾經如此養魚。不過，水產養殖很快就變得更加複雜精細。那些大大小小魚池的管理者認識了魚類生長所需的關鍵養分，學會養育引入圈池中的小魚苗，也知道如何在魚長大過程中輪替水池飼養。我們不知道養殖漁業確切是在何時何地開展，但埃及人和中國人似乎是第一批專業的養殖漁民，可能早在西元前二五〇〇年便開始養魚。起初，最常見的養殖魚類是各種鯉魚，因為鯉魚很容易圈養和培育。隨著專業技術增強，養殖漁民便開始飼養鯔魚和其他受歡迎的魚類，數量多達數千條。

發展水產養殖是為了因應城市和鄉村的人口攀升，漁獲量的不確定性，再加上糧食需求日益增加，其數量需要大到足以餵養軍隊、商船和戰艦船隊。經過幾個世紀，養魚成為規模龐大的行業，主要是因為產品能夠穩定並如預期供應。除了魚乾，相關產品還有發酵食品。到了羅馬時期，名為「魚醬」的魚製醬汁的大規模國際貿易從歐洲北部擴展到帝國東部邊界，無論貧富都會將魚醬當作調味料使用。魚醬產業仰賴種類繁多的魚類，主要是較小型的魚種，去混合創造出大量的各式醬汁，有些品質出奇優良。

捕魚和養魚都是沉默且低調的活動，投入其中的男男女女謹慎捍衛他們得來不易的知識，並世代相傳。紅海和厄立特利亞海的食魚者被曾短暫提及他們的希臘作家視為野蠻人。他們是與世隔絕的一群人，帶著漁獲現身在宮廷廚房、市場和神廟，接著又悄悄消失，回到他們位處偏遠、大多是暫時性居所的小村莊。可能是他們身上，或是用來捕捉漁獲的簡易魚簍、漁網和魚矛上，散發著揮之不去的魚腥味，讓他們與鎮民隔絕開來。又或許是他們寧可被視為理所當然的存在，不張揚度日。可是長達數千年，他們的努力協助創造、餵養了文明，使偉大文明得以生生不息。

第十一章　埃及法老的配給

一萬六千年前，在上埃及的尼羅河谷，有一小群蘆葦棚屋、一排爐灶和簡易搭建的蘆葦製乾燥架，被設置在不毛旱谷的一座沙丘上。這些野營中的狩獵遊群已經好幾世代都一再重返這些地點居住。他們已觀察數日，夏季洪水滿載淤砂的棕色河水蔓延流入乾谷，形成水池，讓河谷的沙丘被日益加深的洪水淹沒。每天早晨太陽升起時，長者看著拂曉的薄霧擁抱谷地，升起的太陽為低崖和沙漠的露頭籠罩上一層柔美的粉色。他們的雙眼緊盯淺水裡的動靜，因為鯰魚正在享用飛得離水面很近的昆蟲。隨著日子過去，洪水流入沙漠，帶來了即將產卵的魚。是時候開始捕魚了。

一萬六千年前的地中海的海平面高度遠低於現今。日後被稱為尼羅河的河口，位於今日的河口外海至少五十公里處。河流流經起伏平緩的類沙漠區，無數小河道將之切割開來。由於斜度較為陡峭，河水流得比現今更快，沖刷下來的石礫比淤砂更多。在遙遠的上游，旱谷通往河流，遍地都是附近低崖吹落的沙塵所形成的沙丘。只有數千名獵人和搜食者居住在這片險惡的地景。他們靠著傍水而居，並持續移動尋找食用植物、獵物和魚類，才得以生存下來。

庫巴尼亞旱谷是片不顯眼的谷地，與埃及南部亞斯文南方約三十公里處的尼羅河西岸相連。[1] 除了在罕見的猛烈暴風雨期間會溢流快速流動的水，這裡已經歷經了數千年的乾旱。我們實在很難想像有比這更不利於人類定居的環境，然而在一萬六千年前，有些小型的搜食者遊群會不定期造訪此地，靠每年尼羅河氾濫形成的淺水中的大量鯰魚為食。每年夏天，高漲的洪水都會淹沒谷地中最低矮的沙丘，然後再緩慢退去。洪水的氾濫吸引了小遊群前往庫巴尼亞旱谷，紮營在耐旱灌叢或是檉柳樹叢之中。谷地乾涸後，他們就會移動到其他地方尋找食物。

一九六〇年代期間，考古學家弗雷德．溫多夫和羅穆爾德．史契爾德在尋找前述這些訪客的臨時營地時，標繪了零星器物和碎骨的地點。這兩位考古學者一起拼湊出一幅長達數百年，如馬賽克般複雜交織的季節性占居地分布圖。從小型石頭器物和食物遺存的分布來判斷，庫巴尼亞旱谷的居民開墾了一條狹長的地帶，往下游延伸至少一百五十公里。

尼羅河鯰魚在洪水伊始便開始產卵，直到九月洪水退去時結束。在一萬六千年前洪水水位較高期間，尼羅河溢出的河水蔓延遠至旱谷。起初人們會在崖上紮營，俯瞰遭淹沒的河谷，或是移動到旱谷上方，在水邊捕魚。洪水退去時，漁民會捕更多鯰魚，也會從灘槽和牛軛湖捕捉一些吳郭魚和鰻魚。庫巴尼亞旱谷遺址多數的鯰魚魚骨都是來自被大量捕捉、乾燥，以供日後食用的成

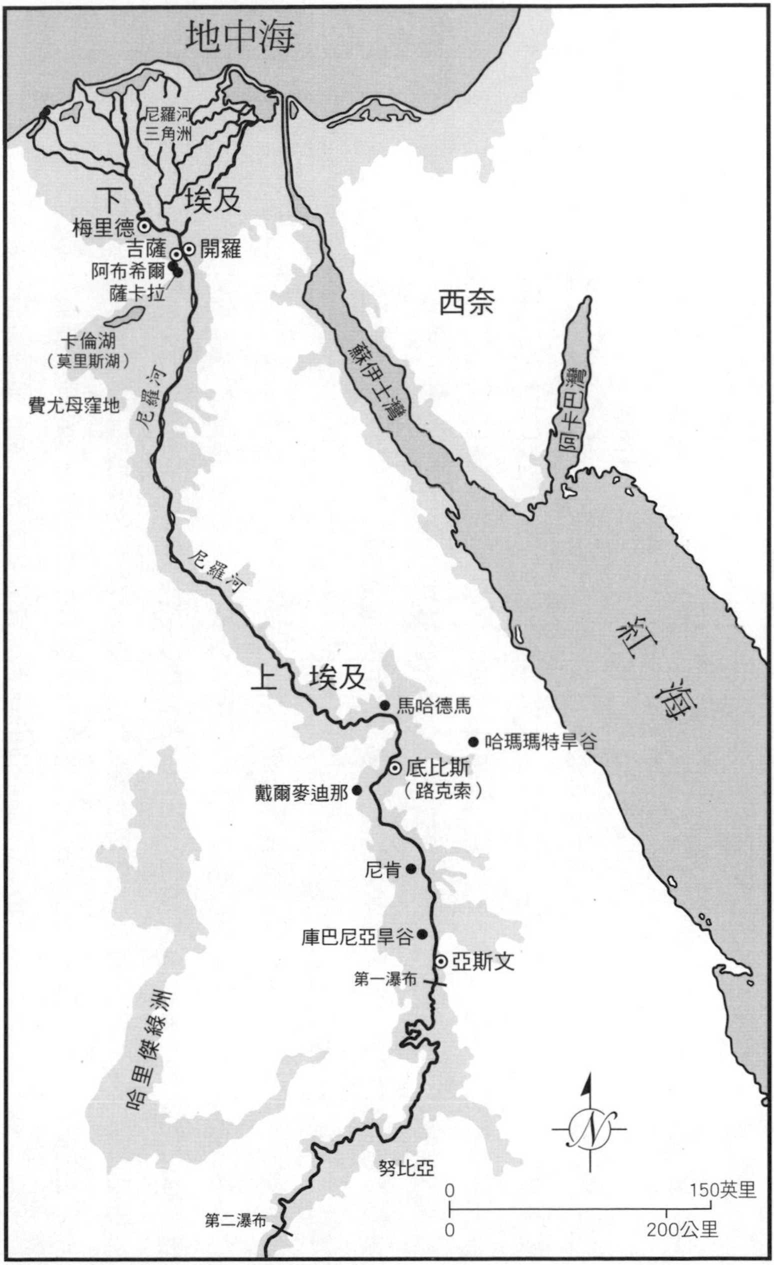

地圖九　上埃及與下埃及主要的考古遺址

魚。這裡的鯰魚豐收是機會主義式的行為活動的典型案例。

尼羅河鯰魚為鬚鯰，有著長長的背鰭和覆蓋著特殊突起的多骨頭部，這些特色讓牠相對容易在考古遺址被識別出來。[2] 根據現今的尼羅河漁民證實，鬚鯰可以在多數物種無法存活的環境條件下存活。牠們聚集在脫氧的淺水域中，之所以能夠生存，靠的是精巧的氧氣呼吸系統，讓牠們能夠在陸地上從一個水體移動到另一個，這個特徵也讓牠們可以頗為迅速地移居沼澤和迴水地。據說牠們也會在暫時性水池乾涸時，深深鑽入淤泥中，等待水池再次浸滿水。

尼羅河鯰魚會在擁擠的洄游過程中產卵；牠們聚集在小溪中，成為人類的甕中之鱉，一如數十萬年來在熱帶非洲的情形。我們可以想像赤身裸體的漁夫站在沙丘間的淺池中，以骨製魚矛迅速刺魚，接著將扭動的魚輕拋到沙地上。遊群裡的其他人會抓住魚並用棍棒擊打，接著快速剖開牠們，沿著脊骨攤開已去除內臟的魚身。鯰魚在幾分鐘內就已經被放在蘆葦架上，在炎熱的陽光下曬乾。魚擠滿淺水時，漁民只要伸出手就能抓住牠們，且往往是用雙腳來感受牠們的位置。有時遊群會形成隊伍，橫跨逐漸乾涸的水池，並將魚驅趕到水更淺的地方，然後在那裡直接將魚拾起。

鯰魚豐收讓人們能大快朵頤幾餐，但其真正的重要性在於鯰魚被放上乾燥架後，可以變成荒月的食物，讓人們在其他糧食稀缺且難以覓得時食用。有些群體會用火煙燻他們的漁獲。位於上埃及馬哈德馬一座有一萬兩千年歷史的遺址，有厚厚的垃圾堆混雜魚骨和大量木炭出土，其中還包括可能是煙燻坑的結構體。[3]

隨著海平面上升而尼羅河流速減緩，洪水帶來了厚重的淤泥量，在河口積聚形成廣大的三角洲。洪水也會溢流進入乾燥的費尤母窪地（位於開羅西南方八十公里），形成富含魚類的莫里斯湖（即現今的卡倫湖）。[4]沙丘、草沼和蘆葦床讓窪地持續吸引人類落腳，至少到了一萬一千年前都是如此。莫里斯湖過去面積曾十分廣闊，而在其北岸的人類營地，有歷史長達九千年的零星魚骨出土，其中有無數的鯰魚魚骨。這座湖泊也供養了其他的淺水魚種，種類多樣，且多數都會在產卵季節逐漸退去的洪水中遭到捕撈。

日後成了法老糧倉的尼羅河三角洲，同時也是個豐富的漁場。在這裡，廣大的氾濫平原延伸至地平線的另一端，由灌叢林地、沼澤、窄窄的淺河道和遭蘆葦堵塞的池塘交織而成，每次洪水過後，環境都會有所變化。這是古埃及人的「紙草之地」，以紙莎草為名；它是一種濕地莎草，長出的木髓可以用來製作成供抄寫員使用的似紙薄片。一如費尤母窪地，尼羅河三角洲也是淺水漁民的天堂，漁場的資源容易預測且豐富，使捕魚成了固定且有規律的活動，無須伺機行動。人們長久以來用來殺死陸上獵物和誘捕鳥類的工具和武器（棍棒、倒刺矛槍和簡易網子）運用在淺水和水邊也綽綽有餘。這裡的漁場廣大且變幻無常，對站在岸上的矛手來說，河水往往過深。在某個未知的時刻，埃及漁民開始乘船到水上，那些船是以在無樹的環境中唯一可取得的原料製成——那就是紙莎草稈。

這種造船技術本身十分簡單，而且目前已知至少在西元前七〇〇〇年的科威特便已有人使用。我們幾乎可以肯定，尼羅河的漁民大約在同一時間也開始使用紙莎草船，因為這座考古遺址的魚類多樣性正是在此時期遽增，其中包括了鯔魚和尼羅河河鱸等較深水域的魚類。漁夫將紙莎草稈纏緊成束，組成首尾兩端高起的船。他們也使用相同的技術來建造堅固的船筏，可以在撒網和載運貨物時使用。炎熱乾燥的氣候對漁民有利，因為他們只要將容易積水的獨木舟擺在陽光下曬乾，就可以延長它們的使用壽命。加州南部和秘魯沿岸的古代漁民也會這麼做。紙莎草徹底改革了埃及的漁撈活動，將之從機會主義式的搜食，轉變成更加密集的自給性活動，接著又成為一項運動。在更晚近的十八王朝，有位高級官員烏瑟哈特擁有威風的抄寫員頭銜，負責計算上埃及和下埃及的麵包數量。他託人畫了幅畫，畫中的他正在一艘紙莎草船上以矛刺魚，他的幾隻貓陪伴著他，家人在旁觀望。其他貴族也使用這個主題，來為度假之旅留影紀念。

尼羅河三角洲和更上游的平靜迴水地十分適合紙莎草船航行，而且可能是自給性漁業的養魚場所在地。有兩種魚變得特別重要：尼羅河鱸和鯔魚。尼羅河鱸是種銀白色帶淡藍色調的魚，體型可以長得相當大，有時可以超過九十公斤重。[5]較大河鱸的魚肉足以餵飽一大票人。牠們後來經常被製成木乃伊，說明了牠們的重要性。

鯔魚是溫帶和熱帶海域最常見的一種近海魚。[6]有三種鯔魚會出現在埃及地中海沿岸，而牠們全都會進入尼羅河，游到遙遠的上游。其中一種灰色的鯔魚最南曾在第一瀑布被尋獲，距離三角洲一千八百五十公里。今天，鯔魚和吳郭魚都是埃及最重要的經濟魚類。灰鯔魚十分容易捕捉，會大群聚集在三角洲，尤其是在深水處或水生植物豐富的地點，而後才游到海中產卵。

各式各樣的遺物（包括墓畫和其他藝術），都描繪了古埃及的捕魚方法。他們的捕魚技術相當簡易，數千年來幾乎一成不變。到了古王國時期建造吉薩金字塔時，也就是西元前二十六世紀中葉，漁民已經常使用帶有倒刺的魚矛和魚叉，並以骨頭、獸角或象牙製作矛形刀尖。漁民大多時候都是以矛刺殺獵物，偶爾會使用兩尖器，亦即有兩分叉的魚矛。西元前二三三五年左右，有位大臣兼法官名為卡格姆尼，他的一幅墓室壁畫上呈現了三名漁夫正在淺水中用帶有倒刺的魚矛刺魚。

魚鉤在埃及的歷史十分悠久。最早的魚鉤可追溯到比法老更早的時代，由骨頭、象牙和貝殼製成。這些魚鉤上頭全都沒有倒刺。銅鉤大約是在西元前三一〇〇年古埃及統一時開始使用，但帶有倒刺的魚鉤一直到十二王朝（約西元前一八七八年）之前都無人知曉。在第五王朝（西元前二四〇〇年）的官員「翟」的墓室中，有幅畫呈現一名漁夫正在把一條大鯰魚拉上來，其右手拿著棍棒，準備要了結牠的性命。

另外還有一幅於薩卡拉墓地出土的墓畫，描繪了一名在紙莎草獨木舟上誘捕一尾大鯰魚的漁夫。舟上另一名漁民手握釣繩，並伸長食指去感受上鉤之魚的拉扯。在水中，有五枚釣鉤埋伏以待。其中一枚已經捕獲了一隻歧鬚鮠屬的鯰魚，以其多骨的硬棘而惡名昭彰。到了西元前一九

埃及古王國的漁民乘紙莎草舟，在淺水以矛刺魚。來自薩卡拉卡格姆尼的馬斯塔巴墓室。出自第六王朝，約西元前二三〇〇年。（Bridgeman Images）

五〇年左右，墓中開始有壁畫描繪坐在椅子上的貴族於他們花園中的人工池釣魚的景象。不過，這幅場景不僅描繪了一項運動。他們始終是在釣吳郭魚，而這種魚是重生的象徵。我們不曉得他們是否使用魚餌，但有此可能。然而，在許多案例中，漁夫會運用一枚無餌的釣鉤並扯動釣繩，魚就會受到閃亮的金屬吸引。

合作會帶來更大量的豐收。尼羅河三角洲和費尤母窪地的蘆葦和淺灘都是設置屏障陷阱的理想環境。藉由使用以蘆葦和枝條製成的簡易屏障，漁夫就能將魚導入淺水，並在那裡以矛刺殺或用手捕捉牠們。遺憾的是，這類屏障陷阱的樣本並未從古代留存至今，但在二十世紀初，考古學家兼自然歷史學家威廉・萊納德・史蒂芬森・洛特觀察了現代埃及人在通往海洋的河道中用網子捕捉鯔魚的方法。[7]當村民看見魚群往下游移動產卵，他們便會通報漁民，漁民再設下橫跨狹窄河道的漁網，將魚圍住。

洛特看見住在卡倫湖畔的人們會使用一種錐狀的陷阱，由乾燥的蘆葦製成，被稱作「加拉比」。每個陷阱都有一個寬大和一個較窄的開口；窄小的那端用蘆葦綁起，而後再拆開，以將受困的魚釋放到準備好的籃子裡。漁民將較大的魚梁固定在適當位置，並在河岸上架設木樁，中間加裝大型陷阱，其入口由水流撐開。他們可能會將陷阱的窄端提高至遠離水面，然後把裡面的東西倒進一只籃子中。漁夫在清空陷阱時，需要將幾艘獨木舟並排在一起。

多數的自給性漁業都是使用較簡易的裝置，例如漁網。在薩卡拉，第六王朝大臣梅雷盧卡的精緻墓室中，有一幅壁畫呈現漁民高舉著他們網中的漁獲。抄網適合在較淺的水域使用，以捕撈中小型魚類。漁夫會將一對棒子綁在接近手把處的地方，形成V字形，並用第三根棒子加固，而三角形的第三邊則是由一條繩索組成。他會在這三角形構造上加裝網子，如此一來就可以用那條繩索操縱網子。你可以想像一名男子或女子站在淺水中，擲網並看著它慢慢沉入水中，輕量的網墜使之下沉。接著漁民會滿懷期待地收網，一如今日的人們所為。

到了約始於西元前二六八六年的古王國時期，埃及漁民至少會捕捉二十三種魚種，而且這些魚全都能在現今的埃及市場上找到。薩卡拉墓畫暗示了我們，鯔魚是最珍貴的魚種之一，人們捕鯔魚不僅是為了魚肉，也因為其魚卵。牠們是最頻繁被描繪的魚種，鯰魚和尼羅河鱸次之。儘管許多魚會在新鮮狀態時被販售，但多數都會被沿著脊骨切開，清理乾淨後，攤平或吊掛乾燥，通常魚頭和脊骨都完好無缺。第六王朝大臣特提是負責管理王室文件的抄寫員，他的墓中有幅畫呈現漁夫將他們的漁獲帶去給書記做紀錄，接著將一部分分配給不同的官員。漁夫會用剩下的魚換得其他商品，行情公道穩定：一條鯔魚可以換到一壺啤酒，一籃魚乾可以換到一只護身符。

早在埃及成為統一的王國以前，魚所供應的便已不只是人的溫飽。西元前三十二世紀左右，上埃及的尼肯（即今日的希拉孔波利斯）是一個大王國的繁忙中心，其領袖群是王國統一過程的重要角色。一座附庭園的壯觀神廟在此興盛發展數世紀之久。[8]那段期間，祭司時常將儀式剩下的廢棄物，包括動物屍體在內，丟棄到庭園四周木牆外的垃圾坑中。這些垃圾坑如今出土了巨量的陶器碎片、野生動物和家畜的骨頭，以及巨大尼羅河鱸的遺存，有些鱸魚至少長一點五公尺。這麼大的鱸魚只能在河流最深的水域蓬勃生長，非常難以捕捉，甚至更難釣取，尤其是在獨木舟上。垃圾坑中有牠們的脊骨，但沒有魚頭和魚鰭，說明魚似乎是在其他地方被宰殺的。這些驚人的河鱸只有較多肉的部位被帶到神廟中，最可能是奉獻給神的供品。

牠們是在何時被捕獲的呢？如此大型的河鱸在河流水位低的時候最容易上鉤，也就是在每年六月末的洪水抵達以前。這也是採集尼羅河牡蠣的最佳時節，前述提及的垃圾坑中也出土了許多牡蠣殼。尼肯神廟所遵循的儀式信仰早已為人遺忘。它們可能與駕馭動物和其他象徵混亂世界的事物密切相關，藉由向宇宙神祇和統治者獻祭，來使世界變得井然有序。[9]唯一能夠確定的是，尼羅河中的大魚具有超越食物用途的象徵性與儀式性意義。

當魚成為商品

長達四、五千年，尼羅河的捕魚活動都是少數村民所為，用來餵飽他們的家庭，也將許多漁獲以乾燥處理，供日後食用。魚成為商品並被陌生人購買和食用的確切時間點目前依然未知——或許這項轉變是因為人口增長所致。

到了西元前四五〇〇年，在距離現今開羅西北方五十公里的梅里德．貝尼—薩拉馬遺址，曾有座小鎮是當時首屈一指的貿易中心，可能住有五千名居民，並與上下游廣泛來往。[10]人數日增的工匠和貿易商必須仰賴他人（漁民和農民同樣重要）來獲取食物。這裡一如更早期的埃及農村，親屬與互惠義務關係是日常生活的重心。奠基於這些責任的交易使人們自然發展出衡量多種商品的價值單位，但並非以金錢為單位，而是以重量和其他標準度量衡。自非常古老的時期，麵包和啤酒就是埃及的基本飲食，而梅里德等社區加入了魚類，新鮮或乾燥漁獲皆有，但後者的可能性較高。

漁民在尼羅河操作圍網。來自十一王朝梅克特雷的墓室。（Egyptian National Museum，Cairo/Bridgeman Images）

原先自給自足的漁民是如何開始以類產業規模捕魚？在尼羅河沿岸捕魚的漁夫日漸成為職業漁夫，因為有些工人的聚落如今每月都需要輸入漁獲。雖然這些分工安排的相關紀錄寥寥可數，但肯定十分稀鬆平常。前工業化的政權都是金字塔型社會，有名最高領導者掌控秩序分明的貴族和官員階層。基層則是數以千計的工匠、士兵、村莊農民和漁民，生活在次級官員和抄寫員的密切監督之下。西元前三二五〇年左右，他們開始建造實體的金字塔，以及神廟、宮殿和莊園。

供養這些工人的配給糧食是統治者與被統治者之間的象徵性互惠，幾乎像是一份社會契約，而這也是尼羅河的漁獲既成為商品，同時也是漁民賴以維生的食物的原因之一。公共工程的規模起初必然不大，但在西元前三一〇〇年左右、埃及統一後數量增加，最終需要大批勞工和巨量糧食。這樣的需求需要漁民改變思維方式。他們必須以數百條魚為單位來思考，而非只是足以餵飽家人的幾條魚。洪水氾濫期間，鯰魚的捕獲量十分穩定（牠們確實是當季配給的主要來源），但新技術也派上用場，尤其是圍網。這樣的漁網可以帶來巨量的漁獲，但也意味著必須有許多人手去除魚的內臟，準備乾燥保存。

讓魚成為重要商品的關鍵正是圍網。古埃及圍網又大又重，需要漁民團隊合作才能操作之。[11]墓畫上繪有長條狀的網子，並有平行的上下支撐線和漸縮成錐形的兩端，上頭還各有控制繩可以收網。有時漁民會在腰際圍上寬織帶，再將之與控制繩打結，以利他們處理較重的漁獲。連接下支撐線的石頭或陶質網墜讓網子能在水中保持直立，而上部線則繫著三角形的木塊，讓網的頂端能靠近水面。圍網團隊通常會在河岸或水道旁工作，否則就是搭乘大筏或船隻在較深的水域捕魚。

圍網捕魚的技術在法老時期結束後仍長久存續。二十世紀初的漁民也使用圍網，他們會緩緩划槳到水面的另一頭來展開漁網，直到網子延伸成一個大大的弧形。有時槳手會用槳拍打水面，讓魚受驚而游向漁網。他們會拉著網的兩端向彼此靠近，直到圍網形成一個大圓。接著漁民會收起兩端的網繩，若非兩艘船一同操作，就是讓漁網一頭漂著，一頭往岸上拉。在中王國時期大臣梅克特雷位於底比斯的墓中，有件仿做的模型呈現了兩艘紙莎草獨木舟之間懸掛著一張圍網，往岸邊航行的景象。這是帶來大規模產出的捕魚方式，古王國的藝術作品也時常描繪之。

吉薩工人的伙食

在任何時候可能都有多達兩萬名技術性和非技術性工人在吉薩工作。[12]村民集體用滑橇和滾筒搬運著重達十五噸的石塊。多數的粗重工作都在氾濫月進行，此時駁船*可以將巨石直接載運到工地現場。

吉薩附近的一座城鎮住著工匠、祭司、抄寫員、勞工和他們的家庭。過世的民眾會在附近墓地的簡陋墳墓中前往來世。就在採石場、補給路線和岩雕港口之外，吉薩高原南方偏東南方的低地沙漠區坐落著工人們的聚落。一如在第五王朝法老傑德卡拉（西元前二四一四至二三七五年在位）的檔案庫中尋獲的一張莎草紙上所述，金字塔鎮可能靠近一片被稱作「拉謝」的盆地，位於薩卡拉墓地北方的阿布希爾金字塔群，後者在吉薩完工後近兩世紀建成。「拉謝」是用來運輸、生產、貯存和匯集配給的地方。在另一位古王國法老紐塞拉（西元前二四五三至二四二二年在位）所建的太陽神廟中，有段銘文刻印著糧食的輸入量：每年有十萬零八百份麵包、啤酒和糕點配給；七千七百二十塊佩森麵包；一千零二頭牛；和一千隻鵝送達當地。這些貨物是要供應給建造僅僅一座神廟的工人，而這項建設的精細複雜程度遠比不上吉薩的龐大結構。[13]

每座埃及金字塔都有複合的金字塔鎮，但吉薩的小鎮最為人所知。這些聚落不僅住著工人，還有負責奉獻供品給已故法老的「卡」（亦即生命靈力）的官員和祭司。每個聚落都仰賴由政府和附近繁榮發展的豪華莊園的主人所提供的麵包和其他配給維生。後來有位名為梅克特雷的大臣，他的墓室中擺放著莊園工坊的模型，包括一間麵包烘焙坊和一座穀倉，是一套精細的基礎建設的一部分，能夠生產和儲藏的穀糧每年足以餵飽五千至九千人。

一九九一年，埃及學家馬克．萊納挖掘出兩間麵包烘焙坊，包括一些混合麵團的大桶子與一處用來存放烤麵包的鐘形大鍋的貯藏所。修建金字塔的勞工除了以麵包和啤酒為主食，他們也會吃魚。無人知曉有多少工人負責準備配給糧食，但其人數可能高達兩千人。有棟大型泥磚建築與麵包烘焙坊相連，目前尚未挖掘完成，規模仍然未知，不過裡面有食槽、工作台，而且覆蓋地面的細灰沉積物中還有數萬枚魚類的小碎骨。

新鮮的漁獲必須立即乾燥保存。萊納認為魚是被攤開在蘆葦架上，擺在通風良好的食槽和工作台上乾燥，形成一道提供數千人蛋白質的生產線。我們不太可能精準預估產量，但在巔峰時期，這條生產線必定曾雇用了數百人，每天處理數千條魚。漁民必然承包了捕撈巨量鯰魚的工作，以供生產線順利運作。吉薩金字塔建造工程的年度高峰與每年的洪水時間重疊，因此可以推測捕魚活動是在夏初鯰魚產卵和洪水退去時達到高峰；這段時期長達六至八週，整個尼羅河谷變成一座淺水湖，有數千個短暫出現的水池。

＊　譯注：指多用於淺河道的平底載貨船。

因此，在需要數百人來處理魚，將之在乾燥架上攤平翻面，貯存乾燥漁獲以供日後食用的生產結構中，漁民只是第一階段的要素。這項作業在運作上的需求必定會使每次洪水氾濫季節，都有臨時搭建的漁村如雨後春筍般出現在同樣的地點。

平民建造法老的金字塔和神廟，在貴族的農田裡勞動，過著無盡無休、一再重複的辛苦生活。農民的日常圍繞著洪水、耕種和收成等恆常的季節循環打轉。捕魚成為這個循環的一部分，在氾濫期間帶來令人狂喜的豐收，其中圍網為官員捕撈了沉甸甸的漁獲。許多工匠、抄寫員、祭司和小官員是靠他們的技能，而非體力勞動為生。漁民則兩者皆是：他們的工作需要技巧，也需要體力。

漁民居住在埃及文明的邊緣地帶。十九世紀，當地的捕魚條件仍與古代出奇相似，而根據觀測資料，當時漁船的數量十分龐大。十九世紀末共有超過六千艘漁船在埃及作業，而在法老時代，必定曾有幾乎一樣多的漁船在作業，因為魚在官方配給中至關重要。牠們是獲得神聖認可的食物：在西元前二〇一〇年左右，中王國法老梅利卡拉的父親曾告訴他，神祇創造魚是為了讓人類食用。中王國法老們於是下令分配大量的魚給神廟。

到了偉大的新王國時期君主塞提一世（西元前一二九〇至一二七九年在位）分發魚肉給他的士兵時，魚已經被當作糧食長達數世紀之久。他的繼承者拉美西斯二世（西元前一二七九至一二一三年在位）曾誇耀他的工人有自己的「漁夫」可以自給自足。在底比斯尼羅河西岸的戴爾麥迪那，皇室墓地工匠主要仰賴魚類維生，由二十名漁民承包供應漁獲，分配給大約四十人，並按照階級決定配給量。有項紀錄說明，一名漁夫可以在六個月期間供應一百三十赫卡特（等於八百八十二公斤）的魚，其中包括吳郭魚和其他魚種。[14]拉美西斯三世（西元前一一八六至一一五五年間在位）曾在長達三十一年間，贈予底比斯的阿蒙神慶典四十七萬四千六百四十條以上已去除內臟、新鮮和醃製的魚，以及另外十二萬九千條給較小的神殿。

魚也推動了沙漠考察的進行。乾燥的哈瑪瑪特旱谷位於東部沙漠，這裡有座石碑記錄了前往該區採石場的四趟考察，其目的是為了尋找二十王朝的拉美西斯四世（西元前一一五一至一一四五年在位）下令建造的雕像所需的石材。[15]這支考察隊的人數多達八千三百六十八人，包括兩千名士兵，以及兩百位「管理宮廷漁民的官員」，負責為包含皇室女眷在內的隨行人員取得「大量的魚」。到了拉美西斯四世統治期間，船隻運送著巨量的魚上下尼羅河。在一位新王國早期的法老霍朗赫布國王（西元前一三二一至一二九三年在位）的墓中，有幅畫就呈現了一艘載著成排在索具上乾燥的魚的船。當時常見的貨物是鯔魚，牠們是最受歡迎的漁獲，也因為夠昂貴而值得運送。

儘管洪水季節能夠迎來豐收，但古埃及的捕魚活動大多是由漁民單獨拿著魚矛在淺水草沼，或帶著魚鉤釣線、乘著紙莎草船或船筏尋找獵物。漁民在淺水域不斷撒網，此時大多是黃昏時分，魚會升到水面捕捉蚊子和其他小蟲。捕魚的節奏從未改變，但其運作的規模隨著政權的形成發生了深刻的轉變。如今有了謹慎的抄寫員所徵收的配額和稅金、為法老和政權付出的勞力，文明依靠變幻莫測的洪水，生活時時恐懼著河水幾乎沒有溢出河岸的荒年。

在金字塔成為歷史之後，魚仍持續在埃及扮演重要角色。沿著尼羅河航行而下的船隻載著乾燥的鯰魚和其他魚種，送往黎凡特*沿岸的港口。有些貨物可能是水手的配給，但也有些被運到內陸。[16]面臨短缺時，官員會轉而求助養殖漁業，這個行業一如捕魚活動，遠比偉大的眾法老長命。在希臘羅馬時期，旅人曾提及尼羅河漁場的豐饒。希臘作家兼地理學家狄奧多羅斯・希庫勒斯於西元前一世紀寫道：「尼羅河蘊藏著所有種類的魚，數量令人難以置信：因為這條河不僅為當地人的生計供應豐足的新鮮漁獲，也提供大量的魚以鹽漬保存，從未令人失望。」[17]希羅多德亦曾留意到每個草沼居民都擁有一張漁網。

儘管埃及可能是第一個讓魚成為商品的社會，卻絕非獨一無二。所有前工業化政權都會以配給來供養公共工程的工人和在軍中服役的士兵。魚是配給糧食，在所有配給中占比高到成為類工業化的商品。這種從機會主義邁向商品化的重要一步也在地中海世界的其他地方扎根。

---

* 譯注：地中海東部地區，包含今日的希臘、黎巴嫩、敘利亞、以色列、土耳其與埃及。

第十二章　鮪魚與地中海的財富

地中海，或稱「中海」，長久以來一直是片大陸棚狹窄的深盆地，僅有五分之一地區的深度少於兩百公尺。這裡多數的海水來自大西洋。夏季的炎熱使海水蒸發的速度快過降雨或三條主要河流（尼羅河、隆河和波河）可以補充的速度。雖然有涓涓細流從黑海流入，多數的不足水量是靠著來自大西洋較為寒冷、含鹽量較低的進水來彌補。這意味著在直布羅陀和達達尼爾海峽附近以及沿岸，海洋生物相當貧乏，除非有潟湖或河流為海洋注入養分。蒸發會留下鹽分，並使之沉積於深海海床，而其濃度對許多海洋物種來說都過高。多數的魚類都生活在開放水域的上層，而且出了名的難以捕捉，除非牠們到近岸覓食，或像這些水域的標誌性魚種黑鮪一樣，在每年產卵洄游時游經。在洄游季以外的時間，地中海從來不曾是如北大西洋那樣的多產漁場。

尼安德塔人和現代智人是地中海沿岸的機會主義漁民。西班牙南部馬拉加灣的內爾哈洞穴居民，曾在大約兩萬三千至一萬兩千年前，獵捕三十種大多是近岸魚的魚種。他們的獵物包括在淡水產卵的大鱘魚，還有通過直布羅陀海峽到此覓食的大西洋鱈、黑線鱈和明太鱈。[1] 後來暖化發生。人口攀升導致人類迅速移居到在此之前無人居住的環境。捕魚仍是機會主義式的追獵活動，在可以輕易捕撈近岸或洄游魚種的時節進行。幾乎在所有地方，會捕捉這些魚種的人們總是不斷移動，開發利用日益多樣的食物來源，而魚只占了其中的一小部分。

在一萬年前的某個時期，隨著地中海東部的廣大區域轉變成農耕和畜牧，情況迅速改變。在逐漸溫暖、乾燥、人口增加的世界，豐富集中的海洋資源也越來越吸引人。西西里島西北部的烏索洞穴大約在距今一萬一千年前有人居住，其居民骨骸的同位素揭露了他們日益多樣化的飲食，包含豐富的植物和海洋食物。當地最早的居民會在冬季期間採集軟體動物。到了西元前七千和八千年，他們更積極地改為捕魚，捕捉石斑魚和鯖魚等魚種。這座遺址就位在大規模的鮪魚產卵地附近，也就是島嶼北方和西方的深水域。在較晚近的時期，居民會捕捉近岸的魚，而當魚群產卵結束時就移動到其他地方。到了西元前六〇〇〇年，這裡的人們終年都會捕魚。[2]

彼時在地中海東部林木蓊鬱的黎凡特海岸，人口已經比早期更為密集，畜牧族群特別多。亞特利特雅姆是以色列北部外海一座建有長方形房屋的村莊，如今已沉沒海底；那裡有十座墓葬出土，其中四名男性骨骸上有潛入寒冷深水所造成的耳部損傷跡象。幾乎所有亞特利特雅姆的魚骨都來自灰扳機魚，這種魚在某個特定深度數量頗為豐富。據推測，由於海床從岸邊一路和緩沉降了一段漫長距離，當時的潛水夫應是乘船作業。

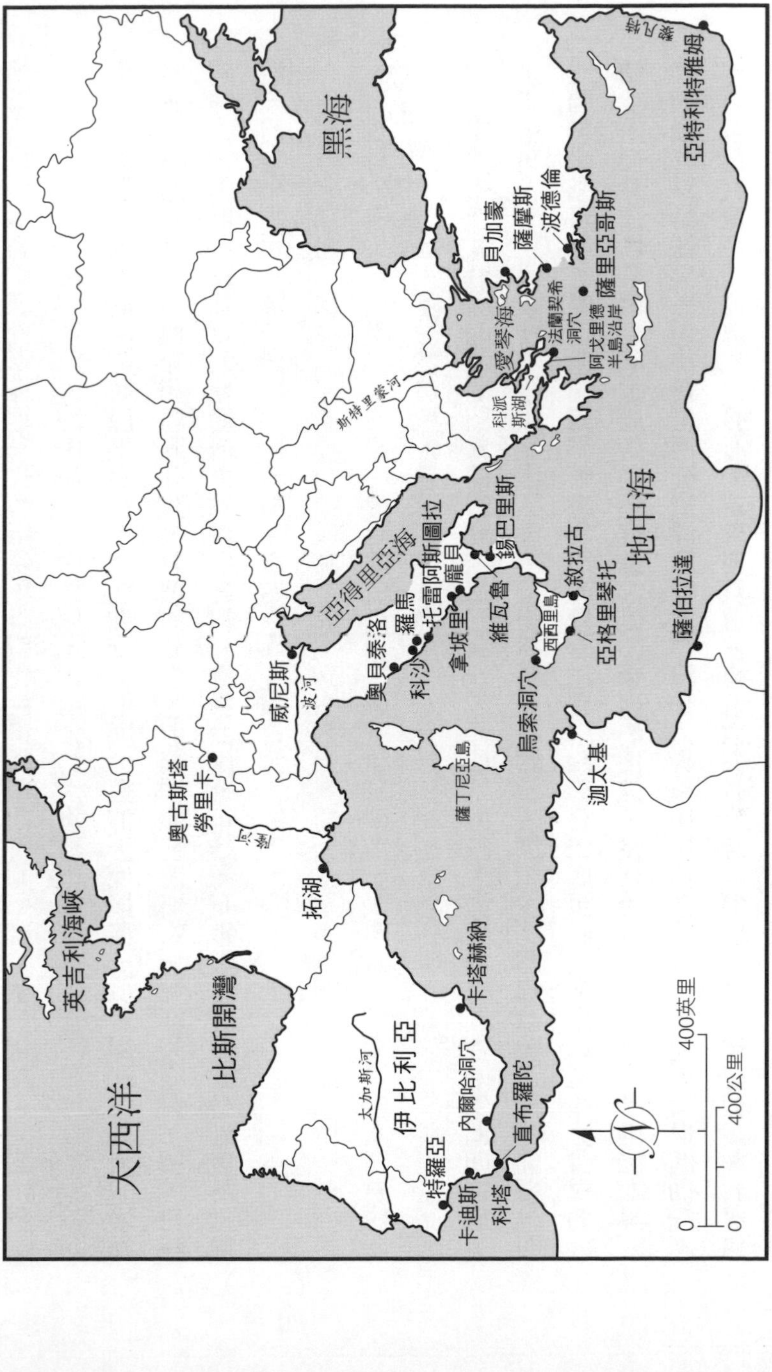

地圖十　地中海地區的主要考古遺址

這是亞得里亞海沿岸等地第一次出現了人們在海邊長期紮營的明確跡象。這些人的獵物是小魚。在遙遠的西邊，在進入地中海的入口外側，大西洋的潮水漲落通過太加斯河等河流的河口，這些地區蘊藏大量的海洋和陸地食物，多樣性令人驚嘆。遊群一個接著一個落腳在這些河口地區內側沿岸的村莊，人們在那裡貯存食物、埋葬死者，並食用大量的鳥蛤、牡蠣和笠貝，不同村莊間的飲食因地形而異。大型的白色貝塚仍排列在這些海岸上，是擁有數千年歷史的村莊遺跡。從貝丘的大小判斷，這些聚落曾持續為人占居長達好幾百年。

貪吃的黑鮪

靠近希臘愛琴海的法蘭契希洞穴至少在三萬八千年前就曾有人占居，並在數千年期間偶爾為人使用。人們在此獵捕淺水魚長達數千年，但在西元前七十五世紀左右劇烈改變這樣的習慣。在法蘭契希洞穴出土的這段期間和較晚時期的骨頭遺存中，約有兩成至四成來自重達兩百公斤的大鮪魚。捕魚的專門用具必定開始派上用場，如較強韌的漁網（雖然無一留存至今），再加上黑曜岩製成的鋒利器具，可能是被用來去除漁獲的內臟和魚骨並切片。在這一千年間，捕魚活動在地中海各地經歷深遠的改變。舊有的機會主義方法未曾消失，不過人們已將重心轉向捕捉相對可以預期的洄游魚類，尤其是鯖魚和鮪魚。

大西洋黑鮪（學名為*Thunnus thynnus*）是大西洋和地中海多數海域的原生種，已被視為食用魚而時常遭追捕長達數千年。[3]今天，工業化的漁撈使鮪魚群銳減，導致該魚種如今面臨嚴重的漁獲壓力。黑鮪上半身為深藍色，下半身為灰色，是非常強壯的魚種，可以長成巨大的體型。現今紀錄中最大的一條黑鮪於加拿大新斯科舍省外海捕獲，長三點七公尺，重六百七十九公斤。鮪魚的游速可以到達一小時六十四公里，潛水深度則可達三百零五公尺。牠們能夠游非常長的距離，經常會大群橫跨大西洋。每年春天，數百萬條鮪魚進入地中海，尋找溫暖、富含養分的鹹水域，以利產卵和孵育幼魚。多數的鮪魚都會在巴利阿里群島和西西里附近產卵，而較少量在愛琴海和利比亞外海繁殖。牠們會在秋季再次離去，產子後變得既瘦削又飢餓。

鮪魚是十分貪吃的掠食者，以鯖魚、沙丁魚和其他小魚為食，也會食用無脊椎動物。牠們靠著視力狩獵，在相對清澈的水中尋找食物。這意謂大群的鮪魚會傾向在近岸游動，尤其是風將牠們吹向岸時。以古代漁民的角度觀之，鮪魚擁有無比珍貴的優點，牠們在這片難以捕魚的海域相對容易預測，又會靠近海灘，因此漁民乘著小船就能捕捉。

許多社群都會在策略性地點捕撈鮪魚、鰹魚和鯖魚。一如英國考古學家希普里安．布魯班克所示，愛琴海早期的海上活動為各式貿易開闢了海路，從用來製作鋒利工具的火山黑曜岩等異國奇貨，到魚乾或鹹魚等較普通的物品，應有盡有，後者因為是重量輕又能良好保存的食物，是理想的貿易商品。[4]捕撈鮪魚從未成為當地日常生活的一部分，因為魚只有在特定季節才會大量出現，也僅能在策略性地點尋獲。在帕羅斯島和安提帕羅斯島之間，有座島嶼上的小聚落名為薩里亞哥斯，西元前四三〇〇至三七〇〇年間，在那裡的漁民幾乎只捕鮪魚。他們顯然會在產卵季期間大量捕魚，使用帶倒刺的箭和刀尖由黑曜岩製成的魚矛。在一年中的其餘時間，他們則以農耕為生。

漁夫不需要乘船追捕鮪魚，因為他們可以直接從岸上捕撈獵物，甚至在淺水中刺獵牠們。每年捕獲的數百條大魚可以乾燥或鹽漬供日後使用。這一切都有賴於漁民運用許多世代累積得來、關於獵物的技術性知識。許多技巧都必須憑藉獵人在陸地上進行的那種細微觀察：發現跟隨洄游鮪魚的海鳥，熟悉會讓魚靠近岸邊的天氣條件或海流。他們甚至留意到海豚有時會把魚趕進漁網；老普林尼*曾在羅馬時期提及這種合作行為，亦曾見於巴西和南太平洋。

古代的地中海漁民不僅了解他們的獵物，更發展出非常有效的簡易用具，去捕捉各式各樣的魚類。他們的素材選得極好，於是同樣的基本用具和方法幾乎維持不變，沿用至西元二十世紀。[5]比方說，在西元十一世紀的拜占庭船骸中找到的幾枚捕魚鉛墜（於土耳其南部的波德倫沿岸外海出土），其中一只沉錘帶有有機纖維，後來經證實是山羊毛。考古學家訪問一位波德倫的老漁夫時，得知山羊毛是製作釣魚繩的好材料，因為它耐用、纖維長又不吸水。據說女人的頭髮甚至更好用。在波德倫的博物館，有一張鄂圖曼帝國時期漁網，上頭有一條山羊毛製成的網墜繩，證實了山羊毛確實是長達數百年為人喜愛的材料，可能從古代開始便是如此。同樣巧妙的原料選用能力也出現在從用於潟湖的柳條籠網到鰻魚陷阱等所有工具上。唯有等到平價的合成纖維用具出現，茅草或麻類植物製成的漁網才遭到淘汰。

在古代地中海，最先出現的捕魚用具是魚鉤和釣繩，但大規模作業則需要使用陷阱和漁網。投網、刺網和圍網在海灘展開的景象不足為奇，在河流捕魚時使用的錐形漁網亦然。為家庭捕魚的個人通常擁有投網，可以去捕撈小魚和幼魚；這種漁網在尼羅河沿岸和義大利潟湖的多沼環境中十分常見。較大型的網子則是被垂直懸吊著，浮子使上緣漂浮，網墜使下緣下沉。有些漁網是定置的，其他則是從船上設置，而後再拖曳上岸。刺網可說是一道網牆，垂直懸掛在水中，期望魚會因鰓部被卡住而自行落網，而這也是這種網具的英文名 gill net 的由來†，其網眼大小因獵物而異。

製網工匠使用植物纖維，包括麻類植物和苧麻，以及各式各樣搓捻成線的樹皮。麻類植物在沼澤數量頗為豐富，尤其是魚多之處。到了羅馬時期，長釣繩和掛在支繩上的多枚魚鉤已被廣泛使用，且普及的時間可能更早。在赫庫蘭尼姆，火山灰掩埋了一條放在籃子裡的長繩，而龐貝附

＊　譯注：老普林尼（二三至七九年）是羅馬帝國時代學者，也是軍人及政治家。著有百科全書式著作《博物誌》而聞名於世。

†　譯注：刺網的英文為「gill net」，直譯為「鰓網」，指的是魚觸網時魚鰓卡入網眼無法逃脫的情形，不過刺網上的魚也可能因網線嵌入魚肉，或身上突起物被網眼纏住而落網。

近的一座鄉間莊園也出土四十枚小銅鉤，可能也是這種釣繩的一部分。此外還有更多奇特的捕魚方法，像是綁住一隻公魚的鰓部，再讓牠於近岸游水，藉此吸引母魚。希臘和突尼西亞漁民一直到十九世紀仍在使用這項捕魚手法。

仔細製造出來的聲響可以引導魚群游向等待中的漁網。有些漁民會用雙槳或單槳划槳*拍擊水面，去模仿魚跳躍的聲音，藉此吸引鮪魚。火炬的火光反射在水面上，也能吸引魚接近等待的漁船；現今在亞得里亞海和地中海的漁民仍會使用這個方法，而這也被運用在薩丁尼亞島外海，以誘捕沙丁魚。

幾乎所有地中海的大規模捕魚活動都是利用季節性的魚類洄游。不過較小的漁場也深具重要性。儘管如今已因十九世紀和二十世紀初的填土造地而不復存在，但在古代，地中海海岸有廣闊、如沼澤般的潟湖。這些環境是無價的資產，不僅是因為具有發展製鹽業的潛力，也因為可以當作放牧地，且擁有數量豐富的魚和鰻魚。此外，鯔魚和其他魚種會在春季游入潟湖，快速生長，並在秋季離去。

漁民配備著漁網與柳條或藤竹製的陷阱，可以輕鬆將潟湖分隔成幾個部分，根據地形可能是暫時性或永久分隔，藉此在魚試圖回到海洋時捕捉牠們。管理得宜的潟湖是很有價值的漁場，生產力多達開放海域的二十倍，尤其是在暴風雨夜，那時許多魚會試圖逃向大海。如威尼斯周邊等地的大型潟湖都被藤竹柵欄劃分成小區；羅馬人也曾在其他地方使用這種柵欄，來提高魚類養殖場的生產力。

在大西洋沿岸等地、有潮水變化的水域，漲落潮可能導致魚在一年中的任何時刻都會朝永久設置的立竿網移動。設置地點適當的魚梁有可能收穫驚人；如果設置在海岸潟湖的入海口，一個晚上就能捕捉一千公斤的魚，通常是鯷魚和沙丁魚。如此高度多產的捕魚方法一直到二十世紀中都仍為人使用。法國南部、隆河西邊的拓湖面積為七千五百公頃，當地漁民曾自詡其年度平均漁獲量達十四萬公斤，貝介類的產量甚至更多。但今天，養蚵業取得優勢，野生漁獲已經減少。

「以海入餚」

古典時期的希臘人可說是愛魚成痴。荷馬筆下的戰士的烤牛盛宴不對他們的胃口。古代的米諾安人和邁錫尼人絕對會吃魚，而且魚可能占常人飲食的絕大部分。但若荷馬可信，魚並非給英雄的食物。奧德修斯和他的追隨者順利通過斯庫拉和卡律布狄斯之間的水路後[†]，登陸一座綠意

---

* 譯注：此處作者使用的是「paddle」和「oar」兩字。前者指的是沒有固定在船身上的划槳，通常有雙槳葉；後者則是固定在船側的船槳，只有單槳葉。

† 譯注：斯庫拉為希臘神話的女海妖，駐守義大利美西納海峽的一側，會吃掉經過船隻的六名船員，另一側則是漩渦海怪卡律布狄斯，會吞噬所有東西。荷馬在《奧德賽》中描述主角奧德修斯返鄉途中選擇犧牲六名船員，成功通過此地。

盎然的島嶼，太陽神海利歐斯在島上畜養祂的聖牛。由於糧食短缺，他們被迫「以彎曲的鉤子對準獵物，目標是魚、鳥和任何他們能夠觸及之物」。[6]然而船員違抗命令，大吃海利歐斯的牛隻。於是宙斯立即毀滅他們的船隻和所有船員，只留下奧德修斯。

是誰最先「以海入餚」（古典學者詹姆斯．戴維森如是形容），我們不得而知，但希臘人對海鮮的迷戀顯然歷史悠久。[7]根據考古學家的理解，魚類料理可能源自於富裕的錫巴里斯城，該城位於義大利南部，以鰻魚漁場聞名。希臘人對魚的熱愛似乎主要是受到西西里的烹飪文化啟發。世界已知最早的食譜之一就出自西西里的米泰庫斯之手。他的食譜僅存斷簡殘篇，但可以肯定魚在其中扮演要角。「切掉彩帶魚（隆頭魚類）的頭，」有篇食譜這麼寫道，「清洗乾淨並切成片。將起司和油倒在魚片上。」[8]

我們對希臘人吃魚狀況的認識大部分來自希臘喜劇，劇中會出現購物清單，甚至是食譜，並由扮演主廚的喜劇演員朗誦。當時出現了魚的等級制度，並延續至羅馬時期。任何形式的防腐加工魚類都會遭到鄙視，唯有一些特製品除外，譬如在正確季節裝罐的鮪魚排。鯷魚、圓腹鯡和其他小魚是較貧窮公民的食物，而社會菁英則通常對這些魚不屑一顧。另一方面，鰻魚、石斑魚、鯔魚、鮪魚和螯蝦則是位處最高等級的極品美味。鮪魚的特定部位價值連城，尤其是肩頸一帶。

不過，稱霸希臘海鮮的是鰻魚。一如西元前四世紀來自西西里島上的敘拉古作家阿切斯特亞圖所言，他曾讚美那些在斯特里蒙河捉到的鰻魚「體型巨大、圍長驚人」。[9]他寫道，鰻魚在這

「享樂之地」居高臨下，而且是「唯一沒有脊骨的魚」。[10]上好的鰻魚產自美西納海峽對側的水域。希臘人用附加蟲餌或大魚餌的魚鉤來捕捉牠們，也會使用三叉魚矛。

在無數讚揚漁夫的頌文中，有一篇是西元前三世紀塔倫屯的列奧尼達所寫的機智短詩。他提及一位名為迪奧芬圖斯的男子，配備的捕魚用具包括一只錨、幾根長矛、一條馬毛釣繩，以及一只精心製作來裝漁獲的籃子。迪奧芬圖斯也聰明地帶上一對船槳。漁夫可能生活在社會的邊緣，通常遠離城市，在黎明之前將他們的貨物帶到市場。但他們誘人的漁獲有時能激發人的熱情和欲望。不是任何人都喜愛貪婪的魚販；早期希臘化作家薩摩斯的林西斯形容他們是「毫不動搖、從不屈服降價之人」，高聲發表關於他們的漁獲的粗魯評論，來嚇跑在場的顧客，是他們最厲害的議價手段。[11]

圍屠鮪魚

義大利人將春季和秋季大規模屠殺洄游鮪魚的活動稱為「圍屠鮪魚」。他們認為這種捕殺鮪魚的方式是由阿拉伯漁民所發明，並在中世紀期間引進西西里和西班牙。[12]毫無疑問，長達好幾百年來，鮪魚洄游都是地中海捕魚最重要的年度大事。希臘羅馬作家奧皮安在一首寫於西元前二世紀、關於捕魚的詩中，描述更早期的布網方式「就像座城市」一樣，部署了守門人，而「鮪魚

現代的圍屠鮪魚活動，攝於西西里的法維尼亞納島。（Jeorg Boethling/Alamy Stock Photo）

快速衝上漁網，成排宛如一群由男人組成的方陣」。[13]

近海捕魚雖然不算罕見，但其規模並不大。腓尼基漁民以曾在直布羅陀海峽外航行四天，沿著大西洋潮間帶尋找鮪魚而出名。他們捕獲罕見的大魚，並將之鹽漬，最東出口至迦太基。然而，鮪魚捕撈多半在沿岸進行。在古代，大魚魚群偏好同樣的沿海路線，而人們一直到二十世紀末捕魚產業成形前，都十分熟悉這些路線。鮪魚漁場和鹽漬設施位於沿岸的關鍵位置，尤其是在北非，那裡的漁民會豎起漁網，並以正確角度定置在岸邊。即使是今天，小船的水手在夜間於近岸航行時也必須小心翼翼，因為捕鮪漁網和立竿網會一路延伸設立到離岸頗遠的距離。

一世紀前，圍屠鮪魚是一項驚心動魄的血腥作業。被定置在此的複雜漁網會將鮪魚困住並引導進圍池。洄游的鮪魚在途中遇上漁網時，會沿著網子游泳，試圖繼續牠們的旅程。最終，牠們會進入一個被精心布置的網池，並被困在那裡，直到數量足夠的魚落入陷阱。接著，漁夫會拉開擋在「屠魚網池」入口前的網子。他們圍著漁網，以最快的速度收網。鮪魚因為被圍困得越來越緊，心生恐慌而焦急掙扎游水，衝撞漁網側邊，甚至傷害到同伴。漁夫將漁網拖上海面。仍陷在網中的鮪魚被鉤竿拖拉上船，許多魚經歷屠魚網池已呈半死狀態。這是大規模的屠魚活動，唯有鮪魚數量仍十分豐富時才能持續進行。

我們不知道羅馬人是否曾運用過這種屠魚網池系統。不過他們必定曾使用定置漁網裝置，以穿孔的石頭網墜錨定在海床上，因為人們已經發現了許多這種裝置仍留在原地。[14]這一切的發現都來自現代仍在捕撈鮪魚的區域，如西西里島的北岸。這些地區的漁夫會使用長形的定置網，但不一定是屠魚網池。漁夫可能是以懸掛在船邊的長網包圍鮪魚再捕捉之，在西班牙和托斯卡尼外海捕魚的漁民過去亦曾使用此法。這個捕魚方法需要幾艘划槳船，橫跨洄游魚類如鯖魚、鮪魚或沙丁魚的路徑。設置在岸上的瞭望台會向兩艘配備漁網的漁船發出信號，船便會包圍魚群。第三艘船則會設置另一張網，與另外兩張網相連，形成陷阱。小船船員會用槳拍擊水面，或從船上丟石頭到海中，讓魚遠離網子的間隙。接著是第二階段：漁民會用一道重上許多的漁網包圍受困的魚，當瞭望員確認魚群已經落網，就會指揮漁民將漁網拖拉上岸。

無論使用何種方法，關鍵角色非瞭望員莫屬。他從較高的地勢或木頭搭架的簡陋建物上，注意魚群何時抵達。有些城鎮甚至設有瞭望台和永久的塔台，更擁有良好捕魚地點的使用權，可以出租給漁夫，這個做法早在西元前一世紀便已在愛琴海實行。要估算一群鮪魚群的大小和游向需要兼備經驗和技巧。瞭望員會尋找快速且整齊移動的魚群，不僅試圖評估魚群的大小，也評估其深度。他們會計算柯里海鷗數量；這種海鷗會跟隨魚群，捕食在掠食者前驚慌游水的鯷魚和其他小魚苗。根據古代作家所述，瞭望員的估計出奇正確，甚至在鮪魚魚群多達五千條時也能精準估算。在岸上的瞭望員、舵手、槳手、操縱漁網的人員之間的團隊合作必須一氣呵成。

許多鮪魚的捕撈工作是合作作業完成，且職務階層分明，有一名操網手、幾名偵察員，以及一名稱為浮子鬆解員的神秘人員。這項作業會有五艘或更多船隻及其船長，甚至是一名會計員，總共可能多達三十人參與其中。中世紀的紀錄顯示，有些暫時性的捕鮪地點捕獲了大量的魚。到了十八世紀，即使是較小的鮪魚漁場，在豐年也能產出多達三十萬公斤的漁獲。一八二四年，單單一座位於突尼西亞比塞特附近的漁場就捕獲了超過一萬條鮪魚。考量到當時一條成鮪重達一百二十至一百五十公斤，我們可以保守估計，單單這座漁場就帶來了超過一萬公斤的漁獲。這樣的漁獲量並非年年都有。早在工業化的捕魚方式導致鮪魚的數量在一九六〇年代開始遽減之前，鮪魚洄游曾大幅波動，尤其是在十八世紀中葉，西班牙捕鮪漁民將他們的捕撈作業移動到薩丁尼亞島附近更豐饒的水域。

鹽漬魚的興起

保存漁獲以便在市場販售，是比捕捉洄游魚類更具挑戰性的事。羅馬作家馬可．奧理略顯然十分喜愛魚乾，曾經寫過一封信給他的朋友弗朗托，描述葡萄園的工人在用餐時吃的小魚乾，是如何經充分浸泡，以恢復口感和風味。

只要鹽能穩定供應，鹽漬就是保存魚肉的最佳方法。雖然多數捕魚社群都對這基礎手法瞭若指掌，但大規模運用這項技術的是希臘人和羅馬人，尤其是對捕獲的鮪魚，或較小的魚類也會這麼處理。羅馬的鹽漬設施以其製作的魚醬出名；這種魚醬主要以鯷魚和沙丁魚等小魚製成，在帝國全境都被廣泛使用。但魚醬只是更大規模的鹽漬作業下的副產品；漁民不僅會鹽漬處理鮪魚，還有鯖魚和其他因被鮪魚魚群追趕而能順道捕撈的較小魚種。即使在鄰近港口的區域，鮮魚也是奢侈品。無論貴族或平民都吃鹽漬的鹹魚。[15]

在鯖魚和鮪魚魚群最靠近岸邊的地帶，羅馬的魚類鹽漬設施分布最為密集。沒有人知道鹽漬魚的做法最初在何時開始普及。或許是始於西元前二十至前十一世紀這一千年間，甚至可能更早，而且地中海各地的無數羅馬遺址都有發現相關紀錄。在羅馬時代以前，西西里島是鹽漬魚的主要中心。據說阿基米德曾在敘拉古的希倫二世的指揮下，建造了一艘大船，贈送給埃及的托勒密家族，上頭載運的貨物包括穀物、羊毛，還有一千罐裝著鹹魚的雙耳罐。[16]有些小型的古迦太基鹽漬工坊分布最西至西班牙的卡迪斯，並可追溯至西元前六、前五世紀。在這裡，工人於鹽漬槽裡處理魚，再裝罐以利船運到地中海各地。鹽槽法可能是最先在那裡發展，接著傳播到地中海。但更可能的情況是鹽漬法先在幾個地區獨立發展，其中義大利最為興盛，尤其是在台伯河河口，人們會在魚量豐富的沿岸潟湖建鹽田採鹽。

各地鹽漬魚的場所大小差異甚鉅。考古學家在龐貝和薩伯拉達尋獲了一些小型都市工坊，後者是利比亞西北部的一座城市，估計每年產出一萬六千罐鹹魚，每罐容量為六十公升。位於西班牙南部、直布羅陀海峽西側的貝羅克勞迪亞是一座港口小鎮，全鎮皆投入捕魚和鹽漬工作。在魚群與岸邊較近的地區，人們發展出更大的工廠，尤其是在摩洛哥的科塔，那裡距離直布羅陀海峽的西側入口南邊僅數公里。這座設施俯瞰海灘，在西元前一世紀至西元三世紀為人使用，由一座大型的長方形建築組成，裡頭將大大小小的鹽漬缸呈U字形擺設，此外還有個中央工作區、準備區和貯藏空間。位於西南角的一座塔可能是用來注意和追蹤魚群的瞭望台，瞭望員也可以在此指揮操網的男人們，接著將漁獲搬運上岸，立即鹽漬處理。

在西元前一世紀和西元一世紀之間，羅馬併吞北非和地中海西部領地期間，鹽漬工作似乎變得更加密集。摩洛哥的里瑟斯就是重要的漁獲加工中心，甚至鑄造有魚類圖像的錢幣。葡萄牙特羅亞的沙多河河口地區有座複合設施，包括一座小鎮、一間裝罐工廠和至少五十二間鹽漬工坊，沿著河岸分布約四公里長。特羅亞的獨特之處在於，富含魚類的河口地區不只是在魚類洄游期間，而是全年都能供應漁獲。它在西元前後數世紀間蓬勃發展，接著式微，但持續生產至五世紀。這座城鎮可能因為位處和不列顛的羅馬軍隊與地中海的直接貿易路線上，而擁有優勢。其他鹽漬工廠儘管規模比西方的工坊小，也在地中海各地、亞得里亞海，甚至遠至土耳其蓬勃發展。

捕魚和保存漁獲是羅馬地中海經濟的重要部分。在西元一、二世紀期間，羅馬裝載漁獲的大桶子的總體積可能到達兩千六百立方公尺，這是靠著捕捉數千條小魚才能累積到的驚人數字。貿易似乎讓經手鹹魚和魚醬的商人變得富有。許多人擁有別墅和地產，而社會地位低的人們（多為奴隸）則從事實際的產製工作。如果鹽漬工坊鄰近沿岸潟湖，漁民甚至可以在鯖魚或鮪魚季以外的時間工作，進而使這門生意變得特別有賺頭。

到了羅馬時期，魚早已成為商品，是餵養兵團、槳帆船船員、城市居民和農民的尋常食物。富人揮霍享用極其大量的海鮮，部分是因為他們喜歡，但也因為若能展示並在餐桌上招待新鮮的異國魚，就能彰顯他們的社會地位。然而，即使是在古代世界，就算鯖魚和鮪魚洄游量如此豐富，過度捕撈仍使地中海的魚群資源量減少。一如更早期的埃及人，羅馬人也轉為從事水產養殖。

第十三章　有鱗的畜群

羅馬社會普遍存在的不平等在許多地方都能明顯看見，魚池正是其中之一。馬庫斯．特倫提烏斯．瓦羅（西元前一一六至二十七年）是名羅馬學者，也是多產的作家。他是真正的博學之士，同時也是成功的農民，曾將他大量關於莊園管理的知識記錄在他唯一現存的完整著作《論農業三書》中。瓦羅擁有兩座魚池，而他也在《論農業》的第三卷中花了些篇幅解釋富人的鹹水池和一般公民的淡水池之間的明顯差異：「有些魚池是由河川中的寧芙*供應水源給我們家中飼養的魚，那種魚池是為男性民眾所有，也足夠有利可圖；而另外一種海水池則屬於貴族，池水和魚都來自海神納普敦，美觀大過於營利，比較可能淘空而非填滿主人的荷包。因為這種魚池無論建造，還是放養和飼養魚都所費不貲。」[1]明智審慎的瓦羅是名富有的農民和牧人，但涉及養魚時

* 譯注：寧芙是希臘神話中仙女的泛稱。

他總是驕傲地站在窮人那方。他旁觀拿坡里灣富裕的海岸別墅主人狂熱的魚池競賽，很高興自己沒有牽連其中。

許多前工業化政權都仰賴多數人的勞動力來為少數人謀取利益，多數人的薪水是標準化的配給糧食，而大規模捕撈的魚正是其中一種。任何供應配給的當權者必定總是持有許多糧食，可以按時運送。這代表著食物來源必須可靠且持續，但就魚這個類別而言，漁獲量每年都劇烈波動。因此身為講究實際的農民，埃及人轉而投入水產養殖——也就是養魚。美索不達米亞的蘇美人、中國人、希臘人和羅馬人也都這麼做。

人們養魚完全是為了取得比野生漁場所能供應更多的產量。最初無疑是始於最小限度的人為干預，比方說，在尼羅河三角洲和上游等充滿淺水魚的草沼的地方，尤其是在洪水季節期間。古代地中海岸連綿廣闊的土地是由鹹水潟湖和濕地組成，漁夫在那裡可以製作立竿網（通常是由蘆葦、柳條和木竿製成），來將魚困入特定區域。養殖漁民可能也會挖掘額外的河道，以改善水循環，並將淤積的影響降至最低。人們或許可以操控魚群，但除非有人餵食牠們，否則產量不高，不過養魚帶來的漁獲仍然多過出海捕魚，風險也比較低。

我們不知道尼羅河沿岸的漁民是在何時開始從事水產養殖，但可能比現存最古老證據的年代更早。亞克提赫普是生活在西元前二五〇〇年左右的中王國官員，他的墓室中有幅浮雕描繪一群正在將吳郭魚從一座池塘移出的畫面。早期的養殖漁民在細心準備的魚池中飼養幼魚和貝介，接著在人工的環境中讓魚長大成熟，以確保能穩定供應給宮廷和貴族。大約在西元前二〇〇〇年，下埃及的農民開始使用一種土地改良法，成效極高且沿用至今。在春季，他們會在鹽土中挖掘大型魚池，再注滿淡水，放置兩週。靜水的較低鹽度迫使含鹽的地下水下沉。他們排乾池水並重複這個程序，然後再次排乾池水。接著他們在魚池注入三十公分高的池水，放養海裡捕捉到的鯔魚魚苗。這座池子每公頃約能產出三百到五百公斤的魚，在十二月至四月間收成。春季收成魚後，農民會將桉樹切枝插入土壤中測試。如果幼枝發芽，他們便知道他們可以在土地上種植作物。這個過程大約需要三到五年，含鹽的土壤才能再次變得適於耕作，但遠比其他改良方法所需的十年更短。[2]

歷史上首座完全人工製成的魚池確切是在何時何地建造依然成謎，因為考古調查尚未識別出任何一座。西元前一世紀，狄奧多羅斯·希庫勒斯曾描述一座用來養殖水產的大型圍池，建於西西里島的亞格里琴托（見第十二章的地圖十）。在此做工的是被鎖鍊束縛的戰俘，為暴君敘拉古的希倫勞動。「亞格里琴托人請人興建了一座昂貴的池子，」狄奧多羅斯寫道，「圓周長七斯塔德*，深二十腕尺†。往池子注入河水並建造湧泉，於是成為魚池，能夠供應大量的魚，填飽肚

---

* 譯注：斯塔德為古希臘長度單位，但確切長度各地區不盡相同，一斯塔德約等於一百五十七至兩百零九公尺。

† 譯注：一腕尺長約長約四十六至五十六公分。

子也帶來味覺享受。」[3]

希臘文獻提及廣泛的鰻魚養殖，許多是飼養在建於河流或自然盆地等策略性地點的圍池。希臘維奧蒂亞的科派斯湖的鰻魚以極致美味著稱，因而人們會將鰻魚奉獻給至今已為人遺忘的神祇。這裡一如其他地方，水產養殖需要土木工程建設，也需要大量的專業知識。建造圍池的牆和準備池底皆須耗費許多勞力、時間和金錢。

到了羅馬人治理埃及時期，在費尤母窪地等地的人民已經擁有以半人工蓄水池容納和控制洪水的悠久傳統，並且會在水池中小心放養魚群。這些蓄水池代表著大規模的資本投資，而隸屬於村莊的水池的養魚權利受到嚴格控制。水產養殖已經成為被管制的行業，需要謹慎監督、法律保護與村民的集體勞動，才能維持蓄水池和池塘的運作。

羅馬人是地中海第一支將海上水產養殖提升為一門藝術的族群。他們採用精密的技術，諸如水中混凝土和淡水曝氣，*最初可能是在羅馬附近的歐斯提亞和科沙等地的天然沿岸潟湖施行；在這些地方，商業養殖漁民可以從潟湖取得魚，再放養到自己的池中。海上養殖漁業在第勒尼安海沿岸最為密集，鄰近羅馬永不滿足的魚市——這裡也是富裕的地方人口所在地。羅馬的魚市皮斯卡流姆市集在西元前二一〇年之前便已建成，後來毀於祝融。羅馬人對各種魚類（尤其是外來魚種）的需求在西元前兩世紀間迅速成長，促使價格一再飆漲。在沒有冰箱的時代，要供應鮮魚給都市市場是一大挑戰。運貨車上的水槽和附有多孔貨艙的特殊駁船提供了少量的新鮮漁獲，但許多魚在被人吃下肚前便已腐壞。

多數民眾日常食用的都是養殖魚。唯有水產養殖才能供應餵養日益成長的人口所需的產量。羅馬的消費者會吃各式各樣的甲殼動物、魚類和軟體動物，新鮮的和鹽漬的水產皆有。亞里斯多德的《動物誌》和老普林尼的《博物誌》，還有壁畫和馬賽克畫，都告訴了我們羅馬人食用和養殖哪些魚種。據老普林尼所述，亞歷山大大帝為亞里斯多德安排建造人工池，好讓他研究池中的魚。[4]羅馬作家描述了超過兩百六十種魚類，希臘文獻則引述了四百個品種。在這些魚之中，大約有十種一直是人們的最愛。

多數的魚池都包含七種魚種中的一或兩種。羅馬養殖魚民偏好捕捉群聚在沿岸水域的魚種，這些水域淡鹹水混雜，因此魚類能耐受的鹽度範圍很廣。沿岸漁民十分清楚這些魚蓬勃生長的特殊環境，但產量並不穩定。增加漁獲的合理舉措是要改善漁場的控管和收成，這個過程幾乎無可避免會導向簡易形式的水產養殖。

鰻魚在淡水、半鹹水或鹹水中都能存活，是最常見的養殖魚種，早在西元前二世紀便已在羅馬深受歡迎。凱尤斯．希里烏斯於西元前四六和四五年供應了六千條鰻魚給尤利烏斯．凱撒的凱旋盛宴。[5]某些全心投入又家財萬貫的鰻魚飼主甚至會用珠寶妝點他們的寵物鰻魚。鰻魚受歡迎

＊　譯注：曝氣指的是將空氣注入水中，以增加水中溶氧量。

的原因有部分是牠們獨特的洄游習性，因而容易誘捕。人們對牠們強大自體繁殖能力的印象，有些是現今的義大利養鰻場所致。羅馬北邊海岸地帶的奧貝泰洛有座一千平方公尺的魚池（見第十二章的地圖十），在短短一年內，便能從僅僅十公斤的幼鰻生產出四噸的鰻魚。

老普林尼曾描述位於威尼斯內陸的貝納庫斯湖的鰻魚漁場，成鰻和幼鰻春夏會在沿岸潟湖覓食，接著在秋季離開游向開放海域。一如鮪魚洄游，當地漁民對這種年年皆有的週期循環瞭若指掌。他們會將明喬河分區，形成陷阱，藉以捕捉數千條鰻魚。威尼斯潟湖的木樁和蘆葦立竿網讓水循環通暢無阻，但能阻擋成魚在秋季離去，以便捕撈。這個做法延續至十九世紀末，而後永久海堤取代了蘆葦立竿網。在那之後，有座專門漁場的漁民每年春季都會捕捉巨量的幼魚，販售給養殖漁民。根據某次估計，每年大約有兩千至兩千五百萬條幼魚被引入威尼斯潟湖的養魚圍池中。幼鰻也會被裝進桶子，和幼鯔一起被運送到其他地點。

一如在埃及，灰鯔魚是義大利人的另一項最愛。這些有著鈍鼻的小魚有時會洄游到半鹹水的潟湖中，尤其是在秋冬季，接著返回海洋產卵。牠們在義大利時也和在尼羅河一樣，輕鬆適應了有限的生活環境。據老普林尼所述，灰鯔魚的聽力極其敏銳，聽見有人叫喚牠們的名字時就會游上前來。海鱸有時被稱作隆頭魚，也是民眾最愛的魚種之一，特別是那些從沿岸潟湖游至台伯河上游的海鱸。據說羅馬的美食家可以吃出鱸魚是養殖魚、被捕於受汙染的淡水或取自海洋的。二世紀的希臘醫師貝加蒙的蓋倫建議少吃來自上游的魚類，因為牠們已受到來自紡織工坊的汙水和廢料汙染。老普林尼還偏愛鸚哥魚，稱之為頂級美食，那些有著細膩口感的鸚哥魚比鯔魚更受歡迎，但很難在池中飼養。

西元一世紀作家科魯邁拉是寫作關於羅馬帝國農業最重要的作家，提及金頭鯛是人們最早養殖的魚種之一。[6]牠們很快就適應被養在淡水和鹹水池中，味美而珍貴。另一方面，大量棲息在地中海和大西洋海域的紅鯔魚，也因為風味絕佳而被視為珍饈。重達一公斤的稀有大魚會被用來在鋪張宴會上炫富。紅鯔魚既珍稀又是在深水捕獲，科魯邁拉曾寫道，牠們的價格高昂，已婚男子也無法負擔。優質的紅鯔魚要價數千古羅馬幣，因為牠們難以在魚池中養殖，和體型小上許多、更常見的灰鯔魚截然不同。比目魚和鰈魚等扁魚也頗受歡迎，吳郭魚亦然，但重視飲食的羅馬人真正熱愛的不是任何一種特定的魚，而是魚醬。

在法國南部外海和義大利西北方的沉船船骸中，出土了可追溯至西元前五世紀的魚醬罐，暗示了魚醬的歷史至少和羅馬本身一樣古老。魚醬是從魚血和魚腸經過自溶發酵而成，自溶即細胞被自體的酶破壞的過程。[7]魚被浸漬在鹽中並放在陽光下保存長達三個月。醬汁的品質取決於用來製作的魚的部位，最頂級的是以鮪魚腸為基底，較劣質者則是由次級漁獲和小魚製成。這混合物在高溫下發酵液化，其中鹽會抑制細菌生長。接著，人們會以細濾網將浮在這混合物上層的清澈液體仔細去除，並加入濃縮香草增添風味。隨著魚醬產業呈指數擴張，有數百篇食譜在羅馬帝國各地流傳。

每個人都有自己最愛的魚醬口味。在羅馬，最受歡迎的口味來自西班牙南部省分貝提卡的兩座城市卡塔赫納和卡迪斯，名為「盟邦魚醬」（見第十二章的地圖十）。葡萄牙的魚醬也頗受喜愛。法國最南端的高盧南部的馬略運河是高盧、日耳曼尼亞和不列顛主要的魚醬分銷中心。魚醬就是羅馬世界的芥末和蕃茄醬，而魚醬商人可以變得極為富有。

魚醬工廠和鹽漬鮪魚的設施不同，往往建在與水邊相隔一段距離之處，而這意味著有較多工廠留存至今。部分設施占地廣大。有座魚醬工廠位於西班牙省分盧夕塔尼亞的特羅亞，擁有許多石造缸和鹽廠，間歇分布長達三公里的範圍（見第十二章的地圖十）。大型加工廠於大西洋和北非沿岸營運，也可見於克里米亞半島。以當時的標準而言，魚醬製造是十分龐大的產業，需要數百萬公斤的小魚以及屠宰、鹽漬各種大小的魚所剩餘的殘渣。

許多魚醬必定曾被裝在木箱和皮革容器中運送，因此我們不可能確定有多少魚醬被運往羅馬帝國各地。不過仍有些事可以確知，舉例來說，在現今瑞士巴塞爾附近的小鎮奧格斯特，羅馬殖民地「奧古斯塔勞里卡」曾有大量來自高盧的魚醬（見第十二章的地圖十）。在當地的一座廢棄物堆中出土的某個樣本，約有三分之一的罐子填滿了來自高盧和西班牙的魚醬。

魚醬商人奧盧斯．溫布里庫斯．史考盧斯是西元一世紀間來自龐貝的一位重要生產者。他的幾間工廠生產四種魚醬，可能因為惡臭而坐落於城外。他從他的家中俯瞰海洋，就能看見船隻載著他的產品運往海外。他最頂級的魚醬似乎帶有清淡的細緻風味，可能類似泰國或越南的魚露，而且極為昂貴。這種魚醬大多是由鯖魚製成。無論品質，羅馬人都會用魚醬來為各式各樣的菜餚調味和提味，有時也摻入酒中。此外，人們也認為魚醬可以治癒狗咬傷，和去除多餘的體毛。

許多商業魚類養殖規模相對較小。作家科魯邁拉曾寫道，從養魚獲利與從農作物賺取金錢大不相同，並力勸擁有海岸附近貧瘠土地的農民去建立來自海洋的收益來源。他表示，他們應該謹慎考慮海岸的自然狀態，再建造能夠適應當地環境的魚居住的魚池。池主應在池中放入覆蓋海藻的岩石，「盡人類的智慧所及，去再現海底的模樣，如此一來，即便魚遭受囚禁，也可以盡可能減低被圈養的感受」。[8]他告誡池主注意，只能帶養得肥美的魚到市場，因為不夠肥美的魚無論再怎麼新鮮，價格總是較低。他建議他們「在部分（魚池）底部附近建造隱蔽處……好讓『有鱗的畜群』休息，有些要呈螺旋狀且不能過寬，如此八目鰻便能潛伏其中」。

許多海上魚池是小規模的簡易設施，大多是完全從岩石切挖而成。至少有一條水道用來控制進出水，有時有兩條，其位置要謹慎挑選，以便利用盛行風和海流之力。這些魚池有部分靠近鹽廠，可能會在鯖魚和鮪魚洄游期間用來蓄養過量的魚，直到牠們可供宰殺和醃漬。在十九世紀的伯羅奔尼撒，阿戈里德半島沿岸的希臘捕鮪漁民會在海岸魚池中讓魚存活多達兩週，羅馬人可能也曾這麼做。

當養殖漁民意識到必須謹慎設置水道，來避免養魚圍池的水因停滯不動而發臭，潟湖的水產養殖規模便隨之大增。仔細建造的水道以潮流提供進出水，而潮水的強度大大因地而異。不過漁民也需要注入淡水，因為潮汐運動尚不足以維持池中健康的含氧量，或沖洗掉魚群富含氨的排泄物。羅馬人發現淡水進水的重要性後，漁獲產量增加了一倍以上，海上水產養殖也變得不再只是馬庫斯・特倫提烏斯・瓦羅富有鄰居的娛樂消遣。今義大利安濟奧附近的托雷阿斯圖拉有座巨大羅馬魚池留存至今，占地約一萬五千平方公尺，是目前已知這類魚池中最大者（見第十二章的地圖十）。我們也已經知道有無數較小的魚池，全都能夠產出比一間別墅所需更多的魚。

第勒尼安海岸邊的科沙的漁民，利用當地的石灰岩岬與遮蔽水域內外皆有豐富魚類的沿岸潟湖，擴大了港口和漁場的運作規模。[9]據地理學家斯特拉波所述，該海岬的地勢高處被當作尋找鮪魚的地點。潟湖沿著海岸延伸約二十公里，一片寬八百公尺的沙洲將之與海洋隔開來，較狹窄的西端有漁場，並有湧泉供應淡水。海水經由幾道天然水灣流入潟湖，形成淡鹹水混合的理想狀態。

科沙長達數百年都是重要的商業漁場，最早可能始於西元前一世紀間，漁民建造了簡易的藤條或木頭圍池，後續出現突堤碼頭等更耐久的建物，興建位置經謹慎挑選，以避免阻擾海水的自然循環。洄游魚類會游進潟湖，可以在水灣處被捕捉。西元前一世紀末，漁民在這裡主要的水灣加裝了水門，也在西端建造了一座大型混凝土魚池。後來更設置了一處有汲水裝置的泉水冷藏所，用來供應魚池淡水，當淡水流到一個岩石平台上時就會加以曝氣，另外也提供鎮上的工廠用水。

科沙港口也是重要的鹽漬中心，但我們仍不清楚魚池和鹽漬作業之間的關係。潟湖無疑是魚類生長的絕佳自然環境，在洄游季節期間運用的陷阱和水門控制著牠們的進出。從一切跡象觀之，整個港口和捕魚複合設施都是由單一位工程師策劃而成。他必定擁有水力學和魚類養殖的詳盡實作知識。科沙本身也曾是重要的貿易港，交易的可能是魚醬等常見的主要貨物。

羅馬人知道在池塘中飼養淡水魚比養殖鹹水魚種更為容易。淡水魚比牠們的鹹水親族所需的氧氣更少，對疾病也更有抵抗力。西元一世紀末之後，人工魚池是羅馬鄉村別墅和城市住宅的常見特色。魚池不僅提供鮮魚，也用來裝飾：遠至小亞細亞、北非和高盧的羅馬花園都以裝飾性池塘為特色。位於羅馬城郊琴托切萊的「飼魚池別墅」以一座長五十公尺的魚池為傲，四周側邊嵌入許多雙耳罐，中央則有座噴泉。淡水池中的嵌入式雙耳罐在羅馬帝國各地皆十分常見。它們最有可能的用途是作為某種巢穴，能讓魚躲避某些魚具領地意識的侵略性行為。嵌入雙耳罐的魚池可能是用來養殖領地意識極高的吳郭魚，牠們除了重視地盤以外很容易圈養，大概也被廣為飼養。

最密集的魚類養殖是在訂製的石造池中進行。這些魚池有著和潟湖養殖截然不同的目的。它們在設計上是要將每立方公尺的產量最大化，意味著必須耗費大量精力換新池水，以確保池中維持適當的含氧量，並讓魚池保持乾淨。如果處理得當，產量會十分顯著。現代的技術已讓漁民可以在七百立方公尺的水池中蓄養多達兩萬至五萬條魚，視魚齡和魚種而定。到了西元一世紀，混凝土技術的進展讓內陸地主更容易建造小池，可以提供魚給家戶，而販賣多餘的魚也可能帶來少量的利潤。

飼魚池與飼魚迷

「飼魚池」是富人建於拿坡里灣和第勒尼安海岸狹長地帶的沿岸池。要維護這些池子所費不貲，因此魚池成為暴食無度的象徵。西塞羅曾輕蔑地為它們的主人貼上「飼魚迷」和「魚池裡的特里頓」*的標籤。[10]沒有什麼是太過火的。設計最繁複的魚池甚至從壯觀的海岸別墅，一路延伸至前方的拿坡里灣。要建造這些魚池通常需要大規模的岩石切割和水泥工程，因此承包商必須聘雇技術性工人，同時具備設計技巧，才能結合功能與美學。光是要將圍池設在相對於盛行海流和盛行風的位置，專業的知識與經驗便不可或缺。[11]

如此精心打造的魚池一旦完工，主人就必須雇用一群工人放養和飼養魚群、維護水門並清理水池。要在飼魚池中放養魚群，就得在低潮海水流出時，捕捉被吸引到魚池出水口附近的幼魚，也要在小灣和潟湖捕撈之。在水池放養魚群的苦差事，可能大多是由別墅的奴僕完成。精明的池主可能會將鮮魚賣到附近有闊綽顧客的都市市集，藉以減少他的部分開銷。因此，最密集的海上水產養殖會分布在拿坡里灣、羅馬南北沿岸和周邊如亞歷山卓等其他富饒城市絕非巧合。

許多飼魚池都經過精心造景，讓主人和他們的客人可以俯瞰清澈的池塘；池內以具設計感的形狀劃分，有時還有雕像點綴。分隔牆上的多孔水門將魚區隔開來。魚池主人和他的客人會漫步在池塘之間，觀賞五彩繽紛的魚群，偶爾甚至會用魚鉤和釣繩捕魚。唯有最富有之人才能負擔擁有和維護飼魚池的費用。他們往往是名流人士，會做出極端之舉來維持他們的地位。演說家霍登修斯是瓦羅的友人，經常在他的鄉間家屋招待後者這位學者。他時常為他的客人從附近的波佐利購買鮮魚，他也飼養寵物鰻魚，並雇用一隊漁民捕撈小魚苗來餵養他貪吃的池中居民。飼魚池的全盛時期是個富足年代。西塞羅的一位友人盧鳩斯・盧庫魯斯†在山丘開通了一條隧道，為他的魚池提供鹹水，而且他還更大手筆建造一道防波堤，以確保流入的潮水會將冷水帶進池中。

菁英的私人宴會和餐點皆同樣壯觀。每一次都是感官的饗宴，主人以鋪張的食物、奢華的展示品和娛樂，努力讓他的客人留下深刻印象。來自異國的魚是個重要元素。他們會謹慎準備並展示這些魚，炫耀其珍稀罕見，更特別強調牠們十分難以被捕捉。大魚被裝點在大淺盤上，有時還飾有珠寶，端到餐桌上時會有笛聲和管樂樂音做伴奏。一名漁夫送給皇帝圖密善（西元八一至九六年在位）一尾異常巨大的大圓鮃時，宮廷必須為牠製作一只特殊的淺盤。異國的鱘魚或大圓鮃

---

* 譯注：特里頓（Triton）為希臘海神波賽頓之子，上半身為人，下半身為魚，後來祂的名字被用來泛稱男性人魚。

† 譯注：盧庫魯斯（西元前一一七至前五六年）為羅馬共和時期著名將領。

哈德良別墅的魚池，建於西元二世紀的羅馬提弗利。（De Agostini Picture Library/ W. Buss/Bridgeman Images）

啟發了諷刺作家馬提亞爾寫下一段雋語：「雖然有只大盤承裝著那隻大圓鮃，但牠總是比盤子還要大。」[12]他曾寫道一位富人卡里歐多盧斯，以四千古羅馬幣的價格賣掉一位奴隸，再用那筆錢購買一隻一點八公斤重的養殖羊魚。尤維納利斯等作家亦曾抱怨這類炫富魚比一頭牛、一棟房或一匹賽馬還昂貴。

在賓客方面，從他們坐在餐桌的位置，甚至是招待給不同社會地位客人的食物，就能衡量出他們的勢力和社會地位。小普林尼曾批評一位友人「為他自己和另外幾位客人準備了上好的菜餚，卻招待其他人廉價雜湊的食物」。[13]小普林尼自己則主張應給所有人同樣的食物。馬提亞爾曾寫過一位企圖擠進上流社會的人，名叫帕皮盧斯，藉由送人昂貴的魚當禮物來讓人對他留下印象，在家裡卻吃著魚尾和甘藍菜。魚池成為炫耀奢侈和財富的故事的縮影，聲名遠播，通常是對池主有利，但不總是如此。西塞羅私下在信件中責備飼魚迷著迷於魚池，而疏忽了政務。

一如富人的許多玩物，飼魚池最終也不再流行。這些池子多數是在西元前一世紀中至西元一世紀中之間建成。羅馬共和國的終結和帝國權力集中化，導致皇帝奧古斯都等人遏止鋪張宴會和其他富人揮霍無度的行徑。許多奢華的魚池最後都成為帝國資產的一部分。據說皇帝尼祿垂涎他的姑姑多米蒂雅在拿坡里灣的魚池（她改建了那些魚池且維護有加），於是尼祿毒害姑姑，將她的財產據為己有。

政治家卡西奧多羅斯（約西元四八五至五八五年）在他位於愛奧尼亞海沿岸的土地上，創立維瓦魯修道院（見第十二章的地圖十）。[14]他計畫將那裡變成一所學校，而他關於基督教文獻的著作能夠引導學生學習；此外，他也打算讓旅人和窮人能夠在那裡欣賞灌溉花園和附近河流的游魚。他建造了特殊魚池，以便養活食用的海魚。到了那時，人們在幾世紀前採用的魚類養殖法已經成為一門泰半為人遺忘的技藝，與其設施相關的建築技術亦然。

大多位處內陸的基督教修道院成為最大宗的魚肉消耗者，這部分是因為聖日期間對修士的飲食限制。人們對海魚的偏愛後來轉向溪流、湖泊和修道院池塘可以找到的淡水魚種；牠們在這些地方可以免受時刻存在於海上的威脅，即土匪和海盜。基督教的「伊克西歐斯」教義*的字面意義即「大魚」，以吃魚象徵基督與信仰者間最親密的連結。「伊克西歐斯」是指所有魚中最大的一條，比任何獻給皇帝和無論貴賤的所有人能夠取用的魚都來得大。統治者、貴族和暴發戶所享用的豪奢盛宴和華貴漁獲已走入歷史。取而代之，新近擴張的宗教以饗宴與齋戒（於神聖節日和大齋期舉行）來頌揚信仰，將會對全球漁場帶來深遠影響。

* 譯注：即耶穌魚。由於魚在希臘語中被稱為ΙΧΘΥΣ，而每個字母剛好代表五個不同的字彙（耶穌、基督、神的、兒子、救世主），因此這個符號被躲避羅馬帝國的宗教迫害的基督徒用來確認彼此身分，日後也成為基督宗教的代表符號。

第十四章　紅海與食魚者

當魚成為水手和士兵的配給糧食，一如在尼羅河沿岸和古典時期地中海地區各地的情況，魚就不再只是商品，更是航行超越熟知世界界線的商船的重要船上糧食。無論船隻航行得再怎麼快速或平順，商船船長只要遠離港口和停泊處，總有個擔憂揮之不去：我們船上是否有足夠的食物和飲水？紅海和印度洋的沿岸杳無人煙，使這個問題尤其嚴峻。糧食短缺時，就連偏遠的捕魚營地也令人感到如釋重負。若沒有魚乾和淡水罐，幾乎沒有船隻能在紅海或阿拉伯海沿岸航行。魚形塑了這些沿岸地帶的歷史，其影響力不引人注目，但卻千真萬確。牠們讓人得以在海上航行，開啟遍布紅海和印度洋廣袤地帶的貿易活動。

紅海是片險惡的海域，為逆風、海岸暗礁和極度炎熱所苦。就算對當地有所了解，也沒有任何頭腦清楚的海員會在夜間航行於這片變幻莫測的水域。夜黑後，船隻總是下錨停泊。水手知道方便的錨地的所在位置，岸上的漁民也對之瞭若指掌——海盜亦然。出於需要，船長與居住在這些荒涼沿岸的捕魚族群發展出互利關係。

希臘地理學家稱這些族群為「食魚者」，是生活在紅海、阿拉伯半島和波斯灣乾燥沿岸的零星社群。根據狄奧多羅斯所述，食魚者居住在面北的陰暗洞穴、以鯨骨搭建的遮蔽處，或以簡陋枝條製成的格柵下方，不過他們多數時間都待在水中。他們將住處設置在狹窄水道附近和小溝壑中，以利使用那裡隨手可得的巨礫來製作水壩般的捕魚陷阱。漲潮時，海水會淹沒水壩，讓各式各樣的魚類進入其後方的流域。當魚群隨著落潮退去而受困，整個遊群都會來到退潮的低地，大聲叫喊。婦女和小孩收集離陸地較近也較小的魚，並將之拋上岸。與此同時，青年追捕較大的魚，甚至是海豹，以磨利的山羊角或鋸齒狀的岩石獵殺牠們。一旦漁獲安全上岸，食魚者會將魚排開來，放在太陽曬得滾燙的岩石上乾燥，如此也能很快把魚煮熟。接著，他們搖晃拉出脊骨，在魚肉上踩踏，並將之與「棘棗的果實」混合（棘棗是種常見的常綠喬木，其果實和葉子可以食用且會吸引蜜蜂；傳統主張耶穌基督的荊棘之冠就是以之製成）。最後產出的混合物會形成曬乾的小磚狀，據狄奧多羅斯所述，提供了「穩定且便於食用的存糧，宛如波賽頓接手了狄蜜特（豐收女神）的任務」。[1]在暴風雨或異常高漲的潮水到來時，食魚者會轉為食用大型貽貝。「他們對貽貝丟擲大石塊，」狄奧多羅斯寫道，「藉以打破貝殼，再生吃貝肉，味道與牡蠣有些相似。」如果其他食物都短缺，他們就會搜刮從較早漁獲搖晃取下的腐壞脊骨上殘存的魚肉。

對狄奧多羅斯和他的同代人而言，食魚者是野蠻人。他們的飲食可能令都市化的希臘人或羅馬人，還有富裕的農民反感，但正如這位地理學家敏銳的評論：他們從不缺乏食物。他們知道如何誘捕魚並保存魚肉，並提供鮮魚和防腐加工魚給在紅海和印度洋航行的船員，長達好幾世紀。早在亞洲的稻米和更大量的穀物讓魚在航海飲食的重要性降低以前，無名的食魚者可能已讓早期的人們得以航行於紅海和印度洋。雖然如此，所有船隻也必曾在後方拖曳釣繩來捕捉鮮魚，最近期直到一九三〇年代，人們仍會這麼做。[2]因為無論加工魚再怎麼妥善保存，鮮魚總是更上乘的美味。

大約在西元前六〇〇〇年後，當經瀝青加固的船隻開始沿著荒蕪的波斯灣海岸航行，魚的重要性日漸增加。乾燥、鹽漬或煙燻魚的重量輕，又容易大量裝載，可以烹煮或生嚼，幾乎在任何食魚者居住之地都能取得，若他們營地就在船隻方便下錨之地附近的話更是如此。以物易魚不比取得飲水困難，而對貨船船長而言，這麼做也是為了與沿海要地的首領和酋長發展長期關係，有時長達好幾世代。

南下紅海

從地中海地區南下的航程始於紅海北端。紅海一名是從希臘文「紅色海洋」直譯而來。為何稱之為紅色？無人知曉箇中原因，但可能是生長在海面附近的海木屑藻類在某些季節大量生長所致。另外也可能是因為亞洲用紅色來指稱南方，相對於北方的黑海。

紅海是印度洋的海水水灣，長兩千兩百五十公里，而其中央的海溝約深兩千兩百公尺，是東非大裂谷的延伸，名為「紅海張裂」。海岸兩側的廣大沿岸海棚和珊瑚礁為超過一千種無脊椎動物提供棲地。至少有一千兩百種魚也在這片海域蓬勃生長，其中包括四十二種深海魚類。一如在印度洋北部許多地方的情況，一年兩次的季風從西南方和東北方吹來，讓紅海海水變得十分溫暖。因為蒸發速率高，只有少數河流挹注，與南部更寬廣的海洋連結又相當有限，紅海是地球上鹽分比例最高的水域之一。這些特點總是使紅海成為單槳、雙槳或船帆驅動的船隻都難以克服的海域。

在埃及人零碎地記錄水手的航行以前，沒有文字的後者早已在紅海沿岸捕魚和貿易。關於海岸線及其危險，還有其住民的知識得自他們的親身經歷，船長傳授給船長，且世代相傳，由口述傳統和嚴格師徒制結合而成。從西元前二十六世紀中葉古夫法老統治的時期開始，便有從紅海東岸南下遠航至朋特之地（埃及人稱之為普恩特）的紀錄。朋特成為埃及長期的貿易夥伴，供應黃金、芳香樹脂、乳香，還有象牙和其他非洲產品。儘管朋特的確切位置不明，但可能是在現今厄利垂亞、衣索比亞和索馬利亞附近的廣大區域。埃及人多數的航行大概都未被記載，但有個著名的例外，那就是西元前十五世紀女法老哈姬蘇派遣五艘船遠航至朋特。這位法老在她位於尼羅河西岸的陵廟牆上大肆宣揚這趟航程的成功，暗示著這類由王室主導的航行可能相當罕見。[3]

地圖十一　紅海、阿札尼亞及厄立特利亞海東部的捕魚聚落和停靠港

西元一世紀左右的某個時刻，有位不知名的埃及商人顯然具備在印度洋一帶航海的豐富經驗，因此寫下《厄立特利亞海環航紀》，是早期航海術的經典著述之一（原書名為*The Periplus of the Erythraean Sea*，其中Periplus一字是希臘單字「環航」的拉丁化拼音，有時也用來指稱航海指引）。[4]這是首部描述海岸線和在貿易路線上已運作好幾百年的港口的著作，描寫了作者的南向航程：他通過紅海，再前往非洲東岸，接著重設路線，沿著阿拉伯海海岸，前往波斯灣、印度和更遠的地區。《環航紀》是一份實事求是的文獻，作者擁有在崎嶇且荒涼的海岸線旅行的第一手經驗，他在那裡天天都得為飲水、食物和海盜操心。

這本書的作者從紅海出發，任何一位南向的船長都會這麼做。「在厄立特利亞海上、所有我們已知的港口和周邊的市集城鎮中，」他寫道，「我們首先會抵達埃及的貽貝港（即米奧斯荷爾默斯）。我在此告知從該地南航之人，在航行一千八百斯塔德（約兩百八十五公里）後，便會抵達柏雷尼西。柏雷尼西以南的右岸是柏柏人（Berbers，或拼作Barbaroi，或指蠻族〔barbarians〕）的國度。沿岸則有食魚者零星生活在狹窄谷地的洞穴中。」[5]這位作者對這些洞穴的敘述讀來讓人有種臨場感，說明了他可能曾數次因故造訪那裡的食魚者。

在《厄立特利亞海環航紀》被廣泛查閱的希臘羅馬時期，魚是紅海經濟的重要要素，新鮮、乾燥、鹽漬或煙燻的漁獲都在市場上被販賣，還會發酵成醬汁出售，也就是隨處可見的羅馬魚醬。多數的捕魚產業是以米奧斯荷爾默斯為基地，這座港口出現於西元前三世紀的托勒密時期。[6]羅馬人在西元前三〇年接管尼羅河谷，並建造一條從港口連接至尼羅河的道路時，米奧斯荷爾默斯成為享有盛譽的轉口港。直到西元三世紀，這座港口仍是南下紅海貿易的樞紐。

據地理學家斯特拉波於西元元年所述，當時「有多達一百二十艘船從米奧斯荷爾默斯航向印度，不似先前在托勒密家族的統治下，只有寥寥幾艘冒險出航、從事印度商品的貿易」。[7]希臘航海家希帕盧斯建議一條利用季風的交替循環來橫跨印度洋的路線，促使通往印度海岸的直航遽增。根據各方資料，他並未發現這個季風現象，而只是公開了嚴密保守好幾百年的航海智慧。[8]

米奧斯荷爾默斯是座國際城市，擁有羅馬人、埃及人，甚至印度人的大型社群。從陶片上發現的銘文判斷，沙漠游牧民族和食魚族群都是活躍於當地的貿易商。有著平緩傾斜海灘的一座潟湖（如今已滿是淤泥）在淺水礁岩後方圍住港口，而礁岩外側的海床陡降。這相對簡單的入口使港口熱鬧繁忙：人們在此維修船隻，替船身加上鉛蓋來隔絕貪吃的蛀船海蟲，並保養帆具。過去的漁民正是在此修補他們的設備，至今有部分留存在鄰近過去潟湖的一個積水區域。[9]這裡有關捕魚活動和漁民的遺存也妥善保存在考古遺址的潮濕區域。這只是該遺址複雜考古紀錄的一小部分，不過這類的遺存通常都因為保存狀況不佳而幾乎完全消失。

米奧斯荷爾默斯的漁民以韌皮纖維製網，用的可能是亞麻纖維。網目較細的漁網大概是從船上或岸上撒出，來捕捉沙丁魚等較小的魚種。由男男女女組成的製網工匠群或曾坐在成堆的乾燥亞麻之間，靈巧地將捻線打結成均勻的方格。他們不浪費任何資源。有些工匠會將覆蓋船身的廢棄鉛料切割塑形成網墜，其他人則用雙耳罐的木質瓶塞製作浮子。

多數米奧斯荷爾默斯的漁網網眼都相對較大，被用來捕撈大魚或當作拖網使用，是常見於羅馬馬賽克繪畫上的圖像。漁民也廣泛運用被動的陷阱網具（有四張由禾草、棕櫚或韌皮纖維製成的袋狀漁網留存至今），這種漁網會被拖曳在船後方，用來舀撈魚群或讓漁獲保持活力。他們用棕櫚纖維編織製成帶餌的魚籠，加裝浮標後在有潮水變化的水域使用。考古學家在更北方的西部海岸尋獲這些陷阱的樣本。二世紀的希臘歷史學家兼地理學家阿伽撒爾基德斯曾敘述食魚者用石滬捕捉近岸魚種（石滬是橫越水池和有潮汐變化的水灣的一道屏障）。多數的魚都「很容易制服」，他如此寫道，但若陷阱捕捉到海豹、角鯊或大鰻魚，捕魚作業就會變得危險。

一如多數的古代捕魚遺址，米奧斯荷爾默斯的魚鉤也訴說了許多過去捕魚的情況。當地製作的倒刺銅鉤有時是多枚一起被尋獲，似乎是附在長釣線上使用。較大的魚是用較大的附餌釣鉤和單繩來捕捉。漁民也廣泛運用雙刺釣鉤，那是一塊筆直的骨頭、貝殼或木頭，附有魚餌，且方向與釣繩平行。隨著魚咬餌使釣繩繃緊，雙刺釣鉤便會刺入魚的嘴部或身體。雙刺釣鉤也在波斯灣被使用，但地中海則似乎沒有。

食魚者的船隻依然成謎。陶片上的文字提及一種「謝迪艾船」，而根據馬賽克繪畫，這種船筏或平底船隻是由槳所驅動。各方資料廣泛提到這些船，因為它們非常適用於淺水漁撈活動，而漁民不僅會在米奧斯荷爾默斯的淺水捕魚，更遍及整個紅海。[10]

這裡的貝塚保存狀況極佳，不只有骨頭出土，還有魚肉，甚至是半片剖開的鸚哥魚。米奧斯荷爾默斯附近有豐富的海洋環境，因此漁民可以在開放水域捕捉金梭魚和鯊魚等表層魚類，開採地方礁岩以捕捉鸚哥魚及在沙底蓬勃生長的魚種。他們也會吃種類廣泛的魚，如石斑魚、鯛魚、鰺魚，還有笛鯛和隆頭魚。

米奧斯荷爾默斯和其他紅海港口位於炎熱環境，魚若沒有被小心保存，幾乎會立即腐壞。當地對鮮魚的需求很大，但許多漁獲也會切片並乾燥、鹽漬或煙燻。魚醬是集市的主要貨品。有效率的保存加工讓港口能夠出口魚，橫跨沙漠運往尼羅河，其他地方則將魚送到東部沙漠深處，最遠至黎凡特。在主要港口的捕魚業規模夠大，漁民可能可以進行專業分工。過往紀錄告訴我們，這裡曾有發放過捕魚許可，魚商也曾被課稅。以主要港口為基地的漁民也會販賣加工保存的漁獲給商船當作糧食。一包包的煙燻魚可以被塞進擁擠的空間，也不會腐壞。許多世紀之後在北大西洋的古北歐人也帶著同類的食物；在向格陵蘭和更遠處西行的航程中，鱈魚乾是他們的主食。

數千年來，沿著不適人居的危險海岸北上和南下紅海的航行都仰賴重要的停泊港，船隻可以在那些港口補充飲水和魚。遠距的季風貿易和有人定居的沿岸聚落產出的魚，存在著緊密的連結；這些聚落的漁民會乘著小船開採礁岩和深水漁場。在許多考古遺址，我們經常看不見捕魚活動的痕跡，但知道希帕盧斯曾公開直航至印度的可能性後，我們便能提出令人信服的論點，主張紅海海岸的沿岸捕魚活動與西元前一世紀後季風航行的快速擴張密切相關。

南下阿札尼亞

抵達紅海的南端，並通過曼達布海峽後，參考《厄立特利亞海環航紀》的船長有兩個選項。他可以轉向東方，前往阿拉伯海海岸，或南下阿札尼亞。如果他繼續南下，沿著現今亞丁灣的西岸航行，最終會繞過位於今天索馬利亞東北角的瓜達富伊角，亦即所謂的香料之角。接著他會再沿著荒涼的海岸南行，沿岸有些相隔遙遠的市集村莊，在那裡除了食物、棉花和其他來自阿拉伯海海岸和更遠地區的商品，還可以取得肉桂和奴隸。

據《環航紀》所述，若從一座名為歐波涅的轉口港往南，水手會抵達「阿札尼亞高高低低的陡岸」，而阿札尼亞是個在近岸水就很深的海岸。[11]他途中數日都不會經過安全的港口，直到來到阿札尼亞航線：這是一條由島嶼、河流和安全錨地組成的長海岸線，始於現今肯亞境內、風景如畫的拉木鎮，沿岸有珊瑚礁圍繞。[12]這些天然屏障包圍了溫暖的淺水域，多樣性極高的魚種在其中蓬勃生長。來訪的水手會遇上一片由海灘和河口組成、步調緩慢且潮濕的海岸，其背景是一片位處低窪沿岸平原邊緣的茂密林地，平原在某些地方可以朝內陸延伸三百公里之遙。在那片海岸，他們會發現：「那裡除了鱷魚，沒有其他野生動物，但那些鱷魚不會攻擊人類。此處有些縫合船和由單一根原木挖空製成的獨木舟，用來捕捉魚和龜。在這座島上，他們也會用一種特別的方法，橫跨水道口兩端，在碎浪之間將多個藤條籃紮牢，來捕撈水生動物。」

勇敢的船長可能會再往南航行兩天，抵達一個名叫「拉普塔」的地方，意為「縫合」，這個地名顯然是取自當地的縫合船。這個偏遠但確切位置至今仍然未知的地方曾有許多象牙和龜殼。象牙特別值錢，因為非洲大象的象牙比牠們在印度的表親質地更軟且更不易碎裂，非常適合用來雕刻。過了拉普塔之後則是未經探勘的水域，據說有食人族出沒。

除了海風和航海的危險，航行前往阿札尼亞的典型問題在於如何確保糧食和飲水。他們不一定要在柏雷尼西這類大港口取得，而可以從在海邊紮營捕魚的小部族那獲得。魚乾和鹹魚必定是阿札尼亞海員的主食，因為即使是那些在糧食充足船上的海員，也得任由地方食魚者首領擺布——他們開採近岸漁場，並以加工保存的漁獲和來訪的船隻交換物品。一如在紅海的情形，在阿札尼亞沿岸，為船隻供水和補充存糧的最佳地點的相關資訊世代相傳，奠基於個別船長與當地人建立已久的關係，包括居住在大村莊的非洲首領以及捕魚族群，而後者生活的地方絕不僅只是個小小的捕魚營地。

在《環航紀》寫成許久以前，許多船隻早已從紅海和阿拉伯半島冒險南下到這片荒涼的海岸，尋找象牙和其他外面的世界垂涎的非洲商品。如果個別船長並未與不知名的捕魚族群建立關係，許多航行必將以失敗告終，那些漁民定期在沿岸水域乘縫合拼板舟往返，策略性地擺放陷阱捕魚。東非貿易雖然價值不高，但早在伊斯蘭傳播至阿札尼亞許久之前，便已在歷史的註腳未載之處蓬勃發展。當時沒有船隊或勢力強大的商人主導交易的進行。四散的進口陶片、珠子和外來的玻璃器皿，記錄了人們曾零星造訪當時仍十分偏遠的海岸線。

早在西元前一千年之前，便有人居住在東非海岸，但早期的居民幾乎沒有留下任何痕跡。[13]到了《環航紀》的時代，已經有零星的狩獵採集遊群占居海岸。考量到當地日後的豐富漁場，我們可以合理認為，這些遊群有相當多都是食魚者。到了西元七世紀，魚類和軟體動物是海岸飲食的核心要素。考古學家在坦尚尼亞中部外海、馬非亞群島的胡安尼島，位於當地小學校地的一座重要遺址發現兩階段的占居期，一是西元四到六世紀，二是西元八八〇至一二〇〇年。最早的居民主要食用海鮮，尤其是貝介類。他們會採集可食和裝飾性的軟體動物，包括蜑螺和瑪瑙貝，前者是常見的熱帶海螺。貝介類的食用量在第二占居期銳減，而考古學家在占吉巴島兩座可追溯至西元六〇〇年的遺址也觀察到這樣的趨勢。胡安尼島早期居民食用的豐富魚類包含龍占魚、石斑魚和其他珊瑚及海灣魚種，此外還有鸚哥魚和其他近岸魚種；相同的魚也出現在占吉巴島的遺址。考古學家在馬非亞島和占吉巴島遺址的發現不一定能證實這裡的居民是專職的漁民。反之，這兩座遺址記錄了移居者迅速適應沿岸環境，專注在容易取得的魚類和軟體動物，而非農耕和家畜。

儘管如此，至少也有部分非洲海岸族群是操業已久的農民。複雜的打獵和農耕社群的複雜織錦沿著海岸、也深入內陸繁盛發展，人們能透過此一途徑，將象牙和奴隸從遙遠內陸運到海灘。雖然阿札尼亞有出現來自異地的器物和習俗，在文化上仍是獨具非洲的特色。此外，在考古紀錄中，這裡和外地的零星接觸不必然總和外地進口的瓷器等器物有關，也可能包含亞洲動物和植物的引入，包括背部隆起的肩峰牛。這些早期社群極少被記載在考古紀錄中。許多聚落遭到升高的海平面淹沒，也抹去了沿岸漁場曾存在過的痕跡。

拉木外海群島的帕泰島上，有座名為「尚加」的聚落最早在西元七五〇年便有人占居，可以讓人一窺各式漁場的沿岸捕魚活動，包括河口地區、珊瑚礁、岩石棲地和紅樹林沼澤。[14]在這裡，漁民捕獵大量的河口魚類（這反映出聚落的位置），但鸚哥魚等礁岩魚種也很常見。他們也會捕捉纖鸚鯉，這種魚多棲息在有所遮蔽的海灣和潟湖等藻類和海草生長茂盛之處，還有喜愛礁岩、有著黃藍條紋的龍占魚。[15]尚加漁民在近岸棲地和礁岩捕魚，有時甚至會前往外圍的礁岩區，但他們直到十二世紀周遭環境發生劇變前，從未冒險進入開放水域。

有些旅人闡述了這片海岸及其漁場，特別是穆斯林地理學家。阿拉伯歷史兼地理學家馬斯伍迪於九一六年造訪阿札尼亞，注意到「那裡有許多魚，形形色色」。另一位地理學家伊德里西在一世紀後寫道，馬林迪鎮的居民「會從海裡取用各式各樣的魚，加工處理後販售」。[16]十四世紀的旅行家伊本．巴杜達描述位於今肯亞蒙巴沙的居民會向內陸農民購入穀物，但主要以香蕉和魚類為生。到了伊本．巴杜達生活的時期，伊斯蘭已在東非沿岸深深扎根，多虧蘊藏豐富象牙和黃金的內陸，以及當地與更廣闊的印度洋世界之間的活躍貿易，一個與眾不同的非洲社會已然成形。季風方向隨著季節變化反轉，使一年內在開放水域從非洲航行至印度再折返成為常態。

在更早的時期，東非海岸是偏遠之地，位處地中海和阿拉伯世界的最邊緣。如今，因為人們永不滿足的需求，對黃金、鐵礦、象牙、奴隸，甚至是用於阿拉伯半島房屋建築的紅樹林沼澤的柱竿等的渴望，使得沿岸地區發生了深遠的變化。阿札尼亞成為國際性的集市。那裡出現了一系列的小型「石頭鎮」，其中清真寺和菁英的房舍是由珊瑚建成，運用最先在紅海採用的建築方法。[17]每座小鎮都擁有一片聚落較少的腹地，位於沿岸、島嶼和內陸，而且全都有著深厚的文化底蘊。這些社群的生活平靜、甚至可說是安詳，以懶洋洋的步調開展一天，唯二的例外是當貿易船伴隨季風抵達，以及當他們乘著西南風離開的時候。在這樣的時刻，裝載貨物的繁忙喧鬧取代了寧靜。碼頭和船隻逐漸充斥著密密麻麻的成堆象牙、一捆捆紮緊的紅樹林柱竿，乘客和他們的物品擠滿甲板。一包包的魚乾會被打包裝上每艘船內，貨艙瀰漫著前幾次航程的糧食臭味。擊鼓震響，船員歌唱，船帆揚起，滿載的商船緩緩入海。船隻一啟航離去，寧靜再度籠罩小鎮，直到大量的象牙或成列的奴隸又從內陸抵達，準備迎接下個季風季。

大約在西元前一〇〇〇年後，東非沿岸的社會變得更加階層分明，小鎮以勢力龐大的家族為首。在十二世紀期間，捕魚習俗出現轉變。開放水域的漁撈活動開始在尚加和其他聚落成為常態，而家畜骨頭的數量此時也開始大量出現在日後出土的城鎮廢棄堆。在沿岸航行的商船不再向食魚者徵求漁獲。有些不尋常的改變正在發生。牛羊在當時的非洲社會中極度被看重，牠們不僅是財富和權力的象徵，也是盛宴上使用的社交工具，以及贈與地位顯赫的訪客的禮物。

考古學家艾倫迪拉・昆塔娜・莫拉雷斯和馬克・霍爾頓已論稱，在經濟階梯上位置越高的人更有機會取得家畜，也更容易獲得投資船隻和近海捕魚的資本。[18]沿岸人口逐步攀升，可能對近岸漁場造成壓力，而其中的一項因應措施可能是乘船到近海捕魚，在社會階層正逐步成形的社會尤其如此。這類船隻的所有權讓強勢的個人能夠強化他們的社會與政治地位，再輔以精心安排的款待和宴客。

這一切的發展都發生在沿岸社會越來越展望海洋之際，欣欣向榮的國際集市為此推波助瀾，後來因為一四九八年瓦斯科・達伽馬帶領葡萄牙人抵達而中斷，最終徹底改變。到了當時，阿札尼亞早已是更寬廣的商業世界的一部分，觸角延伸深入紅海，沿著阿拉伯海海岸進入波斯灣，最遠至印度西岸，甚至更遠的地方。來到這些區域的航海家會發現另一方天地，在這裡人們必須不斷移動，而魚是途中不顯眼但極其寶貴的商品。

第十五章 厄立特利亞海的補給

西元前二〇〇〇年從紅海南端出現的水手，若沒有沿著非洲海岸線南下至阿札尼亞，而是轉向東方的話，則會進入一片寬闊的海洋，延伸至遠超過地平線的遙遠陸地。希臘人稱之為厄立特利亞海，如今名為印度洋。對希臘地理學家來說，厄立特利亞海定義了已知世界的邊界。周遭的陸地是未開化外邦人的領域，他們稱之為柏柏人、胡言亂語之人或蠻族，並視之為一群赤貧、原始、對貿易不感興趣的人們。然而，他們之中也有我們熟知的族群：食魚者。

船長若在通過曼達布海峽後轉向東方，並沿著阿拉伯海海岸航行，會在《厄立特利亞海環航紀》中稱為「肥沃的阿拉伯」之地發現第一座停泊港，可能是今天葉門的城市亞丁。肥沃的阿拉伯長久以來都是印度貨物的便利轉口港，坐落於「綿延不絕的海岸線」的西端，「那裡有游牧民族和生活在村莊的食魚者」。[1]與紅海海岸不同的是，這條海岸線有著礁岩和淺灘，最大的挑戰不太是航海，而是在於如何取得足夠的食物和飲水。每艘船都拖曳著釣繩，但在西方也可以買到稻米之前的時期，若要在這個地區順利航行，必須仰賴和食魚社群以物易物換得的漁獲。近至一九三〇年代，澳洲歷史學家兼水手亞倫·菲里爾斯乘一艘印度洋小型商船航行一年之久，曾回報無數個這片海岸邊的捕魚地點。[2]我們沒有道理認為較早期的魚群數量不夠豐富，當時可能是用同一種方形帆的小漁筏，靠漁夫單腳踩在舵柄掌舵，同時屈身靠向背風側撈捕小魚。這些漁夫的存在是經商者的幸運，因為他們必須對抗和緩的東北季風，航行可能會耗費數日之久。

走出美索不達米亞

在緩緩地向東航行一段時間後，商船可能會在熟悉的地點下錨，以取得漁獲和飲水，最終抵達波斯灣口。這裡被《環航紀》的作者稱為「那片極為龐大又廣闊的海域」。[3]波斯灣是印度和紅海之間的貿易路線上另一重要峽道，上端有座名為阿波羅加斯的港口，靠近幼發拉底河。在經侵蝕而形成通道、多沼澤的幼發拉底河三角洲北方，坐落著美索不達米亞（即「兩河之間的土地」），現今為伊拉克南部，也是五千多年前蘇美文明動盪不安的中心所在。

蘇美人相信，神祇恩基在美索不達米亞登上了祂的暴風戰車，在極端氣溫、茂密草沼、沙漠和海平面不斷上升的海洋孵育出的混沌中發號施令，形塑出靈性和人類世界。幼發拉底河和底格里斯河兩條大河的週期性氾濫，讓人們得以生活在夏季溫度高達攝氏四十九度的乾燥平原。美索不達米亞淡鹹水交會而成的混亂地景蔓延至波斯灣（即所謂的南部海）的上端，途經阿拉伯河三角洲，呈現一片草沼和沼澤構成、如網格般的地景，至少有部分的印度洋捕魚史是從這裡開始的。隨著海平面高度大約在七千年前穩定下來，位處海灣上端的廣袤草沼和濕地成為地球上資源最豐富、生物多樣性最高的環境。[4]

西元前六〇〇〇年左右，農民開始在水道和沼澤兩側生活，畜牧山羊和綿羊，並在河水氾濫灌溉的潮濕農地耕種小麥和大麥，但在許久之前，漁民早已在此蓬勃發展。儘管水量豐富，草沼是有著酷熱和嚴寒兩種極端氣溫現象的地方。快速流動的洪水會在短短幾小時內徹底摧毀作物並帶走家畜。這樣的現實情況促使魚一直是人們的主食，住在草沼附近或之中的人們也因此多數時間都耗費在船上，使用的是一種船頭較高的小蘆葦船，以當地的焦油加工防水，在茂密的蘆葦叢中撐篙划過平靜的峽道。

目前已知最早的美索不達米亞農耕社群，是沿著大河形成的隆起地、天然堤和分支河道群聚的小村莊。這些地方的居民會製作獨特的彩繪陶器，是「歐貝德」傳統（以在低地發現的首座這樣的村莊為名）的標誌，很快廣為傳播。這些村莊分布在南部草沼的邊緣，成為美索不達米亞農耕和永久聚落的搖籃：人們逐漸往幼發拉底河和底格里斯河上游之間擴散，那裡肥沃的土壤和簡易的灌溉水渠讓人得以耕種作物。人們與草沼之間總是存在靈性的連結。相傳巴比倫的守護神馬爾杜克正是在這裡將一根蘆葦放在水面上，創造第一座人類聚落，接著塑造沙塵，並將之傾倒在蘆葦旁，打造出眾神的理想寓所。

漁民和農民的蘆葦小屋最終發展成泥磚屋，組成了世界首批的城市。其中有座城市名為烏魯克，位於幼發拉底河西側，是史詩英雄吉爾伽美什的家鄉；挪亞與洪水的聖經故事正是從他的故事衍生而來。到了西元前三一〇〇年，有幾座城市在美索不達米亞南部繁榮發展，互相競逐的城邦發展促成蘇美文明的誕生。[5]這些城邦的統治者統轄一片嚴峻的氾濫平原，四面八方都面臨極端的自然現象，包括地球上最高的夏季氣溫。突如其來的洪水有可能在幾小時內沖毀灌溉水渠。反覆無常的幼發拉底河和底格里斯河無預警改變河道，而春季的氾濫使得食物短缺和過剩現象交替出現。灌溉農業可以非常多產，但當時的水量僅足以在擁有約一萬平方公里可耕地的環境裡，灌溉約四千一百四十三平方公里的農地。供養人口密集的城市及其腹地是人們長久以來的挑戰，因為河流可能在數日內就讓城市的水渠和蔥翠花園乾涸無水。前述情況皆指出魚是蘇美人飲食的關鍵元素。可是蘇美人簡易的捕魚技術無法滿足他們對漁獲的需求。[6]

幼發拉底河和底格里斯河較下游流域的草沼有著大量且巨大的沼澤鯉魚，這種魚會在泥濘的水中蓬勃生長。漁民採用數世紀來鮮少改變的基本方法來捕捉牠們。他們以鉤線釣魚，或從輕型獨木舟上使用單叉或多叉的魚矛刺魚，尤其是在從三月到五月的產卵季節期間。他們也會放火焚燒蘆葦小島，藉此將附近的魚驅趕進設置好的漁網。拌入平靜水池的植物性毒藥會殺害或毒暈無數條魚，主要是影響牠們的鰓。有些浮雕描繪了過去漁民在河流中使用立竿網和魚梁捕魚的景

居住在草沼的阿拉伯人在伊拉克南部以矛刺魚。（Nic Wheeler/Alamy Stock Photo）

象。此外，他們也會使用長釣線、刺網、圍網和所有古代捕魚族群都有的簡易武器。

蘇美和巴比倫抄寫員記錄了大約三百二十四個魚名，用來指稱至少九十種魚種。面臨食物匱乏揮之不去的恐怖，大規模捕魚成為充滿競爭的產業，受複雜的規範和漁權租賃管制。許多漁民隸屬於行會，並經常與鳥類獵人密切合作。由於城市對魚的需求永無止境，漁獲的加工和運輸嚴密組織化。許多城市皆曾打造淡水池，好讓從船上捕撈到的魚在買家有需求前先存放在池中。多數的魚都被放在陽光下曬乾，較大者會掛在線上，其餘則會被鹽漬、煙燻或醃製。這裡過去甚至還有專賣加工成起司狀的魚卵的市場。

蘇美的魚市場必定是喧鬧熙攘之地，設在運河或大河附近。位於蘇美大城烏爾（見

第十四章的地圖十一）中心的市場，在日出時便已充斥著烹煮魚和漁獲快要腐爛的味道，炊煙飄蕩瀰漫在一群雜亂聚集在水岸旁、有蘆葦屋簷的攤位上空。小販在人群中叫嚷比劃，兜售並宣傳他們商品的優點。孩子們一邊在攤位間橫衝直撞，一邊躲開扛著裝滿煙燻鯰魚的籃子的腳夫。貓狗埋伏在後方，期盼能偷得一口食物，但遭人斥喝、揮棒嚇阻牠們靠近。買家會撥弄和嗅聞剖開攤平或切成片的魚，揮趕在商品上方聚集的蒼蠅。有些攤位靠近放養著慵懶游水的鯰魚的淡水池。這些魚專屬於菁英；他們會出高價購買，連忙帶走魚，以便趕在魚腐壞前，端上涼爽宏偉的住宅裡的餐桌。品質最佳的魚已經送到宮殿或神廟，牠們派上用場前會被放在那裡的專用魚池中游水。天一拂曉，就會有連綿不斷、互相推擠的船筏帶來新的漁獲。

除了前述活動，我們還未談及的是儀式需求。由於有大量的魚要被奉獻給神祇，主要的神廟會雇用漁民來供應廟中的祭壇所需，或者向所有人的漁獲課稅。祭司和其他廟方人士也會食用大量的魚，尤其是鯉魚，多餘的量則會販售給公眾。

烏爾是最大的蘇美城市之一，與各地的連結十分密切。這樣的關係對美索不達米亞的低地社群而言至關重要，因為他們缺乏製作工具的良石，後來也缺少金屬礦，必須靠貿易換得。此外，人們也長期需要魚、穀物、家畜，甚至是柴薪，因此與相隔遙遠的社群之間建立貿易關係無可避免且不可或缺。因而產生的社會關係亦然。我們可以從獨一無二的歐貝德彩陶上看到這些關係；它從出產的窯移動了極遠的距離，遍及低地各處，深入北方和東方的遙遠山區，再到波斯灣。[7]

在美索不達米亞的中心，這些陶罐是宮殿和家戶皆十分常見的器物。在其他地方，遠至北方和波斯灣沿岸，這些廣為交易的容器具有大不相同的意義，尤其在偏遠地區，陶器是沿岸航行的船長從遠方帶來的異國物品。

有座名為薩比亞的西元前五十和六十世紀村莊，位於波斯灣北端，相當融入當地複雜的互動網絡（見第十四章的地圖十一）。該村坐落於一座低地半島，四周圍繞著含鹽的淤泥灘，附近還有條小溪。在有人占居的時期，村子就在海旁邊，如今已距離海岸約兩公里遠。從那裡的貝殼和鳥骨判斷，過去村子周邊有淡水湖或沼澤地。這座遺址曾擁有豐富的鳥類生態和植物，在海平面比今日更高的時期，是有利於人們生存的地點。[8] 在遺址發現的骨頭總重量中，最少有百分之六十七來自海魚，並逐漸為哺乳動物取代，可能反映出人們對馴化動物的依賴日益加深。附近廣闊的淺水域讓薩比亞的居民能夠捕捉較小的鯊魚和鋸鰩，以及有些體型頗大的燕魟。漁民大多待在淺水，但鮪魚和其他表層魚種的骨頭出土說明了他們也會冒險前往礁岩和較深的水域。不出所料，在這座遺址也有網墜和雙刺釣鉤出土。

薩比亞等其他沿岸遺址與更廣大的交易網絡的關係，可以藉由他們的歐貝德陶器來追溯。這些連結可能純粹是地方性的，或是更廣大的區域網絡的一部分，這樣的網絡需要人們不斷擴大經濟基礎，包含飼養家畜、採集植物、狩獵和捕魚。到了西元前四〇〇〇年，部署在海灣四周的食魚者已經擁抱了相當與眾不同的為生方式。這並不意味著捕魚無足輕重：在珍珠等象徵聲望地位的商品的貿易逐漸在美索不達米亞地區取得重要性時，捕魚必定十分重要。

波斯灣地區南部已知最早的人類聚落可追溯至西元前五十一至前五十世紀左右。一連串的社群先後落腳在阿布達比西部的達勒馬島上，該島位於卡達半島東方約八十公里左右（見第十四章的地圖十一）。[9]這座島約九公里長，基本上是座鹽丘，中央的山丘隆起高於海平面約九十八公尺。島嶼南端的永久水井讓人類得以定居，也有助於耕種椰棗，是東南阿拉伯半島最早開始有人食用椰棗的地方。椰棗對航海員來說價值連城。這種水果可以經乾燥處理後用磨石磨碎，再與麵粉混合。一如漁獲，椰棗也可以存放在船隻的貨艙中，攜帶非常長遠的距離。達勒馬遺址有歐貝德陶器出土，另一座位在阿布達比西方一百公里的遺址亦然。分布在阿布達比西部沿海的幾座島嶼，皆尋獲零星的青銅器時代陶器，可上溯至西元前二〇〇〇至前一〇〇一年之間。這些可能是貿易商前往阿曼灣時經過的中途站的遺存，他們在此停留取得飲水和補給品。

阿曼灣的海水大多較淺，因此用魚籠或在潮間捕魚可以產出最多的漁獲量。鉤繩釣魚法在阿曼外海較深的漁場效果最佳，那裡早在西元前四十三至前四十一世紀便曾出現貝殼製的魚鉤。最早的魚鉤是由珍珠貝或大型雙殼貝製成，全都沒有倒刺，有時會有長長的鉤柄，利於捕捉帶尖牙的魚類。[10]到了西元前四〇〇〇年左右，漁民使用無倒刺的銅鉤；他們在可以取得青銅時，便改為使用這種更強韌的材料。

「大蛇從深海前來和你交手」

《環航紀》描述了小船航行的近岸水路：船隻會沿著阿拉伯海海岸前行，接著在阿曼灣的西側直朝東方而去。東行的船隻載運乳香和珍珠，西行的船隻則運送布料、半寶石、椰棗和奴隸。貨物是靠著縫合條板組成的船隻運送。這項當地的造船技術可能在西元前三〇〇〇年前便已確立，主要是靠著將條板以紅樹林或其他的纖維縫合在一起，來形塑船身，此外也可以日後再加上肋材，藉以強化這艘在建造上十分彈性的船。縫合的船身相當耐操，至今仍在印度洋水域為人使用。在紅海和阿曼灣，沿岸航行的商船可以下錨取得飲水和魚乾，但若這麼做，他們就必須橫越荒涼的馬克蘭海岸，岸上有被河谷切割開來、不宜人居的山麓（見第十四章的地圖十一）。一直到椰棗和稻米普及之前，除了魚和肉，很少有食物適合鹽漬或煙燻。對沿著這人跡罕至的海岸航行的海員來說，加工保存的漁獲必定是他們的主食。

在馬克蘭海灘沿岸處處可見的沙丘之間，魚骨、貽貝貝殼和陶片一起被埋藏其中，說明了這些殘渣碎屑是被人類帶到那裡的。這裡的捕魚營地儘管如今已經消失，當時必定曾在這乾燥的海岸蓬勃發展，以從為尋找食物而途經此地的船隻上獲取利益。有兩座遺址位於內陸約一百二十公里處，旁邊的河流至少稱得上是半常流河，其考古結果顯示，在西元前四十三和前三十一世紀之間，生活在潮濕的達希特河流域的人們會和沿岸地區交易漁獲。從岸邊往內陸的崎嶇道路長途跋涉，約需步行三天左右，才能橫跨極度炎熱的地帶。當時顯然沒有役用動物可以騎乘。

在內陸地區，魚和無數被鑽了孔的軟體動物貝殼與死者埋葬在一起。考古學家在一棟仍有人占居時便遭到焚燬、極為古老的房屋中，尋獲了一根五公尺長的鋸鰩鋸吻，可能是珍貴的戰利品，其年代可追溯至西元前四十至前三十一世紀之間。[11]至少在印度河流域的大城市出現的一千年前，在馬克蘭海岸沿岸、靠近船隻可以安全下錨之地的捕魚社群便已十分活躍。由於他們會供應漁獲給遠在內陸的聚落，假設他們也會和路過的船隻交易才符合邏輯。

《環航紀》曾描述在東邊、岸上有著低窪沼澤的海岸線呈現寬大的弧形，「辛蘇斯河（指印度河）從那裡流下，而它是注入厄立特利亞海的最大河流」。該書作者在書中警告航海員，當他們接近印度河時，「會有大蛇（可能是鰻魚）從深海前來和你交手」。[12]印度河共有七個出海口，但只有中間的河口可以航行。海員能在那裡找到一座名為「巴貝里坎」的集鎮，他們會在此下錨，裝載和卸下各式各樣的貨物。儘管許多船隻造訪位於南方的港口，尤其是從阿拉伯半島或波斯灣直航的船隻，但多數的貿易活動都是發源於印度河流域，人們在內陸城市、海灣區域、美索不達米亞和紅海之間通商。

甚至在西元前二七〇〇年左右，印度河流域的偉大文明出現以前，便已經有捕魚聚落聚集在沿岸和現今喀拉蚩城附近的濕地，後者距離印度河口的北側和西側不遠。一如既往，當地欠佳的保存條件讓捕魚活動幾乎沒有留下一點痕跡。在位於今巴基斯坦的哈拉帕和摩亨佐達羅等城市在

地圖十二　厄立特利亞海東岸的停靠港與印度河沿岸的主要城市

上游崛起前，人們已經在松密亞尼灣的淺水域捕魚長達數千年。從西元前三一〇〇到前二七〇〇年左右，有個日漸擴大的捕魚社群在灣岸的巴拉科特蓬勃發展，幾乎完全靠海維生。[13]那裡的漁獲量和在現今該區的布勒吉的幾座漁村相當。整個俾路支斯坦沿岸皆有出土的石鱸是當時最常見的魚種，至今依然如此；從古代村落的遺址短暫步行，就能在多岩的水域捕捉到石鱸。

巴拉科特的捕魚活動大多在夏季和秋季進行，此時有許多魚種會來到近岸產卵。在夏秋月份要捕捉牠們十分容易，但石鱸是在冬季才來到淺水產卵。從現代的捕魚方式判斷，石鱸是靠著投網或刺網來捕撈，後者會被架設在岸邊一帶。定置漁網在較深的水域效果絕佳，可以捕捉較大的魚；漁民也會在海底設網，來捕獵螃蟹和其他甲殼動物。從船隻拖曳釣繩捕魚，在過去可能和今天一樣有效。

巴拉科特很有可能是個漁民自給自足的聚落，其中每個家庭都會處理自己的漁獲。在巴拉科特西邊的馬克蘭海岸，有座位於普拉哈格的小型遺址，考古學家在此尋獲大規模魚類加工的證據。當地可以捕獲鰩魚、石鱸、鯰魚、石首魚和其他魚種，據推測是漁民在船上使用鉤繩釣魚而來。魚會被剖開，去頭去尾，魚肉經鹽漬和乾燥保存。這座遺址的居民似乎也會食用山羊和綿羊，可能還會吃海豚和瞪羚（一種小型的沙漠羚羊）。從這裡系統化的屠宰作業判斷，魚類似乎主要是用來交易。

經過數百年，巴拉科特發現自己被納入更廣闊的世界。這個社群位於廣大、肥沃的印度河平原附近，當地的環境變遷快速。當時，印度河和南方的薩拉斯瓦蒂河兩大河流提供水源給廣袤的肥沃土地，西至俾路支斯坦的山麓，東南至印度大沙漠（即塔爾沙漠）。印度河是亞洲大河之一，發源於西藏南部，經喀什米爾而下，再流經半乾旱的印度平原。在這裡，深厚的淤泥沉積形成了柔軟且容易翻鬆的土壤，沒有金屬製的工具也可以大規模耕種。這裡的氣候也相當極端，夏季總是酷熱，冬季有時嚴寒。幾乎所有農耕用水都是來自從遙遠山區流下的河川和小溪。

如同美索不達米亞，經常被人認為發展性低落的印度河平原實是早期農耕和馴養動物的搖籃。一萬兩千年前，山脈的邊緣地帶是一些小規模打獵採集社會的家園，他們在可靠的水源旁紮營。他們總是在遷移。印度洋沿岸上的聚落可能除外，那裡的濕地海岸、河口地區和近岸的淺水域供養著淺水漁場，這些漁場日後會取得前所未有的重要性。[14]若不和鄰近的遊群保持聯繫，沒有人可以在這些截然不同的環境中存活。藉由通婚、親屬紐帶和其他此類關係形塑而成的人際連結，一直延續到極為晚近的時期，構成遠更複雜社會的基礎。

西元前五〇〇〇至前二〇〇一年間，當農耕在印度河平原的廣大區域占據主導地位，當地的經濟基礎也隨之轉變，讓這個區域展開日益快速的文化變遷。印度河的洪水是這項轉變的驅動力。從七月到九月之間，高漲的印度河水將大量的細淤泥攜帶至下游；當河水溢出河岸，淤泥便會如瀑布般流遍平原。就像同一時期生活在幼發拉底河和尼羅河沿岸的人們，印度河平原的農夫在天然的洪水渠道附近，建造他們的村莊，社群日漸擴大。洪水會溢流到平坦的土地上，讓村民只要付出最少的努力，不需要灌溉，就能種植作物。起初，氾濫平原林木茂密，且災難性洪水的影響大幅減少後，農耕開始變得繁盛。可是，當村莊人口攀升，情況便隨之改變。越來越多土地遭到淨空，毀林導致洪水失去控制。要生存就需要在社群層級協力合作。無論聚落大小，地方的首領和祭司很快統轄了日益複雜的階層制度。

西元前二七〇〇年左右有一小段時期，人口的爆炸性成長與遠距貿易增加同時發生，有低地與高地之間貿易，也有沿著連接起印度河和波斯灣的古老沿岸航線的貿易。到了這個時期，印度河文明拓展的範圍已經大過現今的巴基斯坦。美索不達米亞的蘇美文明主要是都市，但印度河社會大不相同。印度河居民生活的區域是由主要城市和較小的社群交織而成，彼此間有著鬆散的文化和宗教關係。

一如城市對蘇美人的作用，對印度河領袖而言，城市也是一種組織和控制社會的手段。印度河平原至少有五個都市中心，最大城是摩亨佐達羅，幅員達兩百五十公頃，城市內和周邊地區的人口高達十萬人。摩城顯然是座經過規劃的城市，西端有座堡壘，俯瞰棋盤格狀的狹窄街道和房屋。遺憾的是，目前所有解譯印度河流域書寫字母的努力皆宣告失敗，因此我們對該城的統治者及其歷史一無所知。

哈拉帕、摩亨佐達羅和其他印度河流域的城市都是精心打造而成：他們有排水溝、水井，以及用來保護城市免受洪水侵襲的完善烤磚城牆。不過這些建設並非不會損壞，譬如摩亨佐達羅至少重建了九次。另一方面，考古學家挖掘發現了如珠工匠等工匠的工作場所，漁民工作的區域肯定也包含在內。他們的漁獲留下的骨頭在這些城市中比比皆是，其數量指出了職業漁民的存在。

儘管土壤肥沃，印度河平原是高風險的環境。數萬名非農民的都市人都仰賴反覆無常的洪水所產出的穀物。這樣的不確定性意味著，魚等食物只要可以大量捕獲便至關重要。若撇除採收大量漁獲的後勤工作，漁獲的保存還需要謹慎的管理，尤其是因為城市除了依賴河流的漁獲外，亦從遙遠的海岸地區進口大量的魚乾和鹹魚。印度河是條流速快的河川，其柔軟的河岸往往太過脆弱，讓人無法穩定在此捕魚。幾乎所有的淡水捕魚活動都是在平靜的迴水地、湖泊和較小的河道進行；這些地方的水流比較緩慢，可以捕捉鯉魚和鯰魚等魚類，特別是在印度河流速減緩的冬季和夏季。

在另一條大河薩拉斯瓦蒂河，河水較為平穩，可能代表那裡的捕魚活動更加頻繁。俾路支斯坦的河川和溪流流速也比較和緩，那裡寧靜的水池產出了大量漁獲。平靜的牛軛湖和支流是人們設置漁網的地點，漁民會使用赤陶沉錘增加重量，那些沉錘的樣子就像陶珠，但上有網子磨損造成的獨特磨痕。有枚來自哈拉帕的彩繪陶片描繪了一名男子站在魚群中，拿著一張或多張漁網。那幅素描的底部有一張大網位於水中，其上必定有許多受困的魚群。漁網並非唯一的捕魚工具。許多漁民也使用簡易的鉤繩。到了二七〇〇年，他們開始在金屬釣鉤上添加倒刺，而且他們也是第一批這麼做的族群之一。

過去，數十萬條魚乾從印度河河口被運往摩亨佐達羅等內陸城市，但今天我們僅能猜測貿易的規模。偶爾會有考古挖掘揭露像阿拉迪諾反映出的那種片段的生活情景：這座遺址位於喀拉蚩東方約四十五公里處，大約在西元前二七〇〇至一七〇〇年間，印度河文明的鼎盛期間蓬勃發展。[15] 一如在巴拉科特的情形，阿拉迪諾多數的漁獲都是海洋魚種，但這裡的漁民幾乎專精於捕捉銀雞魚。在阿拉迪諾考古挖掘範圍內的某個區域名為「高丘」，大約在西元前二五〇〇年後有人占居，幾乎所有的魚骨都在某條巷弄西側的三個房間內出土，其中多半都是魚頭的骨頭，暗示他們會將魚身乾燥和鹽漬。這正是今天當地商業漁場的做法，但地方食用的魚則會用不同方式處理：和現今的情形相同，當地人會把魚頭吃掉。

一如哈拉帕，摩亨佐達羅及其他印度河和薩拉斯瓦蒂河沿岸的城市不斷擴張，對貝殼、珠子和魚乾或鹹魚的需求似乎呈指數成長。就像在埃及和美索不達米亞，魚成為接近產業規模的商品，不僅餵飽人類，更用來飼養山羊、綿羊，甚至駱駝。

印度河南邊的西岸水域水淺且危險，西南季風強力吹拂時會激起猛烈的碎浪。通往位於今印度西部的貝里加札主要港口的狹窄水道可能引來生命危險，因為暗礁和強勁的水流可以在潮落時讓掉以輕心的船長擱淺。據《環航紀》所述，「為君王服務的當地漁民」乘著操縱自如的大船（這些船被稱為「特拉帕卡船」和「科廷巴船」），駐留在航道入口，準備指引訪客利用強勁的漲潮帶領他們進入並通過淺水域。[16]

《環航紀》的作者也提及在整個印度半島沿岸，最遠至恆河河口一路上的貿易機會、港口和流動快速的潮水。印度南端外海的島國斯里蘭卡是受歡迎的中途停留點。那裡廣大的氾濫平原受一百零三條大河和兩道季風餵養，是多產的產卵地，一年中有四、五個月都能捕到大量的魚。這裡的漁民僅在產卵季期間伺機捕魚，北方另一個氾濫平原國度孟加拉的漁民也是如此。鯰魚、鱧魚和所有常見的淺水魚皆可見於斯里蘭卡，牠們都是印度洋全境的船長十分熟悉的糧食。那裡的漁民會使用魚矛和釣鉤，但也相當依賴有毒植物，用來毒害受困乾涸水池中的魚。他們似乎沒有使用漁網。[17]

在斯里蘭卡的北方和東方，商船船長會進入一片有著餵養獨木舟水手超過四萬年的沿岸漁場的海域。熱帶氣旋會快速移動至孟加拉灣，為孟加拉帶來災害，但除此之外，人們繼續在這些水域利用季風航行，連接了印度洋世界和東南亞。他們最遠會來到秦尼（即中國），商人可以在那裡取得絲綢。「比這些地方更遠的區域，」《環航紀》寫道，「因為隆冬和嚴寒，船隻也相當難以進入。」[18]然而，該書給出詳盡的建議以斯里蘭卡作結：在那之外，是一片截然不同、鮮為人知的世界。

第十六章　鯉魚與高棉王國

因為地質上的意外發展，繩紋文化可能必然成為早期亞洲捕魚活動的典範。繩紋人長期以來以各種方式巧妙適應資源豐富、生態多樣的海岸環境，捕獵魚類和軟體動物。這讓他們在稻米農業和更複雜的社會在日本群島占據主導地位後許久以後，儘管是以多種樣貌發展，仍能繁榮興盛。中國古代的捕魚傳統也可以追溯至冰河時期後生氣勃勃、變化不斷的海洋環境，一如歐洲北部和地中海的情況。

中國農民與鯉魚

捕魚活動在中國中部和南部的發展情形和繩紋漁民的經驗形成強烈對比。在這裡，早在一萬兩千年前，捕魚就是廣譜狩獵和搜食活動的一部分。[1]長江下游流域供養的社群以野米維生，

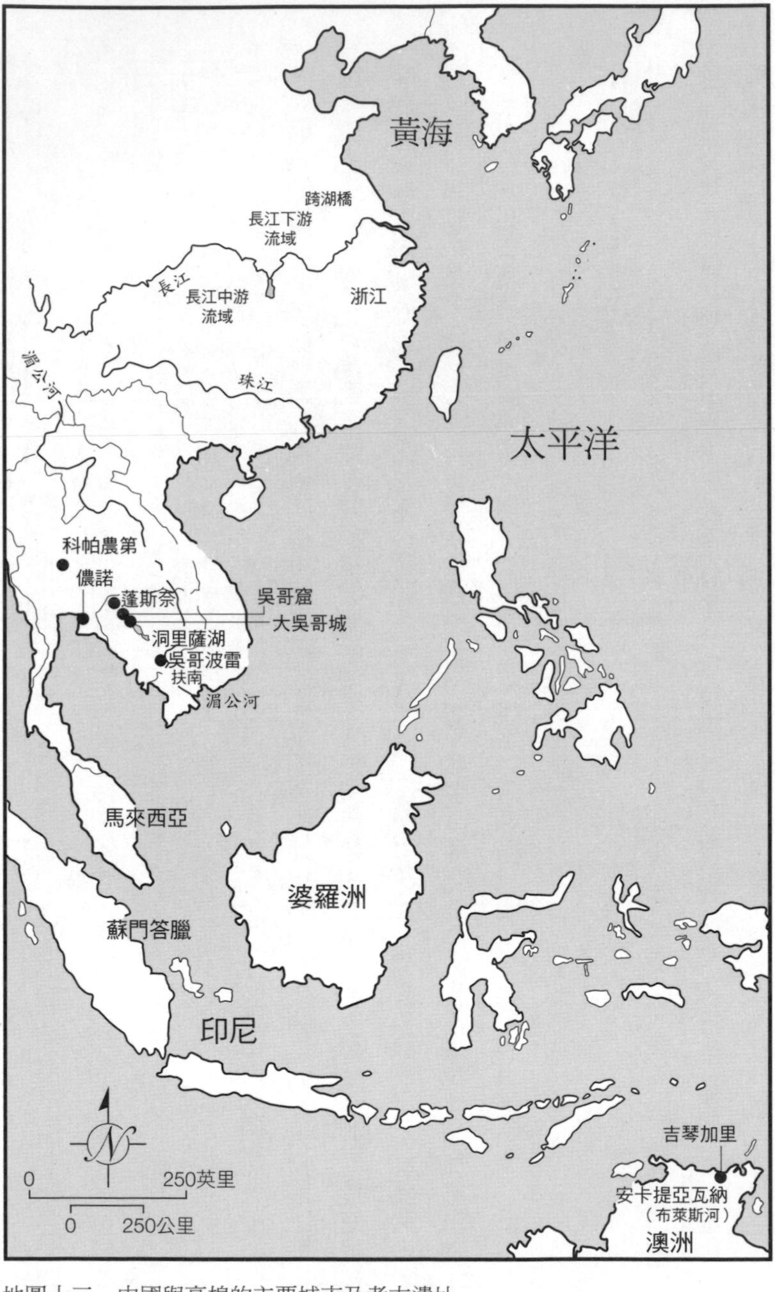

地圖十三　中國與高棉的主要城市及考古遺址

幾乎可以肯定他們也會食用氾濫平原上的淺水池和支流水路中常見的鯉魚。西元前七〇〇〇至六〇〇〇年左右，長江沿岸開始耕種稻米後，捕魚的重要性提高。鯉魚大量棲息在長江中游流域等氾濫平原地區，而考古發掘的沉積物中當然也有牠們的骨頭。在長江下游地區，跨湖橋遺址位於錢塘江南岸、低於海平面約一公尺處。在有人占居的時期，遺址的一側傍山，另一側則有些淡水湖。人們居住在積水地上的干欄式建築中，但最終因為海平面上升而遷離。這個區域的淺水使魚類相當豐富，跨湖橋可能只是此區的眾多聚落之一，但其他聚落都已經消失沉沒在海底。

經過好幾百年，中國漁民發展出一些簡易但有效的捕魚方法。[2]除了隨處可見的倒刺魚矛，漁夫還會從挖空樹幹製成的獨木舟、船筏和木板船上部署投網，尤其是在淺水域。有些漁網不過是帶有籠子來接收魚群的立竿網，有些則是可以撈捕大量漁獲的圍網。漁民會刻意種植灌木叢，用陰影和隱蔽處來吸引魚群進入淺水，再在那裡用漁網圍捕，或直接從水中撈起。早期中國的許多捕魚活動都會使用船筏，尤其是在平靜的內陸水域。木板拼成的平底船隻和筏子後來逐漸演變成兩端高起的中式帆船。

有個著名的捕魚技巧是運用馴養的鸕鷀。漁民會圈養飼育這些鳥，訓練牠們為主人捕獵小魚。通常，訓練良好的獵鳥不需要頸環來防止牠們把魚吞下肚。有時候，幾隻鳥甚至會通力合作，捕捉單一隻鸕鷀無法叼起的大魚。明朝作家徐芳曾評論：「多條河流的河岸都有許多人飼養鸕鷀，人們會用小船筏來載牠們……這些鳥兒會深深潛入水中，迅速叼起一些小魚；牠們的脖

帶著鸕鶿的中國漁民。威廉・亞歷山大（1767–1816）的水彩作品。（The Higgins Art Gallery & Museum, Bedford, UK/Bridgeman Images）

子上綁著一只小環，防止牠們吞下大魚……這些鳥貪得無厭、永不滿足，但漁夫對此相當滿意，獲利可觀。」[3]一直要到西元前一〇〇〇年後，在海上航行的中式帆船才會被用來在海岸捕魚，但當地特有的海盜活動限制了大規模的作業。

對前工業化的中國人而言，最重要是當一名成功的農民，而捕魚通常只是副業。隨著人口膨脹，耕地縮減，人們越來越仰賴野生食用植物和魚類。在黃河流域和長江中下游等許多地區，淡水捕魚是季節性循環的一部分；在這個循環中，魚類和包括稻米在內食用植物是人們主要的糧食。在信史時代，許多中國中部平原的居民會在夏季季風期間捕魚，這時他們的稻田和蘆葦住屋會淹水。他們有半年的時間都住在船上並吃魚，等到季風洪水退去時才回到農田。他們的史前祖先可能也是這麼做的。

在氣候較溫和的長江沿岸和更南方的地區，大量棲息在河中淺水處和湖泊中的淡水魚是重要的資源，尤其是亞洲鯉魚。季風時節是捕鯉魚的重要時期：消退的洪水形成淺水域，魚會受困其中，用漁網和魚矛便能輕易捕撈。在珠江流域和長江沿岸，夏季洪水挹注的廣闊濕地和淺水湖提供野生鯉魚理想的棲息環境。[4] 如此，遲早會有農夫打造水池來養活鯉魚，以便日後需要時取用，而他們確實很快就開始圈養魚。

學名為*Cyprinus carpio haematopterus*的鯉魚，亦即普通的赤棕鯉，是東亞的原生種。牠是雜食性的魚種，偏好流速緩慢或靜止的龐大水體，以及柔軟泥濘的沉積物。長江下游有四種鯉魚，即草魚、青魚、鰱魚和鱅魚*，全都會在產卵季期間從湖泊洄游至河流。他們在長江繁殖，接著在數千座河岸的湖泊生長。這四種鯉魚的產卵環境相似，但牠們生活在不同的深度。多數都在長江中游繁衍，那裡長三百八十公里的河道上有十二個產卵地點，直到了人們經常填土造地和建造水壩的河段，魚群數量才銳減。鯉魚很容易捕捉和在圈池飼養，牠們早在西元前三五〇〇年以前便已受中國人馴養，當時尚沒有捕魚或水產養殖的書面紀錄。

* 譯注：統稱為中國四大家魚，皆屬鯉科。

人們之所以開始飼養鯉魚，可能是始於野生魚口在季風季期間，遭沖刷進水池和稻田所致。[5]鯉魚是多產的種魚，生長快速，而且不會吃掉自己的幼魚。隨著農耕人口增加，飼養鯉魚成為人口越來越稠密的環境中，農民自給自足的一種可行的補充性食物來源。馴養的鯉魚生長的速度遠快過野生種，兩年內就可以重達四十公斤以上，並且長約一百二十公分。據說牠們是在養蠶農家被豢養長大，人們會用蠶的蛹殼和糞便餵魚。

早在人們普遍養殖鯉魚之前，中國政治家范蠡在約西元四七五年寫成了一部經典的入門書《養魚經》。范蠡為越國（今中國東部的浙江）大夫，首先開始在大水池中繁殖和飼養鯉魚。據說他在池緣種植桑樹，並設置養蠶場，蠶落下的糞便可以餵魚，同時桑葉能滋養家蠶和山羊。他的書中包含許多軼事，有時還提及神話，但關於鯉魚的建議如處方箋般詳實：「以六畝地為池，池中有九洲。[*]求懷子鯉魚長三尺者二十頭，牡鯉魚長三尺者四頭。令水無聲[†]，魚必生。」他在「二月」（西曆三月）期間將魚放入池中，並建議在四月（西曆五月）至八月（西曆九月）間一步步放入六隻鱉。他也將這種生物形容成「神守」，「所以內鱉者，魚滿三百六十，則蛟龍為之長，而將魚飛去，內鱉則魚不復去」[‡]。

在池中游來游去的鯉魚彷彿身在大江或大湖中。一年後產量顯著。「至來年二月，」范蠡寫道，「得鯉魚長一尺者一萬五千枚，三尺者四萬五千枚，二尺者萬枚。」總共價值「一百二十五萬錢」[§]。他建議留下兩千條兩尺的鯉魚，當作種魚，其餘全數售出。據范蠡估計，每年增加的產量會不可勝數。[6]

魚池養殖發展得相當複雜精細。有些魚池還特別設有多個人工凹地，鯉魚會自行依體型大小分開生活。為了養出大型的鯉魚，池主會從大魚聚集的湖泊和河流岸邊採集魚卵。此外，若從水邊取得十餘堆泥土鋪在池底，就能讓農民在兩年內養出大鯉魚。范蠡開始養殖鯉魚時，已經將他所有的財富都捐給窮人，後來又靠著養魚獲得第二筆資產。

接下來的數千年是中國養殖鯉魚的巔峰，漁民對魚群的飼料越來越講究，以避免寄生蟲滋生。[7]因為古代中國的所有水體都是公有的，養魚成為鄉村生活重要的一部分。在南方，漢朝（西元前二〇六至西元二二〇年）漁民的做法必定是遵循古法，他們會挖建自己的魚池和水塘，在裡頭種植蓮花和荸薺，並飼養魚和龜。他們會在池畔種樹和拴養水牛，並用水牛來耕地。在北方，黃河支流沿岸的等高灌溉水渠透過重力，為農田和魚塘注水。

鯉魚養殖的黃金年代於唐朝（西元六一八至九〇六年）崛起時戛然而止。因為皇帝的姓氏為

---

* 譯注：本書原文在此插入一句《養魚經》未載的句子：「在池中放入許多彎折數次的水生植物。」

† 譯注：《養魚經》原文為「以二月上庚日內池中令水無聲」，原文此處省略，緣由將於後文說明。

‡ 譯注：《養魚經》原文的意思是，若沒有鱉，魚口數達三百六十條時，會有蛟龍前來成為牠們的首領，並率領魚群飛離。但本書原文則是寫為「護衛牠們不受飛行掠食者的侵擾」。

§ 譯注：《養魚經》原文未提及魚的價格。

「李」，與最常被養殖的「鯉」同音。一道詔令下來，任何養殖鯉魚的行為立即被禁止，食用鯉魚更是應受五十大板的觸法行為。皇帝的命令最終讓一個越來越仰賴魚的社會因禍得福，因為詔令促使池主馴養新的魚種。養殖漁民轉為飼養鱅魚，這是另一種東亞的淡水原生種，可見於各地的大河和氾濫平原。這些有斑點的銀灰色魚體型龐大，體長介於六十至八十二公分，生長快速，非常適合水產養殖。牠們的魚肉色白且結實，使之成為優良的食用魚種。

漁民也會養殖鰱魚，這是目前世界上最常見的養殖鯉科魚種。這種濾食動物以浮游生物為食，可以達到極高的魚口密度。鰱魚的重量可以超過十八公斤，受到驚嚇時會猛然跳出水面，對獨木舟上的漁民和現今的休閒乘船者來說，是相當嚴重的危險。池主很快便發現，鱅魚、鰱魚和草魚或鯁魚可以共存在同一個水體中。每個魚種都會待在各自偏好的環境中。草魚是頂層魚類，鰱魚和鱅魚在中層，鯁魚則在底層搜食。這項發現使得養殖的生產力突飛猛進，同時人們也能在表面上遵循皇帝的詔令。一次幸運的基因突變也促使金魚出現，備受珍視，成為貴族花園中的觀賞魚類。唐朝的政策也導致另一項革新：人們會在不同季節沿著大河採集小魚苗。魚苗累積到一定數量後，會被分散到各個天然水域中，其放養方式到了宋朝期間（西元九〇六至一一二〇年）變得極為精細。

明朝（西元一三六八至一六四四年）皇帝大力提倡水產養殖，驅使漁民提供鮮魚給統治者和都市市集。明朝當局也鼓勵使用更精細的養殖技術，例如疾病控制手段，以及在池中添加食物和肥料。他們向池主宣導，使用動物糞便或有機廢物為池水添肥，以維持高生產力。除了如范蠡所建議，種植餵蠶的桑樹，農民還會在水邊建造豬舍和雞舍，才不會浪費牠們的排泄物。當要排乾池水維修保養時，池主會挖出底部的淤泥，用來替他的農作物施肥。在中國南部，人們會用魚來清理山腳下有築堤分界的農田。一旦雨水填滿農田，地主就會購買小魚苗，放入圍池中。在兩三年內，魚群便會吃光雜草根，農田也準備好可以耕種。地主會售出那些魚，並在淨空的農田上種稻。

到了一五〇〇年，從河流採集魚苗，再放入池塘飼養，在中國已是一門龐大生意。將漁獲發酵製成魚糊和魚醬的事業也蓬勃興盛，他們使用的技術和羅馬人製造魚醬的方式出奇相似。在中國中南方的貿易中，魚醬和發酵魚的交易占據很高的比例，在東南亞亦然。在養魚仍是家族事業的時期，飼養鯉魚的方法世代相傳長達好幾百年，水產養殖也成為中國農業的基石。

十三世紀的威尼斯旅行家馬可．波羅描寫了他在中國大河和湖泊看到的許多貨運運河。他也注意到每天都有鮮魚從海岸運往內陸的當地市集，數量多到他難以相信能夠全數售罄。他觀察到市場的魚種會隨季節變化，但不尋常的是，他辨認不出任何一種。今天，幾乎所有能在中國買到的魚都是養殖魚類。

洞里薩湖與吳哥窟

東南亞主要的三大河川系統是遠更龐大的古代水道的縮小版，每個河系都有自己肥沃的三角洲。泰國中部和昭披耶河三角洲組成其中一個河系，其二為湄公河和柬埔寨的洞里薩湖，其三為越南的紅河、馬河和藍江。[8] 這些河流週期性氾濫，大片農地淹水形成淺池，能夠種植生長快速的長稈稻米。在過去，每座河谷都是有較高地勢環繞的肥沃土地，耐旱的落葉林和潮濕的熱帶林受多變的季風循環澆灌，也受重大的地方氣候與地形變化影響。這些河谷供養密集的人口，孕育日益強勢且多變的王國，並確保遠距貿易的進行。

大約自西元前二〇〇〇年起，這些繁複的社會在東南亞各地深根，而稻米是社會的基礎。種稻社群最早出現於中國的長江河谷，並沿著河流和海岸往南拓展。稻米的栽種是源自中國的眾多構想之中最早從北方南傳、滲透進入東南亞和南亞的一種構想。西元前一〇〇〇至前五〇〇年間，同樣來自北方的青銅器時代技術開始為人廣泛使用，當時越來越興盛的遠距貿易，為一群富裕好戰的酋邦間的激烈競爭火上加油。

到了西元前三〇〇年，東南亞的海上貿易網絡已經是更大的商業領域的一部分，西起印度，東至峇里島。這樣的航海貿易帶來觀念的活躍交流與嶄新的文化影響。到了西元元年，有些東南亞社會已經成為王國，由貴族階級統轄；這些貴族與受人尊崇的祖先維持精神上的連結，也因此為人尊敬。有部分的統治者成為神聖君主，尤其是勢力範圍位於湄公河下游和洞里薩湖沿岸的君王，中國人稱這個區域為扶南，意為「千江之口」*。

扶南的第二個重要中心於柬埔寨的吳哥波雷興盛發展。[9]吳哥波雷的遺址位於今日首都金邊東南方約九十六公里處，可以藉由一條約八十五公里長的運河進出，至今依然如此。殘留在此地的磚土牆圍起約三百公頃地勢較高的土地，由一條人工渠道一分為二，四周圍繞著類似於三角洲的低窪氾濫平原。這些古老城牆標誌出一個統治中心的位置，其鼎盛時期粗估為西元前五〇〇至西元五〇〇年間。當地的高棉人視吳哥波雷為高棉文明的搖籃，至今仍有一萬四千人居住在那裡。一九九五至二〇〇〇年間，考古學家謹慎開挖了一系列的探溝，通往遺址的不同區域，而這些探溝記錄了一座發展精細的漁場。共有超過七千枚魚類碎片出土，混雜著哺乳類獸骨、鳥類和貝介類。魚骨來自至少二十四種魚種，最常見的是線鱧、攀鱸和鯰魚。

鱧魚是一種體型瘦長的掠食性魚類，可以生長至一公尺長。鱧魚除了因為可以透過鰓呼吸空氣而能夠在陸地上短距移動，同時也是多產的繁殖者，一年可交配多達五次。牠是技藝高超的掠食者，侵略成性（《國家地理雜誌》的部落格曾適切地稱牠為「魚界哥吉拉」（Fishzilla）），也被視為絕佳的食物。另一方面，攀鱸是另一個東南亞原生種，可以長至二十五公分，也非常適合帶

---

* 譯注：「扶南」一名應為古高棉語的音譯，為「山岳」之意。

至市場銷售，因為只要維持濕潤，牠便能長時間離水存活。

種稻和漁獵供養吳哥波雷等扶南中心好幾百年，讓它們的居民能夠居留在有利地點，得以沿用既有的交易路線和航海聯繫。湄公河漁場的資源相當豐富，足以讓大量人口同時在時常淹水、十分肥沃的廣闊土地上生活。在河口地區、河流和湖泊很容易就能捕到魚，而一如其他地方，人們可以用許久以前便已改良完善的簡單技術保存漁獲。鄰近洞里薩湖的吳哥文明是最偉大且悠久的扶南王國之一。

鮮少有其他地方的淡水漁場能夠媲美洞里薩湖的豐厚物產，這座大湖餵養了村莊、城鎮、大神廟和所有邦國，長達數世紀之久。早在吳哥成為邦國以前，某些東南亞社會已經發展成高度集權化的王國，並由貴族階級統轄；對他們來說，正式的展示、盛宴與儀式至關重要。多世紀以來，這些王國的首領試圖開拓規模前所未有的政體，憑藉個人魅力和勢力統治。起初，在湄公河下游和更上游近洞里薩湖平原一帶，他們的王國在河畔和低地區域繁盛發展。政治發展極為動盪，但到了西元六世紀，經濟政治的重心已經朝內陸的洞里薩湖移動，中國人稱該區為「真臘」。

湄公河是東南亞最長的河川。它發源於青藏高原，流經超過四千兩百公里，穿越眾多邦國，包括中國、柬埔寨和越南，再通往東海。湄公河是世界上最多產的淡水漁場，而洞里薩湖為其中心。數世紀以來，來自洞里薩湖的魚滋養了偉大的吳哥文明及其數千名農民和工匠。我們無

洞里薩湖用來捕魚的人工水壩，攝於一九一八年。（History/Bridgeman Images）

法計算確切有多少人受吳哥文明治理，不過人數絕對遠少於二十一世紀的高棉。儘管人口稠密，洞里薩湖漁場資源並未耗竭。最有可能的情況是，水產養殖已經成為維持其產能的重要角色。今天，考量到有近六千萬人居住在該區域，仰賴湄公河中五百多種魚種維生，這座漁場若沒有水產養殖必將耗竭，但今位於遙遠上游、野心勃勃的水力發電水壩也威脅著漁場的存續。[10]

洞里薩湖坐落於柬埔寨中部，經由一百二十公里長的洞里薩河與湄公河相連；兩河於金邊交會。[11]湖泊本身覆蓋了湄公河下游流域廣大氾濫平原中的一處窪地，而洞里薩河是在流域南緣交錯多變的河道網絡中湧出。從五月至十月的多雨季風期讓洞里薩湖的水位上升至最高水位。淡水紅樹林圍繞在湖泊周圍，是供養種類繁多的動物和植物物種的棲地網絡的一部分。由於湄公河的洪水和當地的季風，洞里薩河在五月至十月會從湄公河向北流動，其餘時間則向南流，導致湖泊乾涸。流入湖泊的沉積物含有養分，可以餵養浮游植物，並滋養資源出奇豐富的漁場。至少有一百四十九種魚種在洞里薩湖蓬勃生長，此外還有大量的鳥類和水蛇。漁獲體型小至手指長的銀魚，大至湄公河巨鯰，後者是世界上數一數二大的淡水魚。這種巨鯰的成魚可長至三公尺，重達兩百三十公斤。湄公河巨鯰因為容易被捕捉，至今已過度捕撈而被列為非法獵物，但牠是當地人早期的主食之一。

隨著洞里薩湖氾濫，周邊區域成為最好的養魚場地。人們在雨季尾聲，水位開始下降之際，才真的開始捕魚。流出的湖水帶走魚群，多為鰱魚，人們會謹慎部署漁網捕捉；這些漁網通常是從漁民的水上住家布下的圓椎狀裝置。此法可以捕捉數萬條魚，多數會經過清洗，接著鹽漬發酵，製作成一種名為*prahok*（即魚膏）的魚醬，被當作調味料廣泛使用。去除的魚頭則用作稻田的肥料。

曾有多位高棉統治者試圖將洞里薩湖區域一統成單一王國，但無人成功，直到一位精力充沛的君主闍耶跋摩二世於西元八〇二年即位。他征服了競爭者，建立一系列的朝貢王國，並自封為至高君王和印度教神祇濕婆在地球上的化身。闍耶跋摩二世統轄一個強而有力、高度集權的政權長達四十五年，需要大量的糧食盈餘，以及謹慎掌控的龐大勞動力，以利建造運河、蓄水池，並興建精緻的神廟，來安放每位統治者的皇室林伽。*高棉多個朝代的統治者所建立的首都群是宇宙的中心，亦即今日名為吳哥的區域。它所形成的社會有種向心力，帶來對財富和奢侈的崇拜，並將神聖君主尊奉到驚人的高度。[12]

另一位雄心勃勃的統治者蘇利耶跋摩二世於西元一一一三年登上高棉王位。四年後，他下令建造吳哥窟。這是一座非凡的神殿，也是現今世界上最龐大的古代宗教建築。吳哥窟聳立高過樹林六十公尺，若與之相比，就連蘇美最大的金字形神塔也顯得矮小，而摩亨佐達羅在印度河畔的堡壘就像座村莊小廟。如果沒有多產的稻作農業和豐富的洞里薩湖漁場供應的巨量配給糧食，高棉就不可能建成這宏偉壯觀的建築。

吳哥窟是高棉人所付出的終極努力，為的是重現供奉印度教神祇毗濕奴（宇宙的保護者）的聖殿。它在設計上的每個細節都是為了在陸地上呈現印度教天界的某些部分。眾神生活在神山「須彌山」頂峰，由一座中央高塔來表現之。另外四座塔則是須彌山較低的山峰，而神殿有道圍牆環繞，呈現的是位於靈性世界邊緣的山脈。有幅長型浮雕綿延一百六十八公尺長，覆蓋廊道下半部的牆面，呈現國王和他的廷臣騎乘在一頭大象上接待高官。牆面的其他部分還有交戰的場景，以及賞心悅目的仙女群，她們上身赤裸，手舞足蹈慶祝天堂的歡愉。有面牆描繪著印度教傳說「乳海翻騰」的場景：巨人和眾神合力拉扯婆蘇吉的軀體（祂是一條纏繞曼陀羅山的巨蛇），

＊譯注：印度教的男性生殖器像，為濕婆的象徵。

以攪動原初之海。祂們攪拌了一千年，取得長生不老的靈丹妙藥。藝術家雕刻出數十種不同的魚在洶湧的海中胡亂翻滾。根據傳說，這些魚遭到毒害，蘇利耶跋摩二世用劍將牠們一剖為二，行使他身為毗濕奴化身的職責。神廟中有另一幅鮮為人知的浮雕，呈現較平凡乏味的活動：人們在樹林茂密的濕地捕魚、狩獵和演奏音樂，而濕地棲息著大量的鳥類、魚類和鱷魚。

多年來，考古學家都認為吳哥窟和附近的大吳哥城是各自獨立的宮殿神廟。而今他們運用「光達」，基本上就是承載在直升機上極為準確的光感測器，來記錄地表上的一切，無論是否為樹林掩蓋都能被記錄下來。[13] 現在考古學家已經知道，吳哥窟是矗立在一片人為建造的龐大農耕和水域地景之中，滿布築堤或圍堤的稻田，涵蓋約一千平方公里的面積，估計供養了七十五萬人。吳哥窟是分布範圍廣闊的都市複合體的一部分；早在吳哥窟建成前，這個複合體便已存在。主殿位於渠道、堤防和蓄水池組成的龐大網絡的中心位置，這片網絡由三條通過城市並流入洞里薩湖的小河來處理、貯存並分配水資源。這座供水系統的規模實在令人嘆為觀止。西巴萊湖（或稱人工湖）大約位於吳哥窟西方兩公里處，約長八公里、寬兩公里，由人工改道向北的河流注入池水。有數千人在神廟服務，還有數千人種植稻米和在洞里薩湖捕魚，以供養神廟的工作人員。都市涵蓋範圍廣大，人們在此栽種並捕捉用來當作配給的食物，以餵養服務神聖國王的龐大勞動力。相關的後勤工作就和吉薩法老統轄的一樣複雜但條理井然。

一一八一年，另一位統治者闍耶跋摩七世在不遠的大吳哥城建立了新的首都。當訪客走入其中，便進入了一個象徵性的世界，而國王的陵廟巴戎寺位於中心。在巴戎寺，有些浮雕描繪了一座市場，百姓群眾聚集，男人們用炙叉火烤大魚，烹煮肉和米飯。此外，有些浮雕呈現了男人們部署漁網及其用魚矛刺穿的漁獲被平擺在乾燥架上的場景，還有些浮雕則描繪了女人在市集賣魚的景象。

這一切無度的支出全都仰賴吳哥卓越的生產力，包括其稻田、蓄水池和運河，以及資源格外豐富的洞里薩湖漁場。法國探險家亨利．穆奧曾在一八六〇年一月划船橫渡洞里薩湖，觀察到「湖裡棲息的魚多得令人難以置信，水位高漲時，牠們真的會擠壓到船底，划槳時也經常受魚群阻礙」。[14]一如現今，當時的漁民也大多是在十二月至五月間捕魚，他們會誘捕、網撈和肥育數萬條鯉魚和鯰魚。

即便資源如此豐足，但高棉國的人口極為稠密，必定需要水產養殖輔助。遺憾的是，水產養殖仰賴的是易腐的有機原料，鮮少能夠留存成為考古學家可研究的素材，因此我們僅能猜測高棉國鼎盛時期的養魚規模。從世界其他地區判斷，簡易但有效的養殖方法可能經過數百年仍一成不變。因此，檢視該區近代前工業化的水產養殖，來一窺更遙遠過去的情況，是合理適切的做法。

高棉王國的人們必然輕而易舉就能在三角洲和洞里薩湖捕魚，並讓魚群在圍池和水塘中覓食；後者這個構想可能是從中國南傳而來，因為在中國長江沿岸，以及其他位於低窪地帶的沿岸河流和河口地區，水產養殖早已發展了好幾百年。養魚的生產力必然極高，而且可能會因為在稻田飼養鯉魚等魚類而進一步提升，這是現今十分常見的做法。在柬埔寨這樣的水鄉澤國，在流動的水中養魚有許多重要的好處，因為流水能夠帶來氧氣並沖走魚群的排泄物。

當今柬埔寨的水產產量相當可觀。[15]高價魚種被飼養在底面積約九乘四點五公尺的竹籠或木籠中，例如鯰鯰，牠是南亞和東南亞原生的一種中大型淡水鯰鯊。飼養籠漂浮在水面，有稻草墊或布袋蓮等水生植物覆蓋著，讓魚群保持涼爽，而籠內空間每立方公尺能夠在八個月左右產出高達一百至一百二十公斤的魚。現在是由專門捕捉魚苗的漁民為魚池補充魚群。

鯉魚可以在流水魚籠中生長茁壯，甚至在受汙染的下水道和河川也不成問題，但牠們的魚籠通常會被固定，而且往往完全沉在水裡。漁民一般以浸泡過的米餵食鯉魚，牠們的生長速度出奇地快，通常長至可銷售大小時就會立即被賣掉。

為了因應爆炸性的人口成長，水產養殖在中國和柬埔寨的重要性日增。養魚業如今在東亞和東南亞供養了數千萬人，其飼養方法直接承襲了早在帝制中國和吳哥窟出現以前便已發展完備的古法。

第十七章　鯷魚與印加文明

在安地斯山腳的查文德萬塔爾遺址，考古學家在神廟中至少找到了二十支能發出響亮聲響的海螺殼號角，證實海貝在遠離牠們太平洋家鄉的聖地頗具力量。查文德萬塔爾是一片地下水道構成的迷宮，水會透過隱藏的地道產生陣陣回音。一名現代的專家吹響海螺時，研究者將小型麥克風放在他嘴裡，以及貝殼的吹嘴、號角身和號口中來錄音。那聲音就像法國號，而且能夠以類似吹奏管樂器那樣，藉由按鍵產生變化：演奏者將手放入螺口中就能改變音高。透過在神廟的儀式廳設置麥克風，科學家演示出號角輕柔低沉的樂音，聽起來就像同時從好幾個方向傳來。聲音嗡嗡作響，帶來一種迷失感，必定能讓聽者更加感到驚嘆和崇敬。這種號角的樂音強化了古代神廟的超自然氛圍。[1]

在舊寺裡的一座中央廳室，一根名為「藍琢」的花崗岩巨石柱聳立其中。那是座人貓塑像，齜牙咧嘴露出尖牙。藍琢可能是查文的主神，也是神諭，祂所宣告的訊息會從其頭頂上方的一間隱室出現。在查文的其他地方，藍琢上的雕刻所描繪的神祇一手拿著一只海螺，另一手拿著多刺的牡蠣殼，可能是要表現生育力和雙重性別。這些貝殼也象徵著遙遠海岸和山區間、高地和低地間的頻繁互動，而這正是安地斯歷史的主線之一。

查文的海螺和多刺的牡蠣殼，從牠們在厄瓜多海岸外海的家鄉，由駱馬背馱運送超過五百公里，跨越沿岸平原，接著走上通往山腳的蜿蜒小徑。這種海螺是鳳凰螺，人們會將之當作儀式性樂器來使用，也會將之塑形成精美珠寶和其他飾品的鑲飾。[2]只要切掉尖端，並磨出吹嘴，就能輕易為人使用。海螺殼是安地斯地區最神聖的器物之一，和許多其他的古代社會的情形如出一轍。鳳凰螺號角從遙遠的愛琴海島嶼和南亞地區加入音樂歷史。《薄伽梵歌》（即印度的「神之歌」）描述上主「克里希納」和王子「阿朱納」坐在由白馬拉行的巨大戰車登上戰場時，如何吹響海螺號角。海螺號角已為人使用多年，因此美國海岸防衛隊在官方的《航海規章》中，將之列為合法的造音裝置。

海菊蛤（亦即多刺的牡蠣）更加難取得。牠們棲息在墨西哥灣和太平洋，吸附在海平面下六至十八公尺的暖水礁岩。要尋找這些深水軟體動物，人們必須在不攜帶任何設備的狀況下潛水；就連對專家來說，這也是份危險的工作，他們經常因為潛水而喪失聽力。採集上的困難必定增添了牠們的價值。對安地斯地區的族群而言，海菊蛤是「眾神的血液」，貝肉只有神祇能夠食用，而吃下之後會讓人產生幻覺的特點，可以幫助薩滿巫師進入出神狀態。這項特性讓牠的貝肉成為連接生靈和超自然界之間的管道，也可以用來「供養祖先」，而祖先負責控制水資源，也因此掌握了人類存續的未來。

一如海螺和其他貝殼，人們在公開儀式上的詠唱和為舞蹈伴奏時會用到海菊蛤。在這類的儀式中，聲音至關重要。牡蠣殼垂飾會隨著穿戴者移動叮噹作響；螺殼鈴、鼓、瓠果製成的撥浪鼓及摩擦發出的聲響全都能製造音樂。把多刺的牡蠣殼放在耳邊時，會聽見海浪般的聲音，而過去的聽者可能將之詮釋為一種超自然音樂。沒有人知道海菊蛤確切的靈性意義。牠可能象徵農業的豐產：高位的君主會將多刺牡蠣殼磨成粉供奉給眾神，以預防旱災發生。這種軟體動物身上的紅色使人聯想到鮮血、女性和犧牲。牠也可能象徵靈性的轉換，也就是安地斯薩滿巫師輕鬆從人世進入超自然世界的能力。

在數百年間，有巨量的海菊蛤殼從厄瓜多被運送到附近的高地和低地。印加工匠會用那些貝殼雕刻小塑像，而海菊蛤製成的珠子也大量遍布低地。蛤殼貿易既有利可圖又可為持有人帶來聲望，因為這種多刺牡蠣和水的儀式密切相關，而這類儀式是安地斯信仰的核心。多刺牡蠣殼一直到十七世紀都仍為人高度珍視。到了現代，牠們成了收藏品，和其他在古代受人尊崇的貿易商品相同，是現今秘魯和厄瓜多之間政治關係改善的象徵。[3]

從遷徙到定居

從少量的放射性碳定年的結果來看，人們早在一萬四千年前便已在南美洲太平洋沿岸定居捕魚，甚至可能更早。陸地上確知最早的捕魚社群位於克布拉達，鄰近現今秘魯南部的卡馬納鎮，在初次有人移居美洲不久後建立。當時的海平面較低，營地位於內陸距離太平洋七至八公里處。[4]直到西元前六〇〇〇年左右，可能陸陸續續有人住在克布拉達。當時的狩獵採集者絕對沒有在此定居，而是依循季節循環，從高地遷移到太平洋再折返，可能沿著天然的排水道南下。他們從位於大約上游一百三十公里處的已知來源取得黑曜岩，用以製作工具。暫居海邊時，他們幾乎只吃海生食物。考古挖掘揭露，在出土的動物骨頭中，有百分之九十六點五來自魚類，尤其是石首魚，它經常被用來製作檸汁酸醃魚（一種在印加時期或甚至更早便流行的生魚沙拉）的基底。

我們幾乎可以肯定這裡的漁民是用漁網捕魚。我們僅有的證據是一些可能為漁網和充當浮子的瓠果塊的殘骸。漁民也會採集斧形尖峰蛤（學名為*Mesodesma donacium*），這種蛤蜊會在潮間帶大量生長，除非棲地受到聖嬰現象擾亂。海岸的資源如此容易取得，因此在西元前六〇〇〇年前的某個時刻，人們不再只是暫時紮營，改為在此永久定居。他們與高地接觸的頻率似乎越來越低，因此克布拉達的黑曜岩大量減少。到了西元前六〇〇〇年，在較大的克布拉達遺址周邊至少

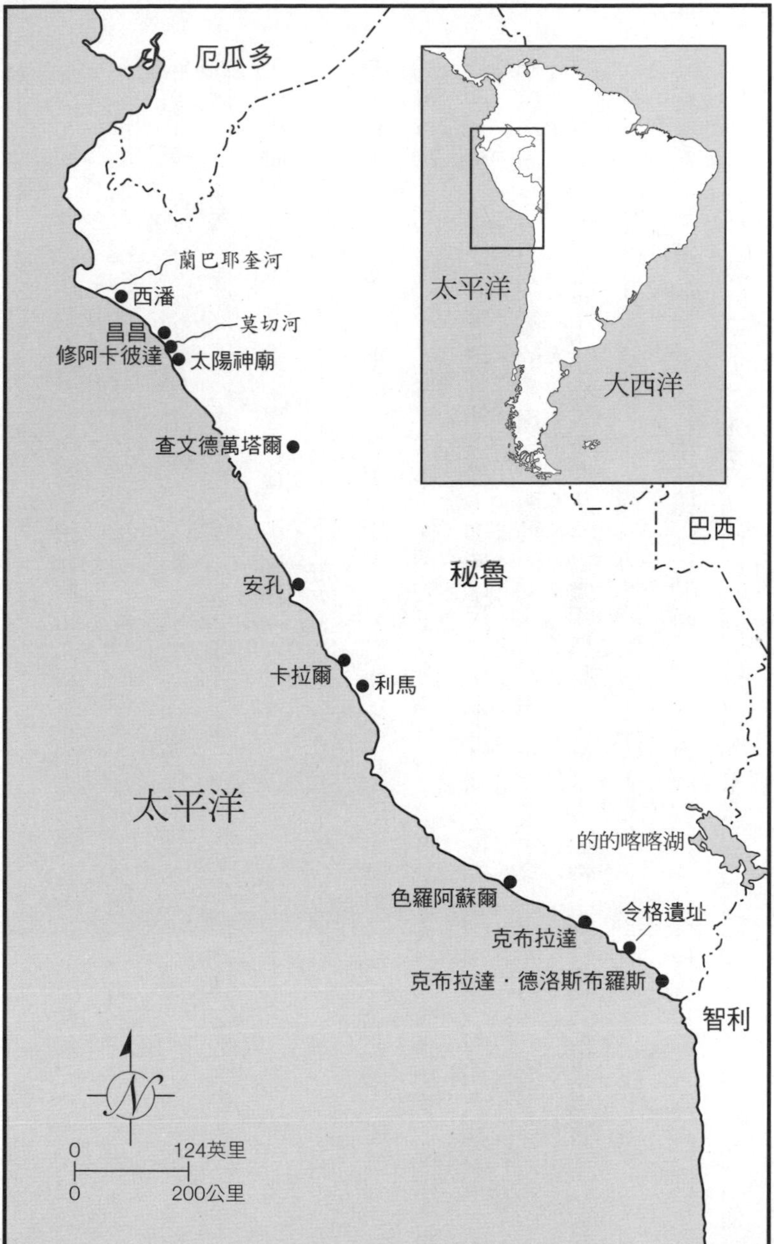

地圖十四　南美洲西部地區的考古遺址

有十七個較小型的營地。

大約在一萬一千年前，秘魯南部和智利北部的亞他加馬沙漠沿岸開始出現永久聚落。我們從幾個地點得知這一點，包括位於現今秘魯沿岸城鎮伊洛的南邊、多層的令格遺址。這裡有座大型的環狀貝塚，大約在西元前九二〇〇至前三八五〇年間累積而成，包含了厚厚的數層魚骨、軟體動物，以及海洋哺乳動物和海鳥的遺存。[5]考古挖掘唯一找到的陸生哺乳動物是四隻老鼠。令格人是廣譜狩獵搜食者，完全專注在海洋覓食。

另一座沿岸遺址克布拉達．德洛斯布羅斯的居民也是如此。西元前七七〇〇至五三〇〇年間，有一小眼泉水為那裡的人們提供用水。他們居住在狹小的半圓形住屋中，當時多數的海岸族群可能都是如此，並仰賴太平洋作為他們的主要食物來源。據推測，人們應該是用漁網捕撈大量的沙丁魚，並用釣鉤捕捉其他魚種。這些居民也會獵捕陸地生物，諸如原駝、鹿和大型海鳥；他們會用用有著石製刀尖的矛槍射殺海鳥，同樣的武器也可能被用來刺穿鯊魚。

往內陸走一公里半左右，有塊生長著食用植物的土地，人們稱這種植物為落馬植被，它會從六至九月間的濃霧吸收濕氣，並在晴朗的月份死亡。從遺址中出土的斧形尖峰蛤殼上的季節性生長輪來看，過去人們最密集採集軟體動物的時期是在十月到五月之間，也就是沒有落馬植被生長的月份。後來，定居於此的人們採集蚌蛤的時節縮減到九月至一月之間。從軟體動物的貝殼來看，克布拉達．德洛斯布羅斯在早期是永久定居地，但在晚期則成為季節性的居所，居民會在內陸生活，並在霧季來到海岸，狩獵並採集落馬植被和蚌蛤。這個轉變的原因依然成謎，但可能跟永久水源的改變有關。

在遙遠的北方，人們從西元前四五〇〇至前一〇〇〇年左右生活在帕洛馬聚落，位於今秘魯首都利馬南邊四十八公里處、契爾卡排水道北邊十五公里的海灣後方。[6]帕洛馬的總面積為十五公頃，附近有廣袤的落馬植被。起初，那裡只是經常遷徙的族群的季節性營地，但他們的後代永久定居於此，大約有三十至四十人生活在圓頂狀的住屋中，以藤竹搭建支柱，並以禾草或蘆葦覆蓋屋頂。這裡出土的垃圾堆呈乾燥狀態，讓漁網和骨製魚鉤的殘骸得以被保存下來。帕洛馬的漁民會捕捉大魚、獵捕海鳥和海洋哺乳動物，並採集軟體動物，但他們最常吃的是鯷魚和沙丁魚等小魚。人骨的化學分析顯示極少量的鍶，這通常是高蛋白質含量的飲食才會出現的跡象，而蛋白質只可能源自於太平洋。許多帕洛馬的男性因為在寒冷的海水中潛水，導致耳朵受損。一開始，男性消耗的蛋白質比女性更多，但女性的蛋白質消耗量在數百年間逐漸增加。此外，還有些跡象顯示某些個人和家族吃得比其他人更好，暗示著帕洛馬社會並不平等。

帕洛馬的居民大多靠海為生，但他們的飲食也包含落馬。他們在耕作上相當受限，因為當地的環境讓他們僅能在氾濫後的溪床種植豆類、瓠果和南瓜等作物。土地提供原料給衣物、住屋、漁網、籃子和釣魚浮標，還有煮食和取暖用的柴薪。我們可以論稱，土地為人們的捕魚活動提供了簡易的基礎，因此從非常早期開始，以海洋和陸地為基地的經濟結構便相互依存。當內陸社會開始建造主要的儀式中心，社會發展越來越複雜時，這種相互依賴便日益加深。與此同時，隨著沿岸人口攀升，供養較早期社群的落馬植被已不再足夠，捕魚社群就可能變得更仰賴氾濫平原。

「小小的受害者互相推擠」

一八六五年，美國考古學家兼外交官伊弗雷姆・斯奎爾登陸秘魯北岸，並在日後留下了最早描寫印加廢墟的文字。他的船員替他划槳向岸，穿過一道和緩的浪湧，途經「一群緊貼著彼此的小魚（鯷魚）……似乎是被海中貪吃的大型天敵追逐至近岸。小小的受害者互相推擠，導致牠們的鼻子露出海面，讓海洋看似覆蓋著一層東方鎧甲。我們可以大把大把、成千上萬地撈取這些魚」。[7]帶狀鯷魚群沿著海岸延伸約一點六公里長。婦女和小孩「用他們的帽子、盆器、籃子和襯裙的前緣」撈捕小魚。斯奎爾抵達的是世界上資源最豐沛的海岸漁場之一。

秘魯鯷是棲息在太平洋東南部的表層魚種。牠們靠著較大的浮游動物維生，包括磷蝦和大型的橈足類，並且會在秘魯外海洪保德海流的湧升流水域大群活動。鯷魚是種三年生的小魚，體型最大約二十公分。[8]今天，牠們是世界上最被重度開採的魚種之一，一九六八年達到巔峰產量約一千零五百萬公噸。

鯷魚漁場的豐沛程度眾所周知。這片狹長的沿岸水域從智利北部延伸至秘魯北部，總長超過兩千公里，年復一年，每平方公里都能產出多達一百公噸的鯷魚。現今，它的產出超過全世界商業捕撈漁獲量的五分之一，其豐富資源唯有在西南非納米比亞外海、同樣有湧升流的本格拉海流能與之匹敵。在秘魯外海，大約在南緯八度、十一度和十五度處，有知名的「熱點」，每平方公里可以產出多達一千公噸的漁獲。不出所料，秘魯最大的一些早期遺址分布在長達六百公里的沿岸地帶，並被這些熱點包圍。最複雜的捕魚社會出現在漁場資源最豐富的地點。至少在理論上，前現代時期的鯷魚魚口可以供養多達六百萬人。[9]

鯷魚以浮游動物為食，海鳥靠著鯷魚和軟體動物茁壯生長，而人類則三者都吃——唯有發生聖嬰現象的年份除外，因為溫暖的海水會淹沒寒冷的海水，導致鯷魚移動到其他地方，鳥兒也隨之而去。聖嬰現象無法預期。較嚴重的時候會將人們從未見過的熱帶魚帶到沿岸。在這些年間生活苦不堪言，人們會吃較少的魚、軟體動物（如果有找到的話）和他們能在陸地上找到的任何食物。

捕魚活動總是會在人口上升時變得更加密集。沿岸社群會用各式各樣的方法提升漁獲量。在秘魯沿岸，因為有熱點，漁民會編織更多漁網，並使用蘆葦船，一次比一次捕捉更大量的鯷魚。如果沒有種植棉花，他們就不可能辦到這一切；這種纖維具備罕見的特性，就算長時間接觸海水也能耐久，使之成為製作細目漁網時特別實用的素材。大約在西元前二五〇〇年後，棉繩和棉網變得普及，人們也越來越密集、大規模捕撈小魚。當時漁民幾乎完全不再捕捉較大的魚，改為專捕鯷魚和沙丁魚，後者顯然是在聖嬰現象期間所捕的魚種。當時，沿岸的安地斯居民種植用來製作工具的植物（例如製網的棉花和充當浮子的瓠果）遠遠多過食用植物。

捕魚技術因地而異。在有沙灘的地方，人們偏好從蘆葦船上撒網。而若是較多岩石的海岸區段，如桑塔河南方，他們就會仰賴魚鉤和釣繩，在近岸捕捉較大的魚種。太平洋沿岸最密集的人口分布在沙灘附近，也就是鯷魚漁獲量最多之處。有些專家認為，在西元前一八〇〇年前的四百年內，沿岸人口可能成長了三十倍之多，那是段沿岸地帶出現大量建設計畫的時期，期間地方社會變得更不平等，社會發展也更加複雜。[10]

在谷地的人類聚落的爆炸性成長也促成古代社會某些最精細的灌溉系統的出現。[11]安地斯人開始藉由節約使用河川洪水，來種植玉米、豆類、辣椒、南瓜和其他作物，最初是利用小規模的灌溉系統，後期的規模則大上許多。西元前一八〇〇至前四〇〇年間，長短不一的運河灌溉了超過四千一百公頃的農地。當小規模灌溉也變得普及，人們飲食中的植物比例開始增加，海岸生活的動力便劇烈轉變。人們同時在沿岸捕魚並在河谷耕作，使得食物來源變得更加穩定。最終，許多海岸社群遷移至內陸，只剩下仍待在太平洋沿岸的人們才會捕魚。有些沿岸村莊成為專業的捕魚社群，把魚當作商品，供應給勢力日益龐大的內陸中心。

由於海岸船筏的發展，鯷魚漁場的產量大幅增長。因為這裡沒有樹木可以讓人們挖空樹幹製成獨木舟，漁民利用一捆捆綁緊的「托托拉」蘆葦，製成兩端船頭猛然高起的輕量獨木舟；這種

秘魯的托托拉蘆葦船。（De Agostini Picture Library/Bridgeman Images）

蘆葦在近岸地區大量生長，長達數千年來被人們用來建造簡易住屋。今天，這些獨木舟被人稱作「小蘆葦馬」，因為吃水較淺，人們可以跨坐在上方。漁夫會用他的雙腳將船推離沙岸，進入浪花之中，於是高船首便能讓托托拉船破浪航向較深的水域，去捕捉較大的魚。

一旦進入深水，托托拉船的船長會讓幾艘船聚集在一起，以便撒下加重的細目刺網；這種網可以捕捉數千條鯷魚，有時還能撈到鯔魚等較大的魚種。刺網一就定位，個別的漁民便會開始設置附餌的蘆葦陷阱，用來捉龍蝦和其他甲殼動物，或是用鉤繩釣魚。到了現代（某些托托拉船至今仍有人使用），每個漁夫會有兩艘獨木舟，一艘在岸上晾乾，以避免積水，並使用另一艘。托托拉船和現今的槳板有明顯的相似之處。

安地斯文明的崛起

大量的鯷魚漁獲會以乾燥處理，可能是被鋪排在蘆葦墊上曬乾。作為產品，鯷魚乾和沙丁魚乾有無數益處：牠們很容易被大量捕捉和乾燥，也是可靠的食物來源，同時重量夠輕，而能靠著人背籃子或網子，或放入駱馬鞍上的馱包，大量運送至內陸。人們開始密集捕撈鯷魚和沙丁魚的時期，與大型儀式中心的發展和灌溉農業的擴張重疊。這些大規模的公共工程，以及日益精細的社會和儀式環境，需要大量既不是農夫，也不是漁民的人民。興建磚土建築的工人和那些挖掘規模日益擴大的灌溉工程的人員全都需要配給糧食。

在安地斯文明出現的過程中，魚和其他海產有多重要？世世代代的考古學家都假設，唯有在能夠發展密集農業，供養快速成長的都市人口時，前工業化文明才得以崛起。這項假設不一定適用於秘魯海岸和與之相連的河谷，當地的主要儀式中心和攀升的人口在西元前二〇〇〇年前便已蓬勃發展。多年前，考古學家麥可．摩斯利在北岸的安孔—奇利翁地區工作，記錄下大約在西元前二〇〇〇年後當地快速的經濟變遷。[12]他指出，在沙漠耕種需要農業植物和相關的種植知識，也需要建造灌溉渠道和農田系統的勞動力，以及能夠組織管理工人的社會制度。在這裡建造這些大型建築的社會機制必然已經具足。

早在生活在太平洋沿岸的人們開始灌溉河谷以前，他們已經興建出繁複的儀式建築，其過程需要大量的工人。這些勞動力是由海洋經濟供養，而非較晚期才出現的灌溉農業。農耕活動本身並沒有發生突如其來的轉變；反之，越來越強勢的權力機構出現，來指揮和維繫早在密集的氾濫平原農業出現前，便早已建立的精細儀式建築。摩斯利論稱，此權力機構是在捕魚社群樂意且自願屈服於某種形式的管控時誕生。他相信太平洋海岸獨一無二的海洋資源提供了足夠的卡路里，去供養在此久居且快速成長的人口，這些人並不是農夫，群集在海岸和內陸河谷越來越大型的社群中。如果摩斯利說得沒錯（而且他的理論確實經得起考驗），那麼在後期發展出來、由政權管理且精細運作的安地斯社會中，魚就是根本的經濟基礎。

我們可以從被帶上岸的漁獲量看出轉變。從現代產量判斷，如果古代生活在沿岸人口達漁場負荷量的六成，而且人們只吃小魚，那麼海岸可能供養了超過六百五十萬人。這不必然意味著當時確實有這麼多的人口，但數據顯示，開採小魚為複雜社會的出現，打造了非常充足的經濟基礎。

當然，我們無法主張捕魚導致安地斯文明崛起。可是，魚絕對是好幾世紀以來，在高地和低地皆曾開展的文化變遷的一部分。對沿岸資源的依賴導致沿岸形成龐大而稠密的人口，他們的領導者能夠組織勞動力，不僅可以建造大型的儀式中心，後期更為了種植供製網使用的棉花和瓠果等其他作物，興建大面積的灌溉工程，讓河谷改頭換面。在此一假設下，灌溉農業掌握在分界嚴明、擁有強勢宗教權威的一小群人手中：他們是菁英階級，利用現存的簡易技術和和地方人口打造新經濟。這項轉變奠基在貿易、玉米農業（大約在西元前四五〇〇年開始於海岸地帶發展）和海洋飲食之上，是安地斯社會徹底變遷的動力。不過，它仰賴的卻是古代的捕魚傳統，有資料可以佐證這些傳統在數千年前的早期沿岸村莊便已存在。數千年來，多數的海濱人口有超過九成的生計都來自海洋。

沿岸社會的規模和複雜程度呈指數成長，這個現象在資源最豐富的漁場所在的那六百公里海岸全境皆顯而易見。西元前三一〇〇至一八〇〇年間，在利馬北方約兩百公里處的蘇沛及其鄰近河谷中，共有數十個古代聚落繁榮發展。其中之一是卡拉爾，它可說是美洲最古老的城市，大約在西元前二八七六至一七六七年間有人占居。[13]六座大型土丘和至少三十二座公共建築組成城市的中心地帶。那裡的大神廟是座三十公尺高的宏偉建築，前方有座下凹的圓形大庭院。秘魯考古學家露絲．夏迪．索利斯認為，卡拉爾是蘇沛河谷中十八個聚落組成的網絡的樞紐；河谷是重要遺址的群聚之地，並有無數村莊和較小的社群零星分散在河谷的邊緣。他們的居民能夠從超過一千兩百公里外的秘魯和厄瓜多沿岸取得海菊蛤殼。他們擁有這些貝殼一事，說明了蘇沛河谷在安地斯世界所具的重要性。據估計，在這數百年間投入河谷的所有勞動力中，超過四分之一以上的人口都在卡拉爾這座位處中央的城市。在當地網絡中，許多蘇沛河谷的社群都有各自扮演的角色；有些是漁村，其餘則種植豆類、棉花、南瓜和其他後來被玉米取代的作物。卡拉爾和其他蘇沛聚落難以抵抗大地震和聖嬰現象引發的暴風雨，這兩種災難都會嚴重損壞主要神廟。大約在西元前一七六七年，卡拉爾成了死城。

西元前一八〇〇年後，隨著社會逐漸成形，比過去都更大型的遺址和儀式中心與灌溉系統一起拓展。農夫在日益嚴密的監督下工作，為種植玉米而使河谷景色全然改變。漁夫則成為精細多變的河谷王國背後默默無聞的一群人。[14]西元二〇〇至八〇〇年間，北岸的莫切政體在兩個主要區域的沿岸河谷發展——莫切河谷和蘭巴耶奎河谷。莫切文明最著名的是其在蘭巴耶奎河谷的西潘王墓室、壯觀的戰士和祭司墓葬，以及出色的製陶業和冶金術。他們的藝術家是寫實肖像畫的能手，讓我們對其由富裕菁英統治、多采多姿的社會留下鮮明印象。至於當權者集權的程度為何，學界仍有爭議。不過，統治者建造了宏偉的神廟，如莫切河谷的太陽神廟和月亮神廟，人們會在這裡舉辦繁複的公開儀式，確立菁英的統治權威。兩座大神廟之間的平地有些人口稠密的地區，住著生產黃金製品、布料和精巧陶瓷的工匠。異國黃金飾品和優質棉布從低地被運送至高地，海藻等海岸產品亦然，因為海藻是高地農民唯一的碘來源，他們會用塊莖藜和馬鈴薯等作物來以物易物。

菁英政治和對領土的野心激烈交鋒，逐漸蓋過自給自足的農耕和捕魚的世界。西坎王朝在一位名為南拉普的君主統治下，約於西元七五〇至八〇〇年間崛起，興盛長達五世紀。西坎是個組織嚴密的社會，工匠生產大量精美的金屬製品，許多都是由含金合金的薄片製成。財富多到令人難以置信。洛羅聖地完好無缺的東墓中，有座主要的墓葬出土了一點二噸陪葬品，其中包括一只黃金面具、多具臂鎧和曾縫在棉質衣物上的多片金箔。西坎會與高地和沿岸地區進行極遠距的金屬製品貿易，藉此從遙遠的北方獲得無數的海菊蛤貝殼。到了這個時期，控制用水和大規模的灌溉工程成為沿岸生計的核心，魚則提供補充性的食物來源，在聖嬰之年尤其重要。

西元九〇〇年後，西坎王朝的繼承者奇穆人發展出的王國統轄從莫切河谷到蘭巴耶奎的海岸地區。他們的領袖於昌昌治國，這是個綿延擴展的城市，面積超過二十平方公里。這片土地被人們控制著，不僅有谷地城鎮和灌溉系統，在偏遠村莊的人們也在此種植棉花和可食作物，或捕捉大量漁獲。在鼎盛時期，奇穆農民擁有比現今的農地多達三至四成的耕地。無論漁民、農夫或工匠，每個人都是更龐大的發展事業的一員。奇穆統治者謹慎維持策略性的貿易壟斷，掌控關鍵的異國貨品和其他商品的交易。這一點最能在色羅阿蘇爾看出端倪；色羅阿蘇爾是瓦爾庫王國的重要捕魚社區，位於利馬南方約一百三十公里的一處海岬。在這裡，共有數萬條鯷魚被捕撈、乾燥、販售給內陸農民，或許甚至被運送至更遙遠的地區。[15]

一四七〇年，海岸被納入廣大的印加帝國（Tawantinsuyu，意為「四方之地」）。在一百年或更短的時間內，這個帝國靠著征服誕生，橫跨從的喀喀湖地區到厄瓜多的高地和低地環境。[16]印加人是身經百戰的戰士和優秀的管理者，用行政管理技巧和森嚴的武力來讓他們的帝國團結一致。從此，沿岸的漁民開始為遙遠的統治者服務。

印加帝國建造了一座氣勢宏偉的岩石堡壘，俯瞰色羅阿蘇爾。當地經濟是一條仰賴鯷魚漁場、被高度控管的生產線，其漁獲量遠遠超過餵養當地人所需的供糧。[17]人們將數千條鯷魚和沙丁魚經過乾燥、塞滿貯藏室，並覆蓋乾沙，以利保存漁獲。無所不在的官員運用奇普（一種記錄數字用的結繩）來盤點漁獲並課稅。當時的貿易量必定相當龐大。我們可以從對南方鄰近谷地的某個同時代的政體的描述，來一窺參與漁獲貿易的人數：那裡住了一萬兩千名農夫、一萬名漁民和六千名商人。

一五三二年，法蘭西斯科．皮薩羅俘虜印加統治者阿塔瓦爾帕，開啟了西班牙的進駐，並在毀滅大批當地人口的外來流行疾病的幫助下，摧毀了印加帝國。印加帝國在面對西班牙征服者時崩毀，但一如歷史的常態，農地和漁場的古老節律依然照舊。人還是得吃東西。殖民農夫在離島上開採鳥糞。一籃籃、一車車的鯷魚被運往利馬和其他城市。然而漁業尚未工業化，捕魚活動多是在木造小船或和早期一模一樣的蘆葦船上進行。當地的漁業可能曾經產出數百萬條魚和重量驚人的魚粉（後者就像鳥糞一樣可以當作肥料），但如今只供應地方市場。還需要再過五百年，鯷魚和鳥糞才會成為秘魯經濟的兩個主要貨物，而鯷魚將會保有這樣的重要地位，直到工業規模的捕魚讓世界上最豐沛的漁場之一崩潰瓦解。

第三部

進退維谷的漁民

The End of Plenty

長達數萬年，人類開採淡水和近岸的海洋魚類以及軟體動物，來餵養他們的家族、親戚和家眷。接著早期的文明誕生，西方文明是在羅馬帝國時達到巔峰，全都高度仰賴配給糧食，提供給數百名、有時數千名在公共工程中勞動、擔任官員，或是投入陸軍或海軍戰役的人。早在中世紀以前，人們便已重度開採世界的近岸水域，有時甚至到達過度捕撈的程度。人們的活動也導致自然環境變遷和棲地改變。古代的捕魚早已深深影響世界各地近岸的海洋生態系統。在羅馬時期之後的發展甚至更加劇烈。

羅馬統治在東西方錯綜複雜的瓦解過程，與商業捕魚的縮減同時發生；唯有歐洲北部例外，因為那裡的近岸尚有大量的鱈魚、鯡魚等其他魚類。多數的中世紀歐洲人都是採以穀物為主的飲食，比起魚更偏好肉——當時所有棲息在水裡的生物都被歸為魚類。魚是人們受制於飲食規定時的替代品，與保健、威望和懺悔有關，後者由基督教會嚴密界定。鮮魚價格昂貴，通常會保留給富人或自給自足的修道院社群。直到西元一一〇〇年左右，人們開始依賴當地漁獲維生，會食用鮮魚或簡易保存加工過的魚。到了一二〇〇年，由於禁吃肉的聖日天數增加，許多平民會吃經過乾燥、鹽漬或浸泡過濃鹽水的海魚，通常是在距離相當遙遠的地點加工完成。與此同時，貴族和富人偏愛鮮魚，尤其是一種通常飼養在池中的異國魚——鯉魚。

除了社會環境的改變，歐洲的漁民也必須應對自然環境的變遷。中世紀暖期的數百年間，相對暖和的天氣導致人口成長和對魚類的依賴加深。到了十世紀，人們會捕魚販售給當地市場的消費者（這通常是家計型漁撈的一環），而捕魚社群靠著供應魚給增長中的城鎮來為生。三百年後，運漁獲車的網絡橫跨英格蘭南部，還有馬匹從諾曼第接力運送新鮮漁獲到巴黎。到了一三○○年，遙遠的內陸地區的人們開始大規模養殖鯉魚、梭子魚等其他魚種。過度捕撈、跨河的屏障建設等人為活動和環境變遷，全都導致在西歐部分地區的鮭魚洄游量減少。當人們的需求漸長，繁殖速度緩慢的鱘魚魚口卻銳減。人們的應對方式是加強開採外圍的漁場，尤其是捕撈鯡魚。

大西洋和北海鯡魚複雜的產卵模式，讓漁民可以在近岸捕捉數千條魚。但是有個問題。鯡魚是富含油脂的魚類，會在幾小時內腐敗。不過，鯡魚漁業依舊迅速擴張，特別是在北海南部和波蘭波美拉尼亞省的波羅的海沿岸。漁民會在海灘上鹽漬鯡魚（這個做法可以讓漁獲保存數月之久），再紮成一捆捆販售。到了十三世紀，鯡魚開採已經到達龐大的商業規模，尤其是在北海南部和瑞典南部斯堪尼亞外的波羅的海，人們在此捕撈近岸的產卵魚群。大量的漁獲被浸泡在密封桶的濃鹽水中，並運送到遙遠內陸，以標準化單位交易。一世紀後，荷蘭人在首度真正國際化的捕魚產業中，扮演著重要角色。到了一五二○年，他們供應鯡魚給羅馬。這些發展和小冰期的開端同時發生；在鯡魚幼魚全年中對較寒冷的海水特別敏感之時，冰期的到來讓海水溫度下降。在波羅的海和北海被重度捕撈的鯡魚產量暴跌，於是漁民轉為捕撈其他魚種。這些似乎是永久性的轉變。現今波羅的海的鯡魚洄游量比一千年前少了兩成。

鹽漬鯡魚不太受歡迎，於是漁民改為捕撈大西洋鱈；牠是一種白色的海魚，其魚肉可以輕鬆乾燥或鹽漬，並長時間保存。早在青銅器時代，人們便會捕捉這種魚，當時甚至成為羅弗敦群島的主食。被乾燥製成淡魚乾後，大西洋鱈成為海邊居民和奉行大齋期的虔誠信徒的珍貴配給食物。當地的需求開始永無止境地增長，於是波羅的海和北海的行會商人抓住機會：他們擁有散貨船可以運送這些魚。人們從未停止搜尋鱈魚資源，促使英格蘭漁民在一四一二年抵達冰島水域。那裡的環境險惡駭人，但能夠賺取鉅額利潤。接著，到了一四九七年，漁民發現了紐芬蘭島的鱈魚漁場，在這裡用籃子就能直接從海面撈起魚。鱈魚產業在歐洲早已經是門國際性的生意，其觸角伸入遙遠的內陸，並觸及地中海的天主教國家。然而，紐芬蘭島和新英格蘭漁場讓鱈魚的開採成為龐大的商業事業。三角貿易將英國與加勒比海地區的種植園及新英格蘭的眾港口連結在一起，而如今鱈魚成為了這三角貿易的一部分。長期的利潤相當驚人，累積起來高過在美洲找到的所有黃金的收益總和。可是，就連在十八世紀這麼早的時期便已經出現過漁的跡象。鱈魚的平均大小開始縮水。

令人震驚的是，前述這龐大的國際貿易是第一個真正的全球性捕魚產業，但仰賴的卻是從中世紀以降，幾乎未曾改變的捕魚方法和設備。儘管如此，到了十九世紀，人們對北大西洋鱈魚漁場展開了長達數百年的破壞。當岸上需求增加，又更難尋獲魚時，人們開始更有效率地捕魚，發展出延繩釣，在大西洋的開放水域使用開放式的母子式漁船，* 並在近岸設置大型圍網。漁獲存量的消耗並未趨緩。從十四世紀起，漁民便開始使用拖網，是一種在海底拖行的加重漁網。但在人們發明了桁桿式拖網後，漁獲量更是飆升，因為木製桁桿會讓網口保持敞開。這種捕魚方法對海床的破壞極大。當人們在一八三〇和四〇年代運用蒸汽動力，接著在一世紀前採用以柴油為動力的拖網船，漁民開始可以在遙遠的外海待上更長的時間，邊工作邊冷凍他們的漁獲。到了一八九〇年代，蒸汽拖網船的漁獲量是帆船的八倍之多。柴油船卸下的漁獲量有時可以比蒸汽拖網船多出四成。當現代拖網和巾著網（最早於一八五〇年代使用的旋網類漁網）被發明出來後，捕魚便不再是機會主義式的活動，而成為了以工業規模高效率開採海洋的方法。

這些發展逐漸在歐洲水域扎根，但當漁民採行古代的傳統策略（如果某座漁場資源耗盡，就移動到其他地方），技術便會傳遍各地。日本人於一八八二年採用巾著網來捕撈小型的表層魚類。到了一九三〇年代，法國人在外海操作加工船。當秘魯魚粉可作為動物飼料一事被大為廣傳，需求便激增。如今漁民在正式公司裡作業，有財力可以購買和維護船隻以及新穎的電子魚群探測器。第二次世界大戰後，捕魚成為徹底工業化的產業，而日本領先全球。拖網船隊冒險遠航至南極大陸，在十五年內耗盡到那之前未經捕獵的區域，接著再度離去。現今，這個時代的氣候變遷威脅著已經承受嚴重壓力的漁場，而我們面對著在二〇五〇年將需要餵養超過九十億人口的

＊　譯注：指用母船載著多艘平底小漁船，抵達漁場後，由子船進行捕魚作業，母船則用來加工處理漁獲。

挑戰。二〇一四年，人類所消耗的魚肉中，養殖魚的數量首次超越野外的漁獲量。

世界漁場的現況之所以如此，現代的捕魚產業不應承擔所有責任。世界各地漁場的當前狀況是數千年來開採海洋所累積而成，假定魚是無窮無盡的資源更令情況惡化。今天，人口成長、技術革新和對利潤的無止境追求掠奪了海洋潛在的海鮮，傷害幾乎已無可挽回。這一切都是最人性的特質所導致的結果——那就是人們在機會出現時，極致利用的能力。

第十八章　海洋的螞蟻

羅馬帝國的瓦解對歐洲西部自給自足的漁民的日常工作影響不大。他們一如數百年來所為，按照季節循環生活。我們很難在考古遺址中發現自給性漁業活動的痕跡，因此無論是淡水或海水魚，中世紀早期的遺存都相當罕見。考古學家在六至七世紀中葉期間的鄉村聚落曾零星尋獲海魚，英國、法國及低地諸國皆有相關發現，但沒有密集捕魚的跡象。海上的載貨容量不多，因此貿易比較聚焦在珍貴的商品，而非基本的日常消費品。無論原因為何，羅馬時期之後，魚並非西歐菜單上的特色。

在斯堪地那維亞則是另一回事。那裡的環境若要農耕，若非得承擔高風險，就是無法實行。五至七世紀中葉，鱈魚和鯡魚等相關魚種是挪威的重要漁獲，尤其是在北方、後來成為主要鱈魚漁場的羅弗敦群島。此外，波羅的海西部的丹麥和瑞典諸島也相當多產。在博恩霍爾姆島上的黑壤，有一萬三千枚鯡魚魚骨可追溯至六至七世紀，這樣的魚類遺存占當地沉積物的百分之九十六。在北方各地，海洋文化的古老傳統和容易取得大量海洋漁獲的特點，為後續數百年間海洋漁場的劇烈變遷打下基礎。[1]

早在西元一世紀時，基督教徒便呼籲要在齋戒日期間懺悔苦修，尤其是在星期三、星期五和大齋期，只能吃穀類、蔬菜，還有魚。溫文儒雅且高度自制的聖本篤（約西元四八〇至五四三或五四七年）大力推動齋戒。他的《聖本篤規則》一書提倡修道院禁食並採行無肉飲食。隨著本篤會社群於六世紀初拓展到歐洲各地，無肉教義也延伸進入世俗社會，成為奉行基督教信仰的基本原則。數百年來，虔誠信徒對魚的需求呈指數攀升。[2]

到了中世紀末的荷蘭，在齋戒期間吃魚成為人們的例行公事。在大齋期間，人們會吃鯡魚、扁魚、貽貝、鰻魚和蔬菜。談及禁食時，信徒總會困惑何種食物算是魚類。有位頗負盛名的十六世紀魚類專家亞德里安・庫南在他於一五七八年出版、被廣泛閱讀的《魚書》中，將海豹歸類為魚類，就列在鯡魚下方。[3] 最後，人們在一年中約有四成的日子需要齋戒，進而創造出無論貧富皆對魚有永無止境的需求。

在中世紀早期，幾乎所有人都是完全仰賴醣類飲食維生，只食用水果、穀類、豆類和蔬菜。肉類稀有，魚類更是如此。唯一的例外是隨處可見的歐洲鰻鱺：牠們擠滿了池塘和溪流，用魚矛或陷阱就能輕鬆捕捉。[4] 更棒的是，鰻魚在幾小時內就能用高溫煙燻到乾燥、宛如棍棒的硬度，之後就能長時間保存。鰻魚的數量多到成為一種貨幣形式，用來支付他人提供的服務或購買捕魚權。九七〇年，英格蘭東部芬蘭區的艾利修道院的院長每年都會收到鄰近村莊奧特韋爾和厄普韋爾贈送的一萬條鰻魚。

修道院的歐洲鯉

直到八世紀，儘管修道院獲得授地和在湖泊、池塘及河流捕魚的權利，對多數人而言，淡水和海水魚都太過昂貴。[5]起初，只有在建立已久的漁場附近的修道院才可以食用海鮮，但隨著宗教社群開始力求自給自足和改善飲食，魚就變得越來越重要。菁英如果有取用淡水或鹹水魚的管道，就能生活無虞。至少直到十三世紀，鮮魚都是菁英階層飲食的重要部分，尤其是梭子魚和大鱘魚，還有鮭魚等溯河魚種。大河出產的鱘魚是極致的奢侈品，這種魚可以長達三點五公尺，重達三百至四百公斤。今天，鱘魚因為被製成魚子醬而受到珍視，但在中世紀牠們是價值連城的魚種。牠們是頗具分量的贈禮，用來獻給宮廷，有時會放在桶中醃製。

大鰻魚、梭子魚和鮭魚價值不菲，尤其是體型較大的魚，會被用來贈與城市領袖和高階貴族以示尊敬。有些魚種，如多骨的梭子魚，可以水煮後做成湯，但通常會在宴會上菜過程中被端上席間，純粹用來展示。一四二〇年，有一本食譜書出自薩伏依的阿瑪迪斯公爵的主廚，其中描述了一篇食譜為梭子魚貼上金箔，仿照朝聖者的模樣。隊伍之首是一尾八目鰻，象徵著朝聖者的枴杖，還有幾尾梭子魚也覆蓋著金箔。

隨著水車越來越精良，生活在內陸的人們開始實驗興建魚塭，以迎合特權階級的顧客。[6]十一世紀左右，這樣的魚池開始出現在盧亞爾河和萊茵河之間的地區，放養著鯛魚或梭子魚等當地魚種。這些魚池的產量不高，直到鯉魚養殖在歐洲內陸的廣袤地帶普及。歐洲鯉（學名為*Cyprinus carpio*）是一種體重更重的米諾魚，每年春天會在溫暖的淺水域成長茁壯，可以長成相當大的體型。野生鯉魚在多瑙河下游的溫暖水域和流向黑海的河川中蓬勃生長。養殖的鯉魚是在一〇〇〇年後的某個時間點出現在歐洲的中部和西部，運送者可能是僧侶，並且快速散布到歐陸各地，尤其是在修道院之間流通。一直要到十四世紀，鯉魚才進入英格蘭，這可能是氣候因素所致。僧侶會在春季將鯉魚成魚引入溫暖、雜草叢生的魚池，待牠們繁殖後才取出。接著，他們會將幼魚重新安置在生長池，並按照循環系統，在多個營養豐富的圍池中輪流飼養長達四到六年，直到魚生長到足以端上餐桌。收成時，漁民會將魚池的水排掉，讓魚集中在有深度的池中央，便能輕鬆撈起。

到了十四世紀中葉，鯉魚養殖成為一門大生意。有間修道院，即鄰近巴黎的夏里斯修道院，擁有加起來範圍超過四十公頃的養魚池，分散在不同的地點，全都是用來餵養僧侶。然而，相較於波希米亞南部特熱邦的羅祖貝克家族的男爵們所付出的努力，修道院這樣的運作模式顯得無足輕重。*到了一四五〇年，羅祖貝克家族掌管了十七座小池和三座大池，面積超過七百公頃，並販售鯉魚給布拉格和其他城市。至今在特熱邦周遭，仍有約四百平方公里的鯉魚池。鯉魚從不是廉價的食物。十五世紀的多數時候，一公斤的鯉魚和略低於九公斤的牛肉或二十條麵包等價。鯉魚的需求如此龐大，以至於在一四〇〇年後，法國中部經營了四萬公頃的鯉魚池，幾乎全部都位於更遙遠的內陸，新鮮海魚很難在不腐敗的狀況下被及時運送至這些地區。

嚴密控管的鯉魚生意利潤很高，對地主和修道院來說尤其如此，但是在一三〇〇年後，等到海魚變得更容易取得，鯉魚養殖業便無可挽回地衰退。十五世紀後，法國幾乎所有曾一度興盛的鯉魚養殖場都淪為乾土，因為遭逢政治情勢不穩、修道院飲食限制鬆綁，加上勞力價格提高，而且比起土味較重的鯉魚，人們更偏好海魚。

天賜的大西洋鯡

大西洋鯡（學名為*Clupea harengus*）是海洋中的螞蟻。牠生活在盛產各類魚種的北大西洋和北海等北部水域，而將這種魚稱為最多產的魚的人正是林奈。

北海在春季和秋季都有產卵的鯡魚群。出現在北部的巴坎鯡魚群會在謝德蘭群島和蘇格蘭東

---

* 譯注：波希米亞為中歐古地名，範圍涵蓋今捷克的中西部地區，包括首都布拉格在內。

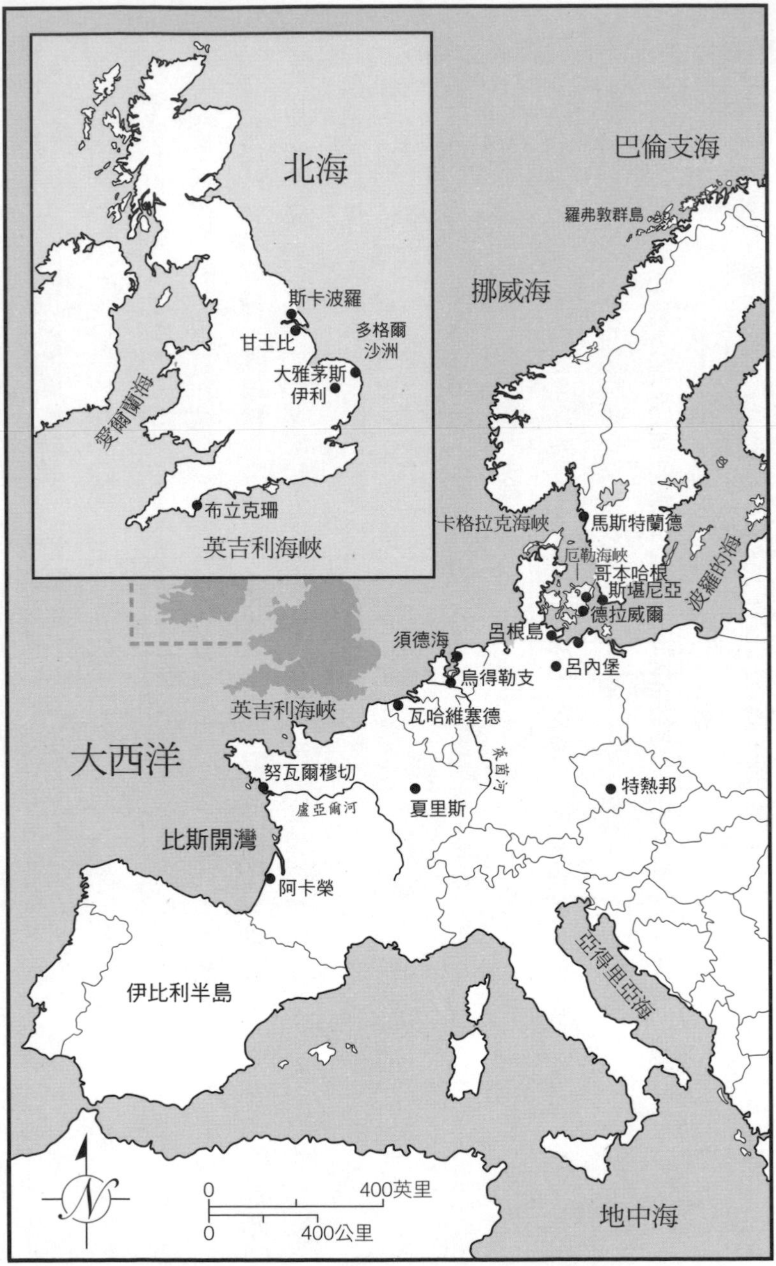

地圖十五　波羅的海與北海鯡魚漁場的主要港口與其他相關城市

岸的亞伯丁外海之間的海域產卵。沙洲鯡魚群的產卵地則是在約克郡和諾福克之間的英格蘭海岸外海，以及北海中部的多格爾沙洲。最後則是出現在最南邊的丘陵鯡魚群，*會在北海的南部海灣和英吉利海峽產卵。巴坎鯡魚通常最先產卵，接著是多格爾沙洲的鯡魚群，而丘陵鯡魚群則在秋末產卵。在冬季和春季，三個鯡魚群都會以逆時針繞著北海漂流，並在北海東部過冬。巴坎鯡魚群在六月左右抵達謝德蘭群島；荷蘭漁民乘著他們名為「鯡流鬮漁船」的深水船，等待捕魚季在六月二十四日聖若翰誕辰的夜晚揭開序幕。[7]到了九月和十月，英格蘭的東盎格利亞沿岸外海的鯡魚盛產，牠們會在靠近陸地的淺水海床上及多格爾沙洲外海的廣闊區域產卵。筋疲力竭的魚群接著在冬季期間從低地諸國外海往北漂，直到整個循環再次展開。

有人可能會認為鯡魚群是天賜的食物來源。不幸的是，鯡魚的魚肉富含油脂，尤其是在秋季的產卵期間，意味著牠們被捕後會在數小時內腐壞。歐洲北部涼爽又潮濕，因此多數地區皆無法風乾鯡魚，不像油脂較少的鱈魚可以這麼處理。鹽的供應短缺，鹽漬法充其量只能粗糙執行。多數的鹽都來自沿岸的草沼，製鹽方法是用濾網濾出泥炭中的液體，接著再加熱讓液體蒸發。如此產出的泥炭鹽價格高昂，且往往十分稀少。在中世紀早期，人們鹽漬鯡魚時，大多只是在魚身上覆蓋鹽，並定時翻面，以確保均勻醃漬。這個過程會持續大約兩週。

---

* 譯注：因靠近英格蘭東南部的丘陵地帶而得名。

數千年來，大西洋鯡是波羅的海西部當地社群的重要漁獲。然而，除了在沿岸地帶，一般中世紀早期的飲食中，海洋食物所占的比例相對較低。魚是瑞典東部外海哥特蘭島和古北歐社群的重要主食。墓地中有武器作為陪葬品的男性可能是戰士，會在旅行途中食用魚肉配給。緩慢起步後，波羅的海的漁業隨著對人們對魚的需求增加而逐漸擴大。最繁忙的鯡魚漁場位於波羅的海西部。早在六世紀，瑞典東南方的博恩霍爾姆島上的人們便食用大量的鯡魚。到了十至十三世紀，德國北部和波蘭的考古發現證實了這裡曾存在廣闊的鯡魚漁場，而人們可能是用漁網捕魚。與此同時，隨著日益擴大的都市聚落對魚的需求增加，在波羅的海西部沿岸有遮蔽的海岸水灣和河口地區，鯡魚的商業漁撈也持續擴張。在北海的另一頭，盎格魯撒克遜的編年史家告訴我們，英格蘭和歐陸的鯡魚漁民皆在夏末和秋季活躍於東盎格利亞外海。[8]

十三至十四世紀間，一項重大突破發生了：在丹麥哥本哈根附近的羅斯基勒峽灣的鯡魚漁民開始使用小刀去除鯡魚頭後方的魚鰓，並立即鹽漬處理。流動的血液讓鹽能夠穿透魚腸，讓魚能被醃漬得更好且保存得更久。我們不知道這個處理方式確切是在何時何地出現。從羅斯基勒較早期的古北歐魚骨來看，當時還沒有採用此法的跡象。[9]不過當地已經有更優質的鹽。九世紀時，古北歐的船隻已經南航至努瓦爾穆切，位於比斯開灣的盧亞爾河出海口，那裡自古便已會交易蒸發曬乾製成的鹽。

波羅的海已知最早開始供應更廣大市場的鯡魚漁場於呂根島外海發展成形，靠近德國北部呂內堡的鹽礦區。鹽賦予附近呂貝克的商人在波羅的海鯡魚貿易上占有特權地位，也讓他們能夠嚴密控制鯡魚卸貨的地點。他們也對鯡魚的保存加工和裝桶實施嚴格的品質控管。十三世紀期間，在呂貝克和斯特拉松（位於呂根島對岸往東兩百一十五公里處）兩地的業者主掌了東起西里西亞、*西至德國中南部的廣袤區域的漁獲貿易。[10]

呂根島的貿易在一二九〇年後衰退，因為面臨來自瑞典西南部斯堪尼亞沿岸外海更大的漁場的競爭，那裡也盛產優質的呂內堡鹽。十二世紀末的丹麥歷史學家薩克索·格拉瑪提庫斯是丹麥第一部史書的作者，他聲稱產卵的鯡魚密密麻麻，擠滿了斯堪尼亞海灘外的水域，以至於幾乎無法划船，而且用雙手就能將魚拾起。斯堪尼亞漁場開始實施將醃魚裝桶之後，便逐漸嶄露頭角。採用新醃漬法的醃製工人會將去除內臟的鯡魚密集排列放入木桶中，並穿插一層層的鹽。鹽巴會吸收鯡魚的濕氣，接著工人再次將鯡魚放入新鮮的濃鹽水中，如此可以保存兩年之久。一般來說，一桶的鹽巴可以用來醃漬三桶的鯡魚，每桶都是標準重量一百一十七公斤。裝桶後，遠距的鯡魚貿易便蓬勃發展。

在桶中醃漬是保存重度鹽漬的鯡魚的理想方式。保存在攝氏十至十二度間，長達十個月都仍能食用，如果放在更低的氣溫，甚至可以保存更久。鹽漬法很快就被嚴密地標準化，以確保品質

---

* 譯注：中歐古地名，範圍大部分涵蓋今波蘭西南部，少部分土地屬於今德國東南部及捷克東部。

一致。最終，人們在保存問題上得出了解方。鯡魚在幾世代內成為國際產業，不僅宗教考量推動其發展，攀升的都市人口和軍事糧食的需求也推波助瀾。到了一三九〇年，鯡魚變得極其常見，就連遠離海洋的區域也能找到，法國士兵兼旅行家菲利普．德梅濟耶因此評論，任何「吃不起大魚的人，都能吃鯡魚」。[11]

將鯡魚裝桶也提高了經濟利益：波羅的海漁場開始能供應魚給遙遠的內陸城市。從一開始，鯡魚的捕撈工作就操之在農民手中，他們會在收成後轉為捕捉鯡魚。在丹麥和瑞典之間廣袤的厄勒海峽，村民會在產卵季節間關閉他們的住屋，教堂亦空空如也。當需求已經超過丹麥人能夠滿足的範圍，遠至日德蘭半島的夫連士堡及其他波羅的海諸島，共有數百人聚集到越來越多人稱作斯堪尼亞集市之地。[12]許多人是要賺取工資的季節性漁工，在波羅的海和北海周邊，從一座漁場移動到另一座。

漁民會組成非正式的五至八人小隊，稱之為「漁工群」，他們會共乘一艘船，以定置網或流網捕魚。只要有一張漁網和一艘船隻，漁工群就會共同工作一季，每年都會重新組成。在小船上工作的漁工被稱為「舒登」。有些人會在白天用定置網捕魚，有些則會在夜晚使用火炬。任何人都不得設置底刺網，可能是出於維持漁獲存量的考量。所有人都能加入漁工群。漁工群只須繳納漁獲稅給地方領主，通常是繳交鯡魚，一季兩次。

在十四世紀的鼎盛時期，斯堪尼亞集市大規模舉行，從八月十五日持續至十月九日。據說在一四〇〇年左右，共有超過一萬七千人投入漁業，還有另外八千人參與相關的貿易工作。破曉時分，可以看見一群靜靜等待的商人站在海灘上的捕魚小屋附近，看向海上隨海浪漂動起伏的閃爍燈光。船還在海上時，他們被禁止購買漁獲或甚至討論價格。當滿載的船隻接近海灘，號角響起。商人接著衝向水邊，推擠叫喊，只為取得最好的魚——這基本上是場極度雜亂無章的拍賣會。交易一旦達成，運魚工人就會將鯡魚帶到海堤後方的專門小屋，因為所有人都不得在海灘上處理漁獲。特別挑選組成的多組婦女去除魚內臟，其他女性則將牠們裝進準備好的桶子裡，將以呂貝克鹽和水調合成的濃鹽水倒入並蓋過魚。每桶魚的標準數量是約九百條鯡魚。宣誓督察員會檢驗塞滿的桶子，為之加上品質控管標誌，擔保出產地、裝桶時間和內容物的品質。同時，他們也會在桶子加上商人的商標，以免消費者索求賠償無門，就算木桶被運送至數百公里外的內陸仍有保障。[13]

他們的生產系統如此精良，使斯堪尼亞鯡魚的品質和穩定度超越所有競爭者。一三八四年，同樣的生產標準跨越北海被採用，進入英格蘭西北部的斯卡波羅，讓英國漁業更具競爭力。與此同時，當呂貝克的小販發現，聚集在斯堪尼亞集市捕魚的農民自然而然且不斷帶來各式各樣消費性商品，呂根島的市集便受到重創。漁場旁發展出一般集市，導致漁民不再聚集在零星分散的海灘，而是聚集在可以建立臨時市集的特定地點，如丹麥阿邁厄島上的德拉威爾和瑞典西南部的斯卡內和弗拉斯特波。

十九世紀末的斯堪尼亞鯡魚集市。一名督察員正為魚桶蓋印。署名里歐令（C. Reohling）。（INTERFOTO/Alamy stock photo）

到了十四世紀中葉，來自不同城市的商人可以擁有他們自己的倉庫兼工坊，這種複合式建築被稱作「魚商站」。魚商站是私有的臨時貿易站，並附設店鋪、教堂、修道院和妓院。隸屬於商人行會「漢撒聯盟」的所有城市，以及其他遠至須德海附近、低地諸國的城市，都有經營這樣的魚商站。就連英格蘭和比利時法蘭德斯商人都在斯堪尼亞保有勢力。漁民和擁有多重法律保護的商人不同，他們居住在漁寮中；那是種用木頭或燈心草蓆搭建的小屋所構成的簡陋聚落，他們在那裡曬乾漁網和維修器具。

一三七〇至一三八〇年間，斯堪尼亞支配了歐洲的鯡魚市場，從挪威北部到西班牙與義大利，以及從威爾斯到德國中部和更東邊的區域皆然。在一三六八年，單單呂貝克的商人就進口了七萬六千桶鯡魚。每年波羅的海城市的斯堪尼亞鯡魚進口總量可能多達二十二萬五千桶。[14]可是供給量會無預警波動。某幾年，人們可以看見魚真的在水中翻騰，但在一四七四和一四七五年卻幾乎沒有鯡魚到來。幸虧保存的鯡魚存量似乎足以滿足歐洲市場的需求。

十四世紀初時，遠從英格蘭和波羅的海各地而來的商人，匯集在位於現今瑞典境內的馬斯特蘭德城，來購買及加工鯡魚。荷蘭和德國商人將魚沿著萊茵河往上游運送到科隆：這裡是全德國的中央鯡魚市場，宣誓過的檢測員在此檢驗魚的品質，並為魚桶加上標章，接著再販售到南方，最遠達蘇黎世和巴塞爾。整個網絡讓生產者和德國南部的消費者在一座大規模且長久存續的市場裡密切互動。鯡魚促進了各式各樣橫跨歐洲各地的交易，包括來自東部的布料及毛皮、五花八門的奢侈品及農產品。丹麥學者卡斯登．約克估計，在十四世紀末和十五世紀初，丹麥漁獲的外銷價值是牛隻的兩三倍，占所有出口農產品的一倍半之多。

斯堪尼亞集市於一三七〇至一三八〇年間達到鼎盛。漢撒聯盟城市掌控了呂貝克鹽的來源，在一三七〇年後接管了集市的管理工作，並試圖限制他們的北海競爭者進入斯堪尼亞。但他們的排外政策造成反效果。英格蘭、蘇格蘭和低地諸國的漁民發現，自家門前的鯡魚漁場尚未完全開發。英格蘭人開始直接和歐洲中心的普魯士城市交易，而且成績顯著，導致斯堪尼亞轉變為區域性的集市，經濟重要性大幅減低。此時，北海不僅加工標準可以媲美波羅的海漁場，那裡的加工者還發展出更促進食慾的「少女醃魚」（*maties* 的字面意義即為「少女」，是一種滋味溫和的醃漬鯡魚，由尚未產卵的幼魚製成）；他們在丹麥和挪威外海捕獲鯡魚，將其放置於浸滿淡鹽水的橡木桶中熟成約五天。這種醃魚變得大受歡迎，因為有各式各樣的食用方式，而且比棍棒狀的鹽漬鯡魚更令人食指大動。

隨著斯堪尼亞漁業衰退，丹麥商人靠著以丹麥北部的利姆海峽為據點生意興隆。他們販售較廉價、品質略低的桶裝鯡魚給當地人口食用，不同於斯堪尼亞的行會貿易只專注於出口。挪威漁民在現今哥德堡北方的布胡斯沿岸外海捕捉大西洋鯡魚，當時那裡是挪威的領土。布胡斯漁場的漁民仰賴從岸邊撒下的圍網來捕魚，早在十二世紀便已相當活躍，並在一五八五年達到巔峰，產出七萬五千六百桶魚。鯡魚魚口受到北大西洋振盪影響，導致產量大約每一百年就會大幅波動。漁場真的會出現又消失無蹤，卸貨量並不穩定，唯一例外是一七八〇年代間曾顯著地大量增產。到了一八一〇年，鯡魚極度稀缺，導致出口終止。

斯堪尼亞的商人資本雄厚，對裝桶作業的控管極其精細。他們將易腐壞的商品變成高品質產品，吸引了遠比波羅的海城市更廣大世界的消費者。這就是中世紀歐洲最龐大的商業漁業，背後附帶了條理井然的基礎設施。

乘上鯡流闖漁船

十五世紀期間，鯡魚貿易的經濟重心大幅轉移到北海。最早期的北海漁民是在季節性的營地及點綴低地諸國海岸的聚落工作。其中有些是較大的港口，如位於今法國的加萊和位於今比利時的奧斯坦德，其他則是較小的城鎮和小巧的漁村。除了沿岸集市，位於今比利時的安特衛普和根特這兩個最古老的城市市場也專賣魚。

這些漁民曾居住的捕魚聚落如今幾乎消失無蹤，但有個例外是今天比利時境內的瓦哈維塞德，位於一處有潮汐變化的水灣旁。[15]原先那裡只是個暫時建立的營地，但很快就發展成永久的社群。考古挖掘發現，這裡有多群分散的編泥牆住屋，以茅草為屋頂，每間屋子中央都有座以磚塊砌成的火爐。一旁則有狹小的棚舍，據推測可能是用來儲藏各式各樣的器具，也可能是船庫。當時的書面紀錄描述，那裡的居民在海上捕魚，並交易鹹魚和其他商品。開採泥炭的坑洞明顯鄰近住屋；人們會將泥炭乾燥焚燒，得出的炭灰再與海水混合成鹽水，接著在平鍋上加熱來製鹽。

對漁民和沿岸農民來說，十四世紀是段艱苦的時期。當時土地所有權和用水權合併，令許多鄉村社群變得窮困，而他們得完全仰賴城市市集為生。沿岸城鎮的貧窮導致過去保護社群免受水位高漲之害的沙丘疏於維護。一三九四年一月，當強勁的狂風和滿潮無可避免地碰上惡名昭彰的聖溫森提烏斯湧浪和洪水，奧斯坦德城多數區域都遭到淹沒，瓦哈維塞德也深受嚴重淹水和淤積所苦。洪水退去後，人們將村莊移動到沿岸沙丘前方，而非後方。他們在更內陸地區重建平行或垂直排列的住屋，可能是讓因洪水而無家可歸的人們擔任勞工，去建造防禦堤，或是在鯡魚漁場工作。

瓦哈維塞德成為大型沿岸聚落，並有聚落中心。他們有強大的利益團體支撐，野心也不僅止於捕魚。地方的貴族和官員積極鼓勵居民當私掠船的船員，以商船和英格蘭船隻為劫掠目標，結果大獲成功。漁民的攻擊性極高，以至於位於今比利時布魯日附近鄉野地區的高級市政官警告他們，不得在沒有上級指示的狀況下揚帆打劫。瓦哈維塞德是典型的捕魚社區，其中有半數的居民長時間外出。漁船的船主是村莊的首領群。他們的每艘船都有多達二十名獨立漁民擔任船員，每個人都會帶上自己的漁網，並能分享利潤。從當時的文件判斷，他們的專業技能備受重視，諸如在有潮汐變化的水灣航行和鹽漬鯡魚等秘傳的知識。不過，他們的社區也有許多活躍於海盜事業的暴力人士在此活動。因此一如其他這類的村莊，瓦哈維塞德始終處於社會的邊緣。

瓦哈維塞德參與了十五世紀期間發生的北海漁場革新，當時引進了一種名為「鯡流闘漁船」的漁船。「大漁業」由一群城鎮組織而成，他們仰賴的不僅是嚴格執行的品質標準，還有一大隊深海捕魚船。[16]那些城鎮合組協會，從一五六〇至一八五〇年代，壟斷鹽漬鯡魚的捕撈、加工和販售。一六〇〇年，協會共有多達八百艘鯡流闘漁船。捕鯡魚的鯡流闘漁船是有甲板的船隻，可以負荷七十至一千噸的重量。一名船長和十到十四名船員會持續待在船上擔任作業人員數月之久。在海上，他們將半醃漬的漁獲填滿桶子，卸載到專門的運輸船上，送回岸上後，再視需求進一步加工。到了十七世紀，共有六千至一萬名漁民在捕鯡魚的鯡流闞漁船上工作，還不包括加工人員和其他工人。漁獲量難以計數。在十七世紀的前十年，共有三萬一千拉斯特*被運上岸，也就是三十七萬兩千桶。

在鯡魚季節期間，鯡流闞漁船船隊總是忙得不可開交。他們從蘇格蘭北部外海的謝德蘭群島開始作業（二月和三月時，魚群會在那裡聚集），接著跟隨鯡魚逐漸南航至北海。到了九月和十月，鯡流闞漁船在英格蘭外海和多格爾沙洲獵捕到此產卵的鯡魚。十一月和十二月時，他們會聚集在東盎格利亞的大雅茅斯外海，這裡是發展已久的鯡魚交易地點。大雅茅斯漁市吸引了來自全歐洲各地的買家。當地河口地區快速流動的潮水所形成的廣大沙洲，足以穩定支撐大批的暫時性捕魚營地；在這裡，男人會外出捕魚，婦女和小孩則去除內臟、加工處理漁獲並裝桶。當漁船在黎明時分滿載而歸，負責去除內臟的人們正在骯髒的工作檯旁辛苦工作。成排裝滿的桶子被排列在沙灘後方。一名十九世紀負責去除魚內臟的工人會在工作檯旁從早忙到晚，一分鐘可以處理約四十條魚。中世紀的從業人員必然同樣熟練。這是份危險的工作，因為刀子若滑落，就可能導致工人終身殘廢，摧毀他的謀生之道。沒有任何資源遭到浪費：人們會把丟棄的內臟用來施肥。

* 譯注：拉斯特為鯡魚的計量單位，一拉斯特等於十二桶。

單單一三一〇年，外國商人就出口了超過四百八十二拉斯特的鯡魚，約有五百萬條魚。到了一三四二年，在大雅茅斯有多達五百艘歐陸船和國內船支付商港費用，多數都是在鯡魚季期間從低地諸國來到此地。這座港口尤其以紅鯡魚聞名，經過煙燻和鹽漬的雙重加工。三十至五十艘大雅茅斯的船運送裝桶的鯡魚，遠至今法國的波爾多，用他們的船貨交易葡萄酒。伊莉莎白時期的作家湯瑪斯・納什於一五九九年觀察道：「強壯的紅鯡魚……是最貴重的商品，因為牠可以被運送到全歐洲。」[17]大雅茅斯的漁業一開始只是村舍級產業，此時已經發展成北海兩岸的龐大事業。

像瓦哈維塞德這樣小型的社群如何航海？鯡流闊漁船遠比早期的船隻昂貴，需要富裕的魚商投入實際的捕魚行業。此時瓦哈維塞德的多數漁民已不再共享利潤，而是成為受薪工人。當地村莊至少有一百棟房屋，還有開放空間可以製作繩索、設置釀酒廠及一間小旅社兼妓院。地方菁英捐贈資金，興建禮拜堂；彩色玻璃窗上描繪著富有家族的武器和其他贈禮，象徵著他們與漁民之間的互信關係和連結。這些關係對聚落的貴族和貧民都至關重要，他們提供彼此船隻、勞動力和私掠船的服務。

到了十五世紀，瓦哈維塞德轉變成抹有灰泥、有著茅草屋頂的磚房組成的聚落。村莊仍明顯面向大海，且人們依然捕魚，但此時海洋還為村落從西班牙東部的瓦倫西亞帶來丁香、胡椒、象牙梳和西班牙奢侈品等異國商品。這類的物品遍布聚落，顯示出當地社群已經能透過海洋網絡，善用普遍的貨物流通。這是更晚期的捕魚社群的特色，如十七世紀的紐芬蘭島。木頭織網針是村莊中隨處可見的尋常物品，其中許多都標有物主的記號。從這些器物判斷，當地多數的網目約為二點二至三點八公分，適合當作沿岸拖網，也適合用作附有鉛網墜和軟木浮子的鯡魚網。漁民也使用鐵鉤，大多長達十四公分，據推測是用來捕捉鱈魚和黑線鱈等較大的魚種。

在瓦哈維塞德被捕撈上岸的魚主要是鯡魚、鱈魚、扁魚和鰻魚，全都是北海南部具代表性的魚種。村民會使用由橡木桶疊加而成的水井。學者分析用來製作部分桶板的橡木上的樹輪，發現它們源自波蘭北部的但澤地區，於一三八〇至一四三〇年間被砍下，意味著這些橡木最有可能被用來製作盛裝斯堪尼亞鯡魚的木桶。當時漢撒聯盟行會壟斷了斯堪尼亞鯡魚輸出至低地諸國的出口貿易。一四四一年，當行會不再壟斷貿易，瓦哈維塞德的人們便不再使用木桶水井。一四七五年後，瓦哈維塞德苦於當時普遍不穩定的政治情勢和海上更嚴重的動盪不安。一世紀後，社區遭戰爭肆虐，已成斷垣殘壁，僅有禮拜堂的塔樓留存，但該塔在十九世紀的一場暴風雨中倒塌。

瓦哈維塞德隨著北海鯡魚產業的變遷盛衰興廢。在十六世紀初，鯡魚漁業是荷蘭經濟的要角，在國內生產毛額的占比高達百分之八點九。到了十九世紀，這個數字縮減到僅剩百分之零點三。在那三百年間，漁業的產量和獲利能力已經日漸下降。留存的捕魚公司的帳目顯示，最少需要大約四十拉斯特的漁獲，才能維持一艘船的作業，並支付整年的費用。費用成本包括購買西班牙鹽及桶子的支出（醃漬一拉斯特的鯡魚需要四桶鹽巴），以及地方和省政府徵收的稅金。接著還有船隻的折舊成本，其平均壽命約為二十年，再加上漁網的購買及修補、給船員的薪資及糧食。由於高額的固定成本和非常不穩定的漁獲量，一再投資鯡魚產業只會帶來大量的損失。到了一七五〇年代，馬斯特蘭德和東盎格利亞外海的水域不再因浩大的魚群而熱鬧翻騰；荒年越來越稀鬆平常，終使鯡魚產業走向衰退。於是，荷蘭人將他們的注意力轉向長久以來從北大西洋鱈魚漁場獲得的龐大利益。

第十九章 海洋的牛肉

中世紀的鹽漬鯡魚確實很難引起人的食慾，品質低落的鯡魚尤其如此：那時的鹹鯡魚呈棒狀，堅硬且油膩，散發濃烈的魚腥味。十二世紀間，這類的配給糧食在大齋期間餵養了巴黎救濟院中的四千名窮人，以及供應軍糧的軍隊。對於難以取得鮮魚的虔誠信徒而言，鹹鯡魚在聖日是為數不多的蛋白質來源，直到後來，新選手大西洋鱈大量進入市場，情況才有所轉變。鱈魚和油脂豐富的鯡魚不同，其魚肉色白且結實，而且更容易加工保存，保存期限可達五至七年。鱈魚乾的觸感十分堅硬，就像一塊木頭，但重量很輕，方便大量運輸，使之成為水手和軍隊的理想糧食。在低緯度地區鹽漬乾燥保存的鱈魚乾被稱作淡魚乾。烹煮鱈魚乾很容易，只是相當耗時。約翰·柯林斯在他的指南書《鹽與漁業》（一六八二年著）中，提供以下烹調建議：「用一根木槌重重敲打魚乾半小時或更長的時間，接著浸泡三天。」[1]鹽漬的鱈魚乾很快便成為歐洲各地人們的主食之一，尤其是在一年多達一百五十天、禁止食肉的聖日期間。

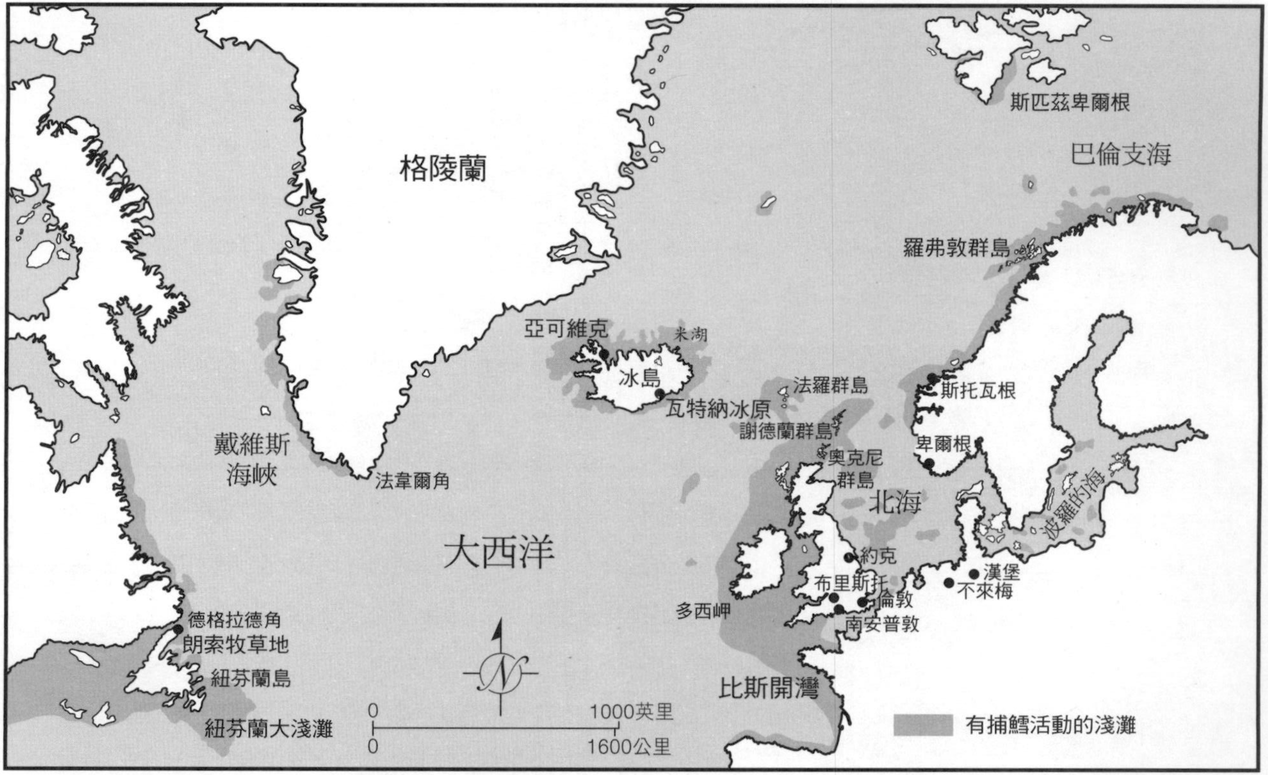

地圖十六　北大西洋鱈魚漁場的主要港口與其他相關城市

大西洋鱈（學名為*Gadus morhua*）是鱈科家族的成員之一，此科也包含其他頗受歡迎的魚種，如黑線鱈、明太鱈和牙鱈。鱈魚大量棲息在環極圈從美國北卡羅萊納州外海的哈特拉斯岬到格陵蘭的溫帶大西洋水域，以及北極海到比斯開灣之間的海域。鱈魚是種魚身沉重、魚頭碩大的魚，除了到表面覓食，一般都待在距離海床數公尺內的範圍。他們可以長至兩公尺長，重達九十六公斤。即使在今日資源耗盡的海域，二十七公斤重的鱈魚依舊常見。鱈魚屬冷水性魚種，最適宜的水溫落在攝氏零至十三度之間。牠們也是相當貪吃的魚，魚肉呈白色，油脂含量相對低，在北方冬末春初的寒風和陽光下，人們能夠輕鬆加工、乾燥保存。由於鱈屬魚種很容易就被能用鉤線捕捉，自冰河時期末開始，牠們始終是歐洲北部的常見漁獲。[2]

在挪威北部外海，羅弗敦群島和西奧倫群島間的水域是鱈魚主要的冬季產卵地。牠們每年一月都會從寒冷的巴倫支海南移，抵達為羅弗敦群島的臂彎包圍的西部峽灣。島民在接下來的冬季都能捕撈大量的鱈魚。這片鱈魚漁場至少興盛發展了兩千年，甚至可能更久。豐收一直持續至今。在羅弗敦海岬和港口後方有許多大型木架，上頭掛滿了準備被乾燥、已去頭的鱈魚魚身。[3]

古北歐的拓殖者搭乘輕巧建造、適於航行的帆船，持續從他們的家鄉往南及往西遷移；這些船同時也是能夠載運二十噸貨物的商船，包括牛隻和整家人。到了西元八〇〇年，他們在奧克尼群島和謝德蘭群島落腳，不久後又來到法羅群島。西元八七四年左右，英格爾夫・阿納爾松和他的妻子登陸冰島，那是座在山脈和海岸之間有著森林的島嶼。[*]他發現那裡有愛爾蘭僧侶，他們是從南方搭乘獸皮船抵達當地的隱士，但很快就離去，沒有和異教徒共享土地。古北歐人帶來家畜，但高度仰賴狩獵海豹和在近岸捕撈鱈魚。多數的農民可能待在船上和在田裡的時間一樣長。

古北歐的航海活動持續活躍，在西元九八五年左右，將愛好挑起爭端的紅鬍子艾瑞克帶到格陵蘭；在那裡，古北歐拓殖者找到比家鄉更好的牧場。他們留意到西方白雪覆頂的高山，但要經過大約十五年，紅鬍子艾瑞克的兒子萊夫・艾瑞克森才跨越戴維斯海峽，沿著一路上森林越來越茂密的海岸線向南航行，直到抵達紐芬蘭島北部。如果沒有冰島的魚乾，這些航程無一能夠成真；它們可以保存五至七年，不僅為海員，也為農民提供輕量且豐富的蛋白質。鱈魚乾就是古北歐水手的牛肉乾。

七至十世紀間，湖魚、河魚還有鰻魚是英格蘭和歐洲魚類飲食的要角，除非是能夠輕易取得海魚的地區，尤其是挪威南部和波羅的海西部盛產鯡魚的島嶼。[4]在約克和南安普敦等地的考古發掘中出土的鯡魚遺存可以上溯至八世紀。鯡魚的重要性在十一和十二世紀間增加，但幾乎沒有人捕撈鱈魚。在諾曼人征服英格蘭以前，盎格魯撒克遜的語言中並沒有「鱈魚」一字。首先對鱈魚感興趣的人來自北方。在古北歐移居者於九世紀抵達蘇格蘭前，當地的居民僅小規模捕魚，主要是在岸上就能捕捉到的魚種。九至十世紀期間，當移民人數漸增，蘇格蘭人改為獵捕大西洋鱈，以及同家族的長身鱈和綠青鱈。這可能是因為古北歐訪客傳入了他們自己的飲食偏好，以及他們加工處理鱈魚的專門技術。

古北歐人主要有兩種保存漁獲的方式。淡魚乾是全魚乾燥而成，多數的脊柱也保持完整。鹹鱈魚乾則是將魚去頭後剖開攤平，去除上部的脊椎骨，接著平放乾燥。羅弗敦和西奧倫群島是乾燥淡魚乾的理想地點，因為當地的氣溫終年冰凍。另一方面，鹹鱈魚乾可以在更大的溫度範圍內經乾燥和鹽漬來加工保存，有時還會攤放在海灘的卵石上。品質最好的淡魚乾來自身長六十至一百公分的鱈魚，因為這樣尺寸的魚在乾燥後仍能保有大量魚肉。最優質的鹹鱈魚乾則是由身長四十至七十公分的鱈魚製成。在我們檢查於考古遺址中尋獲的魚骨，並思考於十一世紀開展的捕魚革命之時，這些看似神秘的數據至關重要。[5]

「漁業大變革」

大約在西元九五〇至一〇〇〇年間，過去在挪威和冰島普遍但非正規的漁獲貿易，突然發展成國際事業。英國考古學家兼魚類專家詹姆斯・巴雷特稱此次劇烈的轉向為「漁業大變革」，可以從古代廢棄堆中漁獲加工方式的轉變辨別出來。[6]為什麼會發生漁業變革？是因為貿易活動普

* 譯注：阿納爾松及其兄弟被認為是首批定居於冰島的北歐人。

遍成長嗎？事實上，其中牽涉到的因素相當複雜。其一可能是大規模農業、水閘增建和密集的內陸漁撈導致溪流和湖泊淤積，進而使可取得的淡水魚量因而減少。接著，還有晚期和齋戒和聖日相關的盎格魯撒克遜律法，到了七世紀時，已經為虔誠信徒和世俗民眾所遵循。在英格蘭，聖本篤修道院教規於西元九七〇年左右被翻譯成古英文，將本篤會於十世紀的改革推向巔峰。這或許影響了人們吃魚的習慣，不過早在那之前，信徒便已普遍遵循相關教規。

城鎮的成長可能是捕魚革命的主要動力。鯡魚和鱈魚第一次出現在考古遺址時，是在城鎮而非村莊。十一世紀前，鯡魚幾乎只存在都市聚落；鱈魚則是在西元一〇〇〇年左右進入英格蘭的飲食。但無論是鯡魚或鱈魚，都是直到在城鎮普及許久以後，才廣為鄉村人口食用。海上的捕魚活動成長的同時，歐洲北部貨船的容量也大幅增加，從西元一〇〇〇年的二十噸左右，攀升至一〇二五年的六十噸左右。行動笨拙緩慢、由行會所有的寇格船和同樣速度緩慢的霍克船將貨物和漁獲從斯堪地那維亞向南運，穿越波羅的海海域，進入英吉利海峽。這些笨重的船隻是中世紀版本的散貨船，被設計用來運輸塞滿木桶的大型貨物，桶中裝著加工處理過的鯡魚和成捆的淡魚乾。當時，很有可能是歐洲各地早期城鎮密集的都市人口導致人們對海鮮的需求永無止境地增長，齋戒期間尤其如此。

捕魚革命從遙遠的北方開展。在當地漫長的冬季月份中，鱈魚乾是重要的食物來源。由於鱈魚資源量豐富，羅弗敦地區又擁有良好的乾燥條件，當地的漁獲貿易繁榮發展長達好幾百年；冰島也是如此，這裡出土了一些現存狀況最完好的魚骨遺存。[7] 考古學家仔細研究來自沿岸遺址及內陸遺址的魚骨堆。冰島東北部高地的米湖地區離海約七十公里，有些可追溯至西元九及十世紀的魚類遺存出土。從現存的魚骨判斷，當時的漁民會食用當地的湖魚，也仰賴一些來自海岸的加工漁獲維生，主要是乾燥成鹹鱈魚乾的大西洋鱈和黑線鱈。

挪威北部和冰島的漁獲貿易都屬地方性的貿易活動，而這可能是親族連結、共同義務、禮物交換和生活在不同環境的首領之間的關係等社會機制所致。這類互相聯繫的關係網絡將魚送往內陸，此外還有海鳥蛋、海洋哺乳動物的獸肉等其他商品。類似的機制也在世界許多地區驅動了自給自足的漁民和外界之間的貿易。加工過後的漁獲重量輕，用馱馬就能輕鬆運送到內陸。或許從人類最早開始定居之時，漁獲貿易便已成為北方險惡的生活環境不可或缺的一部分。我們幾乎可以肯定，形成這些漁獲分配系統的靈感來自於魚的原生地，也就是來自那些以家戶和家族連結為基礎的社會機制。漁獲的魚種多樣，沒有普遍的標準；人與人之間持續維繫聯繫，但是仍屬非正規貿易。儘管如此，這些不起眼的開端是在十世紀迅速發展、高度組織化的捕魚產業的源頭。

在冰島西北部的西峽灣區半島，早期的考古遺址有留下關於這項重大轉變的紀錄。在最早可追溯到十二至十三世紀的亞可維克遺址，人們在多個捕魚季，都會占居於貨攤棚般的小型建築中。這裡絕非人們終年定居的農耕捕魚聚落，而是有專門用途的季節性營地。總體而言，那裡的住民會丟棄較小的魚，但多數的貝塚都有過剩的胸部和尾前脊椎骨出土，可以看出他們似乎曾大量生產鹹鱈魚乾和淡魚乾。加工者在去除魚的內臟後，會切除大部分的頭骨和魚嘴。部分的脊骨也遭丟棄，剩餘的脊骨則能在乾燥後讓魚身保持完整。亞可維克十三和十四世紀的魚骨大多來自長度最適合用來製作鹹魚乾和淡魚乾的魚，這點也是產業標準化的明確徵兆。在挪威外海，羅弗敦群島和西奧倫群島上的遺址的發現也支持這些觀察結果。考古學家在較早期的遺址發現，當時的居民曾捕捉並加工種類繁多的漁獲。然而，在重要的中世紀漁獲商貿站史托瓦根，他們卻發現人們幾乎專捕鱈魚，漁獲的多樣性相較更低。

此外，還有更多線索——譬如當時已出現長期過漁的跡象。研究者計算亞可維克的鱈魚頸部寰椎骨椎體表面的生長輪，並運用精細的統計分析，已經證明這裡的鱈魚魚齡介於六歲至十二歲半，按照今日的標準來說相當年長，因為相對於亞可維克漁獲的魚齡在六至十歲之間，現今捕捉的魚多介於二至十歲，而且將近四分之三都是四到五歲。因此，自十五世紀起，鱈魚魚口的平均魚齡減少了將近一半。這個魚齡下降的現象極為重要，因為體型較大、較年長的鱈魚產下的魚卵，會比較年輕的鱈魚多上數百萬顆。從年長鱈魚魚口的耗盡，我們可以看出五百年後北大西洋鱈魚過漁現象的早期端倪。

一一〇〇年左右，真正商業化的鱈魚捕撈在北方如火如荼地進行；當時淡魚乾的出口量突然大增。[8]五月末至八月期間，羅弗敦群島島民會將他們的魚乾運往南方，多數都是送到卑爾根，那裡成為淡魚乾貿易的主要中心。一一九一年，造訪該城的丹麥訪客曾描述，當地的魚乾數量多到幾乎不值一秤。卑爾根擁有許多有利條件：它是一座靠近南方又有遮蔽的港口，大約位在漁場和主要進口地（波羅的海地區、英格蘭、德國、低地諸國和法國北部）中間。當冰島在十三世紀間成為挪威的一部分，卑爾根甚至變得更加重要。淡魚乾是必不可少的出口商品，用來交易挪威西部和北部長年短缺的穀物。

商貿站與鍾子

現代科學對中世紀的國際漁場提出了引人入勝的見解。舉例來說，十一和十二世紀的英格蘭和法蘭德斯聚落所出土的魚骨帶有北海南部典型的同位素訊號，暗示當時的居民是在相對地方性的水域捕魚。然而，隨著不斷攀升的都市人口的需求增加，尤其是在倫敦，地方已供不應求，這也是為什麼當地十三及十四世紀的魚骨與挪威、冰島及蘇格蘭北部的魚骨有相同的同位素訊號。到了十五及十六世紀，這裡魚骨的同位素訊號和遠在北海之外捕獲的魚類相同。

由於人們在大量加工魚之前會切除魚頭，頭骨在倫敦等主要城市出現的頻率對學者而言是非常寶貴的指標。倫敦地區的九十五座遺址，橫跨羅馬到後中世紀時期，留下了關於鱈魚利用方法的種種重大轉變的紀錄。除了大約七十條來自羅馬時期及幾條來自撒克遜人統治的倫敦，鱈魚一直到西元一〇〇〇年才變得普及。十三世紀期間，鱈魚的數量飆升，但頭骨碎片的出現頻率衰退，代表人們從在當地捕魚轉向食用進口加工魚的重大轉變。這個時間點與魚骨的同位素訊號變化同時發生，從在地捕捉到的魚變為北方魚的訊號。一直要到十四世紀早期，漢撒聯盟才開始支配盎格魯和挪威之間的漁獲貿易。那麼，為什麼在一二五〇年左右，羅弗敦群島的魚會頗為突然地出現在倫敦？我們並不知道箇中原因，但可能是由於漁民轉移市場，或是北海南部的鱈魚資源量耗盡。

卑爾根掌控淡魚乾貿易長達數百年之久。有些卑爾根的貿易商是當地人，其他更有從英格蘭遠道而來者。這些商人大多是德國人，最初是來自萊茵河地區，接著到了十三世紀，則是來自呂貝克和文德的城鎮。到了十四世紀，商人隸屬於漢撒聯盟，也擁有特定城鎮賦予的特權。漢撒行會在卑爾根的營運非常有效率，背後的支撐力量是龐大的資本和歷史悠久的貿易網絡，後者曾確保穀物和其他北方不可或缺的商品供應順暢。卑爾根的行會在一三六〇年代後繼續維繫一座商貿站的運作；它實際上是座獨立的聚落，透過合夥的貿易商行提供信貸給挪威漁民。商貿站的建築留存至今。漢撒行會的商行頗受漁民歡迎，因為就算在漁獲不豐的年份，前者也能保證穀物供應無虞。到了一五六〇年，商貿站共和三百名漁民交易。淡魚乾從卑爾根被運往呂貝克和英格蘭。

十二世紀至十五世紀初，當英格蘭人開始自行在冰島南部外海捕魚，便成為第二大的淡魚乾消費群。淡魚乾貿易起起伏伏，共有兩個高峰：其一是在十二世紀，挪威人開始出口漁獲到英格蘭港口；其二是在十六世紀，當時歐洲的淡魚乾產業發生重大的技術變革。

在德國南部，善於創新的居民發明了一種被英國國會議事錄稱之為鍾碾機的裝置，其中規模最大者可能是以水為動力。那是一種能藉由敲錘來軟化魚肉的機器，這項工作過去都是靠人工完成。鍾碾機讓可以加工的魚數量遠遠超過純粹提供本地食用的數量，也導致南德人偏好冰島的鱈魚，而非挪威鱈魚，因為前者經過錘子敲打後會變得更加柔軟。另一項長期的改變，是冰島的漁獲不僅運往卑爾根，更直接送達英格蘭，滿足當地的許多需求。到了十五世紀末，漁獲也運送到今德國的漢堡、不來梅和呂貝克。當荷蘭人加入北方的貿易，其他人與漢撒行會爭奪來自卑爾根北邊的魚，激烈的商業競爭便隨之出現。[9]

這些淡魚乾全都被運往歐洲西北部和東北部，並在紐芬蘭島鱈魚貿易供應漁獲給不列顛西部和諾曼第以南的西歐許久之後，仍持續出口。最晚到了一四七〇年代，一公斤的淡魚乾就與六至七公斤的裸麥等價，對挪威漁民來說是頗高的利潤率。行會商人絕對沒有剝削他們。十六世紀期間，每年大約有兩千噸淡魚乾從卑爾根離港。到了一六二〇年代，下跌的價格導致經濟不景氣，許多永久漁村也遭到荒廢。

冰島與鱈魚乾

中世紀的漁民認為，海洋資源取之不盡，用之不竭。如果某座漁場因為面臨過多船隻在此捕魚，導致產量下降、漁獲量衰退，他們就會直接轉移陣地到其他漁場。基督教教義認為，人類擁有神聖的認可，得以清除森林、在土壤耕種，並在湖泊、河流和海洋捕魚。教徒相信，這樣的勞動讓他們更接近上帝。在更極端的詮釋中，捕魚能夠提供信仰者糧食，因而是種贖罪的方式。當靠近家鄉的海域遭過度捕撈，那些在海洋捕魚的漁民便自覺有義務，要將他們的冒險拓展到更危險的漁場。

除了宗教義務，儘管過漁仍無法滿足的需求，將漁船推向未開發的新海域。冰島已經因為淡魚乾而聞名，但其中世紀的漁獲鮮少運往當地水域之外的地方。當地的捕魚活動大多在近岸海域進行，並且漁民大多是兼職，傳統上還會輔以農耕為生。接著，大約在一四一二年，來自北海的英格蘭漁民由於遭行會禁止進入有利可圖的卑爾根市集，他們往北航行至冰島，使用的是吃水深的雙桅漁船，而我們對於這種船所知甚少。[10]在十一月至三月期間，就連古北歐漁民也謹慎待在家中，但雙桅漁船依然活躍，在二月航向北方，以回應經濟上的需求，也就是更多的魚。這些漁船是從漁民的刻苦經驗發展而來，他們知道要待在開放水域，並且持續移動跟隨鱈魚群，才能豐收。雙桅漁船可能是種半甲板船，長約十八公尺，船艄有間小船室可供睡覺和煮食，剩下的空間則全部用來捕魚和鹽漬漁獲。男人會站在舷緣，每人手裡都拿著鉤繩，重複單調的拖魚的動作。

冰島的漁場環境險惡又艱苦，在此捕魚需要在海上待上長達六十天。為了大量捕撈當時被稱為「海洋的牛肉」的鱈魚，船上的男人和男孩都忍受著駭人的艱辛，僅僅穿著皮革和羊毛衣，就在雪雨中捕魚，任由狂風和暴風吹拂，靠著硬餅乾或是他們正在追捕的魚所製成的淡魚乾維生。死亡可能在任何一刻降臨：雙桅漁船上的傷亡率可能高達六成。然而，這是個生命廉價的時代，基督教教義和無止境的戰事（因而需要餵養部隊）讓鱈魚成為不可或缺的商品。一四一九年，一場冰島外海的冬季暴風雨帶來強風和大雪。「陸地遙不可及，」一位無名的作者在冰島年鑑中描述，「大量英格蘭船隻失事，超過二十五艘。無人生還。」[11] 儘管危險，漁民仍堅持投身其中，因為利潤非常龐大。和在卑爾根的商人相比，英格蘭商人會支付多出約五成的價格購買鱈魚。

冰島的鱈魚漁場以其「優質淡魚乾」聞名，吸引了英格蘭和蘇格蘭的漁船。他們多半遠離岸邊，心向遙遠的地平線，而非狹窄海域的界限。漁民會航行通過奧克尼群島，朝西北方前進，登陸冰島東部的瓦特納冰原地區，再啟程前往西岸外海的漁場。這些漁夫是群強悍不羈之人，嚴格保密何處有魚可捕的資訊。整體而言，他們與冰島人的接觸甚少，徹底遠離滿是強烈激流和崎嶇岩石的海岸線。有些人會在西南岸有遮蔽的地點登陸，並在那裡設置營地，以利加工處理漁獲。這些人不擇手段，有時更甚於滿腦子搶劫和謀殺念頭的海盜。[12]

最終，這座有利可圖的漁場變得更有組織。到了十六世紀，有些雙桅漁船也開始從事交易。據十七世紀的約翰．柯林斯所述，當時的漁船船員會運用長一百六十五公尺的鉤繩，附加鉛墜和有餌的魚鉤。每條長繩還垂掛著較短的鉤繩，讓捕魚效率變得極高，導致冰島人控訴——這種延繩釣法讓鱈魚遠離他們捕魚的較淺水域。在岸上卸下的漁獲量非常龐大；到了十六世紀，共有多達一百五十艘船運貨至岸邊，有些卸下的貨物重達九十噸。而後，他們會載著數千枚鐵鉤、長繩「釣索」和大量的鹽離去。

眼望西方

英格蘭西南部的布里斯托位於狹長且有時變化莫測的布里斯托海峽前端。那裡不是漁港，但是個世界性的貿易中心，積極參與大齋期的漁獲交易。十五世紀時，布里斯托的商人是精力充沛的企業家，願意為大膽的冒險投入資本，而且與西部漁場的關係十分密切——尤其是愛爾蘭外海，那裡的漁民會帶來沙丁魚（鯡魚的親戚，被加工保存在桶中）和梭鱈等魚種。鯡魚會在北海產卵；冰島人在夏季支配這片漁場，但這些水域的漁船全年無休，為與西班牙的酒類和羊毛貿易增添利潤。布料、採礦和豐饒的農業提供資本給商業上高風險的捕魚遠征，前往冰島和更遠的海域。

在新發現層出不窮的時代，布里斯托的商人興旺發達，總是時時留意嶄新的機會。水手和漁民的社群使用多種語言，許多人是來自遙遠的國度，他們經常在城內的小酒館出沒。這些男性擁有關於歐洲海岸和深海水域的詳盡知識。這些人當中有人是深水海員：他們曾經歷冰島鱈魚漁場隆冬暴風雪的洗禮，沿著非洲海岸航行到遙遠的南方。為了尋找新的漁場，許多人曾從英吉利海峽、北海和冰島等人滿為患的水域遠航。他們多半為自己的計畫保密，因為漁民天性守口如瓶。他們在酒酣耳熱之際，可能曾訴說許多故事，關於海怪、大得可以讓一艘船沉沒的魚，以及滿是黃金的西方國度。據說神秘的巴西島宛如天堂，漂浮在遙遠的地平線上，難以捉摸，籠罩著久久不散的薄霧。冒險航向遠洋的不只有漁民。法國人於一四〇二年航行至加那利群島，歐洲船隻在十六年後抵達馬德拉島，而葡萄牙人於一四三二年拓殖亞速群島。

人們對於地平線那一端的事物及彼方可能存在無限財富的土地都深感好奇。這份好奇心在一四九二年克里斯多福·哥倫布前往加勒比地區，以及一四九七年約翰·卡博特前往紐芬蘭島的兩次著名航程達到高峰。在所有關於難以想像的財富的傳言中，北大西洋的貨幣是布里斯托的主要商品之一：魚。到了一四八〇年代，南下大西洋海岸，再航向加那利群島、馬德拉島和亞速群島的遠距貿易航程成為常態。遠洋海員所使用的船隻與雙桅漁船大不相同。他們的卡拉維爾帆船起源於阿拉伯與柏柏漁民在北非西部及西班牙海岸外海使用、裝配大三角帆的漁船。這些都是雙桅或三桅帆船，後期將裝設方形船帆。依當時的標準而言，這些帆船的速度很快，可以適度逆風航行，也能夠載運比古北歐克納爾船的承載量重上許多的貨物。卡拉維爾帆船將哥倫布帶到加勒比地區，並成為布里斯托的海上貿易及該城於一四八〇年代西遣的零星遠征的主要船隻。沒有任何船長的航海日誌或乘客的描述留存至今，因此這些船隻的航行路線及其發現依然成謎。不過，我們似乎可以肯定這些船上的船員會捕魚。據關稅紀錄，曾有兩艘船於一四八〇年從布里斯托西航，載運著大量的鹽，可能是為了鹽漬他們的漁獲。

到了此時，布里斯托的船長通常會航行至冰島西岸捕魚和交易。當強勁的東風吹過，晴朗的天空颳起強風，他們必定曾在西方的地平線瞥見白雪覆頂的格陵蘭山脈，僅僅向西航行一天就能清楚看見那些高山。曾造訪格陵蘭的冰島人可能提供了歷史學家克絲汀・塞弗所謂的「資訊鏈」，或許幫助了英格蘭的漁船西航捕捉鱈魚。然而，關於這點的證據充其量也寥寥無幾。[13]第一個原因在於，格陵蘭當地經過學者詳細研究的古北歐廢棄堆中，明顯沒有鱈魚遺存。此外，當地的移居者似乎更強烈偏好油脂較豐富的海豹肉，而到了夏季，捕鱈才能媲美酪農和獵捕海豹。

儘管如此，必定曾有一些船隻航向西方。每個在開放水域工作的船長都熟知緯度航法技巧，這是經過長期考驗、古北歐慣常用來橫跨開放水域的方法。如果目標是西方的水域，船長會先北航，直到抵達約北緯六十度，再運用所有人都知道春季和初夏時這些水域會盛行的東風，轉向西邊。他會完全遠離浮冰和位於格陵蘭南端的法韋爾角，往南邊航行，不僅利用東風，更利用流向西方的伊明格海流和東格陵蘭海流。這裡偶爾可能會颳起強勁的狂風，但一旦經過格陵蘭，只要再一千公里左右就會抵達拉布拉多海。人們是從廣為傳頌的古北歐傳說得知這片海岸的存在。

在冰島外海捕魚的人們為何會望向西方，我們無法知曉。也許漁場的環境競爭變得太過激烈，或是岸上的政治情勢負擔過重。無論如何，對於習慣在隆冬的北大西洋海域捕魚的漁民來說，開放水域的西向水路並非難以克服的障礙。儘管風險頗大（這裡有霧、冰山及深水區的強勁狂風），但尋找未開發漁場的漁民從不停下腳步，必定接受了這些風險。畢竟，這片水域和他們在學徒時期經歷過的海洋環境相去不遠，顯然可以承擔這樣的風險。

證據將永遠難以尋獲，但似乎至少在理論和邏輯根據上，我們可以肯定有些歐洲的捕鱈漁民在威尼斯人佐安．卡博托之前，便已造訪紐芬蘭島漁場。佐安．卡波托又名約翰．卡博特，是名專業的海員和航海家，接受英格蘭國王亨利七世的資助，西航尋找通往盛產香料的亞洲的水路，結果卻來到紐芬蘭島。[14]經過一四九六年一次失敗的嘗試後，他在隔年搭乘一艘名為「馬修號」的小型卡拉維爾帆船，從布里斯托往北航向冰島，再靠著盛行的東風轉向西方。一四九七年六月二十六日，他在德格拉德角登陸，距離朗索牧草地僅八公里之遙，那片草地是萊夫．艾瑞克森最初在貝爾島海峽的落腳處。卡博特沿著現今紐芬蘭島的東岸南下，那裡的浮冰狀況比較適合航行。馬修號周圍擠滿了大量的鱈魚，船員用籃子就能捕撈。卡博特歸返布里斯托時，受到熱情的歡迎。受派前往英格蘭的米蘭使節萊孟多．德松契諾向他的資助人米蘭公爵回報：「他們說那是片很好的土地，而且氣候溫和。他們聲稱那裡的海洋充滿魚群，不僅可以用漁網捕撈，使用籃子，並在裡頭放著讓其沉入水中的石頭，也能有所收穫。」[15]他補充，船員吹噓他們帶回家鄉的漁獲量，足以讓冰島的漁場無用武之地。卡博特從未發掘通往亞洲的路線，而在第二次航程時，他消失得無影無蹤。

一五〇二年，商人休．艾利奧特的船隻「加百列號」將第一批留下紀錄的紐芬蘭島鱈魚漁獲帶回布里斯托。這些鱈魚讓他賺得一百八十元英鎊，就當時而言可謂鉅款。紐芬蘭島漁場擁有令人難以置信的豐饒資源，這消息迅速傳遍歐洲漁民圈。隨著鱈魚價格上漲和城市人口呈爆炸性成長，漁民聚集到特拉諾瓦，其地名意為「新土地」。到了一五一〇年，布列塔尼人和諾曼人每年夏天都會在紐芬蘭島海岸捕魚，而人們逐漸開始爭相捕撈利潤極高的鱈魚。

第二十章　用之不竭的海中嗎哪

當新鱈魚漁場的消息傳至歐洲，身經百戰的漁民成群橫越大西洋。紐芬蘭島和相鄰海岸旁的水域盛產魚，而且幾乎全是同一種這些漁民已知的魚，使得這裡與他們耗竭的家鄉海域相比，必定宛如應許之地。法國探險家賈克·卡蒂埃於一五三五年往聖羅倫斯河的上游航行，將之形容為他或他的船員記憶所及最豐饒的漁場。半世紀後，英格蘭商人安東尼·帕克斯特曾如此描寫紐芬蘭島附近的海洋：「除了鱈魚以外的魚種，那裡還有鯡魚、鮭魚、背棘魚（鰩），以及河鰈，或者我們應該稱之為比目魚。」[1]

帕克斯特已做好萬全的準備，他曾在一五七五至一五七八年間乘著他自己的船，在紐芬蘭島外海捕魚。他發現自己追捕著熟悉的魚群，身處的水域一如愛爾蘭和蘇格蘭外海，受困於變幻莫測的天氣和當地特有的濃霧。美洲的水域令人大開眼界。那裡供應了歐洲海域在史前時代產出的漁獲。鮭魚的數量驚人，甚至還有許多大型的鱘魚，後者曾是君王的桌上佳餚，但可惜到了當時已遭過度捕撈。在遙遠南方的加勒比地區，哥倫布的後繼者尋獲大量五顏六色但全然陌生的岩礁魚類，卻沒有北部漁場的豐饒資源。

航行至紐芬蘭島灰暗水域的漁民完全是為了漁獲而來。[2]他們對於岩石密布、一眼望去皆是大片森林的海岸興趣缺缺。他們對當地的美洲原住民也絲毫不感興趣，儘管無論從任何標準觀之，那些原住民都是專業的捕魚族群。米克馬克人在當時占居了今日加拿大新斯科舍省及愛德華王子島省全境，還有紐布朗斯維克省的許多地區及魁北克省的加斯佩半島南部。他們高度仰賴海洋食物，尤其是蚌蛤、牡蠣和溯河魚類。此外，他們也會大量捕撈溯河魚，清洗後放在低矮的架子上用煙燻烤。[3]他們自視為大自然的一部分，在生存一事上，與動物和游魚是夥伴。一如所有古代的捕魚社會，米克馬克人的社會受無數世代累積的經驗打造而成——那是透過實例和口述傳承下來、深遠的環境與文化智慧。假若歐洲漁民和毛皮貿易商沒有來到米克馬克人的海岸，他們可能可以永遠享受舒適且永續的生活方式。米克馬克人及當地其他的捕魚社會與這些外來者毫無瓜葛，因為後者只對群集在近岸的魚感興趣。紐芬蘭漁場獨樹一幟的其中一個特徵在於，漁民前往當地的航程比往常更長。不過，布列塔尼和英格蘭的漁民都很習慣四處奔波，因此通往漁場的路線較長只是他們例行公事的小小改變。

海洋學者稱歐洲北部和北美洲之間廣袤的海洋為「北大西洋極北區」。兩岸的氣候條件皆大致相似，而整個區域的魚種基本上也十分類似，尤其是鱈魚、鯡魚和鮭魚。在北太平洋東部，魚類資源如此豐富，以至於幾乎保證漁民能夠輕鬆獲利。於是這裡很快就出現了一種固定的模式：漁民在早春西航，並在秋季滿載而歸。歷史學家傑弗瑞．波斯特引用了當時幾位見識過紐芬蘭漁場之人的敘述，來說明以歐洲標準而言，這座漁場有多麼令人嘆為觀止。資深船長查爾斯．李於一五九七年如此寫道聖羅倫斯灣：「才一個多小時，我們用四支鉤子就捕獲兩百五十尾（鱈魚）。」另一位紳士探險家約翰．白瑞登則描述，和紐芬蘭島的水域相比，「全英格蘭資源最豐饒的區域（雖自成一格），顯得貧乏不已」。關於紐芬蘭漁場不可思議的豐饒程度，有許多類似的敘述流傳至今，必然相當可信。約翰．史密斯船長*於一六一四年某次造訪緬因省時寫道：「他是名糟糕的漁夫，用魚鉤和釣繩無法在一天內捕獲一百、兩百、三百條鱈魚。」每一位親眼見識紐芬蘭漁場之人所評論的不只是魚的數量，還有魚的質量：「發育良好，肥美多脂，滋味鮮甜。」[4]

紛擾的紐芬蘭漁場

有幾個民族的漁民很快就開始在紐芬蘭島灰暗的水域工作：葡萄牙人在一五〇一年來到此

---

* 譯注：約翰．史密斯（一五八〇至一六三一年）為英國探險家，他在一六〇七年建立了英國在北美洲的第一座永久殖民地。

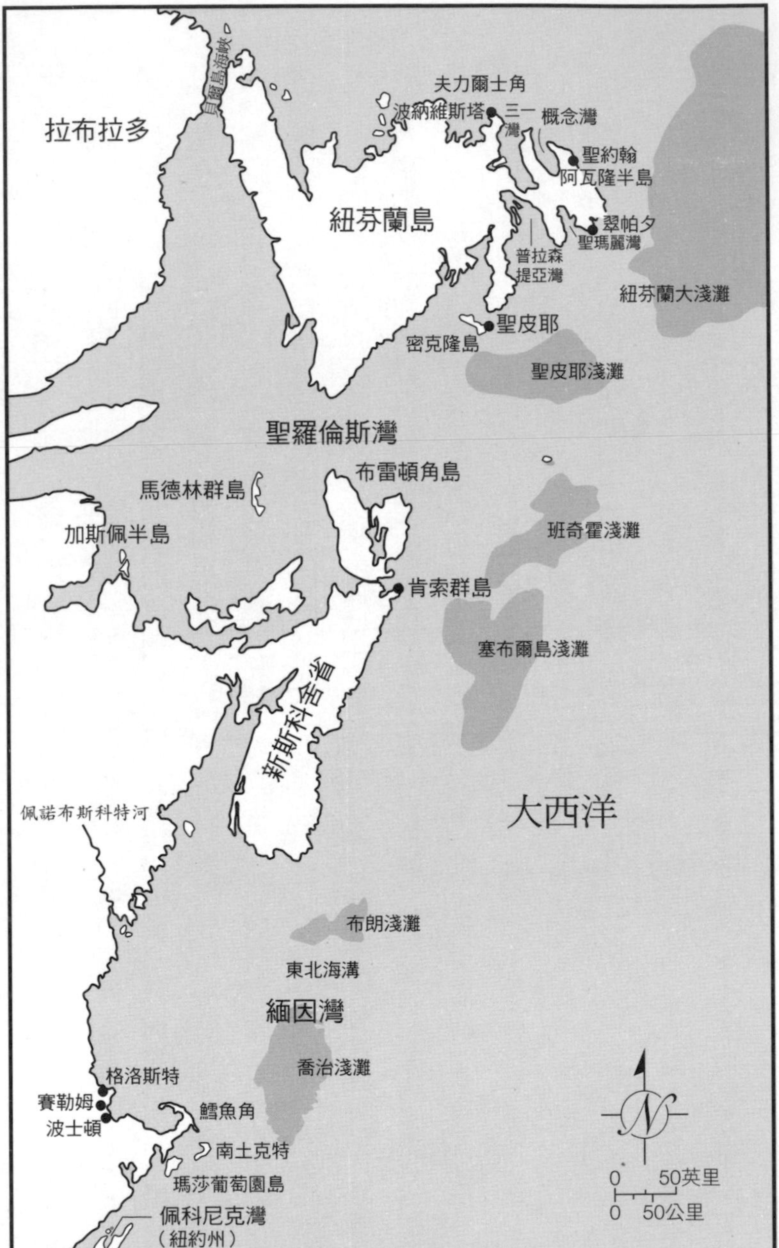

地圖十七　紐芬蘭島、新英格蘭漁場（陰影處）及其他相關城市

地，而諾曼人和布列塔尼人則在一五〇四年抵達。[5] 其他法國漁民和來自西班牙北部的巴斯克人很快就跟上他們的腳步，後者會在這片新大陸西岸外海的貝爾島海峽捕鯨。紐芬蘭漁場的規模於一五四〇年後急遽擴大。年復一年都有數十艘船航向紐芬蘭島、聖羅倫斯灣和緬因灣。一五五九年，單單從波爾多、荷樹勒和盧昂，就有至少一百五十艘船航行至紐芬蘭島。到了一五六五年，法國船隻開始在紐芬蘭大淺灘的離岸捕魚。英格蘭人已經聲稱占有這塊土地，但開發新發現的近岸豐富資源的速度不快，而且他們在冰島外海和離家鄉較近的海域捕魚便已滿足。不過，當冰島漁場在一五六五年逐漸沒落後，他們立即將注意力轉向紐芬蘭島。紐芬蘭島的漁民與歐洲的王朝及宗教戰爭相距半個世界之遙，不受干擾地捕撈鱈魚，當作軍事戰役的配給食物。早在英格蘭殖民者落腳詹姆斯鎮等地以前，數千名歐洲漁民便已擁有在紐芬蘭島漁場捕魚的第一手經驗。

一五八〇年後，葡萄牙和西班牙對其漁場的掌控因為本國的衝突而崩潰，於是英格蘭人奪取了他們的漁場，開始供應漁獲給獲利豐厚的南歐天主教市場。提供給軍隊和南部集市的鱈魚略經鹽漬、質地堅硬且經曬乾製成，需要陸地上的基地才能作業處理。英格蘭人在紐芬蘭島東岸，介於北方的夫力爾士角和南方的松木角之間的區域加工漁獲，那裡是最接近漁場的海岸線。二至四月間，船隊會從英格蘭和法國港口出航。英格蘭人通常會南航至葡萄牙，以便在途中取得鹽。一趟航程大約需要五週，有時更短，意味著船隻會在四月或五月來到紐芬蘭島。漁民會在八月或九月歸返，純粹用來運送大量貨物的大船伴隨同行。這些大船被稱之為「烈酒船」，其名可能來自於這些船也會載運沙克白葡萄酒，也就是烈性葡萄酒。屠魚具有時代性意義。至少在一七四四年，法國探險家兼殖民者尼古拉．德尼在描寫布雷頓角島和聖羅倫斯灣時就表示：「幾乎每座港口都有幾艘漁船，每天載回一萬五千（至）三萬條魚……這些魚形成某種用之不竭的『嗎哪』*。」[6]

這些漁民本身是現今農業移工的十六世紀版本，在不同漁場間遷移：這年去冰島，隔年去紐芬蘭島，接著或許再回到北方。商人兼作家路易士．羅伯茲於一六三八年寫到這些漁民：「他們的生活可比作水獺的生活，一半時間在陸上，一半時間在海裡。」[7]整個紐芬蘭島鱈魚漁場對美洲的影響微乎其微。那是歐洲人的生意，也是異地漁業，與當地森林密布的海岸線幾乎沒有物質上的往來，唯有幾座偏遠的加工站除外。

豐饒的資源看似取之不盡。一六一五年，可能有三百五十艘船在紐芬蘭島外海捕魚，這年是豐收的一年，平均每艘船卸下約十二萬五千條魚，其中許多魚更長達兩公尺，重約九十一公斤，與今日的鱈魚相比十分巨大。達特茅斯和普利茅斯等英格蘭西部港口成為鱈魚貿易的要角。當宗教改革促使信徒逐漸不再遵行天主教會的古老規定，陸上和海上的戰爭大大彌補了漁市蕭條造成的損失。鹹鯡魚和淡魚乾是士兵、水手和貨船船員的重要主食。不過，考量到卸貨量的短缺可能會帶來嚴重的經濟和政治後果，英國國會立法通過在英格蘭訂定無肉食魚日。早在一五六三年，英格蘭的國務大臣威廉．塞西爾便大力提倡食魚日，「如此一來沿岸地區就會人丁興旺，船隊也會比以往都更加興盛發達」。[8]這些努力在十七世紀期間變得不切實際，當時多虧耐寒的作物和新興的牛羊飼養方式，英國終於在糧食上自給自足。到了那時，英格蘭人幾乎將所有的薄鹽鱈魚乾都出口到南方的天主教國家。

將生產鱈魚乾的漁場設在近岸的定點，所需要的鹽巴量較少，是英格蘭人特有的做法。漁民會下錨，解去大船的索具，乘上他們預先在海灘上組裝製作的小船去捕魚。他們會在岸上架設加工魚用的工寮和乾燥架。來到九月，他們會拆卸所有的設施，乘船返鄉。儘管捕魚方法大同小異，但船越來越大，某些的排水量甚至多達三百噸，能夠承載一百五十人：包括漁民、加工作業員和技工。他們使用淺水敞艙艇（一種雙頭型的划艇）在鱈魚覓食的地點捕魚；鱈魚會獵食甲殼類動物和毛鱗魚等較小的魚類，後者會在近岸海域食用浮游生物。船員會下錨或讓船隨波逐流，同時準備附有鯖魚魚餌的釣繩和成對的魚鉤。魚的數量極為豐富，以至於憑藉鐵鉤和鉛墜如此簡易的中世紀技術，就能發揮如魔法般的效用。到了午後，有些船已經捕獲多達一千條魚。漁獲一被帶上岸，被稱為工頭和剖魚工的加工人員會將每條魚去頭、去內臟後再剖開魚身，接著他們將魚放到鹽堆上，穩定魚屍的保存狀況，而後再用鹽水沖洗，放在架子或石頭平台上乾燥。經過四、五天後，他們會將魚仔細堆疊成一層層的龐大魚乾堆。據說每位漁民每季的平均漁獲量可達

＊ 譯注：嗎哪是聖經中提及，古以色列人出埃及在曠野生活時，上帝賜給他們的一種食物，長達四十年從未間斷。

《紐芬蘭島近岸漁場的漁獲加工》（*Processing the Fish. The Inshore Newfoundland Fishery*），布拉馬提作品，繪於約一八二五年。（私人收藏/The Stapleton Collection/Bridgeman Images）

十噸左右。

隨著岸上的私人建物增加，有利的捕魚點的競爭就越發激烈，英格蘭人開始將看守員留在原地，尤其是在最佳的捕魚地點。這些留守的男子負責準備下個捕魚季所需要的一切。他們和離去船隻的叛逃船員是紐芬蘭島的第一批歐洲永久居民。由於家鄉的戰爭等其他事件，人口每年都有所變化。甚至還有幾年，所有的漁工整個冬季都被迫留在當地。到了一七〇〇年，約有兩千人在那裡過冬。

人口年年浮動，直到一七一三年的《烏得勒支和約》為西班牙王位繼承戰爭劃下句點，而同一時間，紐芬蘭島漁場也偶然嚴重沒落。[9]早在一六八三年，許多船隻便已開始擔憂魚群資源耗盡。畢竟，這些船上的男性絕大多數都是曾在遭大肆破壞的歐洲漁場捕魚過的漁民。有位見證者曾寫道：「沒有任何一座漁場能夠不斷提供足夠的魚給這麼多艘船……要是只有一半的船在這裡捕魚，就不會在一年內造成如此嚴重的破壞，進而損害接下來幾年的漁業發展。」[10]過度擁擠的水域是個問題。除此之外，漁民還肩負要取得距離漁場夠近的沿岸空間的壓力，以避免划船時間過長，因為他們在那裡經常得對抗逆風和洶湧的海面。為了率先抵達有利的地點，往往會引發劇烈的競爭。

英格蘭人偏好在近岸捕魚，在法國人更大的沿岸漁場以北活動。許多法國漁船從不登陸，但會在離岸的淺灘捕魚，開採不同的鱈魚資源，減少與他人在陸地附近的競爭。漁船船長航行跨越大西洋，接著用鉛塊和繩索定位淺水區。在紐芬蘭大淺灘冬末多霧且常有暴風雪的天氣下，這是項極具挑戰性的任務。船隻一進入淺灘，便隨波漂流，船員同時操縱建於船身兩側粗糙的捕魚平台。男人站在緊綁在船邊的木桶裡，桶頂塞滿稻草，保護他們不被銳利的魚鉤割傷。當他們把魚拖上船，同樣站在木桶裡的加工作業員會去除魚頭和內臟，將鱈魚丟進貨艙，那裡有名鹽漬工會把魚放入厚鹽堆中。魚會在那裡靜置兩三天，而後才貯藏起來。

這項工作極其艱辛，甚至在天氣最惡劣的日子也無法休息。小說家皮耶·羅逖曾在法國船上擔任過海軍軍官，也曾和捕鱈漁工一起在冰島外海工作。他曾於一八八六年描寫漁場如何令人筋疲力竭又單調乏味，男人用魚鉤和釣繩捕捉沉重的鱈魚，不斷迅速將魚拖拉上船。一艘船的漁民在三十小時內可以捕獲超過一千條鱈魚。「最終他們強壯的手臂皆已疲憊不堪，」羅遜寫道，「然後他們累得睡著了。他們的身體卻仍警戒守夜，出於身體自己的意志繼續捕魚的工作，但他們的腦袋已經漂浮在無憂無慮的無意識中。」[11] 法國人曾經幾乎獨占紐芬蘭漁場，直到一七一三年的《烏得勒支和約》簽署，英格蘭的船隻才加入他們在紐芬蘭大淺灘捕魚。

一直到十七世紀末，紐芬蘭島漁場都掌握在私人利益手中，尤其是在英格蘭西郡，那裡的船長和駐紮在陸上的漁船隊長大略維持著他們難以駕馭的船員的秩序。鱈魚已經成為戰略性的商品，而紐芬蘭漁場被視為有潛力的海軍海員的嚴酷培訓地。一六二〇至一六五〇年間，重商主義的歐洲民族讓大西洋海盆轉變成龐大的貿易區，鹹魚、奴隸和糖沿著長遠的貿易路線流通。紐芬蘭島、新英格蘭和其他美洲殖民地組成複雜交錯的互動網絡，核心正是大西洋鱈魚貿易。

一六三四年，查理一世頒布一份西部憲章，宣告紐芬蘭島為英格蘭領土，並規定違反英格蘭律法者將遭受嚴厲的懲罰。不過，隨著時間過去，新英格蘭商人在漁獲貿易中擔任了越來越重要、有時強取豪奪的角色，尤其是在西印度群島，他們在那裡販售劣質魚當作奴隸的配給食物。到了一六五〇年代，波士頓成為繁榮的社區，居民超過三千人，其中許多都是富商。這些貿易商不避諱欺騙緬因省的漁民，灌醉他們之後，讓他們債務纏身，並且讓紐芬蘭島充斥著大量的糧食、廉價蘭姆酒、木材和熱帶產品。他們只對快速獲利感興趣，必然導致鹹魚的品質下降，在近岸漁場尤其如此。

數百艘漁船航行跨越大西洋，其中許多甚至一年出航兩次，捕撈看似無窮無盡的鱈魚。當時絲毫沒有資源耗盡的徵兆。耶穌會探險家皮耶．法蘭索．沙維．德夏利華在一七二〇年寫道：「鱈魚的數量似乎和覆蓋淺灘的沙粒一樣多。」接著他補充了一段隱約帶有警示意味的話：「然而，他們最好偶爾暫停捕魚，（以便讓鱈魚數量恢復）。」[12]他的擔憂不是基於自然保護，而是為了那些在紐芬蘭大淺灘游水的潛在資產。一七四七年，五百六十四艘漁船及兩萬七千五百名擔任船員的漁民在法國卸貨的鱈魚價值一百萬鎊，在當時是非常龐大的金額。除此之外，當時還有一座正快速發展的新英格蘭漁場，漁獲量驚人。

新英格蘭漁場的饋贈

美洲海岸從紐芬蘭島往西南方延伸，丘陵地勢起伏不定。過去的冰河地景仍在水下，地勢同樣破碎，成為豐饒程度令人讚嘆的海洋生物棲地，不僅有鯨魚和其他海洋哺乳動物棲息，更有鱈魚和鯖魚群，還有龍蝦。探險家巴塞洛繆．戈斯諾德從英格蘭的法茅斯啟航，在一六〇二年登上「和諧號」尋找芬芳的　樹，並在緬因省登陸後繼續南航，抵達一處「巨大的岬角」。船上的另一位探險家蓋布瑞爾·亞契寫道：「我們在這個海岬附近、水深十五噚*處下錨，在此捕獲大量的鱈魚，因此我們將之改名為鱈魚角。」[13]布里斯托的商人很快就派出兩艘船前來，並回報戈斯諾德所言並無誇大。岸上有充足的空間能夠加工漁獲。新英格蘭漁場就此誕生。

第一批新英格蘭殖民者是以農民的身分前來，但糧食短缺迫使他們利用家門前的豐沛資源。一如歷史學家傑弗瑞·波斯特所述：「新來的居民是古板的凡夫俗子，在英格蘭時從未出過海……如今被迫投入海洋的懷抱。」[14]新的城鎮在漁場附近崛起，建立在灰西鯡和香魚產卵的溪流和河川旁。拓殖者遵循在歐洲常見的做法，幾乎於每條河的上游及下游出海口，都興建魚梁和水壩來捕捉產卵的魚。他們會採集海鳥蛋，在鱈魚角外海追捕露脊鯨，並組成許多小船隊，以便在近岸捕捉鱈魚。不久後，當地的魚群資源便枯竭，河口地區的生產力也隨之下降。為因應此一危機，殖民地的治安官頒布規章，要保護「海洋的恩賜」。新的規定和產卵魚有關，尤其是條紋鱸魚，此外也禁止任意把鱈魚或鱸魚當作玉米田的肥料來使用。

儘管好幾世紀以來和一般民眾的主張正好相反，地方當局並不認為新英格蘭水域不可思議的豐沛資源永無耗竭之日。當緬因省南部到鱈魚角各地的磨坊水壩和魚梁興建工程快速進行，便可預見產卵魚的數量會迅速減少。波斯特注意到，一六二一年至一六四〇年代間建造的魚梁對該區湖河魚的影響，勝過過去三千年來所有的捕魚活動。這些移居者面臨兩難：該漫無目的地捕魚，抑或保護漁業資源。

新英格蘭的拓殖者尤其關心灰西鯡、海鱸和鯖魚等魚種。大西洋鯖魚和鯡魚一樣是魚肉富含油脂的魚類，難以保存，但其可口的魚肉很受歡迎。鯖魚是北大西洋極北地區漁場的主要漁獲，偏好在白天成群於深水游泳，夜間則會靠近水面，漁民此時可以用漁網捕撈牠們。特別是在春夏之際，牠們會成群游近海岸，數量高達七億五千萬條。從漁民的角度來看，這些魚群並非可靠的資源，早在一六六〇年就已激起他們對於過漁的擔憂，採用圍網後尤其如此。今天，我們知道鯖魚是世界上數量最多的魚種之一，鯡魚和油鯡也在其列。然而，當時使用小船的拓殖漁民始終擔心鯖魚數量可能減少，或許是因為部分人曾親眼見過英吉利海峽和其他大西洋東側漁場耗竭的情形。

到了十七世紀中葉，在新英格蘭不斷成長的漁獲生意中，看似取之不盡的鱈魚成為主要貨品。商業的鱈魚捕撈之所以很慢才開展，部分是因為人們需要大量賒帳，也因為加工、貯藏及銷售保存處理漁獲的物流運籌十分複雜。一六四二至一六五一年間的英格蘭內戰導致前往北美洲水域的英格蘭漁船銳減。新英格蘭商人立即行動，投資他們自己的船隊，以利用歐洲南部上漲的鱈魚價格。此時，美洲船隻載運鱈魚到西班牙、葡萄牙和加勒比地區，鱈魚更在加勒比成為種植園奴隸的配給食物。[15] 一六四五至一六七五年間，鹹鱈魚的產量劇幅成長，使其成為新英格蘭經濟

＊ 譯注：一噚約等於一百八十三公分。

的主要貨品之一。一六五三年，麻薩諸塞灣殖民地議會成立漁場管理委員會，並通過法律免除漁船和捕魚設備的稅收。麻薩諸塞的立法機關也開始為加工魚的品質訂定分級標準，並在產卵季節間關閉鱈魚和鯖魚漁場。一六六八年，議會禁止漁民在十二月至一月的產卵期間捕撈鱈魚，說明他們擔憂漁業的長期發展。不過我們並不清楚這些規章的效期多長。多數的漁民都在離家一日航程內的海域工作，但每年仍有數千名新英格蘭漁民會航行到紐芬蘭島外海的大淺灘。

一七一三年的《烏得勒支和約》要求法國人放棄主張紐芬蘭島的一切所有權。他們可以在那邊登陸、加工處理漁獲，但不能在那裡永久定居。[16]同一時間，來自英格蘭的永久居民人數穩定攀升，迅速擴張到法國人捕魚的海域。漁獲量劇烈浮動，幅度從每天約四百英擔以上到一百五十英擔左右（一英擔等於五十一公斤經剖開、鹽漬、乾燥過的鱈魚），直到捕魚活動趨緩前都沒有恢復。儘管如此，近岸水域是一七六〇至一七七五年間紐芬蘭島漁業的支柱，每年產出多達七十七萬五千英擔的魚，直到獨立戰爭使漁獲量銳減。

與此同時，法國人專注在聖羅倫斯灣活動，尤其是在紐芬蘭大淺灘上，那裡有多達一千兩百艘船在捕魚，但從不靠近岸邊。他們在船上鹽漬魚，採用的是一種濕醃法，按照魚的大小予以加工。大鱈魚重達四十一至四十五公斤，中型鱈魚為二十七至四十五公斤，小魚則低於二十七公斤。

早在一七一三年以前，為了因應麻薩諸塞水域的地方魚群資源耗盡的問題，新英格蘭的漁船便已開始航行到新斯科舍省，那裡有多達六千名漁民在工作。《烏得勒支和約》簽定後，少數的新英格蘭人和一支名義上的駐軍，在新斯科舍省東北角的肯索群島建立了永久定居地，靠近外海的漁場。每年夏天都會有數百名漁民湧入肯索群島，大多來自新英格蘭。隸屬於新英格蘭的烈酒船在秋季裝滿漁獲，接著航向英格蘭和地中海的港口，再載著鹽、糧食和其他補給品回到群島。他們也供應魚給加勒比地區。一七二〇和一七三〇年代間，肯索漁場一年產出多達五萬英擔的鱈魚，用掉五千大桶*的鹽巴來加工保存。市場似乎不可限量。到了一七四五年，新英格蘭一年估計產出二十二萬英擔的魚。光是西班牙市場，每年就消耗掉三十萬英擔，義大利半島的數量也不相上下。如此大量的鱈魚運入歐洲，隨之發生的就是過度供應，導致肯索漁場式微，部分原因在於對倉促醃製的漁獲品質低下的怨言四處流傳。十九世紀期間，來自麻薩諸塞州格洛斯特的漁船主要和歐洲船一起在喬治淺灘捕魚。麻州漁民收穫豐碩，促使州議會將鱈魚訂為麻州繁榮的象徵。

當地的鱈魚資源無法負荷密集的近岸漁撈。農業活動、草沼的排水設施和魚梁使鱈魚和黑線鱈等掠食性魚類的食物來源遭到危害。牠們獵食的是近岸的溯河魚種。鱈魚並未全數絕跡，但較大的個體已永久消失，而牠們是最具生產力的產卵者。漁民從大西洋另一端、遙遠的中世紀先祖

＊ 譯注：一大桶約等於兩百三十九公升。

以來，使用的技術幾乎一成不變。因為捕魚技術簡易，也就容易限制漁獲量，以至於比起在離家較近的漁場勉強維持漁獲量，航行到遙遠的漁場更有利可圖。這正是英格蘭人的做法，他們在十五世紀初北航至冰島的漁場。移動到漁獲更豐富的地點——這個策略和捕魚活動本身一樣古老。

在那些絲毫不為資源耗盡的徵兆而煩惱的人們之中，有些人是當時的自然哲學家。他們主張海洋的魚之所以存在，就是為了供人類取用，沒有限制。許多拓殖者甚至相信，捕魚這個行為本身就能改善魚群資源。再也沒有其他現象比鯨魚快速大批滅亡，更能明顯看出大規模漁獵帶來的災難性後果。過去，在緬因灣和新英格蘭沿岸曾有數千條鯨魚蓬勃生長。至少在五月花號抵達前的一世紀，巴斯克捕鯨人便已在此捕獵；一五三〇至一六二〇年間，他們在貝爾島海峽獵殺了數千條露脊鯨和弓頭鯨。從一六六〇至一七〇一年，巴斯克和荷蘭捕鯨人在北極西部地帶屠殺了三萬五千至四萬條鯨魚，接著新英格蘭人開始成批獵殺近岸的鯨魚群，以取得照明用的「油」。在數世代內，新英格蘭近岸的鯨魚魚口便消失無蹤。

鯨魚不是油的唯一來源。每頭海象可以產出一至兩桶提煉油，牠們的長牙和獸皮也價值連城。牠們會大量群聚在岸上，如聖羅倫斯灣的馬格達倫群島和最南遠至新斯科舍省外海的塞布爾島海岸。在四到六月的繁殖季期間，牠們會長時間待在岸上。成群的獵人利用狗來拆散獸群，再大量屠殺。人類帶來的破壞程度十分嚴重，導致海象從塞布爾島到拉布拉多一帶消失，如今只在北極水域大規模棲息。

這項劇變也擴大發生在海豹和鼠海豚身上。獵人用海底漁網纏住海豹，通常是在特別選定且能夠輕鬆獵殺牠們的地點。一七九五年某次在紐芬蘭島的海豹獵捕，船員乘著雙桅帆船前往冰地，在一週內屠殺了三千五百隻海豹。[17]

到了獨立戰爭之際，新英格蘭的漁場已經大幅拓展，特別是為了滿足西印度群島種植園工人對魚的需求。[18]在漁場後方的商人將他們最優質的魚送往歐洲，往往沒有妥善醃製的「淘汰」魚則運至加勒比地區。一七六三年，三百艘船載運十九萬兩千兩百五十五英擔的優質漁獲到歐洲，以及十三萬七千七百九十四英擔的廢魚到西印度群島。在加勒比地區，他們會將糖和蘭姆酒裝上船，再轉運到歐洲，接著通常會南航至非洲，去購買並運送奴隸到種植園。鱈魚漁場的問題在於漁獲量反覆無常，豐收年後有可能產量驟降。一七八八年，無論是在近岸海域或紐芬蘭大淺灘，產量都非常龐大，過剩的產量導致鱈魚價格暴跌。三年後，聖羅倫斯灣的產量卻只有六十英擔。無人可以確切解釋鱈魚魚群資源的劇烈波動，可能是水溫變化、牠們獵食的魚種魚口數改變，以及純粹漁場過度開發等種種因素複雜加總作用所導致。曾經在歐洲發生過的狀況顯然注定在北美洲舊事重演。

沒有人能夠預測船隊何時會遭受荒年的折磨。一五九二年的捕魚季產量貧乏，一六二〇和一六五一年亦然。我們至今仍不太清楚是什麼導致漁獲量驟降。無論原因為何，荒年有時會持續兩個捕魚季，甚至更長的時間。話雖如此，在十七世紀中葉至十九世紀中葉，大西洋西北部的鱈魚漁場展現其本身的巨大潛力，每年都產出十五萬至二十五萬噸的魚，維持多年。這個產量水準似乎能長久保持，但當時已出現地方魚群資源驟降的徵兆。面臨資源耗盡的明確跡象，紐芬蘭島民在十八世紀中葉放棄他們世代從事漁撈的近岸海域，遠航至其他地點捕魚，如拉布拉多和紐芬蘭島之間的貝爾島海峽。

到了一八〇三至一八一五年的拿破崙戰爭，異地漁業已大大式微。在此期間，使用手釣線和小船捕魚的近岸漁業繼續在地方水域發展，持續至二十世紀。儘管漁民有這種守舊的傾向，技術革新正在醞釀，其中有些與美國漁民在獨立後主張他們的權利有關。一七九〇至一八一〇年間，共有多達一千兩百艘新英格蘭漁船航行至紐芬蘭大淺灘，最遠抵達拉布拉多。一八三五年後，由於波士頓市場的需求飆升，而近岸的魚群資源已經耗盡，開始有漁民在喬治淺灘使用手釣線捕撈庸鰈。在接下來十五年間，喬治淺灘的魚群數量嚴重減少，於是漁民改為捕撈黑線鱈。與此同時，鱈魚漁獲量到了一八五〇年代已經暴跌得相當悽慘。因為乘雙桅帆船並使用手釣線捕魚的漁獲量不足，一八五〇年代中葉，某些船長以拖船載著他們的船員到更廣大的海域用手釣線捕魚。新策略奏效了，雙桅帆船開始載運多艘堆疊起來的平底小漁船。他們會在每天的黎明放子船下水，讓漁民四散前往更廣袤的水域捕魚，每晚再回到母船上。這樣的捕魚方法極度危險，但能夠增加漁獲量，一如線拖網，或稱延繩，也就是附有數百枚帶餌釣鉤的長釣繩。美國人也採用這樣的漁具，法國大船亦然，後者會設置多達四千枚魚鉤的盆裝拖網。但加拿大人基於恐懼魚群資源

一八八〇年代的紐芬蘭大淺灘，在平底小漁船捕撈鱈魚。由布恩斯繪製。（North Wind Picture Archives/Alamy Stock Photo）

耗竭的先見之明，而禁止使用這種漁網。他們當時也曾試圖禁止美國漁船使用這種拖網，但以失敗告終。結果產量暴漲，有筆紀錄是一八八〇年人們共捕獲一億三千三百三十三萬六千公斤的鱈魚。[19]

一八六五年，W．H．懷特利船長發明在貝爾島海峽使用的捕鱈陷阱。這種陷阱和拖拉包圍魚群的圍網不同，而是固定的裝置，魚群會被漁網驅趕到定點。捕鱈陷阱在十九世紀末的近岸漁場被廣泛使用，這些海域往往禁用延繩釣。同時，人們開始使用蒸汽動力船來獵捕海豹，後來也在鱈魚漁場使用。這項新技術並沒有讓近岸捕魚變得多有效率，但能讓船載運更大量的貨物到市場上，無可避免地開啟了供過於求、價格暴跌、產量銳減又價格上漲的循環。

市場本身正在快速變遷。鹽漬鱈魚的生產於一八八〇年代達到高峰，接著面臨加勒比海地區種植園出產的蔗糖市場萎縮、其他食物產品的競爭，以及鮮魚市場的迅速擴張，因而衰退。到了一八七〇年代，捕撈龍蝦開始在許多地區取代傳統的鱈魚產業，同時太平洋西北地區的漁場（很遺憾現今資源已經耗盡）又面臨了另一項新的威脅。

第二十一章　革新與耗竭

時年約一八四五年，在緬因灣外的喬治淺灘，有一艘雙桅漁船靠著一小張船帆，如鬼魂般飄蕩穿越濃霧。船長專注凝視眼前昏暗的海，細雨打落在他的帽緣上。一名水手向上甩出測深索。船一邊緩慢向前移動，他則一邊高聲回報水深。「刻度顯示六（噚）。」他大喊，「刻度顯示五。」船長對舵手比劃手勢，於是舵手將船首轉向迎風。「下錨。」船長叫喊。船錨於是落入平靜的海水中。幾分鐘後，船員都帶著魚鉤和釣繩來到舷欄旁。一小時後，上鉤的魚不多，他們再拉起船錨，繼續尋找魚群。船長和大副望著清澈的大海，船繼續向前方輕輕駛去。四次下錨後，他們終於中了大獎，將數百條鱈魚拖上船。

從歷史回顧看來，在大西洋離岸的淺灘捕撈鱈魚輕而易舉，有許多人曾談論在這座世界上資源數一數二豐富的漁場破紀錄的漁獲量。然而，這裡一如其他地方，漁民必須智取他們的獵物。他們的成敗取決於經驗和觀察技巧，有時更須仰賴詭計。此外，也取決於魚的習性和一時興起。

這樣的捕魚融合了技巧與機會主義，至今依舊如此。沒有人可以看到海面下的魚，過去的漁民也沒有現今的電子裝置，可以仔細觀看數百公尺下的深海。

自給性漁業直至今日依然蓬勃發展。在印度南部海灘外海，當地村民今天仍會撒出抄網；雨林居民在亞馬遜河撈捕巨大的象魚；美洲原住民用鉤竿捕捉從太平洋洄游到河川上游的鮭魚。數百萬人的糧食都仰賴河流、湖泊和海洋。由於比起過去，現今有更多的漁民在追捕淡水和近岸魚類，儘管世界上的許多地方都設下嚴格的規範，過度捕撈已是司空見慣的問題。

光靠調查考古遺址，我們幾乎不可能察覺資源耗盡的現象。魚體大小的遞減和多種魚種的比例改變能夠提供我們一些線索。在軟體動物方面也是同樣的道理；在南美洲沿岸地區，當搜食者搜刮貝介棲地，並從採集一種雙殼貝轉為採集另一種時，我們日後在貝塚中發現的貝殼的大小就會隨之遞減。古代世界的居民對抗過漁的方式是採行傳統的策略：直接轉移陣地到嶄新的漁場或新鮮的牡蠣床。在人口遠更稀疏的古老世界，這項策略總能奏效。大體上，當城市尚未出現，人們賴以為生的漁場都能永續捕撈，最大的危險是看似可預期的鮭魚洄游沒有發生，或是鯷魚或鯡魚突然消失。

新技術的普及

在西方世界，人類捕魚的重大變革始於一千年前左右，同時歐洲突然出現鱈魚和鯡魚的國際市場。詹姆斯．巴雷特所謂的「漁業大變革」讓歐洲漁業在幾世代內改頭換面。這次變革始於最初北海密集的鯡魚捕撈，以及在挪威北部的羅弗敦群島利用風和陽光所乾燥製成的鱈魚。宗教教條和戰爭助長人們對鱈魚和鯡魚的需求，也讓北大西洋鱈魚漁場誕生。人們在近岸海域和紐芬蘭大淺灘隨意開採各式各樣的魚種，使得對北大西洋鱈魚魚口長達數百年的重挫就此揭開序幕。

有時候，有些人對於魚群資源逐漸縮減的擔憂會催生出立意良好但往往無實際效果的法律和規章。尤其是在十七世紀後，沿岸人口攀升，這樣的情形更加顯著。[1]提出這類疑慮的人必須對抗大眾的假設，因為一般咸認，海裡的魚無窮無盡，過度捕撈純屬迷思。早在一六〇九年，荷蘭法學家雨果．格勞秀斯曾經說到一項當時普遍且流傳已久的認知：「因為海洋及其用途為所有人共有是普世的法則……因為所有人都會同意，如果有太多人在陸地上狩獵，或在河流裡捕魚，森林裡的野生動物和河魚很容易就會耗盡，但這樣的情況不會發生在海洋上。」[2]如上所述，許多人甚至主張捕魚能夠改善海洋環境，這樣的觀點一直延續到最龐大、最易取得的魚群消失才被推翻。[3]廣泛的資源耗竭進一步擴大，同樣的情況也發生在魚梁和其他阻礙魚類洄游的人為建物所造成的破壞。

到了十九世紀初，從挪威到新英格蘭都能感受到過漁所帶來的後果。要找到魚需要長期的經驗、漁場的知識，以及不斷嘗試和犯錯。豐富漁獲所在位置的資訊遭嚴格保密，靠著口述在船長和船長間流傳。一旦抵達外海的淺灘，新英格蘭的漁船船長就會用測深索量測水深，用手釣線抽樣檢查，並在他們抵達鱈魚魚群的所在位置時下錨。

在新技術遍地開花的時代，當需求增加、魚更難尋獲，漁撈或許必然會變得更有效率。法國漁夫發展出一種最初稱作「附繩釣」的技術。他們會將一些非常長的釣繩（有些帶有多達四千枚魚鉤）固定在船底，並在附屬於加工船的小船上監控那些釣繩。美國人痛恨這個新方法，因為附繩釣再加上傳統的手釣將會加重鱈魚魚口已經承受的嚴峻壓力。起初漁獲量上升，但長期的後果相當慘烈。附著在船底的釣繩甚至更劇烈消耗鱈魚資源。離岸淺灘的產量遞減也促使船長派遣船員搭乘開放式的平底小漁船手釣，因此擴大捕魚的範圍。這是我們想像所及最費力的捕魚方法之一，而且在天氣無法預測的區域，這麼做十分危險。此外，到了一八五〇年代，高效率的圍網在鱈魚角沿岸普及。近岸和離岸的資源耗竭持續惡化。

歐洲水域的捕魚同業高聲強烈抗議，促使英國政府於一八六三年成立一個皇家調查委員會來研究這個問題。生物學家湯瑪斯・赫胥黎是委員會的成員之一。[4]儘管有數百名漁民和其他專家的證詞，以及排山倒海的相反證據，委員會做出結論，表示如果漁獲量變得太少，漁民就會暫停捕魚，一段時間後魚群資源就會恢復。因此，捕魚活動毫無限制也完全合乎規定。這導致人們更無節制地捕魚，而當時一項極具破壞性、長久以來僅零星使用的技術開始普及開來，也就是底拖網。

當拖網發揮效力

拖網在幾世紀前就已開始為人使用，當時人們在淺水水域於船上和歐洲北部岸上運用的圍網被改良為緊貼或接近海底處拖行的漁網。這大幅增加了漁獲量。[5]在波羅的海，平底的船隻非常適合部署拖網，因此拖網早在一三〇二年就有人使用。漁民很快就開始投訴沿著海床拖行漁網所帶來極具破壞性的後果。一三一四年，被稱之為「奇蹟網」的細目網遭到禁用，它是一種在荷蘭外海近岸由兩艘船一起拖行使用的漁網。在泰晤士河河口地區也有漁民運用類似的漁具，形似牡蠣拖撈網但更大，因而促使下議院於一三七六年向國王愛德華三世請願。漁民控訴道：「採用如此細目的漁網，進入其中的魚絕對沒有一隻小到能夠逃脫。」[6]水底下的生物和貝介類遭毀滅殆盡。這種拖網捕撈的多餘小魚成為豬隻的飼料。國王於是指派一個委員會，調查這實質上是桁桿式拖網的漁網，並建議只能在深水使用。不過從一開始便已經有些漁夫清楚意識到，在海床這個複雜棲地使用拖網會造成的可怕損耗。

第一批真正的桁桿式拖網（一種一端有木桿撐起、讓網口保持敞開的漁網）可能是出現在須

《在康瓦耳捕撈沙丁魚：清空圍網》（*Pilchard Fishing in Cornwall: Empting the seine*），臨摹納皮爾．赫米（1841–1917）一八九五年的畫作。（© Tyne & Wear Archives and Museums/Bridgeman Images）

德海和低地諸國的淺水水域。[7]圍繞這些漁具的爭議會廣為人知，主要是因為法蘭德斯早在一四九九年就為限制這種拖網的使用付出努力。法國在一五八四年訂定，使用這種漁網的民眾會被判處死刑。人們強烈反對桁桿式拖網，但因為其漁獲量非常龐大，依然有人採用。

十七世紀期間，桁桿式拖網在英格蘭南部沿岸變得大受歡迎。橡木製的桁桿大約四公尺長，拖網的頂部讓桁桿保持在距離海底約六十公分的位置。這種漁網的效率極高，以至於國會在一七一四年通過一條法律，除了捕鯡魚、沙丁魚、圓腹鯡或玉筋魚，禁止使用細目拖網捕撈任何魚。英格蘭西南部的一座重要漁港布立克珊是早期英格蘭拖網漁業的中心。船尾寬大且深的小船拖行拖網，兩根帶方形船帆的桅杆推動漁網前進，這種帆具的設計或可追溯到中世紀時期。十七世紀期間，方形船帆被具備縱向船帆、更有效率的單桅帆具取代，讓航行更加容易。

拖網的運用仍保持一定限度，部分是因為漁民難以保存大量的小魚。儘管如此，到了一八三〇年代，單單在布立克珊，就有大約一百一十二艘拖網船註冊在案。為了因應對各式海魚的需求迅速增加，拖網作業在英吉利海峽及北海一帶變得普及。許多新漁船加入也開始使用拖網，尤其是新的鐵路路線開通後，有助於將裝在冰塊裡的鮮魚從主要港口快速運送到倫敦。到了一八五〇年代，冰被廣泛用來保存漁獲，這讓船隻能夠在距離岸邊更遠的地方捕魚，也拓展陸地上的海鮮市場。一八六〇年後，英格蘭東北部的甘士比港口共有八百艘甲板帆船在作業。

十九世紀初期間，使用手釣線的漁民每人每天都能輕鬆捕獲兩百條魚，其中不只有鱈魚，還有庸鰈和鰩魚。到了十九世紀末，許多拖網船成群結隊，組成多達兩百艘甲板帆船的船隊，在「漁船隊長」的指揮下團體作業。他們連續待在海上好幾週，航行速度快的單桅帆船和後來的汽船負責將魚運送到陸地上的市場。甲板帆船上的漁民會將漁網撒在側邊，拖行三至五個小時，才費力徒手絞吊上船。有時拖網裡塞滿了魚，甚至能阻擋一艘船前行。和手釣捕獲的魚不同的是，拖網的漁獲混雜著海底的各式生物——魚、牠們的掠食者、軟體動物等所有生物。

打破平衡的蒸汽

接著，蒸汽動力登場，一切都開始改變。詹姆士．瓦特在一七六九年發明出蒸汽引擎，但將近一世紀後，蒸汽動力才被運用在漁場。目前已知最早被專門打造出來的蒸汽拖網船，在一八三六和一八三八年於法國阿卡榮開始服役。不到十年後，波爾多也開始有人使用這種船；一八五六年在英格蘭和一八六六年在美國都有人開始試用。[8]關鍵轉捩點發生在一八八一年的甘士比，人們為一艘長達三十四公尺、名為「黃道號」的拖網船舉辦下水儀式；人們後來才肯定這種船可以帶來經濟效益，而不只是一項瘋狂的實驗。到了一八八二年，已經有蒸汽拖網船在蘇格蘭海域作業，不過當地多數的捕魚活動仍是在帆船上，靠著釣繩和流網完成。與此同時，英格蘭人熱情擁抱以蒸汽動力拖行的桁桿式拖網。拖網帆船遭到支解，或販售給北海另一端的漁民。荷蘭和德國拖網船船隊也在迅速擴大。

蒸汽拖網船帶來巨大的改變。這是第一次有漁船能夠在逆風狀態下快速前進。它們的船長不必擔心何時要收帆，或要在狂風中費盡千辛萬苦才能離開背風的海岸。潮汐和海流對船的影響大為減弱。在蒸汽出現以前，十九世紀的漁民鮮少在風速一小時超過四十八公里的強風中，航行到深水海域捕魚。蒸汽拖網船可以待在外海更久，也經得起更險惡的環境條件的考驗。汽船可以在深上許多的水域拖行拖網，作業深度可達四百公尺，為帆船拖網深度限制的四倍之多，而其漁網的寬幅很快就到達十五公尺，甚至更寬。配有鋼纜的蒸汽絞機讓吊起滿載漁網的過程大幅縮短。漁民將鍊條纏繞在拖網的沉子綱上，讓漁網能夠開採更崎嶇不平的海床。到了一八九〇年代，製冰廠解決了如何長時間保存漁獲的問題。平均來說，蒸汽拖網船的漁獲量是帆船的六至八倍之多。

然而，北海的漁獲產量下降，尤其是高檔的魚類，如鰈魚、大圓鮃和菱鮃。心狠手辣的漁民將注意力轉向河鰈和黑線鱈，但產量依舊下跌。在近岸水域工作或沒有拖網的漁民刺耳控訴，導致一八八三年英國又組成了另一個皇家調查委員會，傾聽種種強而有力的證詞，關於漂浮在海面上、被浪費掉的死魚，以及拖網對海床災難性的破壞。[9]委員會成員沒有任何一位是漁民，對於海洋深處的事一無所知，但出面作證的漁民瞭若指掌。他們深刻意識到，深水拖網會剷除珍貴的無脊椎動物，沉子綱會移除路線上的所有生物，而且許多水產遭到漁網撈起卻又被丟棄，包括蚌蛤、貽貝和扇貝。身經百戰的憤慨漁民指出，拖網摧毀了魚群的食物，這件事比對魚卵的破壞更加嚴重。海洋保育生物學家卡魯姆．羅伯茲評論那份委員會的報告是在粉飾太平，所言甚是。委員們的推論極具爭議，的確令人髮指。他們宣告，桁桿式拖網對魚群食物的傷害無足輕重，而且「沒有證據證實，使用桁桿式拖網會對食用魚的幼魚造成任何不必要或浪費資源的破壞」。[10]此一結論引發長久的憤恨不滿。

委員會的調查成果影響不大。技術變革再次帶來重大的改變，格蘭頓拖網的傳入就是其中之一，這種拖網上連接的網板會憑藉水壓將漁網撐開。網板讓拖網網口持續保持敞開，因此能在更凹凸不平的海床作業，為深水拖網漁法開拓廣大的新海域。此外，它的漁獲量比標準的桁桿式拖網增加了百分之三十五左右。產量上升，但數字會使人誤解。魚群資源遞減導致捕魚所需耗費的心力大增，因此使用拖網捕魚的成本正在飆漲。在某些區域，魚群量已少到人們無法再像過去一樣用釣鉤和陷阱捕魚。儘管在某些海灣和河口地區，拖網已被嚴禁使用，以利魚群資源恢復，但努力未果：使用鉤繩釣魚的漁民有如報復般移入，魚群量仍舊枯竭。

工業化漁撈的危機

蒸汽動力是一大影響，內燃式引擎也是。汽油引擎於一九〇〇年後為人廣泛使用，並在一九二〇年代被柴油動力取代。因為燃油所需的空間遠小於煤，漁船的航行範圍如今延伸深入大西洋。柴油動力船產出的漁獲量比同樣大小的蒸汽拖網船再多四成，而且船上有空間加工漁獲。此一發展促使在遙遠外海作業的加工船誕生。傳統上，漁民已經會在船上鹽漬魚，而今他們能夠取得超低溫冷凍庫和能夠在海上生產魚粉的機器。現今，拖網捕魚是效率極高的工業化捕魚法。

今天多數的商業漁撈都是以拖網或巾著網進行，後者最初是在一八五〇年代左右出現於美國羅德島州的鯖魚漁場。巾著網是種旋網，有條線穿過下緣的多個網環，讓漁民能夠將之收攏成袋子的形狀。當巾著網被證實用來捕撈鯖魚和較小的魚群非常有效後，很快就被引入油鯡漁場，並在一八八〇年代傳入歐洲。[11]

大西洋油鯡（學名為 *Brevoortia tyrannus*）隸屬於鯡魚家族，為鱈魚漁業供應魚餌，也為快速工業化的經濟體提供燃油。在南北戰爭時期，六間在紐約佩科尼克灣的魚油工廠每週加工處理約兩百萬條油鯡。小型的巾著網船一天可以捕獲十五萬條這種魚，每一千條魚可售得一美元的價格，足以成為獲利豐厚的生意。儘管出現圍網會毀滅漁場的抗議之聲，煉油產業仍不斷成長。蒸汽船在一八七〇年代進入油鯡漁場；人們不僅大量投資新船，也投資在新英格蘭的工廠（不久便到達六十四座）。緬因州成為油鯡加工中心，部分是因為油鯡在六月抵達緬因外海時正肥美，而且那裡是漁民捕魚範圍的最北邊界。

捕殺的規模十分龐大，抗議者表示魚口很快就會被摧毀殆盡。一八七九年時，油鯡魚群並未抵達鱈魚角的北方，漁民和加工廠工人因此失業六年之久。海岸生態系的自然波動和人為開採皆導致漁獲量暴跌。當近岸的魚群資源耗竭，魚便會移動到外海——我們現在已經知道這是漁船使用過大的圍網並過度捕撈時會出現的徵兆。最後不僅油鯡，連鯖魚、庸鰈和龍蝦的數量也在十九世紀末驟降，這是假設大自然會一再補充任何人類消耗的資源所引發的直接後果。大自然的運作相當獨行其道，不受人類拘束。

與此同時，歐洲的機動漁船將巾著網帶到冰島外海附近，去尋找鯡魚。一八八二年，日本人採用巾著網去捕撈小型的表層魚類，接著發展出效果相同、專門用來捕捉正鰹的漁網。高效率的巾著網圍捕魚法也有助於滿足日益增加的需求：除了魚油，最重要的是魚粉，後者成為了高獲利的產品。一八七六年，德國農民開始實驗餵他們的綿羊吃魚粉。隨著歐洲和北美洲的動物飼料市場都開始發展，魚粉的消耗量不久便迅速攀升。鯷魚製成的魚粉成為秘魯的主要出口商品。到了一九三〇年代中葉，法國人在海上經營的加工船的設備不僅可以加工保存、超低溫冷凍和儲存漁獲，還能生產魚油和魚粉。

當北海水域資源逐漸耗竭，漁民（如今工作的正式公司有能力支出船隻和配備所需的高額資本）採取傳統的策略：他們移動到其他地方，將他們的拖網帶至冰島和法羅群島外海的漁場。這些捕魚作業的利潤並不特別高，直到一九三〇年代，漁民開始使用更有力的引擎及貨物承載量更大的大型船隻。到了三〇年代末，前述水域的漁獲量已經超越北海。

當捕魚成為全球事業，許多國家加入戰局，開採歐洲以外的漁場。大約在兩千年前，日本透過魚和稻米達成自給自足，並一直持續至十九世紀，人口大約三千萬人的時期。一九〇〇年，日本人（此時人口已達五千萬左右）幫助刺激了對魚增長的需求，讓日本成為國際漁業的要角。到了一九一四年，在日本卸下的漁獲量已經超過英國，包括許多在千島群島、西伯利亞海岸和堪察加半島外海捕獲的鮭魚。

日本人尤其視鮪魚為珍饈。捕鮪漁船一機動化後，他們的捕魚範圍大幅擴張，自十七世紀起便使用延繩釣的漁民如今更密集部署這種長釣繩。一九二〇年代後，深海鮪魚的捕撈活動全年盛行，而非僅限於每年的洄游季節。母船率領一隊小漁船，用長達一百五十公里的釣繩捕捉鮪魚上船。需求隨著日本人口攀升而增加，到了一九四〇年，日本人口已高達七千八百萬人。[12]

工業化漁撈的大幅密集化發生在第二次世界大戰之後，當時漁撈活動的情況又再次改變。長久以來，日本一直是世界上最繁忙的捕魚國家，漁獲的噸數是美國的兩倍。日本人用拖網船在白令海捕撈螃蟹，在南極大陸追捕鯨魚，也在南海捕捉少量的魚。戰爭那幾年，捕魚活動中斷，讓日本和歐洲近岸的漁場能夠休養生息。世界大戰一結束，日本和蘇聯都極為渴望漁獲，也擁有龐大的船隊；科技孕育出更大的漁網、讓船運行範圍更廣的引擎，甚至是更加寬敞的船上冷凍庫。船長很快發現品質更好的漁獲在遙遠的外海，尤其是在擁有豐富魚群、海床未受破壞的未開發水域。到了一九五〇年代中期，日本漁民的工作範圍遍及整個太平洋西部，從日本海到澳洲，再往東到達夏威夷。十年後，他們已經橫跨印度洋，進入大西洋。一九七〇年代，日本和韓國的漁業成為全球性事業，也因為太過蓬勃發展，許多國家紛紛主張距離國土海岸兩百浬（三百七十公里）內的範圍為其專屬海域。這些限制只是將漁民推向更偏遠的海域。起初延繩釣和拖網帶來龐大的漁獲量，但好景不常便枯竭殆盡。一份研究顯示，未開發海域的漁獲率會在十五年內下跌八成。明顯且傳統的因應方式是移動到另一水域。今天，海洋處處懸浮著長釣繩，有些長達一百公里，並配備三萬枚魚鉤。

人類已經捕魚超過一百萬年，然而，在過去短短的一百五十年內，因為工業化漁業的成長，人們才變得無法長久追捕魚群。如今增長的人口無法被滿足的需求正與重挫的漁場產生前所未有的重大衝突，於是世界已經轉向另一項傳統的緩解之計：水產養殖。養殖漁業呈指數成長，但可能不足以餵飽所有人，而且人們不甚理解其對生態造成的後果。

工業化漁撈根基於人們有意識的決定、得來不易的經驗，以及影響靠海為生的人們的政府舉措。許多漁民生活在社會的陰暗邊緣，他們默默無聞、辛勤工作、沉靜寡言，往往和讓歷史學家感興趣的戲劇化事件毫無瓜葛。然而，他們對歷史的貢獻良多。古埃及人從尼羅河網撈數萬條魚，去餵養為公共工程勞動的大批工人。騾子商隊運送鹹魚乾給戰場上的羅馬軍團。古北歐的航海船長及其船員靠著鱈魚乾維生，這些魚乾是由挪威北部和冰島的數千人保存加工而成。如前所述，大部分的海洋資源耗竭都是最人性化的特質所導致：在機會出現時，加以開發利用的能力。

人們早在蒸汽拖網船及底拖網橫空出世以前，就已經在捕撈洄游的鮭魚、經過地中海洄游的鮪魚，以及南美洲外海的鯷魚群。基本上，人們的捕魚技術自中世紀，甚至是史前時代以降，便幾乎一成不變。一直以來，都有人在呼籲規定捕撈限制，漁民和其他族群都曾如此主張，例如十七世紀新英格蘭的治安官就十分關心要為未來的世代保存資源。遺憾的是，任何關於捕魚資源的警告都難敵增長的需求，以及滿足需求所帶來的利潤和生計，抑或魚是無限資源的假設。

即使是在現代，工業化的漁撈活動搭配著巨大的拖網船、先進的電子儀器及有力的甲板絞機，人們仍然在複製史前的策略。數千年來，人只要移動到新的漁場，總是能夠解決資源枯竭的問題，拖網船至今依然會在公海這麼做。可是，這個策略最終會失去效用。那麼唯一的選項就是關閉漁場，讓魚群資源恢復。加拿大政府曾在一九九二年對其鱈魚漁場祭出此策，當年的鱈魚漁獲量只有一九六八年巔峰總量的百分之一。在這裡和許多其他漁場，資源耗竭都重創母國。

結語 海裡還有什麼？

東京中央的築地魚市曾經是世界上這類商業中心規模最大者。一九三五至二〇一六年間，這裡曾售出超過五千噸、多達四百八十種魚類和其他海鮮。其中有座批發市場，大約有九百位領有執照的魚販在經營小魚攤，黑鮪也會在那裡被加工處理和拍賣。市場外，雜亂無章的零售市場販售著廚房設備、雜貨和海鮮。為了服務那些等不及要品嚐的人們，這裡還有無數間餐廳供應著再新鮮不過的壽司。築地擁擠破舊，擠滿了魚販、拍賣員和機動的三輪搬運車，漁獲高堆。走進它不起眼的入口，二十三公頃的市場是座由沾染血漬的窄巷所組成的迷宮，裸露的電燈點亮走道，每日有一千八百噸左右的海鮮在此易手。一般而言，每天大約有四萬兩千人在這裡工作或造訪市場。許多人是觀光客，而我也曾是其中之一；那天我在黎明前便起床，想親眼看看黑鮪的拍賣活動。成排的巨大鮪魚躺在木平台上，已經被去除內臟並仔細添加標記。拍賣員輪流走到每條大魚前，品嚐尾部的魚肉來評定品質，接著用刺耳的叫喊聲及手勢將鮪魚一條條售出。我在場的那天，每條魚的價格落在四萬美元到二十萬美元不等，不過更高的價格也十分常見。

這座年久失修的市場是有著如迷宮般狹窄街道的舊東京殘存下來的一部分，距離有著金融機構和時髦精品的高級銀座區不遠。二〇一六年，這座傳奇市場關閉，讓出空間給二〇二〇年奧運的通訊中心，搬遷到南方三公里處的東京灣人工島豐洲。許多魚商和其他市民極其反對搬遷，但可能已經太遲了。使用最先進技術的豐洲市場是嘈雜的築地市場的一點五倍大，附有空調，完全由玻璃圍起，設計了乾乾淨淨的寬敞通道，外圍區域則有井然有序的餐廳和商店環繞四周。只有一件事沒有改變：等待拍賣的大尾黑鮪仍躺在地上的木平台上。可是觀光客如今得在玻璃窗後觀賞拍賣的過程。新市場將訪客與世界最大規模的魚市的噪音、氣味及現實相隔開來。或許這也是件好事，畢竟鮪魚的魚血及魚腸與大眾旅遊重視衛生的世界觀格格不入。新市場也讓訪客脫離現今全球漁業的嚴酷現實。

日本人比地球上任何民族都渴求魚。他們永不滿足的需求是日本政府投資大筆資金到豐洲的原因之一。在人口爆炸性成長、巨型城市擴張及人為導致全球暖化的時代，這項投資也反映出世界漁業的規模之龐大，而海洋漁場在其出現的時間點已經逐漸枯竭。二〇一二年，估計有四百七十二萬艘漁船正在使用中，其中有百分之五十七以引擎為動力。這些漁船中，大約有三百二十三萬艘在亞洲作業，占全球總數的百分之六十八。[1]

全球的漁獲卸貨量大幅超越早期的數量。工業化漁船船隊的觸角深入比過去更偏遠的未開

一九〇八年東京築地漁市的冷凍鮪魚拍賣。鮪魚的尾巴被切開，讓買家可以看見魚肉的品質。（Majority World/AIG/ Bridgeman Images）

發海域。由於桁桿式拖網和其他工業革命所帶來的破壞性技術，我們面臨著漁場耗竭、海床遭重創的未來。

儘管漁獲對全球糧食安全至關重要，每年確切的收穫量數據卻意外地難以取得。全球漁獲卸貨量的主要數據來源是聯合國糧食及農業組織（簡稱聯合國糧農組織），他們估計全球海洋漁場在一九九六年創下八千六百萬噸海魚的生產高峰。[2]這個數值（不包含遭丟棄的漁獲）接續數年持平，直到二〇一〇年下跌到七千一百萬噸左右。多年來，英屬哥倫比亞大學的科學家丹尼爾·保利和德克·傑勒所蒐集的漁場資料所得出的數據並不相同，甚至更令人警醒。保利和傑勒計算的漁獲量高峰為一億三千萬噸，而隨後的漁獲量更顯著銳減：他們估計包含休閒和自給性漁業在內的實際漁獲量比聯合國糧農組織公告的數據高了百分之五十三左右，但每年減少約一百二十萬噸之多。[3]他們計算，工業化漁場在二〇〇〇年貢獻了八千七百萬噸的漁獲，這個數值在二〇一〇年下跌至七千三百萬噸。根據聯合國糧農組織的報告，全球海洋漁獲的百分之七十六來自十八個國家的努力成果，每國每年捕獲超過一百萬噸的漁獲。這十八個國家中，有十一個國家都在亞洲（包括俄羅斯聯邦，主要都在太平洋捕魚）。漁獲卸貨量最大幅度成長的國家是中國、印尼和越南，而日本則是自一九八〇年代早期以來，就逐步縮減漁船船隊的規模。從全球來看，印度洋是漁獲量上漲最多的地方。

儘管產業漁獲量正在減少，家計型的小規模漁獲及休閒漁獲卻從一九五〇年代早期的每年八百萬噸左右，增加到二〇一〇年的兩千兩百萬噸。傳統數據鮮少將家計型漁業包含在內，但據估計，這類型的漁撈在二〇〇〇至二〇一〇年間約產出三百八十萬噸的漁獲。根據現有紀錄，一般認為休閒漁獲量一年逼近一百萬噸，而且數字在已開發國家正在下跌（或許是因為釣後放流的做法逐漸盛行），但在開發中國家卻不跌反升。

這些數值只是估計值，儘管都是經過仔細論據後得出。保利和傑勒的發現引發大量的辯論。有一點很清楚：自給性漁業對於開發中國家的糧食安全依然有根本上的重要性，尤其是在熱帶南方和太平洋地區。休閒漁業亦然，據說休閒漁業一年產出約四百億美元的全球收益，共有五千五百萬至六千萬人參與其中，在全球提供約一百萬個工作機會。

技術日新月異，再加上全世界人類永無止境的需求（二〇五〇年世界人口將到達約九十億），都造成深海的捕撈活動比過去都更強取豪奪——考量到這樣的歷史軌跡，產業漁獲量的下跌無可避免。工業化國家的當地漁場已不再能滿足這樣的需求，因此魚商的因應方式若非從距離通常十分遙遠的開發中國家進口漁獲，就是派遣拖網船到他們的水域捕魚。小規模的地方漁業曾經供應海鮮給附近的沿岸社群，或是與遙遠的內陸交易部分漁獲，如今無法與工業化的船隊競爭——而他們的政府並未予以協助。綜觀全球，工業化漁撈的漁獲量或許正在下降，但貿易及利潤的規模都十足龐大。這正是日本政府大力投資豐洲的原因。

一如聯合國糧農組織清楚意識到的，在當前的時代，糧食安全與消滅貧窮皆重度仰賴不同規模的漁業，國際漁獲量的統計必然是不完整的紀錄。今天，世界顯然已無法長久維持一九九〇年代的高漁獲量。聯合國糧農組織近期估計，在二〇一一年，有百分之二十九的魚群資源被以破壞生物永續的方式捕撈，比二〇〇八年百分之三十二點五的高峰下降一些。[4] 二〇一一年，百分之七十一的漁撈符合生物永續的標準，相較於一九七四年的百分之九十已大幅銳減。唯有嚴格控管魚群資源，我們才能將目前無法永續發展的魚群資源重建到可以永續的數量。就連符合生物永續標準的魚群的魚口量也必須仔細控管。擴大生產的空間微乎其微。低度捕撈的魚群資源雖然承受的漁撈壓力低，仍需要事先控管，以避免被過度捕撈。

重建魚群資源是項耗費心力的事業，尤其在今天的世界，十種多產的魚種占據了全球海洋漁獲量的百分之二十四。鯊魚、劍旗魚和其他大型的表層魚種已經大幅滅亡，也因為較年長、較大型的魚口遭到捕獵而體型縮小。一般認為，太平洋東南部的秘魯鯷已經被完全捕撈，沒有空間擴大漁撈，大西洋東北部和西北部的大西洋鯡亦然。大西洋西北部的大西洋鱈已經被過度捕撈，而東北部的也已被完全捕撈。二〇一一年，四百五十萬噸最暢銷的鮪魚魚種遭捕，其中百分之六十八是在太平洋捕獲。三分之一的鮪魚資源遭捕撈的程度都超過生物永續的標準，近百分之六十八被完全或低度捕撈。人們對鮪魚的需求持續成長，是門獲利極為豐厚的生意。有太多的捕鮪船隊缺乏有效的控管計畫。

全球海洋漁獲量的下跌引發人們為重建資源付出無數努力。有些國家擁有完善的定額管理制度，諸如澳洲、紐西蘭、西北歐地區及美國。在美國，命令恢復過漁的魚群資源的立法效果相當卓越，已經將百分之七十九的美國魚群資源量提升到可接受的標準。一九九二年，在歷經北部鱈魚的生物量暴跌至先前標準的百分之一後，加拿大政府宣告完全禁止捕魚。生物量下降的起因是大規模的過度捕撈：由於電子和漁業科技讓海床被洗劫一空，並且讓人們捕捉無數毛鱗魚及具有生態重要性的非商業性魚類。最初加拿大的禁漁時間訂為兩年，但破壞已不可逆轉，鱈魚魚口也尚未完全恢復。社會承擔的後果相當慘重。超過三萬五千名漁民和漁獲加工工廠的工人失業，在紐芬蘭島尤其嚴重。有些人改為捕捉無脊椎動物，如雪蟹，牠們的數量因鱈魚消失而回升。整個紐芬蘭島都必須大幅調整其生活方式。不過在這裡，出現了一些讓我們可以保持樂觀的理由。魚群資源恢復的早期徵兆在二〇〇五年開始浮現。五年後，紐芬蘭大淺灘的魚群資源量自二〇〇七年來增加了百分之六十九。可是這僅僅是原初資源量的一成。未來還有很長的路要走，尤其全球暖化導致的水溫上升讓情況越發複雜難解。[5]

我們不再生活在可以假設魚群資源無窮無盡的時代。北海的鯡魚漁業在一九七〇年代崩解；當時除了領海範圍內，北海全境都是自由捕魚區，[6]至少有十四個國家在此毫無限制地捕魚。漁獲量下跌，價格上漲，但任何形式的大幅限縮都會被認為有可能讓漁業和動物飼料市場損失慘重。北海還是迎來了改變：北海周遭的所有國家都將他們的專屬海域拓展到兩百浬（三百七十公里）以內，取消自由捕魚區，並讓各國政府施行他們自己的資源保護措施。另一方面，歐盟也同意一份共同漁業政策，並承擔歐盟會員國水域的管理責任。後果立即顯現：德國罐頭工業遭受嚴重打擊，無數漁業公司破產，荷蘭的捕鯡拖網船隊從五十艘船減少為十二艘船。在英國，許多人不再吃醃燻魚（即煙燻鯡魚）當早餐。

歐盟的管制在短期內似乎成果卓越，但長期來看又是另一回事。我們對於更廣闊的生態系的科學認識依然貧乏。不過，北海魚群資源的狀況確實有所改善。鯡魚的魚群量比過去多得多，儘管偶爾會出現荒年。二〇一二年，國際海洋考察理事會建議增加百分之十六的捕撈配額至五十五萬五千零八十六噸。[7]北海的鱈魚和黑線鱈資源已經顯著改善。反之，國際海洋考察理事會建議在西班牙海域的南方梭鱈的捕撈配額應該減少百分之六十二，因為當地的漁獲壓力沉重。許多歐洲漁民的巨大犧牲似乎漸漸有了成果。

在世界的其他地方，未受管理、重度開採的漁場出現過度捕撈的強烈徵兆。這會導致嚴重的生態後果，但過漁的魚群資源可以系統性重建，恢復到全球一千六百五十萬噸左右的總量，如果可以巡察並管理遠離陸地的公海漁場，來確保維持這些海域的生產力，效果會特別卓越。這需要一定程度的國際政治意願，但目前尚未顯現。另一項可能可行的策略是設立海洋保護區。在撰寫這本書的當下，全世界僅有百分之零點六的海洋受到保護，禁止漁撈。海洋生物學家卡魯姆．羅伯茲相信，我們需要多達五十倍的海洋保護區，才能維護魚群資源，但考量到眾多從海洋獲取經濟利益的團體，這個數量可能永遠無法達成。[8]

魚已經成為世界上最被大量交易的商品，全球有數百萬人從事漁業。因此，謹慎的管理及設置海洋保護區對於工作機會、商業貿易和營養供給都至關重要。在這產業中，最重要的新興參與者是水產養殖，長久以來都是前工業化文明的一部分。為了供應人類糧食，養殖魚業在國際上不斷成長，儘管擴張的速度已經在近年趨緩。二〇一二年，養殖魚占世界漁獲生產總量的百分之四十二點五，二〇〇〇年為百分之二十五點七，再十年前則是百分之十三點四。光是中國在二〇一三年就產出了四千三百五十萬噸的養殖魚。二〇〇八年以降，亞洲生產的養殖魚已經超過野生的漁獲量，二〇一二年時已多達百分之五十四。以這個數據和歐洲的百分之十八相比，或許反映出後者專注將精力投注在管理野生魚群資源上。在美國、日本及法國的水產養殖產量事實上已經下跌，因為海外的生產成本較低。[9]

水產養殖無疑已經變得普及。全球食用魚養殖產量從二〇〇〇年的三千兩百四十萬噸，在二〇一二年翻倍成六千六百六十萬噸。二〇一四年，全世界二十五個國家生產出養殖魚總量的百分之九十六點三。水產養殖有分內陸和海水養殖兩種形式。中國養殖的淡水魚是其龐大國內市場的主要貨品之一。二〇一二年，百分之五十五的世界人口生活在人口稠密的國家，如中國、印度、孟加拉、印尼及日本。南亞、東南亞和東亞國家產出二〇一二年世界養殖魚總產量的百分之八十七點五，能夠餵飽數百萬人。

氣候變遷的威脅籠罩全球漁場。北大西洋振盪和聖嬰現象等氣候變動總是會影響魚口數。關於氣候變遷所帶來的威脅的資訊充其量只稱得上是片段殘缺，有時幾乎只是煽動性的言論，以至於我們很難用以評估漁場的脆弱程度。魚往往容易受到水溫和酸度改變的影響，大西洋鯡和鱈魚就是這個現象的絕佳例子。珊瑚礁受白化所苦。上升的海平面改變了淺水、河口地區和紅樹林沼澤的漁場。就連微小的氣候變動也能以無數方式影響自給性和家計型漁業。深海漁民受到的影響較為輕微，大多是因為他們擁有船隻和資源，可以轉移作業海域。

對抗氣候變遷最有效的武器或許是水產養殖，一般都在遮蔽水域進行。然而，就連養殖魚民也需要留心溫度變化，以及其他會影響生產力的不起眼的因素。不斷變化的海水溫度千年來導致魚口數起起伏伏。可是，我們即將面臨的暖化未來將會引發更嚴重頻繁的颶風及龍捲風，帶來能夠在數小時內重挫貝介棲地和河口地區的巨浪。若是擔憂氣候變遷對漁場的影響，就必須仔細留意古生態學紀錄和更早期的漁民經驗，因為他們順利適應了環境變遷。

秘魯的北岸就是個例證。秘魯鯷的漁場歷史盤根錯節，之所以如此複雜的原因就在於該國一度興盛的鳥糞產業（鳥糞被當作肥料出口，人們能藉由維持海鳥的數量來獲利，而海鳥正是以鯷魚為食）。一九五〇年加州的沙丁魚漁場崩解時，秘魯人以便宜的價格取得漁船，當時正好出現家禽和豬飼料的龐大需求，讓作為廉價蛋白質來源的魚粉頗受歡迎。秘魯第一座魚粉工廠於一九五〇年秘密建成，但一直要到一九五九年，政府才解除為了維持鳥糞利益而施加的漁場限制。政府一發現魚粉的價值比鳥糞多了五倍左右，魚粉的生產便顯著擴大。

接下來的發展情節在當時看來十分熟悉。更大的鋼製漁船取代木船。人們開始使用聲納和吸泵等科技裝置。尼龍漁網取代了棉網。輕鬆獲利所帶來的誘惑吸引新的投資者加入產業。鯷魚漁獲量暴漲，遠遠超越符合永續標準的產量。到了一九七〇年，秘魯北岸的捕魚船隊共有大約一千四百五十艘圍網漁船，理論上能夠在一百七十五天內捕獲一千三百萬噸鯷魚，與漁業專家建議的七百五十萬噸相去甚遠。意識到這項產業將會走向困境後，秘魯政府將之收歸國有，並將漁獲量減少為一半。這讓捕魚社群苦不堪言。雖然漁業能否永續發展仍岌岌可危，政府在一九七六年將漁業去國有化。海岸經受多次的聖嬰現象，因此政府偶爾會施行漁撈限制，好讓魚群資源恢復。當地目前的產量可能落在七百六十萬噸左右，接近漁業諮詢小組於多年前建議的噸數。可是漁獲量依然劇烈波動，有時也嚴重過度捕撈：二〇一四年，秘魯北岸僅捕獲兩百二十萬噸，出現聖嬰現象的二〇一五年產量甚至更少。或許謹慎的管理能夠讓漁業永續，只要管理者能仔細留意氣候的擾動。然而，秘魯北岸漁場仍是地球上最過度開採的漁場之一。

人們總是假設自己天生就該捕魚，這不僅是商業漁撈、更是休閒漁撈的強大動力。在整個歷史的進程中，我們也對環境問題大大掉以輕心。現在的問題在於如何在資源枯竭的海洋中繼續捕魚，同時也保護其生態。人口的爆炸性成長及對魚永無止境的需求（尤其是在亞洲），已經激發人們展開無數行動，以減緩破壞的速度並恢復全世界的漁場。我們無法得知這些全球性的努力能夠帶來多少成功，但未來已經來臨。在幾個世代內，幾乎所有在地球上被人們吃下的魚都會是養殖魚。這個埃及官員、羅馬的奢侈享樂之人及中國的鯉魚漁民發展出的生存策略，最終可能會徹底取代一百萬年來在野外的捕魚活動。

一如我在這本書的開頭時所提及，三百五十多年前，艾薩克．華爾頓寫道：「『水域』比『陸地』更豐饒多產。」[10]工業化漁撈、人口成長及科技革新讓這句話幾乎不再符合我們現下的處境。我們只能希望，普遍嚴格的控管、龐大的海洋保護區網絡，再加上有系統的棲地保護，能夠同時滿足漁獲貿易和魚類保育的利益。這樣的做法需要非常與時俱進的長期思考，也需要我們重拾華爾頓曾經讚揚的漁民特質：「勤奮、觀察與實踐。」[11]數千年來，人們都遵循這樣的準則。然而在過去幾個世紀，勤勉已經被毀滅性漁撈所取代。除非我們想要將過去極其豐饒的海洋變成永久的荒漠，否則我們最好謹記在心：永續漁業正是華爾頓筆下寧靜垂釣的技藝。不然到最後，我們將會發現海裡一魚不剩。

致謝

我的一生都在為這本書做準備，儘管是在不知不覺中進行。我的生活總是離不開漁民和船隻，因此撰寫這本書的研究一直在我潛意識裡進行，長達數十年。我的許多空閒時間都在小船的船帆下度過，有時小船有引擎，有時沒有。幾年前的水上時光促使我寫下人類早期的航海歷史《越過藍色地平線》。那本書的核心主題是古代水手與多變海洋之間密切的關係。出於我自己的航海經驗與撰寫這本書的過程，我對那些捕魚之人深感敬佩，無論是在海上或河上。他們對於獵物與尋找其所在水域的洞察力，絕不只是展現了驅動早期捕魚活動的機會主義。我深深感激許多專業與業餘漁民，和我分享他們的經驗，帶我同行觀察他們捕魚，並在我犯錯時強而有力地斥責我。

這部歷史著作取材自各式各樣學術與不那麼學術的資料來源，從考古學、歷史，到漁場統計資料、捕魚陷阱及採集軟體動物這類的秘傳知識。我非常享受拼湊一切的過程，最終讓我組成了一幅複雜的歷史拼圖。毫無疑問，我將會立即收到來自那些親切、往往匿名的個人的訊息，樂於向我指出大大小小的錯誤。容我預先向他們致謝。

這本書仰賴一批迅速增長累積的學術文獻，許多極度晦澀難解，通常相互矛盾，有時則提出精彩的深刻見解。我必須向所有人道謝。我深深感激你們的友誼和評論。特別感謝John Baines、Xavier Carah、Alison Crowther、Nadia Durrani、Lynn Gamble、Charles Higham、John Johnson、Danielle Kurin、威廉·馬夸特、George Michaels、Peter Rowley-Conwy、Daniel Sandweiss、Stuart Smith、Wim Van Neer、Karen Walker、Wasantha Weliange、David Wengrow和已故教授葛蘭姆·克拉克等許多人。我特別欠Jeff Bolster一份人情，他的評論和關於北大西洋鱈魚漁場的《致命之海》一書中的精湛描述打開我的眼界，讓我看見捕魚世界在歷史上的錯綜複雜。

我的經紀人Susan Rabiner從一開始便鼓勵著我，總是向我伸出援手。我很榮幸能再次與最優秀的編輯William Frucht共事，他擁有一針見血的文筆，深刻的智慧源源不絕。多年來我從他身上學到許多寫作技巧。我的朋友Shelly Lowenkopf一如往常與我分享他豐富的編輯經驗，令我受益良多，多次拯救我脫離書寫的災難。Kathy Tomlinson以傑出技巧和洞察力，仔細審閱文稿的一字一句。我的老友Steve Brown以他一貫的專業，繪製地圖和插圖。最後，一如往常，我深深感謝Lesley和Ana，他們總是大力支持我，在恰好的時機點逗我開心。我也感謝我們的貓咪，牠們堅定不移地監督我工作。但或許態度正在軟化。此時，牠們正坐在我放著待寄信件的箱子裡面，而不是我的鍵盤上。

捕魚相關專有名詞解釋表

溯河（anadromous）：魚大量游到河流上游產卵。

拜達卡艇（*baidarka*）：一種海獅皮製成的皮艇，阿留申人用來捕魚和狩獵長達數千年之久。

倒刺（barb）：矛頭或釣鉤上的反向尖刺，旨在防止捕獲的動物溜走。倒刺最初是發明來用在陸地上的狩獵，後來證實在水中效果絕佳。

魚籠（basket traps）：通常是圓形的小型陷阱，以繩索或纖維等其他材料製成，用來在淺水中捕魚。

桁桿式拖網（beam trawl）：一端有桁桿裝置的拖網（參見「trawl」詞條），以利漁網保持敞開。桁桿讓效率倍增，也讓漁民可以在更深的水域使用拖網，尤其是以蒸汽動力部署漁網時效果更佳。

兩尖器（bident）：雙分叉的魚矛。

鯡流闊漁船（buss）：捕捉鯡魚的荷蘭深水漁船。

剖開攤平（butterflying）：沿著魚的腹部剖開後清理乾淨，展開攤平，以利乾燥、鹽漬或煙燻，留下脊骨防止魚肉碎裂。

投網（cast or casting net）：通常是單一漁民使用的輕網，從獨木舟或岸上投進淺水中捕魚。有時則在兩艘獨木舟間撒下。

拉網（dragnet）：拖在漁船後頭的粗目漁網，用於古代的紅海。

魚矛（fish spear）：一端為尖刺的長棍，通常帶有倒刺並由石頭、骨頭或金屬製成。魚矛可能是魚鉤之外最常見的古代捕魚器具，有多種形式，主要用於淺水。

魚鉤（fishhook）：連接在一條線上、用來捕魚的鉤子。人類至少已經使用魚鉤兩萬年，倒刺和無倒刺者皆有。在太平洋地區等地，魚鉤的製作發展得極為精巧，在深水和淺水都會使用。

前柄（foreshaft）：鹿角、骨頭或木質的短柄，以線繩連接著魚叉的主體。魚叉射中獵物時，前柄會分離，使用者便能在手柄上加裝另一魚叉或尖刺，讓他能夠攻擊更多獵物。適用於較大型的魚。

長袋網（fyke net）：丹麥的一種袋形捕魚陷阱，以木架或木杆保持敞開，來捕捉大量的魚，通常用於淺水。

鉤竿（gaff）：附有鉤子或倒刺刀尖的木柄，用來將大魚移到陸地上。

加拉比（*garaby*）：在尼羅河沿岸使用的錐狀捕魚陷阱。

魚醬（garum）：使用大量小魚或大魚的魚塊發酵而成的羅馬魚醬。

刺網（gill net）：垂掛在一條直繩下的簾幕狀漁網，底部有網墜加重。魚游過網眼、試圖掙脫時，魚鰓就會纏在網上。通常用來捕捉鮭魚和其他魚種，現今在美國部分地區嚴格管制刺網的使用。

雙刺釣鉤（gorge）：一枚短棍或骨頭，兩端磨尖，會卡在魚嘴裡。雙刺釣鉤是比魚鉤更早的發明。

格蘭頓拖網（Granton trawl）：附有網板的拖網，以特定角度固定金屬或木板，利用水壓讓網口保持敞開、漁網開展。

宣誓督察員（*grtumkjeri*，**丹麥文**）：宣誓確保桶裝的斯堪尼亞鯡魚品質一致的督察員。

魚叉（harpoon）：以一條線繩連接到一根手柄的倒刺魚矛。擊中獵物時，魚叉會與手柄分離，漁民靠著線繩將漁獲拖起。

拉斯特（herring last）：船隻載貨量的標準單位，數量因商品而易。若是用來計算鯡魚，則代表約一萬兩千條魚。

鹹鱈魚乾（klipfish）：經剖開、去頭、去除上部的脊椎骨，接著攤平乾燥的鱈魚。

商貿站（*kontor*）：在主要港口的行會貿易站。

多叉魚槍（leister）：一種倒刺魚矛，有兩隻倒刺相向的刀尖，有時則有等角分布的三個矛形刀尖。多叉魚槍在淺水特別有效，在冰河時期尾聲或結束後不久開始為人使用，至今仍用於太平洋島嶼的潟湖。

線拖網（line trawl）：有著數百枚或更多帶餌魚鉤的長線繩。亦稱作延繩。

洛可瓜帕（*loko kuapa*，**夏威夷語**）：火山岩建成的弧形海岸魚池。

延繩釣（long-lining）：部署附有多個魚鉤的長釣繩的漁法，十九世紀末的捕鱈漁民經常使用。

誘餌（lure）：人工釣餌，用顏色、閃光、移動或震動設計來吸引魚的注意。誘餌通常會配備不止一枚釣鉤。

圍屠鮪魚（*mattanza*，義大利文）：在地中海海域大規模捕撈洄游鮪魚，古典時代採用的捕魚法，幾乎可以肯定更早期的人們也會這麼做。

小潮（neap tide）：比平均潮差小的潮汐，發生於上弦月和下弦月期間。

製網量規（net gauge）：用來製作標準尺寸網目的漁網的裝置。幾乎所有會用網的社會都會使用這種量規。

漁工群（*notlag*，丹麥文）：在斯堪尼亞鯡魚集市的非正式捕鯡漁民團體。個別的漁工則稱為「舒登」（schuten）。

被動陷阱網具（passive net trap）：固定放置在水底來吸引魚群的網子，通常是袋狀網。

巾著網（purse seine）：一種旋網，有條線繩穿過下緣的一排網環，讓漁民能夠將之收攏成袋子的形狀。用來捕撈鯖魚和油鯡等成群的魚類效果絕佳。

英擔（quintal）：大西洋鱈貿易使用的質量單位，等同於五十一公斤剖開、鹽漬並乾燥的鱈魚。

烈酒船（sack ship）：西元十七、十八世紀期間，將鱈魚漁獲從紐芬蘭島運往歐洲的大船。

抄網（scoop net）：通常稱作撈網或手抄網，基本上是以環圈固定敞開的網籃。有助於捕捉靠近水面的魚。

圍網（seine net）：通常十分堅固耐重的大網，用來圍捕大量的魚。一般是由一群漁民在淺水處操作，站在水中或是從兩艘船上布網。

貝塚（shell midden）：丟棄的軟體動物殼堆。有時居住在岸邊史前民族會累積數十年、甚至數百年之久。

甲板帆船（smack）：附有縱向帆具的傳統漁船，用於不列顛和北美洲大西洋岸外海。較小的甲板帆船使用單桅帆具，較大者則是雙桅縱帆船。

擲槍器（spearthrower）：帶有鉤子的投擲棒，可以更遠、更準確地彈出矛槍。主要是許多打獵採集社會在陸地上使用。

海菊蛤（*Spondylus*）：多刺的牡蠣。由於海菊蛤貝肉會讓吃下的人產生幻覺，因此海菊蛤在安地斯生活中具有靈性上的重要性。

大潮（spring tide）：比平均潮差大的潮汐，發生於滿月或新月期間。

淡魚乾（stockfish）：全魚乾燥的鱈魚，多數的脊骨都保持完整。

鳳凰螺（Strombus）：海螺，其貝殼在中美洲、安地斯等地被廣泛用來製作號角。

雙刺咽喉釣鉤（throat gorge）：帶餌的雙刺釣鉤（參見「gorge」詞條），用於較深的水域。

搔撓（tickling）：用雙手按摩魚身來捉魚的方法。

提拉（*tira*，**大溪地語**）：一端分叉的彎曲長竿，帶有兩條釣繩和附餌的珍珠母貝釣鉤，從獨木舟上部署，特別裝設讓鉤子接近水面。有多束羽毛連接在長竿上，隨著獨木舟移動，擬仿追逐目標魚（通常是長鰭鮪）所獵捕的小魚的鳥群動作。

托莫爾船（*tomol*，**楚馬仕語**）：加州聖塔芭芭拉海峽的楚馬仕印第安人所使用的木板獨木舟。

屠魚網池（*tonnara*，**義大利文**）：所謂的死亡網池，是個網子圍住的空間，用來圍困和屠殺鮪魚。

托托拉船（*totora*，**克丘亞語**〔Quechua〕）：用來在秘魯海岸捕魚的蘆葦船。

拖網（trawl）：拖行橫越海床的大型海洋漁網，最初是由圍網發展而來。

曳繩（trolling line）：獨木舟或船隻後方拖行的釣繩，附有一個或多個帶餌釣鉤。

魚商站（*vitte*，**丹麥文**）：在斯堪尼亞等中世紀鯡魚集市的私有臨時貿易站。

魚梁（weir）：通常是由木樁或幼木製成，用來堵住小溪或小河，讓魚受困，以便輕鬆網捕或矛刺。

濕醃法（wet cure）：在船上鹽漬鱈魚的工序，特別常見於紐芬蘭大淺灘。

注釋

關於捕魚歷史的文獻數量龐大。為求簡明，我已經盡量減少引用專業參考資料，尤其是遺址考察報告和晦澀難解的專書或論文。有興趣的讀者可以在這裡引用的許多著作中，找到豐富的參考書目。

引言　豐足的水域

1 Brian M. Fagan and Francis L. Van Noten, *The Hunter-Gatherers of Gwisho* (Tervuren, Belgium: Musée Royal de L'Afrique Central, 1971).

2 Adam Boethius, "Something rotten in Scandinavia: The world's earliest evidence of fermentation," *Journal of Archaeological Science* 66 (2016): 175.

3 William H. Marquardt, "Tracking the Calusa: A Retrospective," *Southeastern Archaeology* 33, no. 1 (2014): 1–24.

4 Mike Smylie, *The Perilous Catch: A History of Commercial Fishing* (Stroud, UK: History Press, 2015), chap. 3. See also John Dyson, *Business in Great Waters* (London: Angus and Robertson, 1977), 171–83.

5 Daniel Sandweiss, "The Development of Fishing Specialization on the Central Andean Coast," in Mark G. Plew, ed., *Prehistoric Hunter-Gatherer Fishing Strategies,* 41–63 (Boise, ID: Department of Anthropology, Boise State University, 1996).

6 溯河魚類會在淡水產卵，遷移到海洋生長成熟，再迴游到淡水產卵。

7 Mark Lehner, *The Complete Pyramids* (London: Thames and Hudson, 1997).

8 David Livingstone, *Missionary Travels and Researches in South Africa* (London: John Murray, 1857), 206. Ingombe Ilede: Brian M. Fagan et al., *Iron Age Cultures in Zambia, vol. 2: Dambwa, Ingombe Ilede, and the* Tonga (London: Chatto and Windus, 1969), 65–66, 138.

9 Alison C. Paulson, "The Thorny Oyster and the Voice of God: *Spondylus* and *Strombus* in Andean Prehistory," *American Antiquity* 39, no. 4 (1974): 597–607.

10 引自 Izaak Walton and Charles Cotton, *The Compleat Angler*, ed. Marjorie Swann (New York: Oxford University Press, 2014), 27。

第一章 最早的漁夫

1 Kathlyn M. Stewart, "Early hominid utilization of fish resources and implications for seasonality and behavior," *Journal of Human Evolution* 27, nos. 1–3 (1994): 229–45.

2 J. C. A. Joordens et al., "Relevance of aquatic environments for hominins: A case study from Trinil (Java, Indonesia)," *Journal of Human Evolution* 57, no. 6 (2009): 658–71. See also J. C. A. Joordens et al., "*Homo erectus* at Trinil used shells for tool production and engraving," *Nature* 518, no. 7538 (2015): 228–31.

3 Nita Alperson-Afil et al., "Spatial Organization of Hominin Activities at Gesher Benot Yy'aqov, Israel," *Science* 326, no. 5960 (2009): 1677–80. See also Irit Zohar and Rebecca Bitgon, "Land, lake, and fish: Investigation of fish remains from Gesher Benot Ya'aqov (paleo-Lake Hula)," *Journal of Human Evolution* 30, no. 1 (2010): 1–14.

4 Curtis W. Marean, "Pinnacle Point Cave 13B (Western Cape Province, South Africa) in context: The Cape Floral kingdom, shellfish, and modern human origins," *Journal of Human Evolution* 59, nos. 3–4 (2010): 425–43.

5 Daniella E. Bar-Yosef Mayer et al., "Shells and ochre in Middle Paleolithic Qafzeh Cave, Israel: Indications for modern behavior," *Journal of Human Evolution* 56, no. 3 (2009): 307–14.

6 引自 Izaak Walton and Charles Cotton, *The Compleat Angler,* ed. Marjorie Swann (New York: Oxford University Press, 2014), 6。(First published in 1673.)

7 John E. Yellen, "Barbed Bone Points: Tradition and Continuity in Saharan and Sub-Saharan Africa," *African Archaeological Review* 15, no. 3 (1998): 173–98.

8 Joris Peters and Angela von den Driesch, "Mesolithic fishing at the confluence of the Nile and the Atbara, Central Sudan," in Anneke Clason, Sebastian Payne, et al., eds., *Skeletons in Her Cupboard: Festschrift for Juliet Clutton-Brock,* 75–83 (Oxford: Oxbow Books, Monographs 34, 1993).

9 Randi Haaland, "Sedentism, Cultivation, and Plant Domestication in the Holocene Middle Nile Region," *Journal of Field Archaeology* 22, no. 2 (1995): 157–74.

10 L. H. Robbins et al., "Barbed Bone Points, Paleoenvironment, and the Antiquity of Fish Exploitation in the Kalahari Desert, Botswana," *Journal of Field Archaeology* 21, no. 2 (1994): 257–64.

第二章 尼安德塔人與現代智人的挑戰

1 最新的概述可見 Dimitra Papagianni and Michael A. Morse, *The Neanderthals Rediscovered: How Modern Science Is Rewriting Their Story,* rev. ed. (London: Thames and Hudson, 2015)。

2 引自 Claudius Aelianus, *De Natura Animalium,* book 14, chap. 3, A. F. Schofield, trans., *Aelian: On the Characteristics of Animals* (Cambridge: Loeb Classical Library, Harvard

University Press, 1958)。

3 William Shakespeare, *Twelfth Night,* 2.5.

4 Miguel Cortes-Sanchez et al., "Earliest Known Use of Marine Resources by Neanderthals," PLOS One, September 14, 2011. http://dx.doi.org/10.1371.pone.0024026.

5 Marie-Hélène Moncel and Floret Rivals, "The Question of Short-term Neanderthal Site Occupations," *Journal of Anthropological Research* 67, no. 1 (2011): 47–75.

6 Bruce L. Hardy et al., "Impossible Neanderthals? Making string, throwing projectiles and catching small game during Marine Isotope 4 (Abri du Maras, France)," *Quaternary Science Reviews* 82 (2013): 23–40.

7 Herve Bocherens et al., "Were bears or lions involved in salmon accumulation in the Middle Palaeolithic of the Caucasus? An Isotopic investigation in Kudaro 3 cave," *Quaternary International* (2013), DOI: 10.1016/j.quaint.2013.06.026.

8 C. B. Stringer et al., "Neanderthal exploitation of marine mammals in Gibraltar," *Proceedings of the National Academy of Sciences* 105, no. 38 (2008): 14319–24.

9 此段敘述參考Brian Fagan, *Beyond the Blue Horizon: How the Earliest Mariners Unlocked the Secrets of the Oceans* (New York: Bloomsbury Press, 2012), chap. 2。

10 Sue O'Connor et al., "Pelagic Fishing at 42,000 Years Before the Present and the Maritime Skills of Modern Humans," *Science* 244, no. 6059 (2011): 1117–21.關於傑里馬賴深水（表層）捕魚活動的描述受到下文挑戰：Atholl Anderson, "Inshore or Offshore? Boating and Fishing in the Pleistocene," *Antiquity* 87, no. 337 (2013): 879–95；還有一系列伴隨Anderson的論文而來的評論。

11 此段敘述參考Brian Fagan, *Cro-Magnon: How the Ice Age Gave Birth to the First Modern Humans* (New York: Bloomsbury Press, 2010)。

12 Nuno Bicho and Jonathan Haws, "At the land's end: Marine resources and the importance of fluctuations in the coastline in the prehistoric hunter-gatherer economy of Portugal," *Quaternary Science Reviews* 27, nos. 23–24 (2008): 2166–75.

13 Gema E. Adán et al., "Fish as diet resource in North Spain during the Upper Paleolithic," *Journal of Archaeological Science* 36, no. 3 (2009): 895–99.

14 Eufrasia Rosello-Izquierdo et al., "Santa Catalina (Lequeitio, Basque Country): An ecological and cultural insight into the nature of prehistoric fishing in Cantabrian Spain," *Journal of Archaeological Science Reports* 6 (2016): 645–53.

第三章　貝塚與食貝之人

1 Vincent Gaffney et al., *Europe's Lost World: The Rediscovery of Doggerland* (York, UK: Council for British Archaeology, 2009).

2 Geoff Bailey and Penny Spikins, eds., *Mesolithic Europe* (Cambridge: Cambridge University Press, 2008)為概論的資料來源。

3 Marek Zvelebil, "Innovating Hunter-Gatherers: The Mesolithic in the Baltic," in Bailey and Spikins, eds., *Mesolithic Europe,* 18–59. A general source on stabilized sea levels is

John W. Day et al., "The Influence of Enhanced Post-Glacial Margin Productivity on the Emergence of Complex Societies," *Journal of Island and Coastal Archaeology* 7, no. 1 (2012): 23–52.

4 引自Charles Darwin, *The Voyage of the Beagle: Journal of Researches into the Natural History and Geology Visited During the Voyage of HMS Beagle Round the World, Under the Command of Captain FitzRoy, RN* (Knoxville: WordsWorth Classics, 1977), 202, 206。

5 引自J. G. D. Clark, *Prehistoric Europe: The Economic Basis* (London: Methuen, 1952), 48。

6 Betty Meehan, *Shell Bed to Shell Midden* (Canberra: Australian Institute of Aboriginal Studies, 1982).

7 此段敘述參考Nicky Milner, "Seasonal Consumption Practices in the Mesolithic: Economic, Environmental, Social or Ritual?" in Nicky Milner and Peter Woodman, eds., *Mesolithic Studies at the Beginning of the 21st Century,* 56–68 (Oxford: Oxbow Books, 2005)。

8 此段落參考Meehan, *Shell Bed to Shell Midden*。

9 為求正確，我描述米漢的研究時皆使用過去式，但安巴拉族至今依然活躍。

第四章　波羅的海與多瑙河的漁人

1 Anders Fischer, "Coastal fishing in Stone Age Denmark—evidence from below and above the present sea level and from human bones," in Nicky Milner et al., eds., *Shell Middens in Atlantic Europe,* 54–69 (Oxford: Oxbow Books, 2007).

2 Adam Boethius, "Something rotten in Scandinavia: The world's earliest evidence of fermentation," *Journal of Archaeological Science* 66 (2016): 175.

3 Inge Bødker Enghoff, "Fishing in Denmark During the Ertebølle Period," *International Journal of Osteoarchaeology,* no. 4 (1994): 65–96.

4 Soren H. Anderson, "Ringkloster: Ertebølle Trappers and Wild Boar Hunters in Eastern Jutland: A Survey," *Journal of Danish Archaeology* 12, no. 1 (1995): 13–59.

5 引自J. G. D. Clark, *Prehistoric Europe: The Economic Basis* (London: Methuen, 1952), 48。

6 Caroline Wickham-Jones, "Summer Walkers: Mobility and the Mesolithic," in Nicky Milner and Peter Woodman, eds., *Mesolithic Studies at the Beginning of the 21st Century,* 30–41 (Oxford: Oxbow Books, 2005).

7 Clive Bonsall, "The Mesolithic of the Iron Gates," in Geoff Bailey and Penny Spikins, eds., *Mesolithic Europe,* 238–79 (Cambridge: Cambridge University Press, 2008)簡要概述了此段落的許多資料根據。

8 Lásló Bartosiewicz et al., "Sturgeon fishing in the middle and lower Danube region," in Clive Bonsall, ed., *The Iron Gates in Prehistory,* 39–54 (Oxford: British Archaeological Reports, Book 1893, 2009).

9 關於列彭斯基維爾的敘述參考Bonsall, "The Mesolithic of the Iron Gates," 255–59. See also J. Srejovíc, *Europe's First Monumental Sculpture: New Discoveries at Lepenski Vir* (London: Thames and Hudson, 1972)。

第五章　日本繩紋漁人的移動

1 Junko Habu, *Ancient Jomon of Japan* (Cambridge: Cambridge University Press, 2004)簡述了近期的研究。

2 Akira Matsui, "Postglacial hunter-gatherers in the Japanese Archipelago: Maritime adaptations," in Anders Fischer, ed., *Man and Sea in the Mesolithic: Coastal Settlement Above and Below Present Sea Level,* 327–34 (Oxford: Oxbow Books, 1995).

3 Keiji Inamura, Prehistoric Japan: New Perspectives on Insular East Asia (Honolulu: University of Hawaii Press, 1996), 60–61.

4 Akira Matsui, "Archaeological investigations of anadromous salmonid fishing in Japan," *World Archaeology* 27, no. 3 (1996): 444–60簡述了此一理論，並提出以近期研究為根據的批評。

5 Ibid., 452–53.

6 Tetsuo Hiraguchi, "Catching Dolphins at the Mawaki Site, Central Japan, and Its Contribution to Jomon Society," in C. Melvin Aikens and Song Rai Rhee, eds., *Pacific Northeast Asia in Prehistory,* 35–46 (Pullman: Washington State University Press, 1992).

7 Habu, *Ancient Jomon,* 61–72.

8 有大量的文獻都圍繞著繩紋陶器。Inamura, *Prehistoric Japan,* 39–52簡述了相關的辯論。

9 Junko Habu, *Subsistence-Settlement Systems and Intersite Variability in the Moroiso Phase of the Early Jomon Period of Japan* (Ann Arbor: International Monographs in Prehistory, Archaeological Series 14, 2001).

10 Inamura, *Prehistoric Japan,* 127–46.

11 相關概述見Matsui, "Archaeological investigations," 455–57。

第六章　前進美洲大陸的旅程

1 Brian Fagen, *The Great Journey* (London: Thames and Hudson, 1987).

2 William W. Fitzhugh and Chisato O. Dubreuil, eds., *Ainu: Spirit of a Northern People* (Washington, DC: Smithsonian Institution Arctic Studies Center and University of Washington Press, 1999).

3 David W. Meltzer, *First Peoples in a New World: Colonizing Ice Age America* (Berkeley: University of California Press, 2009)詳述了相關爭議、數據和理論。

4 D. H. O'Rourke and J. A. Raff, "Human genetic history of the Americas," *Current Biology* 20, no. 3 (2010): R202–R207.

5 此段落參考John F. Hoffecker et al., "Beringia and the Global Dispersal of Modern Humans," *Evolutionary Anthropology* 25, no. 2 (2016): 64–78。

6 植物學家Erik Hultén於一九三七年創造出「白令」一詞。David Hopkins et al., eds., *The Paleoecology of Beringia* (New York: Academic Press, 1982)是經典文獻，儘管如今已有些過時。更新的研究可見John F. Hoffecker and Scott A. Elias, "Environment and Archaeology in Beringia," *Evolutionary Anthropology* 12, no. 1 (2003): 34–49。

7 John F. Hoffecker et al., "Out of Beringia?" *Science* 343, no. 6174 (2014): 979–80.

8 John F. Hoffecker et al., "Beringia and the Global Dispersal of Modern Humans," *Evolutionary Anthropology* 25, no. 2 (2016): 64–78.

9 Carrin M. Halffman et al., "Early human use of anadromous salmon in North America at 11,500 years ago," *Proceedings of the National Academy of Sciences* 112, no. 40 (2015): 12334–47.

10 相關概述見John F. Hoffecker, "The Global Dispersal: Beringia and the Americas," in John F. Hoffecker, ed., *Modern Humans: African Origins and Global Dispersal,* 331–32 (New York: Columbia University Press, 2017)。

11 John R. Johnson et al., "Arlington Springs Revisited," in David R. Brown et al., eds., *Proceedings of the Fifth California Islands Symposium,* 541–45 (Santa Barbara: Santa Barbara Museum of Natural History, 2002).

12 Daniel H. Sandweiss, "Early Coastal South America," in Colin Renfrew and Paul Bahn, eds., *The Cambridge World Prehistory,* 1:1058–74 (Cambridge: Cambridge University Press, 2014). Huaca Prieta: Tom D. Dillehay et al., "A late Pleistocene human presence at Huaca Prieta, Peru, and early Pacific Coastal adaptations," *Quaternary Research* 77 (2012): 418–23.

第七章　鮭魚洄游與美洲西北海岸的民族

1 Jean Aigner, "The Unifacial Core, and Blade Site on Anangula Island, Aleutians," *Arctic Anthropology* 7, no. 2 (1970): 59–88.

2 George Dyson, *Baidarka* (Seattle: University of Washington Press, 1986).

3 Waldermar Jochelson, *History, Ethnology, and Anthropology of the Aleut* (Salt Lake City: University of Utah Press, 2002).

4 Kenneth M. Ames and Herbert D. G. Maschner, *Peoples of the Northwest Coast: Their Archaeology and Prehistory* (London: Thames and Hudson, 1999)是我描述太平洋西北地區的根據文獻。

5 引自Hilary Stewart, *Indian Fishing: Early Methods on the Northwest Coast* (Seattle: University of Washington Press, 1977), 25。這份權威文獻附有豐富的插圖。

6 Michael J. Harner, *Pacific Fishes of Canada* (Ottawa: Fisheries Research Board of Canada, 1973), is a primary source on the fish. See also Roderick Haig-Brown, *The Salmon* (Ottawa: Fisheries Research Board of Canada, 1974).

7 John K. Lord, *A Naturalist in Vancouver Island and British Columbia* (London: R. Bently, 1866)描述了印第安人捕鱘的情況。

8 此段落參考Ames and Maschner, *Peoples of the Northwest Coast,* chaps. 3, 4。

9 Erna Gunther, "An Analysis of the First Salmon Ceremony," *American Anthropologist,* n.s. 28, no. 4 (1926): 605–17.

10 Chad C. Meengs and Robert T. Lackey, "Estimating the Size of Historical Oregon Salmon Runs," *Reviews in Fisheries Science* 31, no. 1 (2005): 51–66.

11 相關探討參考Ames and Maschner, *Peoples of the Northwest Coast,* 120–21。

第八章　楚馬什人的天堂

1 相關概論見Brian Fagan, *Before California: An Archaeologist Looks at Our Earliest Inhabitants (*Walnut Creek, CA: Altamira Press, 2003)。

2 Edward Luby and Mark Gruber, "The Dead Must Be Fed," *Cambridge Archaeological Journal* 9, no. 1 (1999): 1–23.

3 Torben C. Rick et al., "From Pleistocene Mariners to Complex Hunter-Gatherers: The Archaeology of the California Channel Islands," *Journal of World Prehistory* 19, no. 3 (2005): 169–228.

4 Torben C. Rick et al., "Paleocoastal Marine Fishing on the Pacific Coast of the Americas: Perspectives from Daisy Cave, California," *American* Antiquity 66, no. 4 (2001): 595–613.

5 Travis Hudson and Thomas C. Blackburn, *The Material Culture of the Chumash Interaction Sphere* (Los Altos, CA: Ballena Press, 1982–87).

6 Chester D. King, *The Evolution of Chumash Society: A Comparative Study of Artifacts Used for Social System Maintenance in the Santa Barbara Channel Region Before A.D. 1804* (New York: Garland, 1990).

7 Torben C. Rick, "Historical Ecology and Human Impacts on Coastal Ecosystems of the Santa Barbara Channel Region, California," in Torben C. Rick and Jon M. Erlandson, eds., *Human Impacts on Ancient Marine Ecosystems, 77–101* (Berkeley: University of California Press, 2008).

8 Douglas J. Kennett and James P. Kennett, "Competitive and Cooperative Responses to Climatic Instability in Coastal Southern California," *American Antiquity* 65, no. 2 (2000): 379–95.

9 Lynn Gamble, *The Chumash World at European Contact* (Berkeley: University of California Press, 2008).

10 Travis Hudson et al., *Tomol: Chumash Watercraft as Described in the Ethnographic Notes of John P. Harrington* (Los Altos, CA: Ballena Press, 1978).

11 引自Travis Hudson and Thomas C. Blackburn, *The Material Culture of the Chumash Interaction Sphere III: Clothing, Ornamentation and Grooming* (Los Altos, CA: Ballena Press Anthropological Paper 28, 1985), 135。

12 D. Davenport et al., "The Chumash and the swordfish," *Antiquity* 67, no. 1 (1993): 257–72.

第九章　濕地上的卡盧薩人

1 相關的大眾化描述見Jerald T. Milanich, *Florida's Indians from Ancient Times to the Present* (Gainesville: University Press of Florida, 1998)。亦見Milanich, *Archaeology of Precolumbian Florida* (Gainesville: University Press of Florida, 1994)。

2 接續的探討是根據William H. Marquardt and Karen J. Walker, eds., *The Archaeology*

of Pineland, A Coastal Southwest Florida Site Complex, A.D. 50–1710 (Gainesville: Institute of Archaeology and Paleoenvironmental Studies Monograph 4, 2013)寫成。*The Archaeology of Pineland*一書的參考書目是關於卡盧薩人考古與歷史的全面文獻統整。

3 Karen J. Walker, "The Pineland Site Complex: Environmental Contexts," in ibid., 23–52.

4 William H. Marquardt, "Tracking the Calusa: A Retrospective," *Southeastern Archaeology* 33, no. 1 (2014): 1–24.

5 此段落參考Walker, "The Pineland Site Complex: Environmental Contexts"。

6 G. M. Luer and R. J. Wheeler, "How the Pine Island Canal Worked: Topography, Hydraulics, and Engineering," *Florida Anthropologist* 50, no. 1 (1997): 115–31.

7 Laura Kozuch, *Sharks and Shark Products in Prehistoric South Florida* (Gainesville: Institute of Archaeology and Paleoenvironmental Studies Monograph 2, 1993).

8 Karen Walker, "The Material Culture of Precolumbian Fishing: Artifacts and Fish Remains from Southwest Florida," *Southeastern* Archaeology 19, no. 1 (2000): 24–45為此段落主要的資料來源。亦見Susan D. DeFrance and Karen J. Walker, "The Zooarchaeology of Pineland," in Marquardt and Walker, eds., *The Archaeology of Pineland,* 305–48。

9 引自 Walker, "The Material Culture," 33。

10 相關概述和探討見Marquardt, "Tracking the Calusa: A Retrospective," 6–7。

11 Ibid., 13–16.

12 Merald R. Clark, "A Mechanical Waterbird Mask from Pineland and the Pineland Masking Pattern," in Marquardt and Walker, eds., *The Archaeology of Pineland,* 621–56.

13 Marion Spjut Gilliland, *The Material Culture of Key Marco, Florida* (Gainesville: University Presses of Florida, 1975).

14 John E. Worth, "Pineland During the Spanish Period," in Marquardt and Walker, eds., *The Archaeology of Pineland,* 767–92.

第十章　大洋洲的捕魚之道

1 P. V. Kirch, *The Lapita Peoples: Ancestors of the Oceanic World* (London: Blackwell, 1997). See also P. V. Kirch and T. L. Hunt, eds., *Archaeology of the Lapita Cultural Complex: A Critical Review* (Seattle: University of Washington Press, 1988).

2 Ritaro Ono, "Ethno-Archaeology and Early Australonesian Fishing Strategies in Near-Shore Environments," *Journal of the Polynesian Society* 119, no. 3 (2010): 269–314. See also Virginia L. Butler, "Fish Feeding Behavior and Fish Capture: The Case for Variation in Lapita Fishing Strategies," *Archaeology in Oceania* 29, no. 2 (1994): 81–90.

3 相關概述見P. V. Kirch, *On the Road of the Winds: An Archaeological History of the Pacific Islands Before European* Contact (Berkeley: University of California Press, 2000)。

4 P. V. Kirch, *The Evolution of the Polynesian Chiefdoms* (Cambridge: Cambridge University Press, 1984).

5 引　自William Ellis, *Polynesian Researches,* 2 vols. (London: Fisher, Son and Jackson,

1829), 2:290–91。

6 Douglas L. Oliver, *Ancient Tahitian Society,* 3 vols. (Honolulu: University Press of Hawaii, 1974), 1:281–314.

7 Charles Nordhoff, "Notes on the Off-shore Fishing of the Society Islands," *Journal of the Polynesian Society* 39, no. 2 (1930): 137–73, and no. 3 (1930): 221–62.

8 J. Frank Stimson, "Tahitian Names for the Nights of the Moon," *Journal of the Polynesian Society* 37, no. 4 (1928): 326–27.

9 P. V. Kirch, *Feathered Gods and Fishhooks: An Introduction to Hawaiian Archaeology and Prehistory* (Honolulu: University of Hawaii Press, 1985).

10 引自 Samuel Kamakau, *The Works of the People of Old* (Honolulu: Bulletin Papers of the Bishop Museum, Special Publication 61, 1976), 74。

第第十一章 埃及法老的配給

1 Fred Wendorf et al., *Loaves and Fishes: The Prehistory of Wadi Kabbaniya* (Dallas: Southern Methodist University Press, 1980). 亦見 Wim Van Neer, "Some notes on the fish remains from Wadi Kubbaniyah (Upper Egypt, Late Palaeolithic)," in D. C. Brinkhuizen and A. T. Clasen, eds., *Fish and Archaeology,* 103–13 (Oxford: BAR International Series, 294, 1986)。

2 Douglas J. Brewer and Renée F. Friedman, *Fish and Fishing in Ancient Egypt* (Warminster, UK: Aris and Phillips, 1989), 60–63.

3 Wim Van Neer, "Evolution of Prehistoric Fishing in the Nile Valley," *Journal of African Archaeology* 2, no. 2 (2004): 251–69.

4 Gertrude Caton Thompson and E. W. Gardner, *The Desert Fayum* (London: Royal Anthropological Institute, 1934)是相關的經典著作。較近期的研究見 Van Neer, "Some notes"。

5 Brewer and Friedman, *Fish and Fishing,* 74–75.

6 Ibid., 72–73.

7 Leonard Loat and George Albert Boulenger, *The Fishes of the Nile* (1907; repr. Charleston, SC: Nabu Press, 2011).

8 Veerle Linseels and William Van Neer, "Gourmets or priests? Fauna from the Predynastic Temple," *Nekhen News* 15 (2003): 6–7.

9 Erik Hornung, *Conceptions of God in Ancient Egypt,* trans. John Baines (Ithaca: Cornell University Press, 1982).

10 Stan Hendricks and Pierre Vermeersch, "Prehistory: From the Palaeolithic to the Badarian Culture (c. 700,000 to 4000 BC)," in Ian Shaw, ed., *The Oxford History of Ancient Egypt,* 37–39 (Oxford; Oxford University Press, 2000).

11 Brewer and Friedman, *Fish and Fishing,* 42–46.

12 Mark Lehner, *The Complete Pyramids* (London: Thames and Hudson, 1997)載錄全面性的綜述。

13 前注第四部的內容大有助益。

14 Jean-Christophe Antoine, "Fluctuations of Fish Deliveries in the Twentieth Dynasty: A Statistical Analysis," *Studien zur Altagyptischen Kulture* 35 (2006): 25–41.

15 James H. Breasted, *Ancient Records of Egypt* (Chicago: University of Chicago Press, 1906–7), 4:466.

16 Wim Van Neer et al., "Fish Remains from Archaeological Sites as Indicators of Former Trade Connections in the Eastern Mediterranean," *Paleorient* 30, no. 1 (2004): 101–48.

17 Diodorus Siculus, *The Library of History,* trans. C. H. Oldfather (Cambridge: Loeb Classical Library, Harvard University Press, 1933), book 1, line 36.

第十二章　鮪魚與地中海的財富

1 Coprian Broodbank, *The Making of the Middle Sea* (London: Thames and Hudson, 2013), 126ff.概述了早期的捕魚活動。亦見Arturo Morales Muñiz and Eufrasia Rosello-Izquierdo, "Twenty Thousand Years of Fishing in the Strait: Archaeological Fish and Shellfish Assemblages from Southern Iberia," in Torben C. Rick and Jon M. Erlandson, eds., *Human Impacts on Ancient Marine Ecosystems*, 243–78 (Berkeley: University of California Press, 2008)。

2 A. Tagliacozzo, "Economic changes between the Mesolithic and Neolithic in the Grotta dell'Uzzo (Sicily, Italy)," *Accordia Research Papers 5 (1994): 7–37*. 關於海貝，可參見M. K. Mannino et al., "Marine Resources in the Mesolithic and Neolithic at the Grotta Dell'Uzzo (Sicily): Evidence from Isotope Analyses of Marine Shells," *Archaeometry* 49, no. 1 (2007): 117–33。

3 Richard Ellis, *Tuna: A Love Story* (New York: Vintage, 2008)是部關於這種令人驚嘆的魚傑出的概論。

4 Broodbank, *The Making of the Middle Sea,* 171–72.

5 此段落參考Annalisa Marzano, *Harvesting the Sea: The Exploitation of Marine Resources in the Roman Mediterranean* (Oxford: Oxford University Press, 2000), chaps. 1, 2。

6 Homer, *The Odyssey,* 12:355–56.

7 James N. Davidson, *Courtesans and Fishcakes: The Consuming Passions of Classical Athens* (London: HarperCollins, 1997), 4.

8 引自前注的第五頁。

9 阿切斯特亞圖是西元前四世紀中的希臘詩人，生活在敘拉古。他的詩作〈奢侈的生活〉（Hedypatheia）描述要在哪裡尋找食物，並廣泛探討魚。

10 引自Davidson, *Courtesans,* 8。

11 引自前注的第十九頁。

12 Theresa Maggio, *Mattanza: The Ancient Sicilian Ritual of Bluefin Tuna Fishing* (New York: Penguin Putnam, 2000)描述了現代的圍屠鮪魚活動。

13 引自Oppian, *Halieutica,* trans. A. W. Mair (Cambridge: Loeb Classical Library, Harvard University Press, 1928), book 33, lines 643–44。

14 Marzano, *Harvesting the Sea,* 69–79.

15 關於鹽漬魚，可參見前注的第三、第四章。亦見Athena Trakadad, "The Archaeological Evidence for Fish Processing in the Western Mediterranean," in Tønnes Bekker- Nielsen, ed., *Ancient Fishing and Fish Processing in the Black Sea Region,* 47–82 (Aarhus, Denmark: Aarhus University Press, 2005)。

16 希倫二世是敘拉古的希臘西西里國王，於西元前二七〇至二一五年在位，也是第一次布匿戰爭（First Punic War）的重要人物。他成為羅馬強而有力的同盟。貨物數據出自Marzano, *Harvesting the Sea,* 109。

第十三章　有鱗的畜群

1 Marcus Terentius Varro, *Rerum Rusticarum Libri Tres* (Cambridge: Loeb Classical Library, Harvard University Press, 1934). 英文翻譯發表於penelope.uchicago.edu/Thayer/Varro, book 3, chapter 8, p. 347。

2 Mark J. Spaulding et al., "Sustainable Ancient Aquaculture," *Ocean Views,* July 11, 2013, voices.nationalgeographic.com.

3 Diodorus Siculus, *Library of History,* volume 11, books 21–32, trans. Francis R. Walton (Cambridge: Loeb Classical Library, Harvard University Press, 1957). 引自第二十五章第四行。

4 Pliny the Elder, *Natural History: A Selection,* trans. John F. Healey (New York: Penguin Books, 1991), book 8, line 44.

5 James Higginbotham, *Piscinae: Artificial Fishponds in Roman Italy* (Chapel Hill: University of North Carolina Press, 1997), 45.

6 James Higginbotham, *Piscinae,* chap. 2描述了飼魚池中飼養的魚種。

7 Robert I. Curtis, *Garum and Salsamenta* (Leiden: E. J. Brill, 1991)是部關於這項複雜主題最可靠的文獻。

8 Lucius Junius Moderatus Columella, *De Re Rustica, Books 5–12,* trans. E. S. Forster and E. Heffner (Cambridge: Loeb Classical Library, Harvard University Press, 1954–55). 引自book 8, chapter 8, lines 1–4, chapter 17, lines 1–4。

9 Anna Marguerite McCann et al., *The Roman Port and Fishery of Cosa* (Princeton: Princeton University Press, 1987).

10 Higginbotham, *Piscinae,* 60.

11 現今，許多羅馬魚池已經因為海平面上升而沉入水底。它們被當作用來測量海平面高度變化的標記。

12 Marcus Valerius Martial, *Epigrammata,* trans. E. W. Lindsay (Oxford: Oxford Classical Texts, Oxford University Press, 1922), book 13, chapter 81, line 13.

13 Gaius Plinius Caecilius Secundus (Pliny the Younger), *Letters of Pliny,* trans. William Melmoth, book 2, line 6. Gutenberg.org.

14 J. J. O'Donnell, *Cassiodorus* (Berkeley: University of California Press, 1979)是最完整可靠的傳記。

第十四章　紅海與食魚者

1 此段落的引文出自Diodorus Siculus, *The Library of History,* trans. C. H. Oldfather (Cambridge: Loeb Classical Library, Harvard University Press, 1935), book 3, lines 15–21。

2 Alan Villiers, *Sons of Sinbad* (London: Arabian Publishing, 2006). Villiers生動描繪一九三〇年代間，傳統的生活方式依然普及時，在印度洋和紅海駕駛航行小型商船的生活。

3 Peter A. Clayton, *Chronicle of the Pharaohs* (London: Thames and Hudson, 1994), 104–7概述了哈姬蘇的統治及其遠征。

4 Lionel Casson, *The Periplus Maris Erythraei* (Princeton: Princeton University Press, 1989)是最可靠完整的翻譯評論著述，是我撰寫本書中，自始至終皆十分重要的參考著作。

5 Ibid., 51 (chap. 2, 6–7).

6 Davis Peacock and Lucy Blue, eds., *Myos Hormos-Queir Al-Qadim: Roman and Islamic Ports on the Red Sea* (Oxford: Oxbow Books, 2006). 亦見Ross J. Thomas, "Port communities and the Erythraean Sea trade," *British Museum Studies in Ancient Egypt and Sudan* 18 (2012): 169–99. See also Steven E. Sidebotham, *Roman Economic Policy in the Erythra Thalassa 30 BC-AD 217* (Leiden: E. J. Brill, 1986)。

7 引自 Strabo, *Geography,* trans. Horace Leonard Jones (Cambridge: Loeb Classical Library, Harvard University Press, 1918), book 2, chapter 5, line 12。

8 希帕盧斯是名西元前一世紀的希臘商人兼航海家。他可能是希臘第一位地理學家發現印度西部海岸線是往南綿延，而不是從阿拉伯半島直線往東延伸，因此讓跨海變得可行。

9 Ross J. Thomas, "Fishing equipment from Myos Hormos and fishing techniques on the Red Sea in the Roman period," in Tønnes Bekker-Nielsen and Darío Bernal Casasola, eds., *Ancient Nets and Fishing Gear,* 139–60 (Aarhus, Denmark: Aarhus University Press, 2010).

10 Thomas, "Fishing equipment," 139ff.

11 此段落引文出自 Casson, *The Periplus,* 61。

12 Adriaan H. J. Prins, *Sailing from Lamu: A Study of Maritime Culture in Islamic East Africa* (Assen, Netherlands: Van Gorcum, 1965)栩栩如生描繪了這個地方，許多方面自中世紀以來便鮮少改變。

13 Alison Crowther et al., "Iron Age agriculture, fishing and trade in the Mafia Archipelago, Tanzania: New evidence from Ukunju Cave," *Azania* 49, no. 1 (2014): 21–44. Juani: Alison Crowther et al., "Coastal Subsistence, Maritime Trade, and the Colonization of Small Offshore Islands in Eastern African Prehistory," *Journal of Island and Coastal Archaeology* 11, no. 2 (2017): 211–37.

14 Mark Horton, Helen W. Brown, and Nina Mudida, *The Archaeology of a Muslim Trading Community on the Coast of East Africa* (Nairobi: British Institute in Eastern Africa

Memoir 14, 1996).

15 關於纖鸚鯉，可參見Eréndira M. Quintana Morales and Mark Horton, "Fishing and Fish Consumption in the Swahili Communities of East Africa, 700–1400 CE," *Internet Archaeology* (2014), doi:10.11141/ia.37.3。

16 此段落引文出自G. S. P. Freeman-Grenville, *The East African Coast: Select Documents from the First to the Earlier Nineteenth Century* (Oxford: Clarendon Press, 1962), 14, 20。

17 Nicole Boivin et al., "East Africa and Madagascar in the Indian Ocean World," *Journal of World Prehistory* 26, no. 3 (2013): 213–81.

18 Quintana Morales and Horton, "Fishing and Fish Consumption."

第十五章　厄立特利亞海的補給

1 引自Lionel Casson, *The Periplus Maris Erythraei* (Princeton: Princeton University Press, 1989), 63, 65.

2 Alan Villiers, *Sons of Sinbad* (London: Arabian Publishing, 2006), chap. 15描述了這條海岸線。

3 引自Casson, *The Periplus,* 67。

4 Douglas J. Kennett and James P. Kennett, "Early State Formation in Southern Mesopotamia: Sea Levels, Shorelines, and Climate Change," *Journal of Island and Coastal Archaeology* 1, no. 1 (2006): 67–99.

5 Samuel Kramer, *The Sumerians* (Chicago: University of Chicago Press, 1963)仍是部珍貴的大眾化著作。亦見Harriett Crawford, *Sumer and the Sumerians,* 2d ed. (Cambridge: Cambridge University Press, 2004)。

6 Laith A. Jawad, "Fishing Gear and Methods of the Lower Mesopotamian Plain with Reference to Fishing Management," *Marina Mesopotamica* 1, no. 1 (2006): 1–37.

7 Robert A. Carter and Graham Philip, eds., *Beyond the Ubaid: Transformation and Integration in the Late Prehistoric Societies of the Middle East* (Chicago: Oriental Institute of the University of Chicago, Studies in Ancient Oriental Civilization No. 63, 2010).

8 Mark Beech, "The Animal and Fish Bones," in Robert Carter and Harriet Crawford, eds., *Maritime Interactions in the Arabian Neolithic: Evidence from H3, As-Sabaniyah, an Ubaid-related Site in Kuwait,* 130–56 (Leiden: Brill, 2010).

9 Mark Beech, "In the Land of the Ichthyophagi: Prehistoric Occupation of the Coast and Islands of the Southern Arabian Gulf: A Regional Review," *Adumatu* 27 (2013): 31–48.

10 Sophie Méry, Vincent Charpentier, and Mark Beech, "First evidence of shell fish-hook technology in the Gulf," *Arabian Archaeology and Epigraphy* 19 (2008): 15–21.

11 J. Desse and N. Desse-Berset, "Les Ichthyophages du Makran (Belouchistan, Pakistan)," *Paléorient* 31, no. 1 (2005): 86–96.

12 引自Casson, *The Periplus,* 73。

13 W. R. Belcher, "Marine Exploitation in the Third Millennium BC—The Eastern Coast of Pakistan," *Paléorient* 31, no. 1 (2004): 79–85. 第八十頁起提及巴拉科特。

14 此段落參考Jane R. McIntosh, *A Peaceful Realm: The Rise and Fall of the Indus Civilization* (Boulder: Westview, 2002)。

15 Belcher, "Marine Exploitation," 80–82.

16 Casson, *The Periplus,* 79.

17 Wasantha S. Weliange, "Prehistoric fishing in Sri Lanka," in P. Perera, ed., *Festschrift in Honour of Professor S. B. Hettiaratchi: Essays on Archaeology, History, Buddhist Studies and Anthropology,* 211–28 (Nugegoda, Sri Lanka: Sarasavi Publishers, 2010).

18 Casson, *The Periplus,* 93.

第十六章　鯉魚與高棉王國

1 Li Liu and Xingcan Chen, *The Archaeology of China: From the Late Paleolithic to the Early Bronze Age* (Cambridge: Cambridge University Press, 2012).

2 Francesca Bray, "Agriculture," in Joseph Needham, ed., *Science and Civilization in China, vol. 6, part 2: Biology and Biological Technology,* 1–673 (Cambridge: Cambridge University Press, 1984).

3 引自Berthold Laufer, *The Domestication of the Cormorant in China and Japan* (Chicago: Field Museum of Natural History Anthropological Series, Publication 300), 18, no. 3 (1931): 225。

4 關於長江的鯉魚，可參見Yangzi carp: Rafael Murillo Muñoz, *River Flow* (Boca Raton, FL: CRC Press, 2012), 1102–3。

5 C. F. Hickling, *Fish Culture,* 2d ed. (London: Faber and Faber, 1971).

6 這兩段的引文出自Ted S. Y. Moo, trans., *Chinese Fish Culture by Fan Lee* (Solomons, MD: Chesapeake Biological Laboratory Contribution 459, n.d.), 2, 4。畝是面積單位：一畝約等於四平方公里。一尺等於零點三零四八公尺。

7 Bray, "Agriculture," 1–673.

8 Charles Higham, *Early Mainland Southeast Asia: From First Humans to Angkor* (Bangkok: River Books, 2014).

9 Vuthy Voeun et al., "Faunal Remains from the Excavations at Angkor Borei, Kingdom of Cambodia." Manuscript. 要感謝Miriam Stark與我分享這份文件。

10 Michele Nijhuis, "Harnessing the Mekong or killing it?" *National Geographic Magazine* 227, no. 5 (2015): 102–29.

11 Ian Campbell et al., "Species diversity and ecology of Tonle Sap Great Lake, Cambodia," *Aquatic Sciences* 66, no. 3 (2006): 355–70.

12 Charles Higham, *The Civilization of Angkor* (Berkeley: University of California Press, 2001)為此段落的出處。亦見Michael D. Coe, *Angkor and the Khmer Civilization* (London: Thames and Hudson, 2003)。

13 寫給一般讀者的敘述可見Brian Fagan and Nadia Durrani, "The secrets of Angkor Wat: How archaeology is rewriting history," *Current World Archaeology,* no. 77 (2016): 14–20。

14 引自Henri Mouhot, *Voyage dans les royaumes de Siam, de Cambodge, de Laos et autres*

parties centrales de l'Indochine (1868; repr. Geneva: Editions Olizane, 1999), 172。

15 Food and Agriculture Organization of the United Nations, Fishery and Aquaculture Country Profiles, Cambodia. Country Profile Fact Sheets (Rome: FAO Fisheries and Aquaculture Department, 2011). http://www.fao.org/fishery/facp/KHM/en.

第十七章　鯷魚與印加文明

1 Richard L. Burger, *Chavín and the Origins of Andean Civilization* (London: Thames and Hudson, 1992). 號角研究是由史丹佛大學的Center for Computer Research in Music and Acoustics (CCRMA)進行。

2 Alison C. Paulson, "The Thorny Oyster and the Voice of God: *Spondylus* and *Strombus* in Andean Prehistory," *American Antiquity* 39, no. 4 (1974): 597–607. 亦見Marc Zender, "The Music of Shells," in Daniel Finamore and Stephen D. Houston, eds., *The Fiery Pool: The Maya and the Mythic Sea,* 83–85 (New Haven: Yale University Press and the Peabody Essex Museum, 2010)。

3 Daniel Sandweiss, "The Return of the Native Symbol: Peru Picks *Spondylus* to Represent New Integration with Ecuador," *SAA Bulletin* 17, no. 2 (1999): 8–9.

4 Daniel Sandweiss, "The Development of Fishing Specialization on the Central Andean Coast," in Mark G. Plew, ed. *Prehistoric Hunter-Gatherer Fishing Strategies,* 41–63 (Boise, ID: Department of Anthropology, Boise State University, 1996).

5 Jerry D. Moore, *A Prehistory of South America: Ancient Cultural Diversity on the Least-Known Continent* (Boulder: University Press of Colorado, 2014)概述了這幾段所探討的遺址。

6 Jeffrey Quilter, *Life and Death at Paloma: Society and Mortuary Practices in a Preceramic Peruvian Village* (Iowa City: University of Iowa Press, 1989).

7 此段落引文出自Ephraim Squier, *Travels in Peru* (New York: Harper, 1888), 110, 129。

8 關於鯷魚漁場，可參見Edward A. Laws, *El Niño and the Peruvian Anchovy Fishery* (Sausalito, CA: University Science Books, 1997)。

9 Michael E. Moseley, *The Inca and Their Ancestors: The Archaeology of Peru,* rev. ed. (London: Thames and Hudson, 2001), chap. 4.

10 Daniel H. Sandweiss, "Early Coastal South America," in Colin Renfrew and Paul Bahn, eds., *The Cambridge World Prehistory*, 1:1058–74 (Cambridge: Cambridge University Press, 2014). 亦見D. H. Sandweiss et al., "Environmental change and economic development in coastal Peru between 5,000 and 3,600 years ago," *Proceedings of the National Academy of Sciences* 106, no. 5 (2009): 1359–63。

11 Moseley, *The Inca,* chap. 5; Moore, *A Prehistory of South America,* 106–15.

12 Michael E. Moseley, *The Maritime Foundations of Andean Civilization* (Menlo Park, CA: Cummings Publishing, 1975)是部經典但如今有些過時的著作。相關討論可見Moore, *A Prehistory of South America,* 219–36. See also Daniel Sandweiss, "Early Fishing and Inland Monuments: Challenging the Maritime Foundations of Andean Civilization?"

in Joyce Marcus, Charles Stanish, and R. Williams, eds., *Andean Civilizations: Papers in Honor of Michael E. Moseley,* 39–54 (Los Angeles: Cotsen Institute of Archaeology, UCLA, 2009)。

13 R. Shady Solís, "America's First City: The Case of Late Archaic Caral," in W. Isbell and H. Silverman, eds., *Andean Archaeology,* vol. 3: *North and South,* 28–66 (New York: Springer, 2006).

14 關於莫切、西坎、奇穆文明的概述可見Moore, *A Prehistory of South America,* 331–38。

15 Joyce Marcus, *Excavations at Cerro Azul, Peru: The Architecture and Pottery* (Los Angeles: Cotsen Institute of Archaeology, UCLA, 2008). See also D. H. Sandweiss, *The Archaeology of Chincha Fishermen: Specialization and Status in Inka Peru* (Pittsburgh: Carnegie Museum of Natural History, 1992).

16 Izumi Shimada, *The Inka Empire: A Multidisciplinary Approach* (Austin: University of Texas Press, 2015)是部可靠完整的著述。

17 Sandweiss, *The Archaeology of Chincha Fishermen.*

第十八章　海洋的螞蟻

1 James H. Barrett and David R. Orton, eds., *Cod and Herring: The Archaeology and History of Medieval Sea Fishing* (Oxford: Oxbow Books, 2016)裡的論文是本章的基礎資料來源。關於鯡魚，可參見Paul Holm, "Commercial Sea Fisheries in the Baltic Region, c. AD 1000–1600," in Barrett and Orton, eds., *Cod and Herring,* 13–22。

2 *The Rule of St. Benedict,* English Version, Chapter 29, lines 31–33, www.osb.org.

3 亞德里安・庫南（1514–1587）是位斯赫弗寧恩（Scheveningen）的魚販、官方的海鮮拍賣商，也是富有想像力的插畫家。他在六十三歲時著手撰寫長達四百一十頁的《魚書》，是根據他對魚乾的廣闊知識和廣泛收藏寫成。這本書收藏在荷蘭國家圖書館（National Library of the Netherlands）。

4 Friedrich-Wilhelm Tresch, *The Eel: Biology and Management of Anguillid Eels,* trans. Jennifer Greenwood (New York: Wiley, 1977). For a general survey: Richard C. Hoffman, "Economic Development and Aquatic Ecosystems in Medieval Europe," *American Historical Review* 101 (1996): 631–69.

5 引自Brian Fagan, *Fish on Friday: Feasting, Fasting, and the Discovery of the New World* (New York: Basic Books, 2004), 178。

6 Richard C. Hoffman, "Carp, Cods and Connections: New Fisheries in the Medieval European Economy and Environment," in M. J. Henninger-Voss, ed., *Animals in Human Histories: The Mirror of Nature and Culture,* 3–55 (Rochester: University of Rochester Press, 2002). 亦見Richard C. Hoffman, *An Environmental History of Medieval Europe* (Cambridge: Cambridge University Press, 2014)。

7 Holm, "Commercial Sea Fisheries in the Baltic Region"概述了近期的研究。

8 J. Campbell, "Domesday herrings," in C. Harper-Bell et al., eds., *East Anglia's History: Studies in Honour of Norman Scarfe,* 5–17 (Woodbridge, UK: Boydell Press, 2002). See

also James H. Barrett, "Medieval Sea Fishing, AD 500–1550," in Barrett and Orton, eds., *Cod and Herring,* 250–72.

9 Holm, "Commercial Sea Fisheries in the Baltic Region," 15.

10 Carsten Jahnke, "The Medieval Herring Fishery in the Western Baltic," in Louis Sicking and Darlene Abreu-Ferreira, eds., *Beyond the Catch: Fisheries of the North Atlantic, the North Sea, and the Baltic, 900–1850,* 157–86 (Leiden: Brill, 2009). See also Inge Bodker Enghoff, "Herring and Cod in Denmark," in Barrett and Orton, eds., *Cod and Herring,* 133–55.

11 引自 Fagan, *Fish on Friday,* 99。

12 此段落是根據 Jahnke, "The Medieval Herring Fishery," 161ff 寫成。

13 Ibid., 168–70.

14 Holm, "Commercial Sea Fisheries in the Baltic Region," 16.

15 此段落是根據 Dries Tys and Marnix Pieters, "Understanding a Medieval Fishing Settlement along the Southern North Sea: Walraversijde, c. 1200–1630," in Sicking and Abreu-Ferreira, eds., *Beyond the Catch,* 91–122 寫成。

16 Bo Poulsen, *Dutch Herring: An Environmental History, c. 1600–1860* (Groningen: Aksant Academic, 2009). 這是部這個主題可靠完整的概論，也是寶貴的資料來源。亦見 Christiaan van Bochove, "The 'Golden Mountain': An Economic Analysis of Holland's Early Modern Herring Fisheries," in Sicking and Abreu-Ferreira, eds., *Beyond the Catch,* 209–44。

17 引 自 Charles L. Cutting, *Fish Saving: A History of Fish Preservation from Ancient to Modern Times* (New York: Philosophical Library, 1955), 54。

第十九章 海洋的牛肉

1 引自 Brian Fagan, *Fish on Friday: Feasting, Fasting, and the Discovery of the New World* (New York: Basic Books, 2004), 67。

2 Mark Kurlansky, *Cod: A Biography of a Fish that Changed the World* (New York: Walker, 1997). 若要參考可靠完整的學術論文，可見 H. Barrett and David C. Orton, *Cod and Herring: The Archaeology and History of Medieval Sea Fishing* (Oxford: Oxbow Books, 2016), chaps. 3–21。

3 Arnved Nedkvitne, "The Development of the Norwegian Long-distance Stockfish Trade," in Barrett and Orton, eds., *Cod and Herring,* 50–59.

4 James H. Barrett, "Medieval Sea Fishing" 載錄一份這個主題的權威調查。關於魚骨證據，可參見 James H. Barrett et al., " 'Dark Age Economics' Revisited: The English Fish-Bone Evidence, 600–1600," in Louis Sicking and Darlene Abreu Ferreira, eds., *Beyond the Catch: Fisheries of the North Atlantic, the North Sea, and the Baltic, 900–1850,* 31–60 (Leiden: Brill, 2009)。

5 Sophia Perdikaris and Thomas H. McGovern, "Codfish and Kings, Seals and Subsistence: Norse Marine Resource Use in the North Atlantic," in Torben C. Rick and Jon M.

Erlandson, *Human Impacts on Ancient Marine Ecosystems,* 187–214 (Berkeley: University of California Press, 2008).

6 見Barrett et al., "Dark Age Economics," 31–46。

7 此段落是根據Sophia Perdikaris and Thomas H. McGovern, "Viking Age Economics and the Origins of Commercial Cod Fisheries in the North Atlantic," in Sicking and Abreu-Ferreira, eds., *Beyond the Catch,* 61–90寫成。

8 Justyna Wubs-Mrozewicz, "Fish, Stock, and Barrel: Changes in the Stockfish Trade in Northern Europe, c. 1360–1560," in Sicking and Abreu-Ferreira, eds., *Beyond the Catch,* 187–208. 亦見Nedkvitne, "The Development of the Norwegian Long- distance Stockfish Trade," in Barrett and Orton, eds., *Cod and Herring,* 50–59。

9 Mark Gardiner, "The Character of Commercial Fishing in Icelandic Waters in the Fifteenth Century," in Barrett and Orton, eds., *Cod and Herring,* 80–90. See also Mark Gardiner and Natascha Mehler, "English and Hanseatic Trading and Fishing Sites in Medieval Iceland: Report on Initial Fieldwork," *Germania* 85 (2007): 385–427.

10 Evan Jones, "England's Icelandic Fishery in the Early Modern Period," in David J. Starkey et al., eds., *England's Sea Fisheries: The Commercial Sea Fisheries of England and Wales since 1300*, 105–10 (London: Chatham Publishing, 2000).

11 Fagan, *Fish on Friday,* 183.

12 前注第十三章簡述了一部複雜的文獻。

13 Kirsten Seaver, *The Frozen Echo: Greenland and the Exploration of North America, A.D. 1000–1500* (Palo Alto: Stanford University Press, 1997).

14 Samuel Eliot Morison, *The European Discovery of America: The Northern Voyages* (New York: Oxford University Press, 1971)是部經典的著述。

15 引 自Daniel B. Quinn, ed., *New American World: A Documentary History of North America from 1612, vol. 1: America from Concept to Discovery: Early Exploration of North America* (New York: Arno/Hector Bye, 1979), 97–98的英文翻譯。

第二十章 用之不竭的海中嗎哪

1 安東尼・帕克斯特（活躍於一五六一至一五八三年）是呼籲英格蘭拓殖紐芬蘭島的人士。他是第一位英格蘭人，讓眾人注意到聖羅倫斯灣和其延伸河流的潛力。引自帕克斯特寫給理察・哈克盧伊特（Richard Hakluyt）的一封信，載於Richard Hakluyt, *The Principal Navigations, Voyages, Traffiques and Discoveries of the English Nation,*" ed. Ernest Rhys (London: Hakluyt Society, 1907), 5:345。

2 本章大幅參考W. Jeffrey Bolster, *The Mortal Sea: Fishing the Atlantic in the Age of Sail* (Cambridge: Belknap Press, 2012)，尤其是第一、二章。亦參考Daniel Vickers, *Farmers and Fishermen: Two Centuries of Work in Essex County, Massachusetts* (Chapel Hill: University of North Carolina Press, 1994)。

3 我在此參考了Harold E. L. Prinz, *The Mikmaq* (New York: Holt, Rinehart and Winston, 1996)的一段概述。亦見Wilson D. Wallis and Ruth Sawtell Wallis, *The Micmac Indians*

of Eastern Canada (Minneapolis: University of Minnesota Press, 1955)。
4 此段落引文出自Bolster, *Mortal Sea,* 39–41。
5 此段落參考W. H. Lear, "History of Fisheries in the Northwest Atlantic: The 500-Year Perspective," *Journal of Northwest Atlantic Fisheries Science* 23, no. 1 (1994): 41–73。
6 引自Farley Mowat, *Sea of Slaughter* (New York: Atlantic Monthly Press, 1984), 168。
7 Lewes Roberts, *The Marchants Map of Commerce* (London: R. Mabb, 1638), part 1, p. 57.
8 引 自Charles L. Cutting, *Fish Saving: A History of Fish Processing from Ancient to Modern Times* (New York: Philosophical Library, 1955), 33。這些段落及下文是根據Peter E. Pope, *Fish into Wine: The Newfoundland Plantation in the Seventeenth Century* (Chapel Hill: University of North Carolina Press, 2004)寫成。
9 《烏得勒支和約》實際上是西班牙王位繼承戰爭的參與者所簽署的一系列和約。根據這些協約的條款，法國割讓紐芬蘭島、新斯科舍省和哈德遜灣公司（Hudson's Bay Company）的部分領土給大不列顛。
10 Lear, "History of Fisheries," 46.
11 皮耶．羅逖為筆名，他的真實姓名為朱利安．維奧（Julian Viaud, 1850–1923），也是位海軍軍官。此段落引文出自Pierre Loti, *An Icelandic Fisherman,* trans. Guy Endore (Alhambra, CA: Braun, 1957), 8。
12 Pierre de Charlevoix, *Journal of a Voyage to North America* (London: R. and J. Dodsley, 1761). Reprinted by University Microfilms, Ann Arbor, 1966, 1:56.
13 引自A. C. Jensen, *The Cod* (New York: Thomas Y. Crowell, 1972), 66。
14 此段落是根據Bolster, *The Mortal Sea,* chap. 2, quote from p. 51寫成。
15 Bernard Bailyn, *The New England Merchants in the Seventeenth Century* (Cambridge: Harvard University Press, 1955).
16 烏得勒支和約的摘要可見http://www.heraldica.org/topics/ france/utrecht.htm.
17 Bolster, *The Mortal Sea,* 74–75.
18 Richard Pares, Yankees and Creoles: *The Trade Between North America and the West Indies Before the American* Revolution (Cambridge: Harvard University Press, 1956).
19 Bolster, *The Mortal Sea,* 137–38.

第二十一章　革新與耗竭

1 W. Jeffrey Bolster, *The Mortal Sea: Fishing the Atlantic in the Age of Sail* (Cambridge: Belknap Press, 2012), chap. 4載錄了全面性的探討，我在此參考之。Bolster的參考文獻是份寶貴的指引，闡述這些註解中非常複雜的文獻。
2 胡果．格勞秀斯（1583–1645）是位荷蘭的法學家，幫助打下國際法的基礎。他一六〇九年出版的著作《自由之海》（*Mare Liberum*）建立了海洋是國際領域的基礎，可供所有國家自由使用。引自Hugo Grotius, *The Freedom of the Seas,* trans. Ralph Van Deman Magoffin (New York: Oxford University Press, 1916), 49。
3 Bolster, *The Mortal Sea,* chap. 2.
4 Callum Roberts, *The Unnatural History of the Sea* (Washington, DC: Island Press/

Shearwater Books, 2007), 140–44, 163–64.
5 Dietrich Sahrhage and Johannes Lundbeck, *A History of Fishing* (New York: Springer-Verlag, 1992), 104.
6 引自 Callum Roberts, *The Unnatural History,* 131。
7 Ibid., 132–36, 141–42, 154–60.
8 Ibid., 147ff.
9 Ibid., 157.
10 Ibid.
11 Bolster, *The Mortal Sea*, 113–14, 125–29.
12 Roberts, *The Unnatural History*, 279ff.
1 本章的數據引自糧食及農業組織的 *The State of World Fisheries and Aquaculture* (Rome: Food and Agriculture Organization of the United Nations, 2014)。一如許多權威人士指出，其數據為保守估計，反映出許多國家提供的報告並不完整。
2 D. Pauly and D. Zeller, eds., "Catch Reconstructions Reveal That Global Marine Fisheries Catches Are Higher Than Reported and Declining," *Nature Communications,* 2016, doi: 10.1038/ncomms10244, p. 9.
3 Callum Roberts, *The Unnatural History of the Sea* (Washington, DC: Island Press/ Shearwater Books, 2007), chap. 26.
4 此段落的數據出自 FAO, *State of World Fisheries,* chap. 1。
5 Ibid., 181–92.
6 此段落是根據 Mark Dickey-Collas et al., "Lessons Learned from Stock Collapse and Recovery of North Sea Herring: A Review," *ICES Journal of Marine Science* 67, no. 9 (2010): 1875–86 寫成。
7 http://www.europeche.chil.me.
8 Roberts, *The Unnatural History,* chap. 26. FAO, *State of World Fisheries,* 18–26.
9 Daniel Pauly et al., "Fishing Down Marine Food Webs," *Science* 279, no. 5352 (1998): 860–63. See also K. T. Petrie et al., "Transient Dynamics of an Altered Large Marine Ecosystem," *Nature* 477, no. 7362 (2011): 86–89.
10 Izaak Walton and Charles Cotton, *The Compleat Angler,* ed. Marjorie Swann (New York: Oxford University Press, 2014), 27.
11 Ibid., 147.

重要名詞中英對照表

中文	英文	中文	英文
《小獵犬號航海記》	*The Voyage of the Beagle*	《聖本篤規則》	*Regula Benedicta*
《厄立特利亞海環航紀》	*The Periplus of the Erythraean Sea*	《論動物之特性》	*De Natura Animalium*
《致命之海》	*The Mortal Sea*	《論農業》	*Rusticarum*
《航海規章》	*Navigation Rules*	《論農業三書》	*Rerum Rusticarum Libri Tres*
《高明的釣者》	*The Compleat Angler*	《養魚經》	*Yang Yu Ching*
《偉大旅程》	*The Great Journey*	《環航紀》	*Periplus*
《動物誌》	*Historia Animalium*	《薄伽梵歌》	*Bhagavad Gita*
《第十二夜》	*Twelfth Night*	《鹽與漁業》	*Salt and Fishery*
《魚書》	*Visboek*	W・H・懷特利	W. H. Whiteley
《博物誌》	*Natural History*		
《越過藍色地平線》	*Beyond the Blue Horizon*		
2劃			
二分潮	equinoctial tide	八目鰻	lamprey
人族	hominin	九孔	abalone
3劃			
三方五湖	Lake Mikata	大西洋油鯡	Brevoortia tyrannus; Atlantic menhaden
三齒魚叉	Trident	大西洋鮭	Salmo salar; Atlantic salmon
上庇里牛斯省	Haut Pyrénées	大西洋鯡	Clupea harengus; Atlantic herring
上陽河	Upward Sun River	大西洋鱈	Gadus morhua; Atlantic cod
下加利利	Lower Galilee	大吳哥城	Angkor Thom
乞沙比克	Chesapeake	大型浮游動物	macrozooplankton
千島群島	Kuril Islands	大島	Oshima Island
小冰期	Little Ice Age	大海鰱	tarpon
小型商船	dhow	大馬可海峽河	Big Marco Pass River
小普林尼	Younger Pliny	大桶（單位）	hogshead
小潮	neap tide	大喀山峽谷	Great Kazan
小鱈魚	lingcod	大裂谷	Great Rift Valley
小灣	cove	大雅茅斯	Great Yarmouth
山內清男	Sugao Yamanouchi	大圓鮃	turbot
山毛櫸	beech	大溪地	Tahiti
山丘礁	Mound Key	大漁業	groote visserij

中文	英文	中文	英文
山楊	aspen	大潮	spring tide
干欄式建築	pile dwelling	大衛・李文斯頓	David Livingstone
弓頭鯨	bowhead	大衛・班克斯・羅傑斯	David Banks Rogers
大鵰鴞	great horned owl	大齋期	Lent
4劃			
不來梅	Bremen	戈利塔	Goleta
中世紀暖期	Medieval Warm Period	手釣	hand-lining
中式帆船	junk	文德	Wendish
丹尼爾・保利	Daniel Pauly	日本柳杉	Japanese cedar tree
內爾哈洞穴	Nerja Cave	日本海	Sea of Japan
內燃式引擎	Internal combustion engine	日耳曼尼亞	Germania
公牛谷	Vale Boi	日德蘭半島	Jutland
公牛海帶	bull kelp	月亮神廟	Huaca de le Luna
厄瓜多	Ecuador	木板船	planked boat
厄立特利亞海	Erythraean Sea	木槿	hibiscus
厄利垂亞	Eritrea	木簡	mokkan
厄勒海峽	Øresund	木髓	pith
厄普韋爾	Upwell	比目魚	flounder
天然堤	levee	比斯坎灣	Biscayne Bay
太加斯河	Tagus	比斯開灣	Bay of Biscay
太平洋西北地區	Pacific Northwest	比塞特	Bizerte
太平洋細齒鮭	eulachon	毛里瑪太曲	Māuri-matě
太平洋斑紋海豚	Lagenorhychus obliquidens; Pacific white-sided dolphin	毛鱗魚	capelin
太陽神廟	Huaca del Sol	水門	sluice
夫力爾士角	Cape Freels	水禽	waterfowl
夫連士堡	Flensburg	水灣	inlet
少女醃魚	matjes	火地島	Tierra del Fuego
尤仁・杜布瓦	Eugène Dubois	爪哇	Java
尤西尼亞・曼德斯	Eugenia Mendez	牙鱈	whiting
尤維納利斯	Juvenal	牛頭鮠	bullhead
巴布亞紐幾內亞	Papua New Guinea	王家捕鱘漁場	Royal Sturgeon Fishing Grounds
巴戎寺	Bayon	巴倫支海	Barents Sea
巴西島	Island of Brasil	巴斯克人	Basque
巴利阿里群島	Balearic Islands	巴塔哥尼亞	Patagonia
巴坎	Buchan	巴塞洛繆・戈斯諾德	Bartholomew Gosnold
巴宏迪尤	Bajondillo	巴塞爾	Basel
巴貝里坎	Barbaricum	巴爾幹山脈	Balkan Mountains

中文	英文	中文	英文
巴拉科特	Balakot		
5劃			
丘陵鯡魚群	Downs	卡	ka
令克羅斯特	Ringkloster	卡夫澤洞穴	Qafzeh Cave
令格	Ring	卡西奧多羅斯	Flavius Aurelius Cassiodorus Senator
加州殼菜蛤	California mussel	卡里歐多盧斯	Calliodorus
加百列號	*Gabriel*	卡坦達	Katanda
加那利群島	Canary Islands	卡拉爾	Caral
加倫河	Garonne	卡拉維爾帆船	caravel
加斯佩半島	Gaspé Peninsula	卡律布狄斯	Charybdis
加萊	Calais	卡迪斯	Cádiz
北大西洋振盪	North Atlantic Oscillation; NAO	卡倫湖	Lake Qarun
北大西洋極北區	North Atlantic Boreal Zone	卡格姆尼	Kagemni
北太平洋環流	North Pacific circulation	卡納維爾角	Cape Canaveral
北美刺龍葵	horse nettle	卡馬納	Camaná
北美墨西哥灣沿岸	North American Gulf Coast	卡喬柯斯塔島	Cayo Costa
北海	North Sea	卡富埃河	Kafue River
北海道	Hokkaido	卡斯登・約克	Carsten Jahnke
北極紅點鮭	arctic char	卡塔赫納	Cartagena
北極海	Arctic Ocean	卡溪奇	Kahiki
半甲板船	half-decked boat	卡達半島	Qatar Peninsula
半常流河	semiperennial river	卡魯沙哈奇河	Caloosahatchee
占吉巴島	Zanzibar	卡魯姆・羅伯茨	Callum Roberts
平底小漁船	dory; dories	卡盧薩印第安人	Calusa Indians
幼發拉底河	Euphrates River	古夫	Khufu
幼鮭	smolt	古愛斯基摩人	Paleo-Eskimo
幼鰻	elver	古羅馬幣	sesterces
弗拉斯特波	Falsterbo	台伯河	Tiber River
弗拉薩克	Vlasac	史托瓦根	Storvågen
弗洛勒爾角	Cape Floral Region	史威堡	Svaerdborg
弗朗托	Fronto	史密森尼學會	Smithsonian Institution
弗雷德・溫多夫	Fred Wendorf	史凱拉克拉多維	Schela Cladovei
末次冰盛期	LGM; Last Glacial Maximum	外貝加爾山	Trans-Baikal
本格拉海流	Benguela Current	奴特卡海灣	Nootka Sound
本篤會	Benedictine	尼古拉・德尼	Nicholas Denys
正鰹	skipjack tuna	尼可萊・迪克夫	Nikolai Dikov

中文	英文	中文	英文
玉筋魚	sand eel	尼安德塔人	Homo neanderthalensis; Neanderthal
瓜達富伊角	Cape Guardafui	尼肯	Nekhen
瓦哈維塞德	Walraversijde	尼祿	Nero
瓦倫西亞	Valencia	尼羅河鱸	Nile perch
瓦特納冰原	Vatnajojkull	左旋香螺	lightning whelk
瓦斯科・達伽馬	Vasco da Gama	巨藻	kelp
瓦爾庫	Warku	布卡島	Buka Island
甘士比	Grimsby	布立克珊	Brixham
甘伯洞穴	Gamble's Cave	布列塔尼人	Breton
生物量	biomass	布考灣	Boucaut Bay
生長輪	growth ring	布里斯托海峽	Bristol Channel
生活層	occupation level	布拉格	Prague
甲殼動物	crustacean	布拉馬提	G. Bramati
白令海	Bering Sea	布胡斯	Bohuslen
白令陸橋滯留假說	Beringian Standstill Hypothesis	布恩斯	M. J. Burns
白色大鱘魚	Beluga sturgeon	布勒吉	Buleji
白楊	poplar	布萊斯河	Blyth River
白鮭	chum; chum salmon; dog salmon	布雷頓角	Cape Breton
白鰱	chub	布魯日	Bruges
皮耶・法蘭索・沙維・德夏利華	Pierre-François-Xavier de Charlevoix	石首魚	drum
皮耶・羅逖	Pierre Loti	石斑魚	grouper
皮斯卡流姆市集	Forum Piscarium	石滬	stone trap
皮艇	kayak	石鱸	grunt
矢蟲	arrow worm	穴居	pit dwelling
6劃			
艾薩克・華爾頓	Izaak Walton	尖楔	wedge
尖峰岬洞穴	Pinnacle Point Cave	帆具	rig
安東尼・帕克斯特	Anthony Parkhurst	托勒密家族	Ptolemies
馬克・萊納	Mark Lehner	托莫爾船	Tomol
伊比利亞	Iberia	托斯卡尼	Tuscany
伊卡	'ika	托雷阿斯圖拉	Torre Astura
伊弗雷姆・斯奎爾	Ephraim Squier	托雷莫利諾斯	Torremolinos
伊本・巴杜達	Ibn Battuta	托瑪斯・納什	Thomas Nash
伊克西歐斯	Ixtheus	早期智人	archaic human
伊尚戈	Ishango	曲率	curvature
伊明格海流	Irminger	曳繩釣	troll
伊洛	Ilo	有孔蟲	foraminifera

中文	英文	中文	英文
伊德里西	Al-Idrisi	灰西鯡	alewives
伊羅奎族	Iroquois	米克馬克人	Mik'maq
休・艾利奧特	Hugh Elyot	米泰庫斯	Mithaecus
先鋒岩洞	Vanguard Cave	米湖	Lake Myvatn
光達	lidar; light detection and ranging	米奧斯荷爾默斯	Myos; Myos Hormos
冰川作用	glaciation	米諾安人	Minoan
冰川湖	glacial lake	米諾魚	minnow
冰川極盛期	glacial maximum	羊魚	surmullet
冰原；冰層	ice sheet	羊頭鯛	sheepshead
列彭斯基維爾	Lepenski Vir	老普林尼	Pliny the Elder
印加帝國	Tawantinsuyu	色羅阿蘇爾	Cerro Azul
印度大沙漠	Great Indian Desert	艾利修道院	Ely Abbey
印度河	Indus River	艾倫迪拉・昆塔娜・莫拉雷斯	Eréndira Quintana Morales
吉琴加里人	Gidjingali	艾德布勒人	Ertebølle
吉爾伽美什	Gilgamesh	西潘	Sipán
吉薩	Giza	西巴萊湖	West Baray
同位素訊號	isotopic signature	西印度群島	West Indies
地松鼠	ground squirrel	西西里島	Sicily
多米蒂雅	Domitia	西伯利亞	Siberia
多格爾沙洲	Dogger Bank	西坎	Sicán
多瑙河	Danube	西貝流士	Sibelius
多摩川	Tama River	西里西亞	Silesia
安孔—奇利翁	Ancón–Chillón	西峽灣區半島	Westfjords Peninsula
安巴拉	Anbarra	西郡	West Country
安卡提亞瓦納	An-Gatya Wana	西部峽灣	Vestfjord
安特衛普	Antwerp	西塞羅	Cicero
安提帕羅斯島	Antiparos	西奧倫群島	Vesterålen Islands
安濟奧	Anzio	安塔普	'antap
7劃			
亨利・穆奧	Henri Mouhot	扶南	Funan
伯羅奔尼撒	Peloponnese	沃特（首領）	wot
但澤	Gdansk	沉子綱	ground rope
低地諸國	Low Countries	沉錘	sinker
佐安・卡博托	Zoane Caboto	沙丁魚	pilchard
佛羅里達海峽	Florida Straits	沙多河	Sado
克丘亞語	Quechua	沙克白葡萄酒	sack
克布拉達・德洛斯布羅斯	Quebrada de los Burros	沙格里斯半島	Sagres Peninsula
克布拉達哈瓜伊	Quebrada Jaguay	狄奧多羅斯・希庫勒斯	Diodorus Siculus

中文	英文	中文	英文
克里米亞半島	Crimea	皂石	soapstone
克里希納	Krishna	育空河	Yukon River
克里族	Cree	芋螺	Conus
克納爾船	knarr	角鯊	dogfish
克絲汀・塞弗	Kirsten Sever	貝加蒙的蓋倫	Galen of Pergamon
克萊夫・邦索爾	Clive Bonsall	貝里加札	Barygaza
克魯馬儂人	Cro-Magnon	貝蒂・米漢	Betty Meehan
冷杉	fir	貝納庫斯湖	Lake Benacus
利姆海峽	Limfjord	貝提卡	Hispania Baetica
利馬	Lima	貝殼串珠腰帶	wampum
努瓦爾穆切	Noirmoutier	貝爾島海峽	Strait of Belle Isle
吳哥波雷	Angkor Borei	貝羅克勞迪亞	Belo Claudia
吳郭魚	tilapia	赤陶	terracotta
吸泵	suction pump	赤棕鯉	Amur carp
呂內堡	Lüneburg	辛蘇斯河	Sinthus
呂貝克	Lübeck	邦蒂號	*Bounty*
呂根島	Rügen	里斯本	Lisbon
希帕盧斯	Hippalus	里瑟斯	Lixus
希拉孔波利斯	Hierakonpolis	防波堤	breakwater
希普里安・布魯班克	Cyprian Broodbank	防浪板	washboard
希羅多德	Herodotus	坎塔布里亞	Cantabria
狄蜜特	Demeter		
8劃			
乳海翻騰	Churning of the Sea of Milk	河口灣	estuaries
亞丁灣	Gulf of Aden	河豚	puffer
亞他加馬沙漠	Atacama Desert	河鰈	plaice
亞可維克	Akurvik	河鱸	perch
亞伯特・尼布拉克	Albert Niblack	法茅斯	Falmouth
亞克提赫普	Aktihep	法韋爾角	Cape Farewell
亞阿希	‘a’ahi	法維尼亞納島	Favignana Island
亞洲鯉魚	Asian carp	法羅群島	Faroes
亞倫・菲里爾斯	Alan Villiers	法蘭西斯・范諾登	Francis Van Noten
亞格里琴托	Agrigentum	法蘭西斯克・皮薩羅	Francisco Pizarro
亞特利特雅姆	Atlit-Yam	法蘭克・史提姆森	Frank Stimson
亞馬遜河	Amazon River	法蘭契希洞穴	Franchthi Cave
亞得里亞海	Adriatic	波札那	Botswana
亞速群島	Azores	波佐利	Pozzuoli
亞德里安・庫南	Adriaen Coenen	波希米亞	Bohemia
亞歷山卓	Alexandria	玻里尼西亞	Polynesia
亞斯文	Aswan	波河	Po

中文	英文	中文	英文
佩科尼克灣	Peconic Bay	波美拉尼亞省	Pomeranian
佩雷	Payre	波爾多	Bordeaux
佩德羅・法黑斯	Pedro Fages	波德倫	Bodrum
佩德羅・梅南德斯・德亞維萊斯	Pedro Menéndez de Avilés	波羅的海	Baltic Sea
卑詩省	British Columbia	泥沼	slough
卑爾根	Bergen	泥炭	peat
和諧號	*Concord*	泥炭鹽	zelle
坦尚尼亞	Tanzania	的的喀喀湖	Lake Titicaca
坦帕	Tampa	的場	Matoba
奇普	quipus	直布羅陀巨岩	Rock of Gibraltar
奇穆	Chimú	直立人	Homo erectus
奇蹟網	wonderkuil	矽藻	diatom
孟加拉灣	Bay of Bengal	社會群島	Socicty Islands
尚比西河	Zambezi River	肥沃的阿拉伯	Eudaemon Arabia
尚加	Shanga	肩峰牛	zebu cattle
岩鯛	rock bream	肯亞	Kenya
岸釣	surf fishing	肯納威克	Kennewick
帕哈	paha	肯索群島	Canso Islands
帕皮盧斯	Papylus	舍寧根	Schoningen
帕地納	Padina	芬蘭區	Fenland
帕洛馬	Paloma	虱目魚	milkfish
帕泰島	Pate Island	表層魚類	pelagic fish
帕奧	Pa'ao	近大洋洲	Near Oceania
帕羅斯島	Paros	金字形神塔	ziggurat
底比斯	Thebes	金梭魚	barracuda
底格里斯河	Tigris	金黃斧蛤	Donax serra
底棲魚	bottom fish	金頭鯛	gilthead
底質	substrate	長身鱈	ling
延喜式	Engishiki	長鰭鮪	albacore
拉匹達	Lapita	阿切斯特亞圖	Archestratus
拉木	Lamu	阿戈里德半島沿岸	Argolid Coast
拉布拉多	Labrador	阿札尼亞	Azania
拉斯特（單位）	last	阿卡榮	Arcachon
拉普人	Lapp	阿古拉斯海流	Agulhas Current
拉普塔	Rhapta	阿布希爾	Abusir
拉賈瓦里歐	Lagar Velho	阿布達比	Abu Dhabi
拉謝	ra-she	阿朱納	Arjuna
拓湖	Lagoon of Thau	阿伯特湖	Lake Mutanzige
拖船	stern boat	阿伽撒爾基德斯	Agatharchides

中文	英文	中文	英文
斧形尖峰蛤	surf clam	阿拉伯半島	Arabia
斧足綱	Pelecypoda	阿拉伯河	Shatt-al-Arab
斧蛤	Donax	阿拉迪諾	Allahdino
昆吉特島	Kunghit Island	阿拉斯加山脈	Alaska Range
昆達	Kunda	阿波羅加斯	Apologas
昌昌	Chan Chan	阿南古拉島	Anangula
明喬河	Mincius River	阿庫	aku
朋特	Punt	阿特巴拉河	Atbara River
東加	Tonga	阿留申群島	Aleutian Islands
東京灣	Tokyo Bay	阿納卡帕島	Anacapa Islands
東帝汶	East Timor	阿曼灣	Gulf of Oman
東格陵蘭海流	East Greenland current	阿斯土利亞	Asturias
東盎格利亞	East Anglia	阿塔瓦爾帕	Atahualpa
東部沙漠	Eastern Desert	阿圖	ʻatu
松木角	Cape Pine	阿爾代什河	Ardéche River
松島	Pine Island	阿蒙神	Amun
松島海峽	Pine Island Sound	阿邁厄島	Amager Island
松密亞尼灣	Sonmiani Bay	阿薩巴斯卡人	Athabaskan
松雞	grouse	阿靈頓泉	Arlington Springs
扳機魚	triggerfish	附肢	appendage
枇杷香螺	pear whelk	附繩釣	set-lining
林伽	linga	雨果・格勞秀斯	Hugo Grotius
林奈	Karl Linnaeus	青魚	black carp
武藏台	Musashidai	歧鬚鮠屬	Synodontis
9劃			
信濃川	Shinano River	科廷巴船	cotymba
冠螺貝	helmet	科沙	Cosa
前田耕地	Maedakouchi	科威特	Kuwait
南卡羅萊納州	South Carolina	科派斯湖	Lake Copais
南拉普	Namlap	科迪亞克島	Kodiak Island
南部海	Lower Sea	科迪勒拉	Cordilleran
南部海灣	Southern Bight	科馬羅姆	Komárum
南極大陸	Antarctica	科隆	Koln
哈拉帕	Harappa	科塔	Cotta
哈姬蘇	Hatshepsut	科魯邁拉	Lucius Junius Moderatus Columella
哈特拉斯岬	Cape Hatteras	突堤碼頭	pier
哈瑪瑪特旱谷	Wadi Hammamat	約旦河谷	Jordan Valley
契帕瓦族	Chipweyan	約克郡	Yorkshire
契爾卡	Chilca	約翰・卡博特	John Cabot

中文	英文	中文	英文
威尼斯	Venice	約翰・史契夫	J. Scheffer
威廉・艾利斯	William Ellis	約翰・白瑞登	John Brereton
威廉・亞歷山大	William Alexander	約翰・拉伯克	John Lubbock
威廉・朗東・金	William Langdon Kihn	約翰・哈林頓	John Harrington
威廉・馬夸特	William Marquardt	約翰・柯林斯	John Collins
威廉・塞西爾	William Cecil	約翰・耶倫	Yellen; John Yellen
威爾斯親王島	Prince of Wales Island	約翰・偉伯	John Webber
峇里島	Bali	紅色海洋	Erythra Thalassa
扁魚	flat fish	紅河	Red River
拜占庭	Byzantine	紅海張裂	Red Sea Rift
挖掘棒	digging stick	紅潮	red tide
昭披耶河	Chao Prya	紅鮑	Haliotis rufescans; red abalone
柏木	cypress	紅鬍子艾瑞克	Eirik the Red
柏油	asphalt	美西納海峽	straits of Messina
柏柏人	Berbers	美洲馴鹿	caribou
柏雷尼西	Berenice	美索不達米亞	Mesopotamia
查文德萬塔爾	Chavín de Huántar	美國海岸防衛隊	US Coast Guard
查理一世	Charles I	耶穌會	Jesuit
查爾斯・李	Charles Leigh	背棘魚	Thorneback
查爾斯・諾德霍夫	Charles Nordhoff	胡安・羅佩茲・德維拉斯科	Juan López de Velasco
柯里海鷗	Cody's shearwater	胡安尼島	Juani Island
柯提斯・馬林	Curtis Marean	胡拉湖	Lake Hula
柳條籠網	wicker basket net	英吉利海峽	English Channel
毗濕奴	Vishnu	英格爾夫・阿納爾松	Ingólfr Arnarson
泉水冷藏所	springhouse	英國國會議事錄	Hansard
洛泰洞穴	Grotte de Lortet	英葛姆貝・伊雷德	Ingombe Ilede
威廉・萊納德・史蒂芬森・洛特	William Leonard Stevenson Loat	茅草	esparto grass
洛羅聖地	Huaca Loro	迦太基	Carthage
洛蘭島	Lolland	迪奧芬圖斯	Diophantus
洞里薩湖	Tonle Sap	韋澤爾河	Vézère River
洪保德海流	Humboldt current	風成流	wind-driven current
派恩蘭	Pineland	風歇	lull
派翠克・克奇	Patrick Kirch	風暴堆積	storm deposit
珍珠母	mother-of-pearl	食嫩植動物	browser
珍珠層	nacre	食槽	troughs
香料之角	Cape of Spices	首鮭儀式	First Salmon Ceremony
香螺；蛾螺	whelk	皇冠黑香螺	common crown conch

中文	英文	中文	英文
香魚	smelt		
10劃			
迴水地	backwater	特台	te tai
俾斯麥群島	Bismarck Archipelago	特里尼爾	Trinil
俾路支斯坦	Baluchistan	特拉帕卡船	trappaga
凌日	transit	特拉諾瓦	Terra Nova
凍原；苔原	tundra	特林吉特族	Tlingit
原駝	guanaco	特索地羅山	Tsodilo Hills
哥本哈根	Copenhagen	特提	Teti
哥特蘭島	Gotland	特熱邦	Trebon
哥德堡	Gothenburg	特羅亞	Troia
埃里亞努斯	Aelian	班達海	Banda Sea
夏里斯修道院	Chaalis Abbey	真脇	Mawaki
夏威夷群島	Hawaiian Islands	真臘	Chenla
夏洛特皇后群島	Queen Charlotte Islands	破碎猛瑪象	Broken Mammoth
夏島	Natsushima	秘魯鯷	Engraulis ringens; Peruvian anchovy
家計型漁業	artisanal fishery	秦尼	Thinae
峽道	defile	納札雷	Nazaré
庫巴尼亞旱谷	Wadi Kubbaniya	納皮爾・赫米	C. Napier Hemy
庫納皮皮	Kunapipi	納庫魯湖	Lake Nakuru
庫達羅三號洞穴	Kudaro 3 cave	納斯河	Nass River
徒手搏魚	noodling	納普敦	Neptune
恩基	Enki	紐布朗斯維克省	New Brunswick
扇貝	scallop	紐芬蘭大淺灘	Grand Banks
拿坡里灣	Bay of Naples	紐芬蘭島	Newfoundland
朗索牧草地	L'Anse aux Meadows	紐阿托普塔普島	Niuatoputapu
根特	Ghent	紐島	Niuan
格里斯比	Grisby	紐塞拉	Niuserre
格威索	Gwisho	紙草之地	Ta Mehu
格洛斯特	Gloucester	紙莎草	Cyperus papyrus
格陵蘭	Greenland	索馬利亞	Somalia
格蘭河	Rio Grande	索羅門群島	Solomon Islands
桉樹	eucalyptus	胸鰭	pectoral fin
桑塔河	Santa River	能登半島	Noto Peninsula
浮冰	pack ice	草戶千軒	Kusado Sengen
浮游生物	plankton	草沼	marsh
浮游動物	zooplankton	草原苔原	steppe-tundra
浮游植物	photoplankton	草魚	grass carp
浮標；浮子	float	馬可・波羅	Marco Polo

中文	英文	中文	英文
浮選法	flotation	馬可・奧理略	Marcus Aurelius
海木屑	sea sawdust	馬可島	Marco Island
海利歐斯	Helios	馬可礁	Key Marco
海岸欽西安人	Coast Tsimshian people	馬伏里奧	Malvolio
海侵	transgression	馬克・霍爾頓	Mark Horton
海洋保護區	marine reserve	馬克薩斯群島	Marquesas Islands
海洋學	oceanography	馬克蘭	Makran
海洋學者	oceanographer	馬尾藻海	Sargasso Sea
海員	seaman	馬更些河	Mackenzie River
海埔地	tidal flat	馬拉加灣	Bay of Málaga
海峽群島	Channel Islands	馬拉斯岩棚	Abri du Maras
海參	sea cucumber	馬林迪	Malindi
海雀	puffin	馬河	Ma River
海堤	seawall	馬非亞群島	Mafia Archipelago
海象	walrus	馬哈德馬	Makhadma
海達群島	Haida Gwaai	馬庫斯・特倫提烏斯・瓦羅	Marcus Terentius Varro
海膽	sea urchin	馬修號	*Mathew*
海螺	conch	馬格達倫群島	Magdalen Islands
海灘脊	beach ridge	馬格達連	Magdalenian
海鰻	moray eel	馬略運河	Fossae Marianae
海鱒	sea trout	馬提亞爾	Martial
海鱸	sea bass	馬斯伍迪	Al-Masudi
浸泡性低溫症	immersion hypothermia	馬斯特蘭德	Marstrand
烈性葡萄酒	fortified wine	馬斯塔巴墓室	mastaba
烏克蘭	Ukraine	馬雅人	Maya
烏姆納克島	Umnak Island	馬爾杜克	Marduk
烏索洞穴	Grotta dell'Uzzo	馬德拉島	Madeira
烏得勒支和約	Treaty of Utrecht	馬德連	La Madeleine
烏斯基一號	Ushki 1	馬蹄鐘螺	Trochus niloticus
烏瑟哈特	Userhat	高丘	High Mound
烏爾	Ur	高棉	Khmer
烏魯克	Uruk	高盧	Gaul
修阿卡彼達	Huaca Prieta		
11劃			
乾草原	steppe	細石瓣	microblade
勒拿河	Lena River	細粒物質發掘法	fine-grained excavation
國際海洋考察理事會	International Council for Exploration of the Sea	舵柄	tiller
基夕米	Kissimmee	舷外支架	outrigger

中文	英文	中文	英文
基勒吉瓜伊	Kilgii Gwaai	舷緣	gunwale
基盧岩棚	Kilu	舷欄	rail
婆蘇吉	Vasuki	荷榭勒	La Rochelle
寇格船	cog	荸薺	Water chestnut
康瓦耳	Cornwall	莎湖	Sahul
庸鰈	halibut	莫切	Moche
庸鰈屬	Hippoglossos	莫里斯湖	Lake Moeris
探溝	trench	莫洛凱島	Molokai
敘拉古的希倫	Hieron of Syracuse	莫瑟貝	Mossel Bay
旋網	encircling net	蛀船海蟲	teredo
曼陀羅山	Mount Mandara	軟物質	soft matter
曼達布海峽	Bab el Mandeb	釣後放流	catch-and-release
望家錫海峽	Makassar Strait	釣索	strynge
梅克特雷	Meketre	雪松	cedar
梅利卡拉	Merikare	雪蟹	snow crab
梅里德・貝尼—薩拉馬	Merimde Beni-Salama	魚叉	harpoon
梅拉德・克拉克	Merald Clark	食魚者	ichthyophagi
梅雷盧卡	Mereruka	魚粉	fishmeal
梭子魚	pike	魚商站	vitte
梭羅河流域	Solo Basin	魚梁	weir
梭鱈	hake	魚膏	prahok
淡魚乾	stockfish	魚醬	garum
淺水敞艙艇	shallop	魚籠	basket trap
淺蜊	Tapes hiantina	鳥蛤	cockle
瓠果	gourd	鳥濱	Torihama
異地漁業	migratory fishery	麥可・摩斯利	Michael Moseley
笛鯛	snapper	麥爾士堡	Fort Myers
第一瀑布	First Cataract	麻薩諸塞灣殖民地議會	General Court of Massachusetts Bay Colony
第勒尼安海	Tyrrhenian	麻類植物	hemp
笠貝	limpet		
12劃			
傑弗瑞・波斯特	Jeffrey Bolster	欽西安人	Tsimshian
傑里馬賴	Jerimalai	測深索	lead-and-line
傑德卡拉	Djedkare-Isesi	湄公河巨鯰	Mekong giant catfish
凱尤斯・希里烏斯	Gaius Hirrius	湧浪流道	surge channel
博恩霍爾姆島	Bornholm; Bornholm island	湯之里	Yunosato
喀什米爾	Kashmir	湯姆・戴伊	Tom Dye
喀拉哈里沙漠	Kalahari Desert	湯菜	rur; ohaw
喀拉蚩	Karachi	湯瑪斯・赫胥黎	Thomas Huxley

中文	英文	中文	英文
喀爾巴阡山脈	Carpathian	琴托切萊	Centocelle
喬治・古德曼・海維特	George Goodman Hewitt	短刺魨	burr fish
喬治・溫哥華	George Vancouver	硨磲	Tridacna
喬治淺灘	Georges Bank	硬棘	spine
單桅帆船	cutter	硬餅乾	hardtack
單殼	univalve	紫杉	yew
圍長	girth	紫蜆	Batissa violacea
圍屠鮪魚	Mattanza	腓尼基	Phoenician
堡礁	barrier reef	腕尺（單位）	cubit
堪察加半島	Kamchatka	菱鮃	brill
堰洲島	barrier island	菱體兔牙鯛	pinfish
巽他	Sunda	菲利普・德梅濟耶	Philippe de Mézières
復活節島	Rapa Nui	萊夫・艾瑞克森	Leif Eiriksson
提弗利	Tivoli	萊孟多・德松契諾	Raimondo de Soncino
提拉	tira	萊茵河	Rhine River
散貨船	bulk carrier	萊塞齊	Les Eyzies
斐濟	Fiji	象牙貝	Dentalium
斯卡內	Skanör	象魚	arapaima
斯卡波羅	Scarborough	費尤母窪地	Faiyum Depression
斯卡恩	Skagen	貽貝	mussel
斯里蘭卡	Sri Lanka	超級大潮	king tide
斯庫拉	Scylla	軸柱	columellae
斯特里蒙河	Strymon River	隆河	Rhône River
斯特拉松	Straslund	隆頭魚類	wrasse
斯特拉波	Strabo	雅茅斯	Yarmouth
斯基納河	Skeena River	雅羅魚	dace
斯堪尼亞	Scania	雲杉	spruce
斯堪地那維亞	Scandinavia	雲斑鲉杜父魚	cabezon
斯塔德（單位）	stadia	須德海	Zuider Zee
普利茅斯	Plymouth	須彌山	Mount Meru
普拉哈格	Prahag	黃尾鰤魚	yellowtail
普恩特	Puente	黃道號	*Zodiac*
棘皮動物	echinoderm	黑海	Black Sea
棘背魚	stickleback	黑線鱈	haddock
棘棗	Ziziphus spina-christi; Christ's thorn	黑齒牡蠣	Crassostrea amasa
填土造地	land reclamation	黑壤	Sorte Muld
鄂霍次克海	Sea of Okhotsk		
13劃			
嗎哪	manna	奧古斯塔勞里卡	Augusta Raurica

中文	英文	中文	英文
圓腹鯡	sprat	奧皮安	Oppian
賈皮圖斯・史汀史特普	Japetus Steenstrup	奧克尼群島	Orkney Islands
塊滑石	steatite	奧杜威峽谷	Olduvai Gorge
塔倫屯的列奧尼達	Leonidas of Tarentum	奧貝泰洛	Orbetello
塔納納河	Tanana River	奧格斯特	Augst
塔馬特阿曲	Tamatea	奧特韋爾	Outwell
塔爾沙漠	Thar	奧紹瓦	Orsova
塞布爾島	Sable Island	奧莫河谷	Omo River Valley
塞姆利基河	Semiliki River	奧傑布瓦族	Ojibwa
塞倫蓋蒂	Serengeti	奧斯坦德	Ostend
楚馬仕人	Chumash	奧德修斯	Odysseus
概念角	Point Conception	奧盧斯・溫布里庫斯・史考盧斯	Aulus Umbricus Scaurus
溝壑	ravine	愛努	Ainu
溫泉遺址	Hot Springs site	愛沙尼亞	Estonia
溫哥華島	Vancouver Island	愛莉森・布魯克斯	Alison Brooks
盟邦魚醬	garum of the allies	愛斯基摩	Eskimo
聖卡洛斯灣	San Carlos Bay	愛琴海	Aegean Sea
聖卡塔利那島	Catalina Island	愛爾蘭海	Irish Sea
聖米圭爾島	San Miguel	愛德華王子島省	Prince Edward Island
聖克魯斯島	Santa Cruz Island	愛德華湖	Lake Rutanzige
聖莫尼卡山脈	Santa Monica Mountains	搔撓鱒魚	trout tickling
聖塔芭芭拉海峽	Santa Barbara Channel	新仙女木期	Younger Dryas
聖塔羅莎	Santarosae	新喀里多尼亞	New Caledonia
聖溫森提烏斯	Saint Vincentius	新幾內亞	New Guinea
聖羅沙島	Santa Rosa Island	新斯科舍省	Nova Scotia
聖羅倫斯河	St. Lawrence River	新愛爾蘭島	New Ireland
葛蘭姆・克拉克	Grahame Clark	腹足綱	Gastropods
萬島群島	Ten Thousand Islands	路易士・羅伯茲	Lewes Roberts
落馬植被	loma	路易─安東尼・德布干維爾	Louis-Antoine de Bougainville
葛拉漢・貝爾─克羅斯	Graham Bell-Cross	道明會成員	Dominicans
詹姆斯鎮	Jamestown	道格拉斯・肯尼特	Douglas Kennett
詹姆士・瓦特	James Watt	達希特河流域	Dasht Valley
詹姆斯・巴雷特	James Barrett	達勒馬島	Dalma Island
詹姆斯・肯尼特	James Kennett	達達尼爾海峽	Dardanelles
詹姆斯・摩里森	James Morrison	鉤柄	shank
詹姆斯・戴維森	James Davidson	飼魚池	Piscinae
誇富宴	potlatch	飼魚迷	Piscinarii

中文	英文	中文	英文
賈克・卡蒂埃	Jacques Cartier	鼠海豚	porpoise
跨湖橋	Kuahuqiao	跪伏洞穴	On-Your-Knees Cave
14劃			
圖密善	Domitian	翟	Ti
圖爾卡納湖	Lake Turkana	蒙巴沙	Mombasa
寧芙	Nymph	蓋布瑞爾・亞契	Gabriel Archer
截水牆專家	magister clausurae	蓋謝爾貝諾特雅各布	Gesher Benot Ya'aqov
漁業大變革	Fish Event Horizon	蜑螺	Nerita
漁寮	fiskelejer	赫卡特	hekat
漢堡	Hamburg	赫庫蘭尼姆	Herculaneum
漢撒聯盟	Hanseatic League	遠大洋洲	Remote Oceania
瑪瑙貝	cowrie	銀化	smoltify
瑪歐艾	maoa'e	銀魚	silverfish
綠青鱈	saithe	銀鮭	coho salmon
維瓦魯修道院	monastery of Vivarium	銀雞魚	silver grunt
維科揚斯克山脈	Verkoyansk Mountains	駁船	barge
維奧蒂亞	Boeotia	魁北克	Quebec
網板	otter board	鼻魚	unicorn fish
網墜	net sinker; net weight	齊奴克魚	chinook
15劃			
潘菲洛・德・納爾瓦埃斯	Pánfilo de Narváez	摩伊基哈	Mo'ikeha
劍旗魚	Xiphias; swordfish	摩亨佐達羅	Mohenjodaro
德克・傑勒	Dirk Zeller	摩勒港	Port Moller
德拉威爾	Dragør	摩斯比島	Moresby
德格拉德角	Cape Dégrad	撬	sledge
歐貝德	'Ubaid	槳帆船	galley
歐波涅	Opone	潮溝	tidal creek
歐洲蚶蜊	dog cockle	線鱧	snakehead murrel; Channa striata
歐洲褐蚶蜊	Glycymeris insubrica	緬因灣	Gulf of Maine
歐洲龍蝦	langouste	褐菜蛤	Perna perna
歐洲鰉	Huso huso	褐鱒	Salmo trutta; brown trout
歐胡島	Oahu	鲃魚	barbel
歐基求碧湖	Lake Okeechobee	豬魚	pigfish
歐斯提亞	Ostia	赭石	ocher
魯伯特王子港	Prince Rupert	醃燻魚	kipper
黎凡特	Levantine	頜針魚	garfish
16劃			
寰椎	Atlas	鋸鰩	sawfish

中文	英文	中文	英文
橈足類	copepod	錦鯉	Cyprinus carpio haematopterus
橫須賀灣	Yokosuka Bay	錫巴里斯	Sybaris
燕魟	eagle ray	闍耶跋摩二世	Jayavarman II
燕鷗	tern	霍克船	hulc
盧夕塔尼亞	Lusitania	霍朗赫布	Horemheb
盧亞爾河	Loire River	霍登修斯	Hortensius
盧昂	Rouen	頜針魚	needlefish
盧鳩斯・盧庫魯斯	Lucius Lucullus	鮃魚	lefteye flounder
磨坊水壩	milldam	龍占魚	emperor
諾傑蘇南遜德	Norje Sunnansund	龍占屬	Lethrinus
諾斯敏訥	Norsminde	獨木舟兄弟會	Brotherhood of the Canoe
諾福克	Norfolk		
17劃			
優普	yop	藍江	Ca River
優質淡魚乾	comodius stokfysshe	藍琢	Lanzón
戴爾麥迪那	Deir el-Medina	雙桅帆船	schooner; dogger
戴維斯海峽	Davis Strait	雙船體獨木舟	double-hulled canoe
擦樹	sassafras	雙殼貝	bivalve
擬餌鉤	jigging hook	雛菊洞穴	Daisy Cave
擬齒蚌	Pseudodon	鯁魚	mud carp
擬鯉	roach	攀鱸	climbing perch
檉柳	tamarisk	曝氣	aeration
櫛齒鋸鰩	smalltooth sawfish	繩紋；繩紋時代	Jomon; Rope-Patterned
濕篩	wet-sieving	羅弗敦群島	Lofoten Islands
濱岸林	gallery forest	羅吉里奧特	Laugerie Haute
燧石	flint	羅倫泰德	Laurentide
環極圈	circumpolar	羅祖貝克家族	Rozmberk
環礁	atoll	羅馬溫暖期	Roman Warm Period
瞪羚	gazelle	羅斯基勒峽灣	Roskilde Fjord
磷蝦	krill	羅穆爾德・史契爾德	Romuald Schild
礁台	reef flat	羅諾	Lono
礁岩塊	coral head	鏢頭	harpoon head
邁可・安徹	Michael Ancher	類鮭魚	salmonid
邁錫尼人	Mycenaean	鯔魚	mullet
麋鹿	elk	鯖魚	mackerel
薩丁尼亞島	Sardinia Island	鯛	sea bream
薩比亞	As-Sabiyah	鯰魚	catfish
薩卡拉	Saqqara	鯰鯊	shark catfish
薩伊	Zaire	螯蝦	crayfish

中文	英文	中文	英文
薩伏依的阿瑪迪斯公爵	Duke Amadeus of Savoy	螺塔	spires
薩伯拉達	Sabratha	龐貝	Pompeii
薩克索・格拉瑪提庫斯	Saxo Grammaticus	濾食動物	filter feeder
薩里亞哥斯	Saliagos	舊寺	Old Temple
薩拉斯瓦蒂河	Saraswati River	聯合國糧農組織	United Nations Food and Agriculture Organization (FAO)
薩哈林島	Sakhalin Island	謝迪艾船	schediai
薩摩亞	Samoa	謝德蘭群島	Shetland Islands
薩摩斯的林西斯	Lynceus of Samos	薩繆爾・卡馬考	Samuel Kamakau
18劃			
鯰鯰	Pangasius	檸汁酸醃魚	ceviche
19劃			
胡安・龐塞・德萊昂	Juan Ponce de León	懷尼米角	Point Hueneme
20劃			
蘇・奧康納	Sue O’Connor	鯷魚	anchovy
蘇丹	Sudan	鰈魚	right-eye flounder
蘇利耶跋摩二世	Suryavarman II	鰈魚	sole
蘇沛	Supe	藻華	algal bloom
蘇拉威西	Sulawesi	蘆田川	Asida River
蘇美人	Sumerian	蘇黎世	Zurich
21劃			
蘭巴耶奎	Lambayeque	露絲・夏迪・索利斯	Ruth Shady Solís
蠟燭魚	candlefish	露頭	outcrop
鐵杉	hemlock	魔鬼魚	devil fish
鐵門峽谷	Iron Gates	鰩	skate
鐵彈頭螺	Olivella biplicata	麝牛	musk ox
露脊鯨	right whale		
22劃			
灘槽	swale	纖鸚鯉	marbled parrot fish
韃靼海峽	Tatar Strait	鱘	sturgeon
鬚鯨	baleen whale	鱘屬	Acipenser
鬚鯰	Clarias	鱝	ray
鰱魚	silver carp	鱧魚	snakehead
鰹魚	bonito	鱸魚	bass
鰹鳥	booby	鸕鶿	cormorant
鰺	trevally; jack	鸚哥魚	parrot fish
鰻	eel	鱈科	Gadidae
鰻鱺	Anguilla anguilla	鱈魚角	Cape Cod
鱅魚	big-head carp	鱈屬	Gadus

八旗人文 28

漁的大歷史

大海如何滋養人類的文明

Fishing: How the Sea Fed Civilization

作　　者　布萊恩・費根（Brian Fagan）
翻　　譯　黃楷君
編　　輯　王家軒
助理編輯　柯雅云
協力編輯　許方嘉
校　　對　陳佩伶
封面設計　莊謹銘

企　　劃　蔡慧華
總 編 輯　富　察
社　　長　郭重興
發行人兼出版總監　曾大福
出版發行　八旗文化／遠足文化事業股份有限公司
地　　址　新北市新店區民權路108-2號9樓
電　　話　02-22181417
傳　　真　02-86671065
客服專線　0800-221029
信　　箱　gusa0601@gmail.com
Facebook　facebook.com/gusapublishing
Blog　gusapublishing.blogspot.com
法律顧問　華洋法律事務所／蘇文生律師

印　　刷　前進彩藝有限公司
定　　價　520元
初版一刷　2021年（民110）四月
初版三刷　2022年（民111）十一月
ISBN　978-986-5524-47-0

國家圖書館出版品預行編目（CIP）資料

漁的大歷史：大海如何滋養人類的文明／布萊恩・費根（Brian Fagan）著；
黃楷君譯. -- 一版. -- 新北市：八旗文化出版：遠足文化事業股份有限公司發行，
民110.04
480面；14.8×21公分. --（八旗人文；28）
譯自：Fishing: How the Sea Fed Civilization
ISBN 978-986-5524-47-0（平裝）

1.漁業　2.歷史

438.09　　110003041